달의 미스터리

THE MYSTERY OF THE MOON

달의 미스터리

THE MYSTERY OF THE MOON

김종태 지음

I N T R O

달은 태곳적부터 인류에게 친근한 감정을 불러일으켜 온 천체였지만, 정체 파악이 쉽지 않은, 신비의 대상이었던 것도 사실이다.

달은 수수께끼 요소들을 정말 많이 품고 있는데, 무엇보다 달의 기원 자체가 수수께끼이다. 그래서 달이 언제부터 어떻게 존재하게 되었는지에 대해서 지금까지 누구도 제대로 설명해 내지 못하고 있다.

달은 다른 행성의 위성과는 다른 특징이 많아서 그 기원을 가늠하기가 정말 난해하다. 그런 탓에 그 기원을 설명하는 이론이 많긴 해도 압도적 공감을 받는 것은 없다. 지금까지 나온 이론들을 대강 분류해 보면, 분리설, 포획설, 고리설, 충돌설 등으로 나눌 수 있다.

분리설은, 원시 지구가 수축함에 따라 자전 속도가 점차 빨라졌고, 그로 말미암아 원시 지구의 적도 부근이 혹처럼 부풀어 올라 이 부분이 떨어져 나가 달이 되었으며, 현재의 태평양이 그 떨어져 나간 부분의 흔적이라는 주장이다. 포획설은, 원시 태양계 어딘가에서 태어난 천체가 있었는데, 그것이 나중에 지구에 포획되어 위성이 되었다는 주장이다. 고리설은, 원시 지구가 토성과 같이 고리를 지니고 있었고, 그 고리가 하나의 큰 덩어리로 뭉쳐져서 달이 되었다는 주장이다. 충돌설은, 우주 탐사 시대가 열린 후에 등장한 이론인데, 원시 지구에 큰 미행성이 충돌하였고 그 사건 때 원시 지구 주변으로 튀어 나간 먼지나 가스 등이 모여 달이 되었다는 주장이다.

이 중에는 충돌설이 한동안 가장 유력한 이론으로 주목받아 왔다. 하지만 아폴로 미션이 진행된 후로 급격히 쇠퇴하였다. 달에 관한 정밀한 사진 자료들이 수집되고, 달에 인간이 직접 가서 암석까지 채취할 수 있게 되자, 달의 나이가 지구의 나이보다 많을 개연성이 높다는 사실을 알게 됐기 때문이다. 지구의 파편으로 만들어진 달이 지구보다 나이가 많을 수 없기에, 충돌설의 근간은 흔들릴 수밖에 없게 됐다.

그리고 그 흔들림은 멈추지 않고 더 확장되었다. 충돌설뿐 아니라 기존 가설들이 모조리 흔들릴 수밖에 없는, 실제적인 증거들이 계속해서 발견되었기 때문이다. 달의 지표면과 상공에서 자연적 현상이라고는 볼 수 없는 이상한 현상들과 구조물들이 발견되었을 뿐 아니라, 달의 중심이 비어 있는 것 같다는 증거까지 확보되자 달이 자연 위성이 아니라 인공적으로 만들어진 위성이라는 주장까지 대두하기 시작했다. 처음에는 농담처럼 시작됐지만, 미국뿐 아니라 러시아에서도 이와 같은 주장들이 등장하게 되자 이에 대한 논의는 아주 진지해져 현재까지도 이에 관한 연구가 계속되고 있다.

그런데 NASA는 어쩌면 이에 관해 어떤 결과를 이미 내려놓았는지도 모른다. 그 결과는 많은 데이터를 근거로 삼은 것이어서 정확할 가능성이 크지만, NASA가 그에 대한 속내를 철저히 감추고 있을 뿐 아니라, 달 탐사 과정에서 얻은 다른 정보들 역시 대부분 감추고 있기에 외부의 연구자들이 그 진실에 접근하는 데는 한계가 있는 상황이다.

현재의 NASA는 대외적으로 달의 기원에 대한 의견을 구체적으로 드러내지 않고 있고, 달의 상공에서 발견된 각종 UFO와 달 표면에서 발견된 인공 구조물에 대해서는 그 존재 자체를 부정하고 있다. 타인들이 비공식적으로 수집한 다양한 증거 자료들을 제시해도, 그 자료의 증거 능력을 부정하거나 논평 자체를 거부하는 형태의 비밀주의를 고수하고 있다.

그런데 이런 오만한 태도를 고수하는 NASA의 정체와 구성원들의 태도 역시 미스터리이다. 미국인을 포함한 대중들의 대부분은 NASA를 태양계나 우주의 신비를 연구하는 과학자와 엔지니어들의 집단으로 알고 있지만, 사실 이런 겉모습은 왜곡된 것일 수도 있다. NASA는 냉전 시대에 미국 국방 안보의 필요성에 따라 설립된 준군사 조직이다. 그렇기에 공익을 위해 우주 개발을 주도하고 있다고 하지만, 공익을 지킨다는 명분 아래 거리낌 없이 탐사 과정에서 취득한 자료를 조작하거나 은폐하기도 한다.

어쩌면 NASA는 달이 지구의 자연 위성이 아닐 가능성이 크다는 사실은 물론이고, 그곳에서 다양한 외계 문명의 흔적을 찾아냈을지 모른다. 그리고 NASA를 통제하는 자들과 함께 정보를 독점하기 위해서, 이런 사실을 은폐하고 있을 개연성이 적지 않다.

사실 이런 증거는 헤아릴 수 없을 정도로 많기도 하다. 그런데도 NASA는 오만한 비밀주의를 고수하고 있다. 이런 태도에 대해서는 일반 대중들은 물론이고 달 탐사에 참여했던 우주 비행사조차도 반감을 품고 있다. 특히 인류 최초로 달에 착륙한 닐 암스트롱의 경우, 여러 강연을 통해서 이런 반감을 자주 드러낸 바 있는데, 1994년 7월에 있었던 백악관 강연에서는 "우리는 달 탐사에 대해서 말하라고 교육받은 것만을 말할 수밖에 없다. 그곳에는 상상도 할 수 없는 경이가 있다. 진실을 덮고 있는 암울한 커튼을 벗겨 낸다면 말이다."라며 노골적으로 불만을 드러낸 적도 있다.

암스트롱이 허언했을 리 없기에, 그의 주장은 강력한 암시를 품고 있다고 봐야 한다.

그런데 NASA가 비밀주의를 고수하는 이유는 무엇일까. 그 진정한 이유야 확실히 알 수 없지만, 국가 간 과학 기술의 무한 경쟁 속에서 획득한 정보와 연구 결과를 최대한 지켜 내려는 게 가장 큰 이유일 것이다. 또한, 그들이 알아낸 진실이 주요 종교들의 교리와 정면으로 부딪치기에, 종교적 혼란과 함께 관련 국가들의 내부 혼란을 염려하고 있기도 할 것이다.

그런데 과연 NASA가 이런 지침을 고수하는 게 당연하며 그래야만 하는 기관인가. 미국 정부가 인가한 NASA의 허가장에는 "NASA는 미합중국 방위기관으로 간주된다(305절)."고 분명히 명기되어 있고, "국가 안보를 이유로 기밀 처리된 모든 정보는 어떠한 보고서에도 포함되어서는 안 된다(205절)."는 조항도 있다. 그렇기에 대외적으로 알려진 것처럼 NASA가 순수한 민간 연구소가 아닌 건 사실이다. 하지만 이런 사실을 고려하더라도 이제는 정보 공개에 대해서 전향적인 태도를 취할 때가 되었다고 본다.

미국과 러시아가 거의 독주하고 있던 달 탐사 분야에 중국, 일본, 인도, 유럽연합 등이 뛰어들어서 활발하게 미션을 진행하고 있기에, 더는 비밀을 고수하기 어렵게 된 것도 현실이 아닌가. 시대적 상황이 이렇게 변했고 진실을 요구하는 대중의 요구도 증대하고 있는데 언제까지 이런 상황을 외면하고 있을 것인가.

달에 대한 정보를 독점하고 있는, NASA를 비롯한 여러 기관과 관계자들의 각성을 촉구하고 싶다. 달에 존재하는 다양한 인공 구조물의 실체를 공개하여, 대중의 뇌리에 심어진 달의 허상을 지우는 동시에, 대중들에게 우주에 대한 새로운 안목을 갖추게 해 주길 바란다. 그렇게 해야만 인류 전체가 인식의 새로운 지평을 열 수 있고, 지구 안에 묶여 사는 존재가 아닌, 우주 속의 존재로 새롭게 태어날 수 있는 전기가 마련될 것이다. 과학 엘리트들이 과거의 음습한 비밀주의의 그늘에 숨어 있으면, 인류 전체가 우물 안의 개구리처럼 좁은 인식의 세계에 갇혀 있을 수밖에 없다.

아직 지구인이 우주나 외계 문명에 대한 진실을 수용할 준비가 안 되어 있다고 생각하고 있다면, 그건 기우에 불과하다. 대중의 지성은 외계 문명의 발견이나 외계인의 등장 따위를 두려워할 정도로 미개하거나 협소하지 않다. 만약 그렇게 생각하는 엘리트 집단이 있다면, 그들이야말로 협소한 인식을 가지고 있는 것이다.

물론 관계 기관이 완벽한 비밀주의를 취하여 대중에게 전혀 자료를 공개하지 않고 있는 것은 아니다. 하지만 공개 자료가 터무니없이 부족할 뿐 아니라, 왜곡된 게 많다는 게 문제이고, 어쩌면 그게 완벽한 비밀주의 고수보다 더 안 좋은 것일 수도 있다.

사실, 이 책에서 인용한 자료들도 이미 그들이 직간접적으로 공개한 것들로 이미 대중이 접한 것들이 다수일 것이다. 다만 필자는 일반인들과 달리 주의를 기울여 자료를 세밀하게 관찰하고 검증했으며, 그러다 보니 왜곡된 정보나 부분적으로 공개된 정보의 폐해를 더 절감하게 됐다. 그래서 이 책에서는 그런 폐해도 다룰 것이다. 물론 이 책의 초점은 특이한 정보의 공개지만 말이다.

사실 이 책의 집필 목적은 달에 대한 기존 인식을 깨트리는 데 있다. 그렇기에 달이 '진공을 떠도는 거대한 암석 덩어리'라는 사실을 부정할만한 자료들을 주로 게재하였다. 그래서 자료의 중요성보다는 특이성에 초점을 맞출 수밖에 없었고, 그러다 보니 해상도가 좋지 않은 것들이 많이 있다. 자료의 원본 상태가 좋지 않았는지 고의적인 훼손이 가해졌는지는 알 수 없지만 말이다.

어쨌든 이 책이 출간된 후에 인류에게 새로운 시각을 열어줄 좋은 자료들이 더 많이 공개되어 인류의 인식 지평이 더 넓고 높게 열리는 시기가 빨리 왔으면 좋겠다.

2020년 겨울, 달을 바라보며

C O N T E N T S

제 1 장

Before the Dawn

달 탐사를 주도해 오던 미국은 권태를 느끼기라도 한 듯 한동안 그 일에서 손을 떼고 있었다. 하지만 주변 환경이 변화하자 더는 그런 태도를 고수할 수 없었던 것 같다. 21세기에 들어서면서 중국, 일본, 인도, 유럽연합 등이 달 탐사에 본격적으로 뛰어들자, 미국은 달 탐사의 주도권을 잃지 않기 위해서 아폴로 계획을 종료한 후에 멈췄던 그 일을 재개할 수밖에 없게 되었다.

2006년에 오리온 우주선과 아레스 로켓을 3조 9,000억 원에 개발하는 계약을 록히드 마틴사와 맺은 후, 2009년 6월에 플로리다주 케이프 커내버럴(Cape Canaveral)에서 달 정찰 궤도선(LRO: Lunar Reconnaissance Orbiter)을 발사했다.

LRO는 유인 달 착륙선의 이상적인 착륙 장소 선정에 필요한 달 표면 지형도 작성을 위해 설계된 비행체로, 달 크레이터 관측 및 검출 위성(Lunar Crater Observation and Sensing Satellite)을 발사했던 아틀라스 로켓에 의해 발사되었다. 달 궤도로 진입한 LRO는 약 2개월 동안 타원형의 극궤도에 머물러 있다가, 기내 반동추진 엔진을 이용하여, 고도를 50km까지 낮추어 2년간 임무를 수행했다.

하지만 어느 나라가 어디까지 달 탐사를 진행하든, 그것이 우주에 관한 인류의 꿈 전부는 아닐 것이다. 궁극적 목표는 규모가 훨씬 더 원대할 것이고, 어쩌면 그 끝이 없을지도 모른다.

그러나 현재의 인류에게는, 우주인을 달로 다시 보낸 후에, 화성의 지표면에도 보내는 '별자리 프로그램(Constellation program)'이 실현 가능한 계획의 단락으로 보인다.

역사를 돌이켜 보면, 달 탐사 경쟁의 서막을 먼저 연 것은 소련이었다. 1957년 10월에 세계최초의 인공위성 스푸트니크 1호가 소련에 의해 성공적으로 발사되면서, 미·소 간의 자존심을 건 치열한 달 탐사 경쟁의 문이 열렸다. 그리고 당시의 최종 목표는 달에 유인 착륙에 성공하여 체제 이데올로기의 우월성을 가리는 것으로 자연스럽게 설정되었다. 그리고 그 레이스의 결과는 1969년 7월에 미국이 유인 달착륙에 성공함으로써 미국의 승리로 끝났다.

그런데 그 치열했던 달 탐사에서 체제 간의 경쟁 외에 다른 의미는 찾을 수 없는 것일까. 그렇지는 않을 것이다. 우주 항공 분야는 그야말로 종합 산업 분야여서, 달 탐사 계획이 진행되는 동안 각종 산업 분야의 발전에 엄청난 파급 효과를 일으켰다. 또한, 실제로 달에 가본 결과, 달에 인류에게 유용한 부존자원들이 상당히 많다는 사실도 알게 됐다. 그뿐만 아니라, 달에 인간의 발자국이 찍힘에 따라, 인류의 자존심 향상과 함께, 인식의 확장에도 큰 영향을 미쳤다. 그렇기에 달 탐사는 지속해야 할 일이었다.

그러나 실제로는 NASA의 계획에 따라 진행되고 있던 프로그램이 어느 날 갑자기 정지되었다. 우주 비행사의 모든 훈련이 종료되었고, 차기 우주선 발사에 필요한 기자재 준비가 완료된 시점에서 아무런 해명 없이 발사 계획이 취소되었다.

그렇게 누구도 그 이유를 알 수 없는 상황 속에서 달 탐사에 관한 모든 계획이 갑자기 종료되었다. 그러자 전문가들 사이에 그에 대한 의혹이 제기되었는데, 자연스럽게 달 탐사 과정에서 이미 제기됐던 여러 의혹이 먼저 논쟁의 수면 위로 떠올랐다.

달 탐사 작업 중에 취득한 자료 중에 합리적 설명이 불가능한 증거들이 재조명되고 의구심은 증폭되면서, 지구의 유일한 자연 위성이라고 믿었던 달의 실체에 대한 근본적인 회의와 함께, 외계 문명과의 조우도 회자되었다.

이런 의구심의 근간에는, 달이 생명체가 산 적도 없고 살 수도 없는 거대한 황무지가 아니며, 누구의 손길도 닿지 않은 태고의 자연 상태를 유지하고 있지도 않다는 믿음이 깔려 있다.

사실 달이 잠들어 있는, 태고의 자연이 아닐 수도 있다는 의구심은 실질적인 달 탐사가 개시되기 전부터 있었다. 이미 1950년대에 세계의 여러 관측소로부터 일부 분화구의 소멸 현상, 돔 형상의 구조물, 다양한 발광 현상 등이 달에서 관측된다는 보고가 있었다. 그리고 그런 관측에서 유발된 호기심이 우주 개발과 달 탐사의 중요한 동인으로 작용한 것도 사실이다.

앞에서 잠시 언급했지만, 그런 호기심을 해소하기 위한 계획을 먼저 실행한 것은 소련이었다. 우주 개발 초기에는 먼저 출발한 소련이 미국을 한참 앞질러 나갔고, 당시에는 두려운 영역이었던 유인 인공위성 발사까지 성공해 냈다.

그러자 이에 자극을 받은 미국은, 1960년대 말까지 유인 우주선을 달에 착륙시키겠다고 선언했고, 긴 여정을 거쳐서 1969년 7월 21일에 아폴로 11호의 암스트롱과 올드린이 고요의 바다(Mare Tranquillitatis)에 내려서는 데 성공했다.

하지만 아폴로 계획의 정점이었던 이 사건이 지난 후에 그 성공을 시샘하듯이 이상한 소문들이 떠돌기 시작했다. 아폴로 계획에 참여했던 달 탐사선들이 UFO의 감시를 받았다든지, 달 표면에 외계인이 지어놓은 인공구조물이 있다든지, 당시의 대중들에게는 충격적인 내용이었다.

처음에는 막연한 풍문으로만 인식하였으나, NASA가 공개한 사진과 동영상 자료에서 상식과는 다른 지형지물이 엿보이고, 자료 조작의 흔적이 발견되기 시작하자 의구심이 조금씩 증폭되었다. 대중들의 반응이 그렇게 바뀌어 갔지만, 이상하게도 의구심을 풀어줄 열쇠를 쥐고 있는 NASA는 모호한 태도로 일관했다. 이에 대한 구체적인 해명 없이 대체로 침묵을 고수했다.

그러자 대중들의 의구심은 걷잡을 수 없이 증폭되었다. 마침내 NASA의 직원이었던 조지 레오나드가 우주 비행사들이 달 착륙 전후 탐사 과정에서 지상 관제소와 나눈 음성 자료와 NASA의 비공개 자료를 첨부하여 『누군가 달에 있다』라는 책을 출간하였고, NASA의 무책임한 태도를 노골적으로 비판하기도 했다.

그 이후 조지의 책과 유사한 출판물들이 세상에 쏟아져 나오며, 음모론의 시각으로 달을 해부하는 게 한동안 유행처럼 번져 나갔다. 이제 달은 과거의 신비로운 자연으로 돌아갈 수 없게 되었다.

1980년대에 들어서자 달 착륙을 포함한 탐사 계획 전반에 관한 대대적인 의혹이 제기되기 시작했는데, 특히 윌리엄 L. 브라이언 2세가 『Moongate』라는 책을 통해 제시한, 광범위한 증거와 그에 대한 수학적 분석과 개념적 분석은 미국뿐 아니라 전 세계 마니아들의 주목을 받았다.

그가 지적한 사항 중에 가장 결정적인 것은 달의 중력에 관한 것으로, 달 탐사 전후의 칭동점 추정 위치가 다르다는 사실을 발견한 것이라고 할 수 있다. 이것은 달 중력 계산에 착오가 있었음을 의미하는 것으로, 그 실제적 증거로 파이오니어 계획과 레인저 계획에서의 우주선 발사가 모두 실패한 것을 예로 들었다. 그는 이미 공개된 자료인 아폴로 우주선의 비행일지와 기타 자료의 상세한 검토로, 달의 중력이 지구의 16.7%가 아니라 64%에 달한다는 것을 밝혀냈고, 영상 자료 분석과 궤도선 고도의 문제점 분석으로 달에도 상당량의 대기층이 존재한다는 증거를 제시하였으며, 과거 달에 물이 있었을 가능성도 거론했다.

그리고 물리학자 곤노겐지는, NASA가 업적을 자랑하기 위해 발간한 사진집 『Lunar Orbitor Photographic Atlas in the Moon』에서 인공 구조물과 UFO를 찾아냈는데, 특히 LO-1-102 사진에서 찾아낸 건축물과 도로

망의 선명한 실루엣은 압권이었다. 그는 연방정부가 의도적으로 달에 대한 진실을 은폐하거나 조작했다며, 정부와 NASA에 의구심을 나열한 질의서를 보냈다.

1990년대에 들어서자, 정부와 관변 단체에 대한 정보 공개 요구가 납세자의 권리 차원에서 재해석되며 보다 조직적인 양상으로 변해 가게 되는데, 그 대표적인 예가 NASA의 전 연구원이자 『NASA 그리고 거짓의 역사』의 저자인 리차드 C. 호글랜드와 그의 연구 그룹(Enterprise mission)의 활동이다.

그들은 1994년 6월에 오하이오 주립대학에서 달과 화성에 관한 공개 강연회를 열어, 달에 인간이 상상할 수도 없는 거대한 인공 구조물들이 있는데도 NASA와 미국 정부가 이 같은 사실을 조직적으로 은폐하고 있다고 폭로함으로써 커다란 파문을 일으켰다. 1995년 6월에는 영화 '아폴로 13호'의 개봉에 맞춰 기자회견을 열어 다시 대중들의 관심을 환기했으며, 1996년 3월에는 워싱턴에서 기자회견을 열어, 달에 고등한 존재가 오래전에 만들어 놓은 인공 구조물이 존재한다고 재차 주장하였다.

이들 외에도 여러 사람이 이와 유사한 논란을 일으켰는데, 이 일련의 사태를 보면 NASA가 진실을 은폐하는 과정에서 자료를 조작한 증거가 드러나게 된 게 결정적인 원인을 제공했음을 알 수 있다.

그렇게 꾸준히 증폭된 대중들의 의구심은 유인 달 탐사 자체에도 의문을 부여하는 상황에까지 이르게 되었는데도, 미국 정부와 NASA는 기존의 비밀주의를 버리지 못하고 있다.

그들이 이러한 태도를 고수하는 것은, 달 탐사 계획에 참여한 과학자를 비롯한 여러 사람의 증언을 종합해 볼 때, 우주 개발 계획 수립과 함께 치밀한 은폐 계획도 수립하기로 미국과 소련이 공모했던 것 같다. 우주선을 우주 공간에 띄우는 과정에서 수많은 UFO를 접하였고, 달에서 무수한 인공 구조물들을 발견했지만, 달 탐사를 주도하고 있던 두 나라만 공모하면 진실을 얼마든지 감출 수 있다고 여겼던 것 같다. 하지만 진실은 그렇게 쉽게 가려지지 않는 법이다. 그들은 대중들의 인식을 너무 경시했던 것 같다.

20세기 중반, 본격적인 우주 탐사가 이뤄지기 전에 이미 대중들은 달과 UFO에 대해 다양한 의구심을 품고 있었다. 역사를 돌이켜 보면, UFO에 대한 언급이 이미 중세 이전부터 있었다는 것은 기지의 사실이고, 달의 이상 현상에 대해 학자들은 수많은 기록을 남겨 놓았으며, 달의 인공 구조물에 대한 언급도 과학의 세기가 열리기 전부터 있었다.

1671년에 카시니(Jean Dominique Cassini)는 달에서 한 조각의 구름을 보았다는 기록을 남겨 놓았고, 1786년에는 천문학의 아버지라고 불리는 워이랜허싸이얼이 달 표면에서 화산이 폭발하는 것을 관찰했다는 기록을 남겨 두었다.

그리고 독일의 천문학자인 파울라 그루투이센는 1824년에 망원경으로 달을 관찰한 결과를 토대로, 달의 거주자들의 수많은 흔적을 발견했는데, 특히 Schröter crater의 북쪽에 어마어마한 크기의 건물들이 있다고 주장했다.

또한, 수백 장의 달 지도를 그린 독일의 천문학자 요한 슈레터는 1843년에 린네 분화구(Linné Crater)가 점차 작아지고 있다는 사실을 관찰해 냈다. 원래 지름이 10km 이상이던 린네 분화구가 현재 1km 정도로 줄어들어 있다는 것이다.

그 후 1882년 4월에는 '야리스더더취'에서 알 수 없는 물체가 이동하는 것을 많은 학자가 함께 발견하였고, 1945년 10월에는 '다윈 벽'에서 거대한 3개의 광점이 반복해서 출몰하는 현상 역시 다수의 학자가 함께 관찰했다.

1954년 7월에는 미국 미네소타 천문대 대장과 그의 조수가 피거뤄미니 구덩이에서 길고 검은 선이 출현하였다가 사라지는 것을 발견했고, 1966년 2월에는 소련의 무인 탐사선 루나 9호가 '비의 바다'에 착륙하여 탑 모양 구조물을 촬영하였으며, '폭풍 바다' 부근에서는 기묘한 동굴을 촬영하였다.

그리고 1966년 11월에는 미국의 Orbiter 2호가 '고요한 바다' 위의 46km 고공에서 금자탑 모양의 구조물들을 촬영하였는데, 높이가 15~25m 되는 그 구조물들은 기하 형식으로 쌓여 있었으며 색깔은 주위의 암석이나 토양보다 많이 밝았다.

이뿐만 아니라, Orbiter 미션 이후에 계속된 본격적인 달 탐사에서 발견한 이상 현상과 구조물들은 셀 수 없을 정도로 많다.

어쨌든 NASA와 Roscosmos(소련 항공우주국)의 비밀주의 고수를 비웃기라도 하듯, 달의 도처에서 다양한 인공 구조물들을 찾아냈다는 보고는 꾸준히 이어졌다. 그리고 이러한 탐구는 광학기구의 발달과 함께 더욱 활발해져서 달 탐사 계획과는 무관하게 진행되었으며, 아폴로 미션이 끝난 후에도 계속되었다. NASA는 물론이고 연방 정부도 압박을 느낄 정도로 대중들의 열기가 나날이 증폭되었다.

그러자 미국 정부는 대중들의 관심에 화답하기 시작했다. 1992년 가을에 NASA가 아닌 국방성이 중심이 되어서 '클레멘타인 미션(Clementine Mission)'이라는 이름으로 2년간의 준비 과정을 거쳐, 1995년 1월에 Clementine호를 달 궤도로 진입시키기에 이르렀다.

대외적으로 발표된 목적은 달지도 제작과 광물 확인이었지만, 실제로는 인공 구조물 찾기와 물의 존재 여부를 확인하는 데 비중을 더 두었을 가능성이 크다. 그러나 Clementine 미션 완료 후에 공식적으로 발표된 성과는 거의 없다. 남극 지역에서 빙하 군이 있을 만한 곳을 찾았다는 발표가 있었을 뿐이다. 대중들은 실망했다. 연방 정부의 전향적인 태도 변화와 Clementine의 성과에 대한 기대가 너무 컸던 탓인지, 대중들은 물론이고 일부 학자들은 Clementine 미션 성과에 대해 혹평을 이어갔다.

그런데 이러던 와중에 뜻밖에 사건이 발생했다. Clementine호가 촬영한 영상 자료가 인터넷에 공개되었다가 급하게 삭제되는 사건이 발생한 것이다. 그 영상 자료는 달 적도 중앙 부근의 사이너스메디 지역을 촬영한 다중스펙트럼 영상 기록의 일부였는데, Clementine 프로젝트 관계자로 추정되는 누군가에 의해 의도적으로 유출된 것이었다.

공개된 시간이 길지 않았지만, 이 영상 자료는 호글랜드에게 포착되어 즉각적으로 분석되었다. 그 자료 안에는 광범위하게 행해진 정지작업의 흔적, 그물망처럼 조밀하게 짜인 도로망, 기하학적으로 구획된 블록 등, 전형적인 계획도시의 실루엣이 담겨 있었다. 지적인 존재가 설계하지 않고서는 만들어질 수 없는 구조였다.

호글랜드와 그의 연구 조직인 엔터프라이즈 미션 회원들은 LA 이외에도, 훗날 샤드(Shard), 큐브(Cube), 캐슬(Castle), 크리슘 스파이어(Crisium Spire) 등으로 이름 붙여질, 특이한 구조물들도 찾아냈다. 이것들은 모두 유리류의 재질로 만들어져 있으며 복잡하고 규칙적인 기하학적 구조로 이뤄져 있다고 하는데, 그들의 주석이 붙어 있는 자료 사진을 보면 그런 주장이 상당히 설득력 있음을 알 수 있다.

하지만 아쉬운 점은 여전히 있다. 이 지역 전체가 폐허로 추정된다는 사실이다. 물론 이를 분명하게 확인하자면, Clementine이 찍어온 해상도 높은 영상 자료들로 더 확인해야 한다. 그러나 미국 정부에서 공개하지 않고 있어서 접할 수 없다. 그렇기에 달 구조물에 관심을 두고 있는 학자들은 아폴로 미션에서 공개된 자료와 1966년에 발사된 Lunar Orbiter의 사진을 연구 자료로 삼을 수밖에 없는 상황이다. 다행히 이 자료들은 공개된 게 많아서 온라인을 통해서 쉽게 접할 수 있다.

Lunar Orbiter는 1966~1967년에 달 주위 궤도에 배치된 무인 궤도선이다. 이것은 극 지역과 달 뒷면을 포함한 거의 모든 달 표면을 광각·고해상도 사진으로 1,950장을 촬영했으며, 그중에는 달 표면에서 45.6km 고도까지 접근하여 촬영한 것도 있다. 그 사진 자료를 바탕으로 아폴로 유인 우주 비행을 위한 다섯 곳의 주요 착륙 장소를 선택할 수 있었고, 지상에서 망원경으로 관측한 것보다도 100배나 더 정밀한 월면도를 작성할 수도 있었다.

이 과정에서 NASA는 달의 전면과 후면에 있는 인공 구조물을 상세히 파악할 수 있었겠지만, NASA가 공개한 Lunar Orbiter 사진집 초판에는 실제로 촬영한 수십만 장의 사진 중에서 엄밀히 선정된 극히 일부분의 사진만 실려 있다.

그런데도 곤노겐지는 이 사진집에서 많은 인공 구조물과 UFO를 찾아냈다. 특히 달 앞면에서, 폭이 100km에 달하는, 각종 인공 구조물이 밀집된 지역을 발견했고, 그중 일부 구조물에는 알기 쉽게 드로잉 작업까지 첨가했다. 그러자 NASA는 재판본에서 초판에서 문제가 된 사진들을 모두 제거하거나 수정하였는데, 이러는 바람에 도리어 그동안 NASA가 달 사진을 조작하였다는 사실을 자인하는 꼴이 되어버렸다.

그 후 NASA가 아폴로 미션 중에 공개한 자료 중에도 의문의 구조물들이 지속해서 발견되었는데 이것이 의도적인 실수였는지는 모르겠지만, 연구자들은 많은 것을 찾아냈다. 이러한 물체들은 소련에서 공개한 자료에서도 찾을 수 있는 것이 다수여서, 그 존재를 부정할 수 없는 상황이다.

사실 NASA는 외부의 어떤 전문가보다 달에 관해서 훨씬 많은 진실을 알고 있을 것이다. 달 탐사 작업 중에 얻은 자료들이 가장 많겠지만, 허블 망원경을 통해서 얻은 자료들도 상상외로 많을 개연성이 높다.

그동안 허블망원경을 사용하여 달을 촬영하면 좋은 자료들을 많이 얻을 수 있을 거라는 학자들의 제안에 대하여, NASA는 달이 허블망원경으로 촬영하기에는 너무 밝기에 망원경이 손상을 입을 수 있어서 삼가고 있다고 답변해 왔는데, 최근에 허블망원경을 통해 찍은 사진 일부가 외부로 유출되면서 그런 답변이 진실이 아니었음이 밝혀졌다. NASA는 오랫동안 허블망원경을 이용하여 달을 상세히 관찰하였고 그 자료들을 독점하고 있었다.

한편, 우주 비행사들은 달 탐사 과정에서 수많은 UFO를 목격했다고 증언하고 있다. 그들은 모양과 크기가 다양한 UFO를 직접 촬영하기도 했는데, 우주선이 달로 향하는 동안 UFO가 감시하였고, 착륙 후에도 착륙 지점 상공에 UFO가 자주 출몰했다고 한다. 하지만 아직도 NASA에서는 이러한 증언들에 대해 공식적인 의견 발표를 유보하고 있다.

이렇게 답답한 상황이긴 해도, 장기간에 걸친 달 탐사 과정에서 인류는 외계의 존재에 대한 새로운 시각을 갖게 될 정보들을 얻게 되었고, 달이라는 존재에 관해서도 과거와는 다른 시각을 갖게 되었음을 부정할 수 없다.

달은 그 거대한 구조 자체가 이상한 존재일 뿐 아니라, 그 안에 무수한 수수께끼 구조물을 품고 있기에, 달 전체가 수수께끼 덩어리라고 봐야 한다. 그렇기에 우리는 과거와는 전혀 다른 시각으로 달에 접근해야 한다.

달은 태양계 형성 과정에 자연스럽게 만들어진 지구의 위성이 아닐 뿐 아니라, 그곳에 있는 구조물 역시 자연적으로 형성되지 않은 것들이 많다는 사실을 염두에 두고 그 실체를 파악해 나가야 한다.

다시 강조하거니와 달은 그 자체가 미스터리이다. 이에 관해 가장 많은 증거를 가지고 있는 NASA에서는 달이 지구의 자연 위성이고, 그 안의 구조물들 역시 자연의 일부라고 주장하지만, 대중들은 그동안 공개된 자료

만으로도 NASA의 주장이 사실이 아님을 알고 있다.

이제는 진실을 말해야 할 때이다. 인류를 위하여 비밀주의가 유지되어야 한다는 주장은 쓰레기통에 던져버려야 한다. 달 탐사 과정에서 발견하게 된, 인공적인 구조물들과 자연적이지 않은 현상들에 대한 관찰 기록과 자료들을 공유하는 동시에, 지구인이 아닌 다른 지적 존재들의 간섭과 그 흔적을 찾는 일은, 모든 인류가 함께해야 할 숙제라고 본다.

다음 장부터 본격적으로 그동안 진행되어온 달 탐사 계획들을 분류하고, 여러 미션에서 얻은 특별한 증거들을 제시하면서, 지구인 외의 다른 지적 존재들의 흔적을 찾아보도록 하겠다.

제 2 장

천문대의 발견

천체에 관한 연구를 하기에 가장 좋은 방법은, 직접 그곳에 가서 조사하며 환경을 체험하는 것이다. 그러나 실제로 실행하기가 어려워서, 항성의 경우는 근처에 가는 것조차 엄두를 낼 수 없다. 하지만 과학 기술의 꾸준한 발전으로 우리 태양계 내부를 직접 탐사하는 일은 어느 정도 가능해졌고, 특히 달의 경우는 지구와 비교적 가까워서 직접 방문해서 탐사할 수 있게 되었다. 물론 그렇다고 해서 달 방문이 쉽게 이뤄졌다는 뜻은 아니다. 아주 오랜 도전 끝에 어렵게 이뤄냈다.

탐사선을 이용한 실제적인 탐사가 시도된 것은 1958년이다. 초기 탐사선들은 달 궤도에서 표면 사진을 찍은 후에, 표면에 착륙하여 근거리 지형을 관측하는 것을 목표로 했다. 하지만 연착륙이 쉽지 않아, 한동안 달로 떨어지면서 표면 사진을 촬영하여 지구로 전송하는 형태의 탐사가 진행되었다. 그러다가 1966년 1월 31일에 소련에서 발사한 루나 9호가 최초로 달 표면에 연착륙하여 처음으로 달 표면에서 사진을 전송했다.

달에 인간을 직접 보내는 유인 달 탐사 계획은 아폴로 미션에서 처음으로 추진되었다. 1968년 12월에 발사된 아폴로 8호는 세 명의 우주인을 태워 크리스마스이브에 달 궤도를 10바퀴 돌고 지구로 귀환하는 데 성공했으며, 1969년 5월에는 아폴로 10호가 달 궤도에 진입한 후, 달 착륙선을 모선에서 분리하여 달 표면의 15.24km 상공까지 하강하는 데 성공했다. 그리고 마침내 1969년 7월 16일에 발사된 아폴로 11호가 달 표면에 직접 내렸다. 승무원들은 21시간 30분 동안 체류하면서 암석 표본 21.7kg을 채취하고 여러 가지 탐사 장비를 설치한 후 무사히 지구로 귀환했다.

그 후에도 1970년대까지 미국의 달 탐사가 계속되었고, 최근에는 미국과 소련 외에 중국, 일본, 유럽연합 등이 탐사에 참여하면서 많은 자료를 수집해 놓았다.

하지만 이런 직접적인 방법을 취하기 전에도 달에 대한 정보는 상당히 확보되어 있었다. 물론 질적인 측면에서 본다면 직접 탐사에서 얻은 자료에 비해 보잘것없는 것이지만 말이다.

인간은 아주 오래전부터 달을 관측하며, 그에 대한 호기심 충족과 함께 달에 대한 데이터를 누적해 왔다. 물론 이런 행위는 대부분 광범위한 천문 관측과 함께 진행되었다.

천문 관측의 역사를 살펴보면, 고대 그리스 시대에도 이미 상당히 진척되어 있었다는 사실을 알 수 있다. 하지만 망원경이 개발되기 이전이어서 주로 감각과 추정에 의존했고, 자신들의 관측에 다양한 철학과 종교적인 상징을 조합하는 경향이 강했다. 철학자가 곧 천문학자였던 당시이기에, 유명했던 천문학자 역시 아리스토텔레스, 히파르쿠스, 프톨레미 등의 철학자였는데, 그들이 남겨놓은 기록에는 유용한 내용도 많이 있다.

아리스토텔레스는, 달 겉보기 모습이 반복적으로 변화하는 이유가 시간이 흘러감에 따라 달 반구의 서로 다른 부분을 보게 되기 때문이라고 설명해 놓았다. 그리고 달이 때때로 정확하게 지구와 태양 사이를 지날 때 일식이 일어나며, 태양과 지구 사이의 거리가 지구와 달 사이의 거리보다 멀다는 설명도 남겨 놓았다. 그리고 지구가 둥글다는 것을 여러 예를 들어 증명해 놓았다.

히파르쿠스(Hipparchus)는 로도스섬에 천문대를 세운 인물이다. 그곳에서 천체의 방향을 정확하게 측정하여, 850개 천체에 관한 성표를 만들어 놓았는데, 별의 좌표와 상대적 위치가 상세히 기록되어 있다. 또한, 겉보기 밝기에 따라서 별을 6개의 등급으로 나누었다. 가장 밝은 별을 1등급으로, 그다음으로 밝은 별을 2등급으로 나누는 식이다. 그가 만든 이 체계는 약간 변형되긴 했지만, 오늘날에도 사용되고 있다. 하지만 그의 발견 중 가장 빼어난 것은 세차운동에 관한 것이라고 할 수 있다. 그는 지구의 북극이 가리키는 방향이 150여 년을 거치면서 변한다는 사실을 별을 관측하고 옛날의 자료와 비교해서 알아냈다.

한편, 고대 최후의 위대한 천문학자는 클라우디우스 프톨레미(Claudius Ptolemy)라고 할 수 있는데, '알마게스트'라는 13권의 천문학 서적을 집대성해 놓았다. 자신의 연구뿐 아니라 히파르쿠스의 업적과 같은 과거의 천문학 성과들까지도 모아놓은 것이다.

그의 가장 위대한 공헌은, 행성의 운동을 정확한 예견을 바탕으로 한 태양계의 기하학적 표현이다. 그는 히파르쿠스의 자료에 새로운 자료를 첨가해서 코페르니쿠스 시대까지 수천 년 동안 견뎌낼 우주 모형을 완성해 놓았다.

한편, 고대의 이집트, 메소포타미아, 중앙아시아 지방에서도 고대 그리스에 못지않은 천문 관측이 이뤄졌다. 지역마다 그 주된 목적에 다소 차이가 있긴 했지만, 관측 대상이 천체의 운동과 변화라는 점은 같다. 당시는 농경 사회여서 파종기와 추수기, 우기와 건기를 파악하는 일이 매우 중요했기에, 결코 이를 소홀히 할 수 없었다.

중세에 접어들면서, 천문 관측에 대한 열정이 식어 버리고 점성술이 성행하면서 천문학 전반이 상당한 침체기를 겪기도 했지만, 중세 말 무렵에 향해 시대가 본격적으로 열리면서 천문학이 부활하여 다시 한발씩 나가기 시작했다. 그러다가 갈릴레이라는 걸출한 학자가 나타나서 천문학의 역사에 획기적인 전환을 이루어 놓았는데, 그는 달에 관해서도 놀라운 관찰을 남겨 놓았다.

당시 사람들은 달을 수정구처럼 무결점의 상징으로 여기고 있었지만, 갈릴레이는 자신이 제작한 망원경을 통해서, 달 명암의 경계선이 매끄럽지 않고, 달의 어두운 면에는 밝은 점이 있으며, 밝은 면에는 어두운 점이 관측된다는 사실을 알아냈다.

그는 관측 결과를 토대로 달 표면이 매끄럽지 않고 산과 계곡이 있을 만큼 울퉁불퉁하다고 주장했다. 그런데 이런 주장은 기독교가 세상을 지배하던 당시에는 불경에 속했다. 왜냐하면, 달을 성모마리아처럼 무결점의 상징으로 여기고 있었기에, 그의 주장은 세상의 진리를 뒤흔드는 행위로 보일 수 있었다.

하지만 그의 주장은 다른 사람이 망원경을 들여다보더라도 곧 확인할 수 있는 것이었고, 그러한 사실은 관측하는 장소가 바뀌더라도 변하지 않는 것이었기에, 그에게 형벌을 가할 수는 없었다. 관측을 통해 확인되기 이전까지는 신비스러운 장막에 둘러싸여 있던 세계에 명료한 구체성이 부여되면서 주변 과학은 물론이고 인간의 가치관에도 획기적인 변화를 촉구하는 시기가 도래한 것이다.

갈릴레이의 놀라운 발견은, 천체의 위치만을 관측하던 기존의 천문학을 새로운 천문학으로 변신케 하는 동력이 되어, 천문 분야에 집중적인 투자가 이루어졌다. 그 결과 1637년에 코펜하겐 천문대, 1650년에 그다니스크 천문대, 1667년에 파리 천문대, 1670년에 룬드 천문대, 1675년에 그리니치 천문대 등이 세워졌고, 그로 인해서 대형 망원경의 숫자도 늘어나게 되었다.

그렇게 천문학의 발전을 위한 단단한 토대가 구축되자, 파리 천문대의 카시니 대장이 토성의 4개 위성과 그 고리에 있는 카시니 공극(空隙)을 발견했고, 그리니치 천문대의 플램스티드 대장은 성도(星圖)를 완성하여 천체의 정밀한 위치 관측의 기초를 만들었다. 그리고 그 자료들은 훗날 그리니치가 세계 자오선의 기준이 되는 자산이 되었다.

파리 천문대와 그리니치 천문대는 모두 대도시 안에 세워졌는데, 점차 도시에 범람하는 빛 때문에 관측에 적합하지 않게 되자, 파리 천문대는 19세기 말 무렵에 뫼동의 삼림 속으로 자리를 옮겼고, 그리니치 천문대도 1950년 전후에 서섹스주(州)의 허스트몬슈로 이전했다. 그 후 두 천문대는 규모를 더욱 확장하고 지름 100㎝급의 대형 망원경도 갖추어 천문학의 발전에 혁혁한 공을 세웠다. 그리고 그들보다 늦긴 했으나 1839년에 페테르스부르크 교외에 세워진 풀코보 천문대는 정밀한 대기차표(大氣差表)를 만들어 내어 오늘날까지도 사용되고 있다. 니스 천문대는 파리의 은행가 비숍하임의 기부로 세워져 이중성(二重星)의 관측에 큰 업적을 남겼으며, 현재는 대형 컴퓨터와 첨단 과학장비를 갖춘 굴지의 천문대가 되었다.

이에 비해서 미국의 천문대는 규모와 설비가 빈약하여 19세기 중엽까지는 그다지 활약이 없었다. 그러다가 19세기 말에 대부호들의 기부로 릭 천문대와 여키스 천문대가 세워지긴 했으나, 다른 나라의 천문대에 비해서 시설이 여전히 낙후된 편이었다.

그렇지만 릭 천문대의 관찰 기록에는 주목해야 할 게 많다. 다른 천문대의 자료와는 차별되는 자료들을 많이 확보하고 있기 때문이다. 특히 필자에게는 이것들이 아주 긴요한데, 이 책의 주제가 달에서 일어난 특이현상을 제시하는 것이기 때문이다.

릭 천문대는 캘리포니아의 해밀턴 산에 1888년에 세워졌다. 미국 중서부의 산악지대는 맑은 날이 많고 공기가 깨끗하다. 그런 이유로 천문대가 많이 몰려 있는데, 그중에 가장 먼저 건립된 것이 릭 천문대이다. 당시에는 세계 최대였던 굴절망원경(지름 91cm)을 기반으로 하여, 쌍성과 항성의 시선 속도를 측정하여 큰 성과를 거둔 바 있다. 하지만 우리가 관심을 두고 있는 것은 이보다는 달에 관한 특이한 자료이기에, 이 장에서는 그것을 집중해서 조망하고자 한다.

1946년에 릭 천문대에서 촬영한 달의 얼굴

맴돌고 있는 비행체

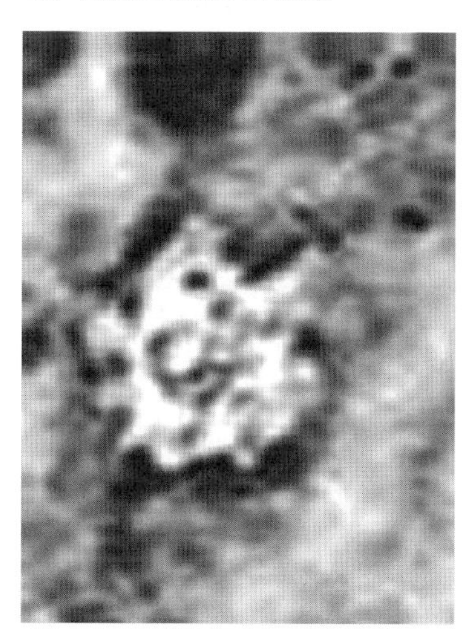

이 사진이 촬영된 때가 1946년이니까 상당히 오래된 자료이다. 사진 속에 이상한 물체가 담겨 있는데, 지상에 있는 천문대의 망원경에 세부적인 모습이 포착될 정도면 실제의 크기는 아주 거대할 것이다.

이 물체가 발견된 위치는 Near Side의 오른쪽 가장자리에 있는 훔볼트 분화구(Humboldt Crater) 부근이다.

엔디미온 분화구 주변

Lander

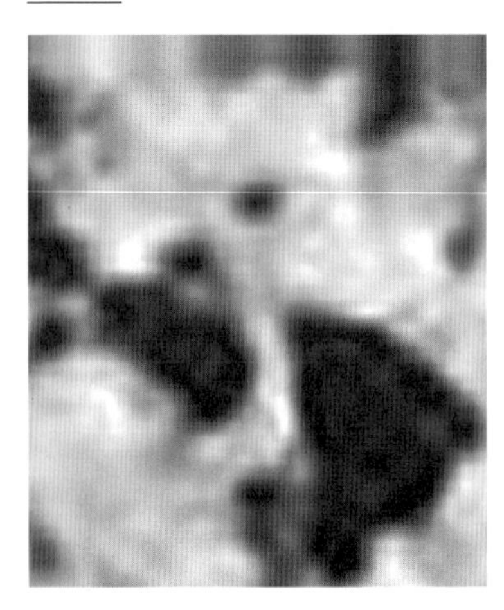

분화구 위를 가로지르는 다리(Lander)인가, 아니면 양륙기(Unloader)인가. Endymion Crater의 북서쪽에 있는 작은 분화구 위에는, 분화구 폭과 거의 같은 길이를 가진 물체가 누워 있다. 혹자는 이것이 컨베이어(Conveyor) 시설일 가능성이 크다고 주장하고 있다.

Golf Ball

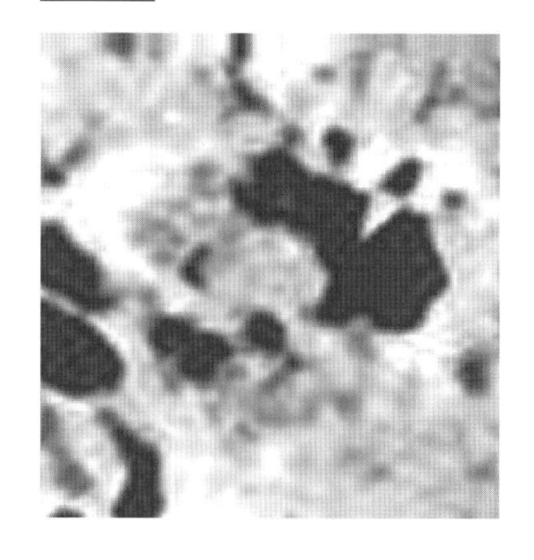

누가 크레이터 안에 골프공을 넣어 두었나? 분화구 안의 물체는 거대한 Golf Ball처럼 보인다. 분화구의 가장자리에 있는 물체들도 주목할 필요가 있다. 복잡한 구조물이 분화구를 감싸고 있고 장치 일부는 분화구 중심을 향해 팔을 뻗고 있다.

분화구 가장자리

Endymion Crater 근처의 전경을 찍은 사진에서 Crater 가장자리 부분을 확대해서 살펴보면, 이상하게 생긴 구조물들이 많이 드러난다. 그중에 대표적인 것들만 살펴보자.

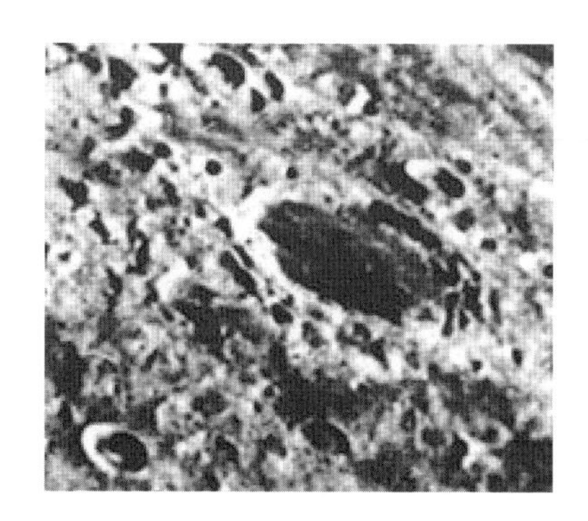

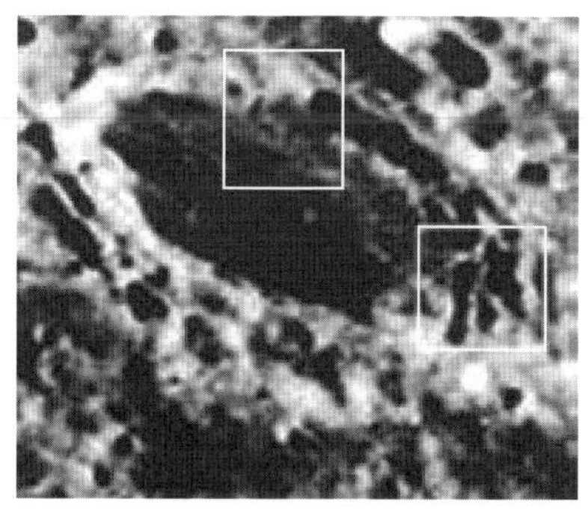

Endymion Crater 가장자리를 확대하여 이상한 물체가 있는 부분을 사각형으로 표시해 놓았다. 뭐라고 묘사하기는 어렵지만, 자연스럽게 형성된 지형지물이 아닌 것은 분명하다.

작은 구름

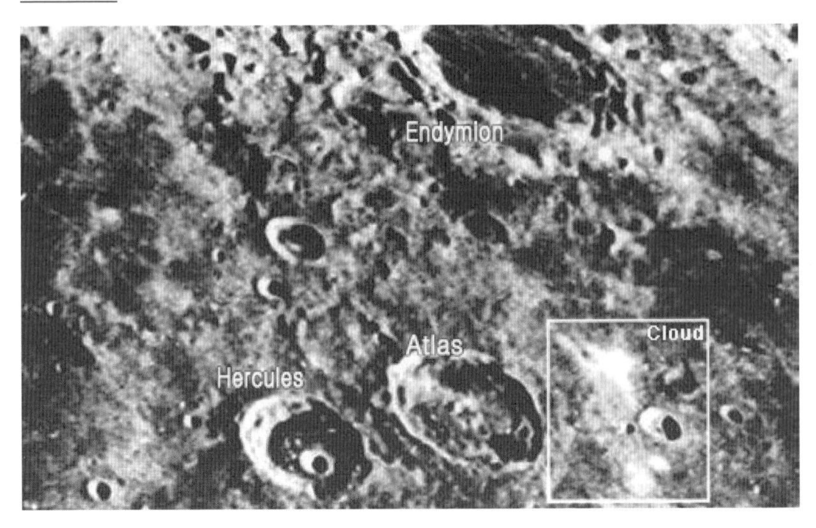

위 사진은 1963년경에 Endymion Crater 아래 지역을 촬영한 것이다. Atlas Crater 우측을 확대해 보면, 안개나 구름 같은 것이 고여 있다는 사실을 알 수 있다.

아래 두 사진은 Atlas Crater 우측의 같은 지역을 촬영한 것인데, 오른쪽 것은 광학기술이 조금 더 발전된 후에 찍은 것이다.

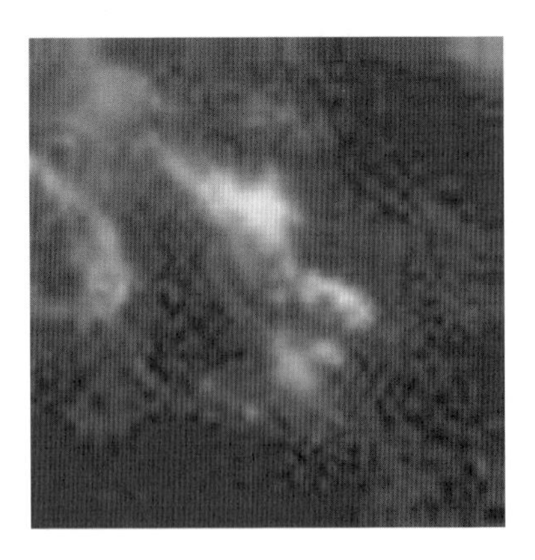

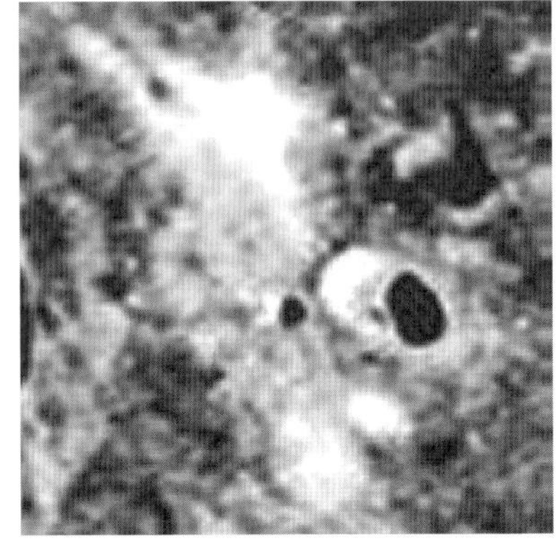

마치 구름이 낀 듯한데, 달에 대기가 없다는 것이 진실이라면, 연기 띠일 가능성이 크다. 그렇다면 저 연기 띠는 어디서 어떻게 생겨난 것일까.

에우독소스 분화구 근처

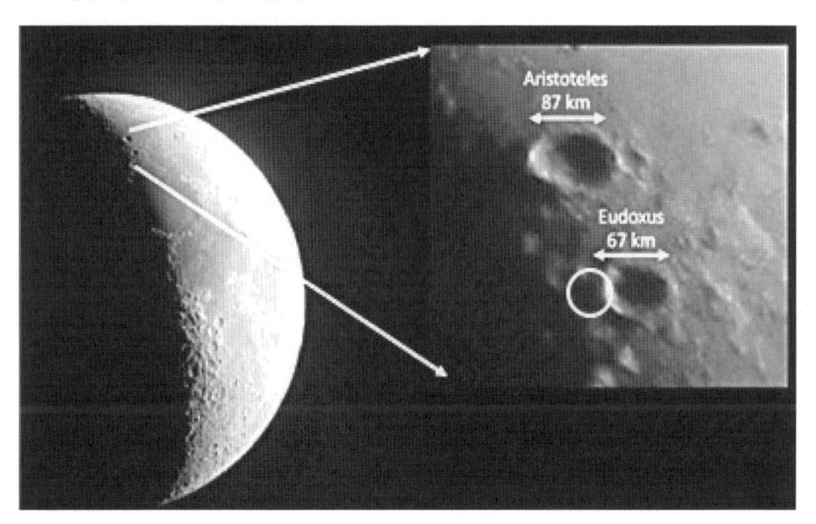

Bridge

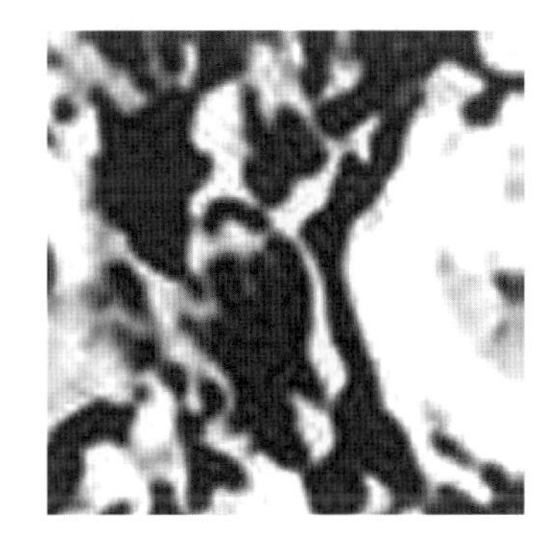

Endymion 북서쪽에서 보았던 Lander와 유사한 물체가 있다. 다리 같은 게 허공을 가로지르고 있고, 오른쪽에 Eudoxus Crater 가장자리가 보인다. 그런데 아폴로 미션 자료에는 이 물체가 안 보인다.

위난의 바다 근처

Odd Shape

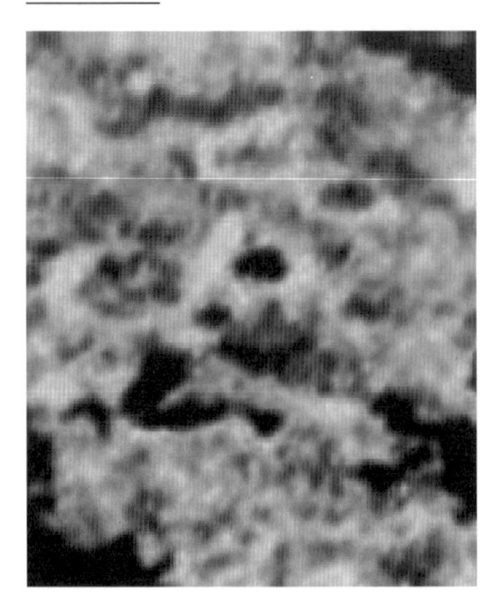

옆의 사진은 원본 사진을 판독하기 쉽도록 시계 반대 방향으로 70° 가량 돌려놓은 사진이다.

이름을 붙이기 힘들 정도로 그 모양이 아주 기묘하지만, 여러 구체가 합쳐져 거대한 시설을 이루고 있는 것은 분명해 보인다. 지도상의 위치는 위난의 바다(Mare Crisium)의 남동쪽 코너이다.

Malibu

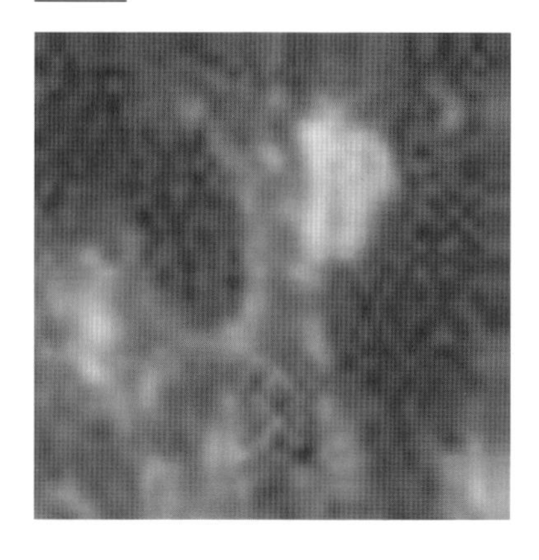

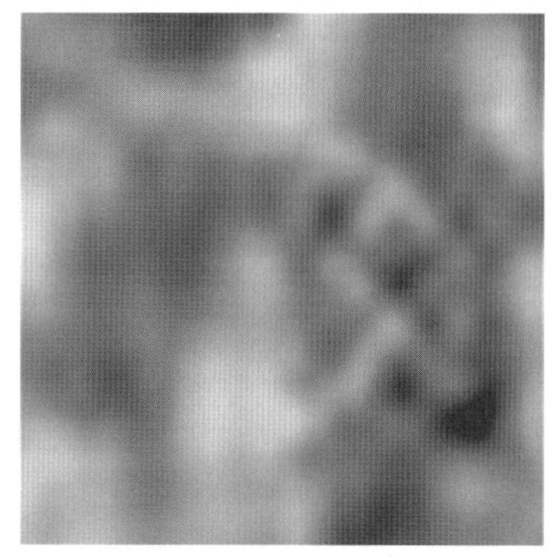

왼쪽 사진은 Mare Crisium의 바로 아래 지역을 촬영하여 확대한 것으로, 마치 그 형세가 말리브(Malibu, 캘리포니아주 로스엔젤레스의 해변 도시) 지역과 같다고 해서 오랫동안 회자되어 온 지역이다.

오른쪽 사진은 왼쪽 사진의 특이하게 보이는, 가운데 아랫부분을 확대한 것이다. 규칙적이고 대칭적인 패턴이 비교적 분명하게 드러난다.

Pink Elephants

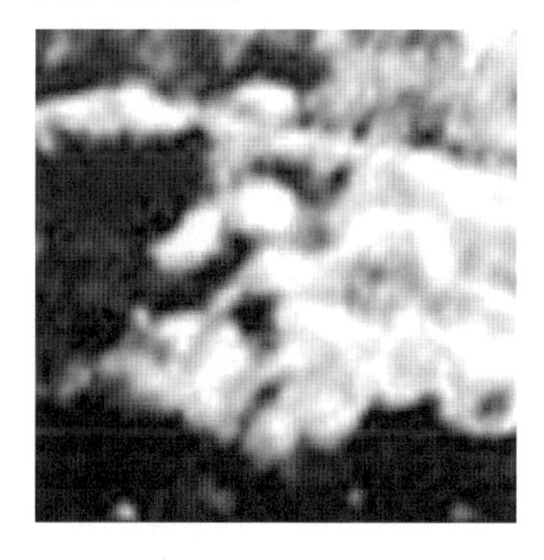

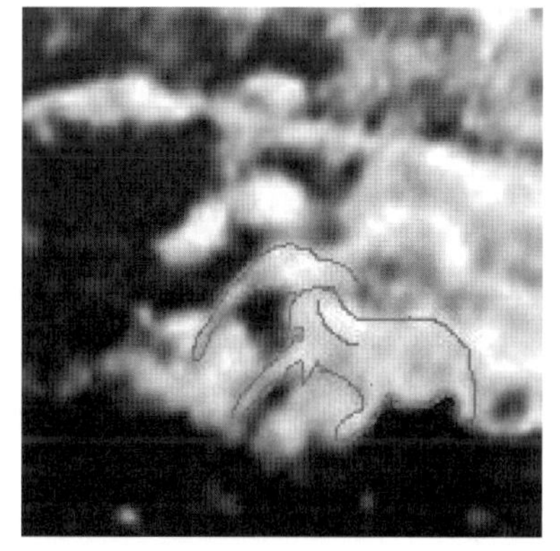

두 사진은 같은 곳을 촬영한 것으로 핑크 코끼리라는 이름이 붙어 있는 물체가 보인다. 오른쪽 사진은 왼쪽 사진의 기묘한 부분에 강조 표시를 해 놓은 것이다. 이곳은 Mare Crisium의 오른쪽 아랫부분에 있는 반도 형태의 지형 위에 있다.

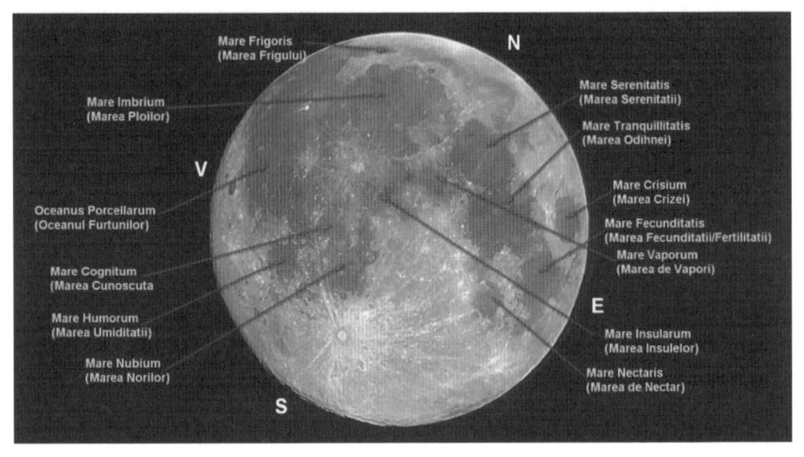

Lunar mare

풍요의 바다

Trail

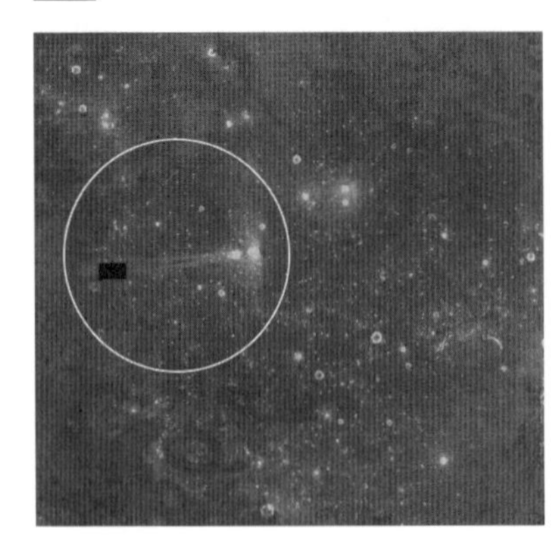

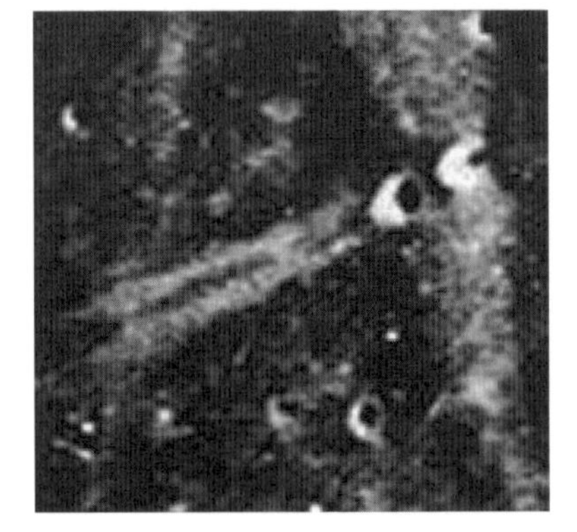

풍요의 바다 위에 있는 이 Trail에 대한 다수의 추측은, 유성이 경사지에 충돌해서 생긴 자국이라고 보는 것인데, 흥미로운 점은 혜성의 꼬리를 닮은 트레일이 120km나 나 있고 그 끝이 분화구를 향하고 있다는 사실이다. 유성이 저런 자국을 남기며 길게 착륙할 수 있을지 의문이며, 저런 흔적을 남길 정도로 큰 유성이었다면 그 잔해가 어디엔가 있어야 하는 것 아닌가.

아르키메데스 분화구 근처

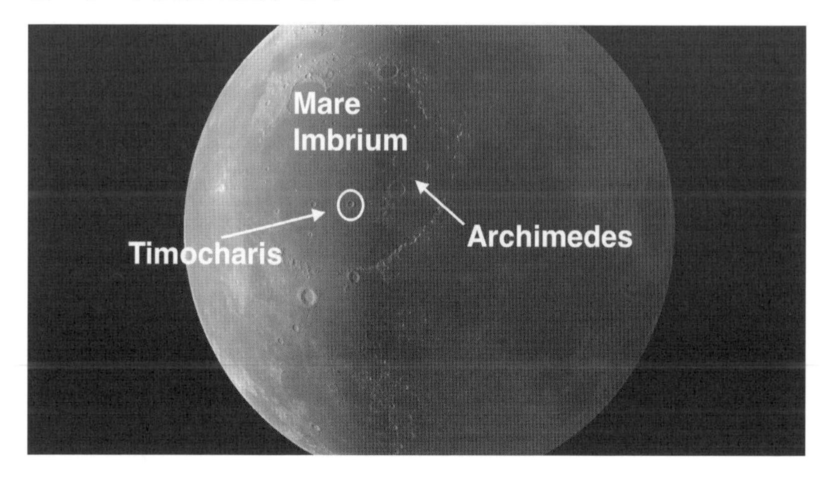

Mt Piton

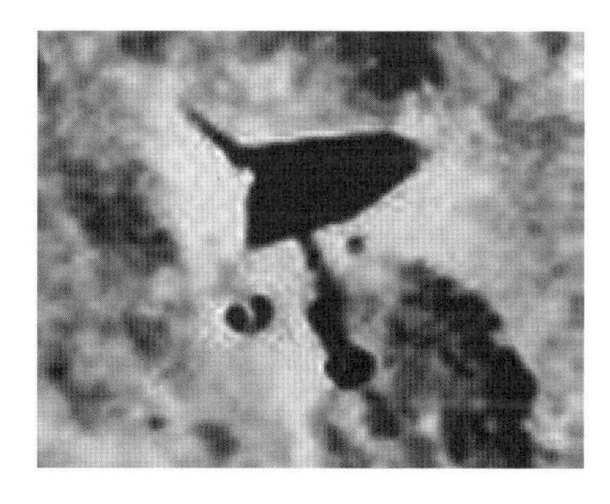

뾰족한 끝을 가진 물체가 높이 솟아 있다. 주변과는 전혀 다른, 특이한 모습을 가지고 있다. 또한, 주변의 지형도 인위적인 손길이 스쳐 간 것처럼 잘 정돈되어 있다.

Bee Hive

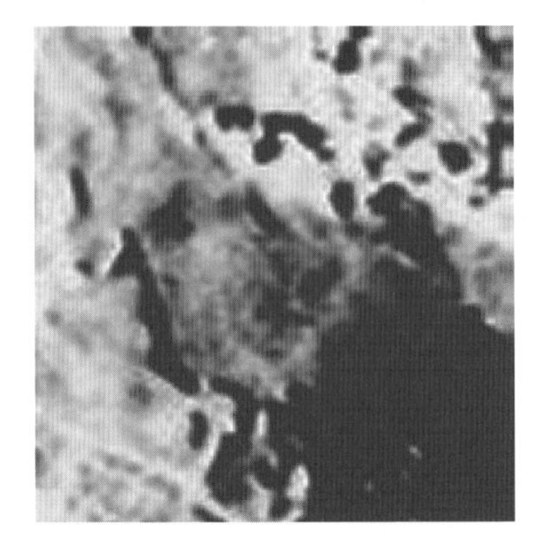

유사하게 생긴 물체들이 서로 유기적으로 연결되어 있고, 그 앞쪽에 교차되어 있는 굵은 선들은 누군가 공사해 놓은 도로망처럼 보인다. Archimedes Crater 남동쪽에 있는 이 지역은 다른 지역과는 모양뿐 아니라 표면의 질감도 다르다.

클러스터

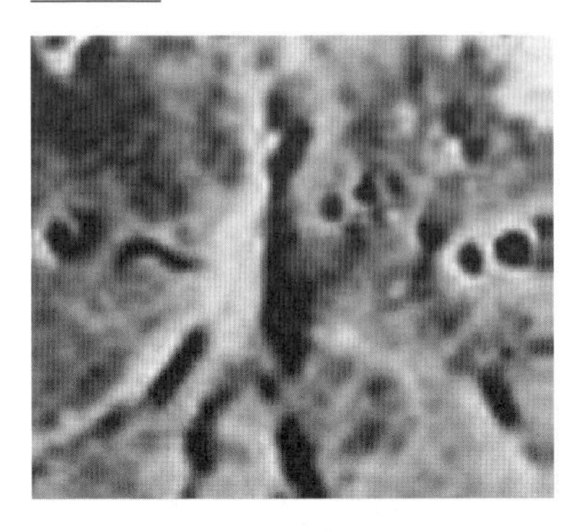

위에서 살펴본 Mt Piton의 북서쪽과 Plato Crater의 남동쪽 사이에 있는 지역이다. 전체적인 모습이 생경하지만, 가운데 건축물을 중심으로 여러 구조물이 유기적 체제를 갖추고 있는 것으로 보인다.

미지의 지형

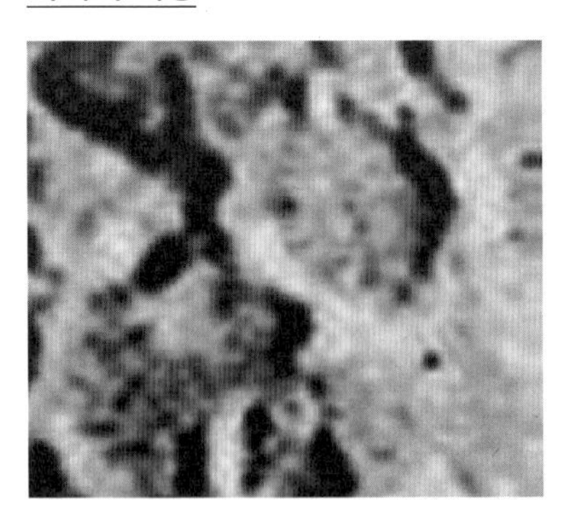

사진의 중앙 위쪽에 모서리가 날카롭게 서 있는 사각형 탑이 있고 그 주변을 원형 트랙이 감싸고 있다. 아래쪽에도 인공적인 구조물들로 볼 수 있는 것들이 있으나 외형을 구체적으로 판독하기는 어렵다.

사라져 가는 마크들

왼쪽 사진은 1946년에 망원렌즈를 사용하여 촬영한 Archimedes Crater와 그 주변 지역이다. Bee Hive로 이름 붙여진 곳, 그 주변의 트랙, 여러 마크가 선명하게 보인다. 하지만 이 지역의 모습은 빠른 속도로 변하고 있다.

왼쪽 사진은 1968년경에 찍은 같은 지역의 사진이다. Archimedes Crater 지역의 우측을 보면, 과거와는 비교할 수 없을 정도로 평평해졌고, 각종 마크도 모두 사라져 가고 있다는 걸 알 수 있다. 도대체 그 원인이 무엇일까.

위 사진은 1971년 7월에 아폴로 15호가 촬영한 것이다. 'Bee Hive' 지역과 그 근처가 더욱 평평해 있다. 시점이 현재에 가까워질수록 지형의 변화가 더욱 가속화되고 있는 것 같다. 정말 그 원인이 궁금하다. 풍화 작용이 일어날 수 없는 달에서 무슨 원인 때문에, 이런 지형 변화가 일어나고 있는 것일까.

그런데 세인들은 이런 지형 변화보다 사진의 오른쪽 위에 있는 크레이터의 내부를 더 주목하는 경향이 있다. 그 이유는 크레이터 중앙에 있는 작은 구조물들의 집합체가 인공적인 구조물들로 보이기 때문이라고 한다. 정말 그렇게 주목할 만한 가치가 있을까. 자세히 들여다보도록 하자.

아래에 확대한 사진이 있다. 내부 전체가 부자연스러워 보이는 건 사실이다. 특히 분화구 오른쪽 벽의 모습은 유니크하면서도 음산하다.

하지만 이 분화구 내의 구조물에 인위적인 설계가 도입되었다고 단정 짓기는 쉽지 않을 것 같다. 원경을 찍은 흑백 사진에서 일어나는 빛과 그림자의 조화는 이보다 심한 착각을 일으키게 하는 경우가 허다하기 때문이다.

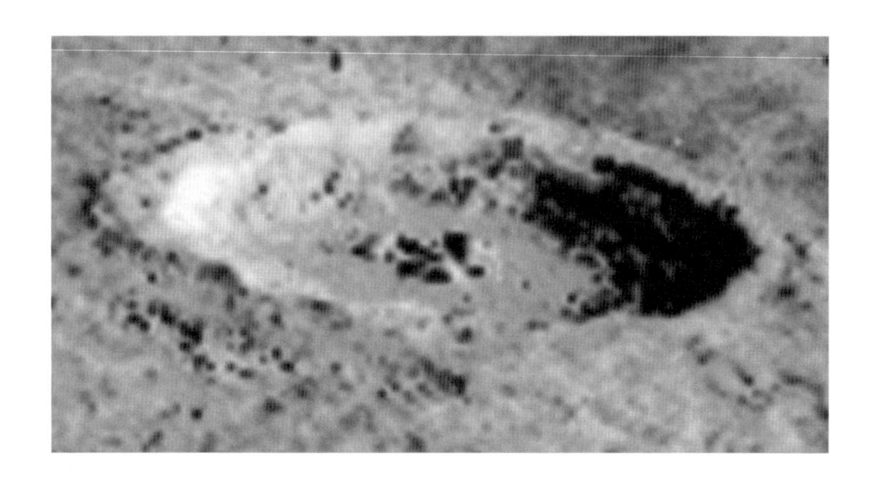

이곳에 관한 논란은 잠시 접어두고 애초에 관심을 두었던 Archimedes의 Bee Hive 근처로 다시 돌아가 보자.

위 사진은 2004년경에 찍은 것이다. Archimedes의 Hive는 주인 떠난 집처럼 주저앉은 지 오래됐고, 주변의 마크들도 거의 다 지워져 버렸다. 마치 연마를 한 것처럼 매끈하기까지 하다.

그런데 이 사진이 공개되자 호사가들은 다양한 의구심을 드러내기 시작했다. 그중에 대표적인 게 NASA가 은폐 프로그램을 적극적으로 작동하고 있다는 음모설이다. 그러니까 NASA가 달에 있는 물체를 포함한, 중요한 실체들을 감추고 있고 그 계획의 일환으로 사진을 조작하고 있다는 것이다. 그럴지도 모른다.

하지만 적어도 이 경우는, 우리가 모르는 자연의 힘이 작용하고 있을 개연성이 더 높아 보인다. 정보를 독점하고 있는 국가와 기관들의 음모는 차치하더라도 말이다.

◐ 퍼킨스 천문대의 기록

이 사진은 미국의 천문학자이자 물리학자인 Harlan True Stetson(1885~1964)이 남긴 스트립에서 발췌한 것이다. 기록에 의하면, 1932년에 Perkins 천

문대에서 촬영한 것이라고 하는데, 이 자료를 제시하는 이유는, 이상한 물체가 있어서가 아니고, 지형 전체의 모습이 기괴할 뿐 아니라, 현재는 달의 앞면 어디에도 이런 모습인 곳이 없기 때문이다.

과거에 촬영된 달의 사진을 보면, 달의 표면이 매우 거칠고 복잡할 뿐 아니라, 작은 분화구들이 현재보다 훨씬 많았고 그 위치도 평지가 아닌, 작은 산이나 언덕 위까지 산재해 있다. 그러나 모두 알다시피 현재는 달 표면의 상당 부분이 매끈하게 변해 있거나 변해 가고 있다. 특히 앞에서 제시한 아르키메데스 분화구 주변은 변화 속도가 엄청나게 빠른데, 린네 분화구의 경우는 이보다 더 빨라서 현재는 분화구의 흔적만 겨우 남아 있는 상태이다. 왜 이런 현상이 나타나는지 도무지 알 수 없다.

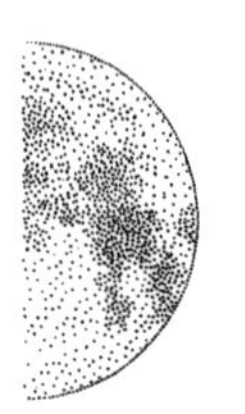

제 3 장

Lunar Orbiter의 발견

미국은 1961년부터 본격적인 월면 탐사를 시작했다. 첫 번째 프로그램은 레인저 계획(Project Ranger)이라고 할 수 있다. 물론 이전에 달 탐사를 전혀 하지 않은 것은 아니다. 파이어니어호를 보내어 달 탐사를 시도하긴 했지만, 궤도를 타고 장시간 탐사하는 것이 아니라, 달 근처를 스쳐 지나가며 사진을 찍는 수준이었다. 당시에는 과학 기술 수준이 그 정도밖에 되지 않아서 더 심도 있는 시도를 할 수 없었다. 그마저도 충실도가 떨어져서 파이오니아 4호가 달에서 6만km나 떨어져 지나가며 사진을 촬영한 것이 최고의 성과였다.

한편, 소련은 루나(Luna) 시리즈를 꾸준히 달에 보내어 많은 양의 데이터를 쌓았기에, 미국이 레인저 계획을 시작될 무렵까지는 이 분야에서 미국을 한참 앞서가고 있었다. 그래서 체제 간의 경쟁에 심취해 있던 미국은, 이런 상황을 일거에 역전하기 위해서 인간의 달 착륙이라는 원대한 계획을 세웠고, 1969년까지 이 계획을 성공시키기 위해서 막대한 인력과 자본을 집중하기 시작했다. 그 웅보의 첫걸음이 바로 레인저 계획이었다. 이 계획의 핵심은, 인공위성을 달의 궤도에 쏘아 올려서 정밀한 달 지도를 그려내고, 미래에 달 착륙선이 착륙할 지점을 선정하는 것이었다.

그러나 과학 기술의 한계 때문에 1964년에 레인저 7호가 목표 지점에 도달하는 성공을 거두기 전까지, 레인저 1호에서 6호까지는 모두 실패하거나 부분적인 성공만 거두었다. 다만 실패한 6개의 우주선이 4,300매의 고해상도 사진을 전송해 와 계획 추진에 적지 않은 도움이 된 건 사실이다.

그 후 레인저 8호와 9호도 각각 고요의 바다와 알폰소스 분화구에 몸을 던지면서 고해상도 사진을 많이 전송해 왔다. 레인저 미션의 역사를 간단히 정리해 보면 다음과 같다.

- **레인저 1호:** 1958년에 달 탐사를 목표로 파이어니어 1호를 발사했으나, 달까지 비행하는 데에 실패하고, 2호도 실패했다. 그 후에 레인저 1호를 1961년 8월 23일에 발사했으나 그 역시 실패했다.
- **레인저 2호:** 1961년 11월 18일에 발사했으나 위성 궤도가 너무 낮아서 미션에 실패했다.
- **레인저 3호:** 1962년 3월 26일에 발사했으나 속도가 너무 빨라서 달에서 3만 680km나 벗어나고 말았다.
- **레인저 4호:** 1962년 4월 23일에 발사했으나 궤도 수정에 실패하여 달의 뒷면에 충돌했다.
- **레인저 5호:** 1967년 6월 14일에 발사했으나 태양전지 회로의 단락으로 궤도 수정이 불가능해져서 달에서 710km를 벗어나고 말았다.
- **레인저 6호:** 1969년 7월 30일에 발사하여 계획대로 달 표면의 '고요의 바다'에 명중했다. 하지만 안타깝게도 카메라 고장으로 달 표면을 촬영하지 못했다.
- **레인저 7호:** 1964년 7월 28일에 발사했다. 36만km를 비행하여 31일에 '구름의 바다'에 충돌하기 전까지 16분 40초 동안에 고도 3,000km 지점부터 코페르니쿠스 등의 달 표면 사진 4,300매를 촬영해서 지구로 보내왔다.
- **레인저 8호:** 1965년 2월 17일에 발사되어 '고요의 바다'에 안착하며 7,000매 이상의 사진을 촬영하는 데 성공했다.
- **레인저 9호:** 1965년 3월 21일에 발사되어 알폰수스 크레이터에 안착했으며 5,800매 이상의 사진을 촬영했고, 활동 모습을 텔레비전으로 생중계했다.

레인저 계획을 진행하는 데에는 약 2억 6,000만 달러가 사용됐고 참가

인원은 5만 명이 넘었다. 이 레인저 계획은 그 후에 서베이어 계획과 루나 오비터 계획으로 이어졌다.

이 장에서 살펴보려는 루나 오비터의 사진들도 레인저 계획의 긴 연장선 위에서 얻게 된 것이라고 할 수 있다. 주지하다시피 루나 오비터의 주된 목적은 많은 월면 사진을 촬영하여 아폴로 달 착륙선의 안전한 착륙 지점을 선택하는 것이었다.

1호는 1966년 8월 10일에 발사되었으며, 이것은 역사상 최초로 달의 손자 위성이 된, 소련의 '루나 10호'가 발사된 지 4개월 뒤의 일이다. 근일점은 190km이고, 원일점은 1,890km였다. 8월 14일에 달 가까이에서 역추진하여, 주기 3시간 37분의 손자 위성 궤도에 진입하였다.

루나 오비터는 이후 3개월 간격으로 5호까지 발사되어, 월면의 99%를 촬영하는 데 성공하였다. 이것은 카메라와 현상 장치를 함께 가지고 있어서, 사진을 촬영한 후에 직접 필름을 현상하여 지구로 전송해 왔다. 각 궤도선의 사진 촬영 매수는 200매 전후로, 궤도의 고도를 바꾸면서 상세하게 촬영한 것이었다. 계획은 1968년 1월 31일에 완료되었으며, 궤도선들은 임무를 완료한 후에 모두 월면에 충돌하여 삶을 마쳤다.

이 장에서는 살펴보려는 것은, 미학적이거나 고품질의 자료가 아니라, 자연 상태에서 존재할 수 없다고 여겨지거나 특이하게 생긴 지형지물이 담긴 자료들이다.

마닐리우스 분화구

마닐리우스

제일 먼저 살펴볼 자료는 Lunar Orbiter Photo Gallery에 있는, Orbiter 3호가 촬영해서 전송해 온 Frame 3073이다.

얼핏 보면 평범한 정경 같은데, 지평선 근처로 시선을 옮겨보면, 생각이 달라진다.

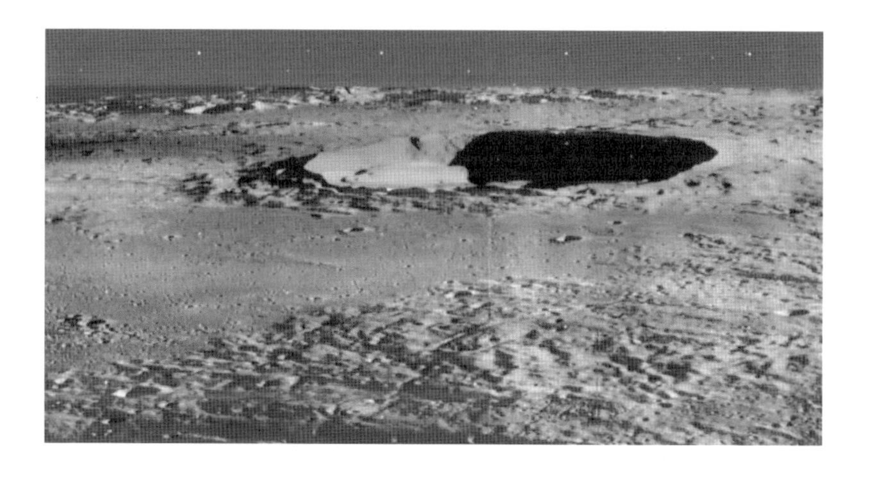

사진 윗부분에 커다란 분화구가 있는데, 그 안에 이상한 물체가 담겨 있다. 이 분화구의 이름은 Manilius이고 정확한 위치는 증기의 바다(Mare Vaporum)의 북동쪽 가장자리이며, 지름은 38km로 큰 편이다.

분화구 내부에 있는 물체도 상당히 거대해서 길이가 약 16km나 된다. 비행체로 보이는데, 착륙한 상태인지 체공 상태인지는 구분하기 어렵다.

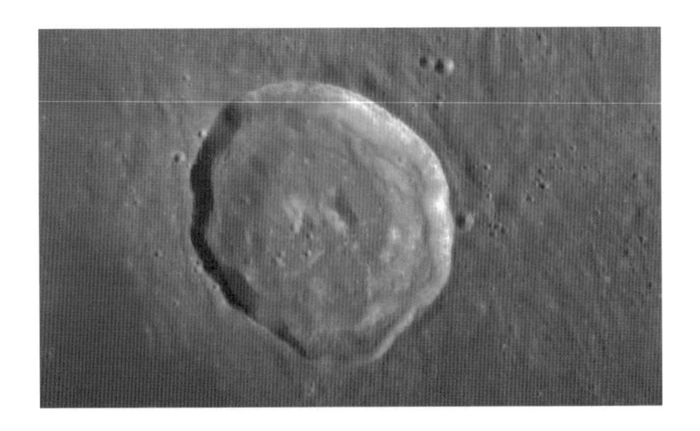

거대한 물체였기에 기대를 품고 구글 문과 고해상도를 자랑하는 퀵맵을 뒤져 보았지만, 현재는 그 흔적조차 찾을 수 없다.

◑ LO-1-102

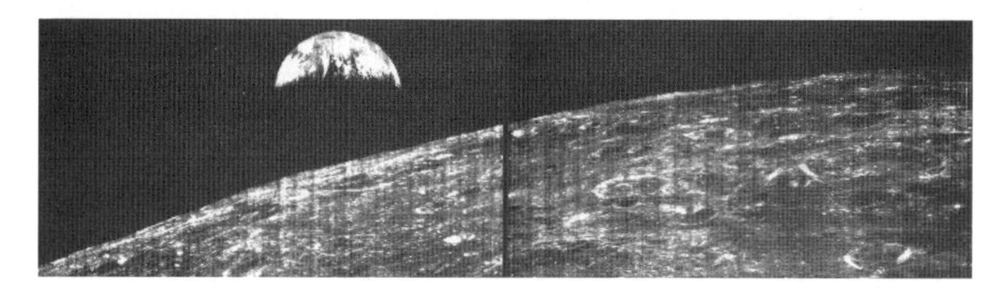

이 자료는 Orbiter 1호가 촬영한 것이지만, 비공개 상태로 있다가 훗날 아폴로 계획이 진행되는 도중에 공개되었다. 아마 특별한 지형지물이 담겨 있어 그랬던 것 같다.

LO-1-102

이 LO-1-102 파일이 소중한 또 하나의 이유는 달의 뒷면을 촬영했다는 데 있다. 지상에서는 결코 볼 수 없는, 이 지역의 전경을 QR코드에 담아 놓았는데, 자세히 살펴보면 이상한 곳이 한두 군데가 아니다.

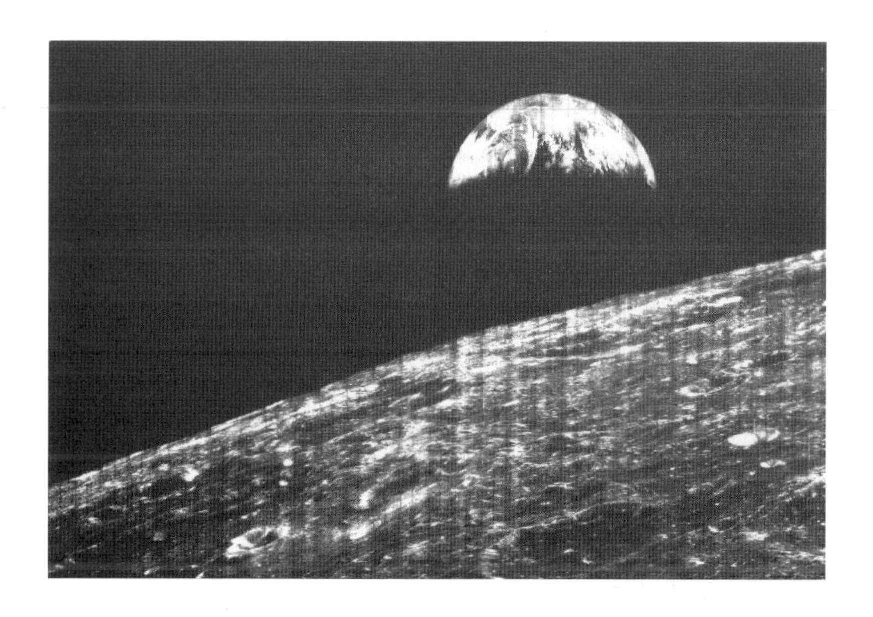

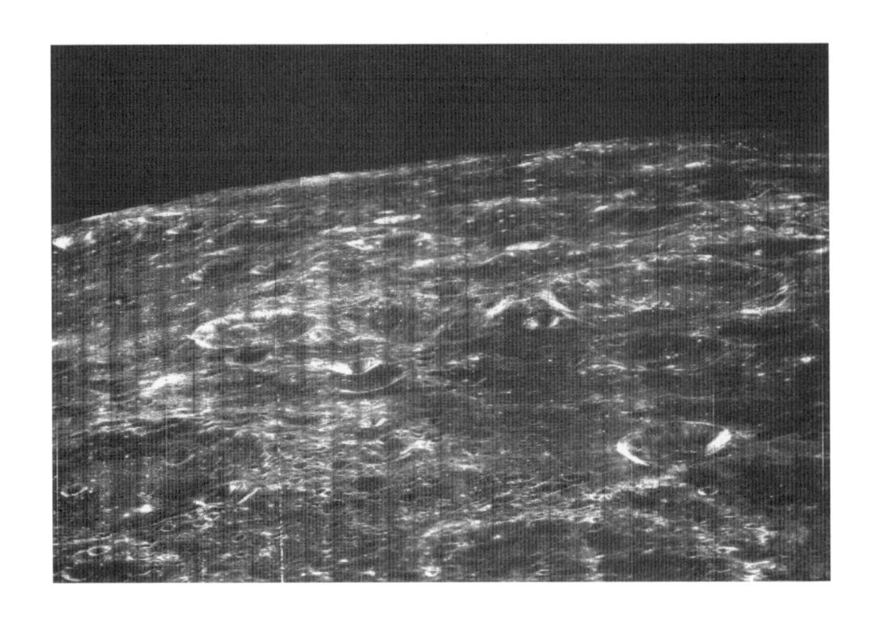

위쪽 사진은 원본의 왼쪽 절반(LO-1-102-h2)이고, 아래쪽은 오른쪽 절반(LO-1-102-h1)이다. 지역 전체에 이상한 지형지물이 가득 차 있지만, 쉽게 가려낼 수 있는 곳만 살펴보자.

Mining Operation

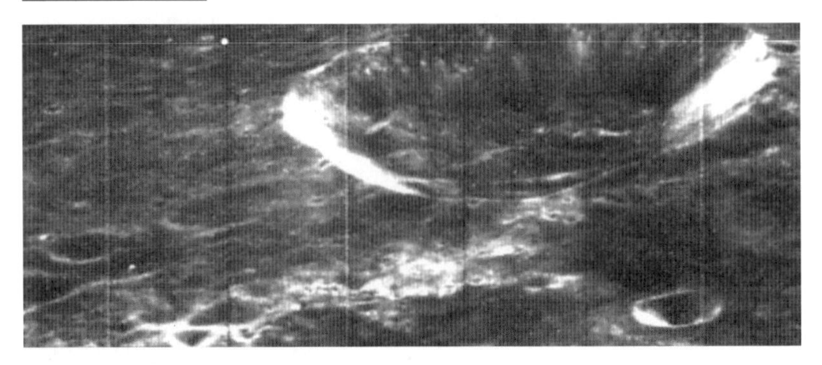

LO-1-102-h1 사진의 오른쪽 아래에 있는 분화구 근처를 확대해 보면, 분화구 벽을 파고 깎은 흔적이 보이고, 주변에 복잡한 시설물과 도로망도

보인다. 한동안 광산이 운영됐던 것 같다.

Roadway

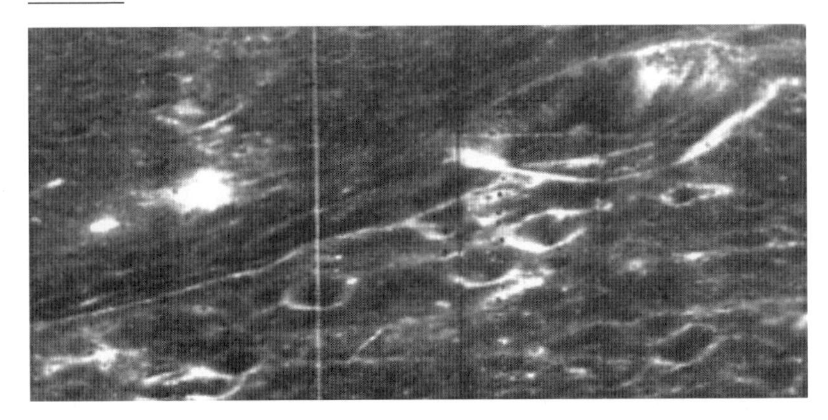

같은 사진의 왼쪽 아랫부분을 확대해 보면, 분화구에서 뻗어 나간 긴 도로가 보인다. 또한, 분화구 입구 쪽에는 잔잔한 구조물들이 배열되어 있고, 분화구 주변의 여러 곳에 햇빛 반사광과는 무관한 불빛들이 군집을 이루고 있다.

Industrial Complex

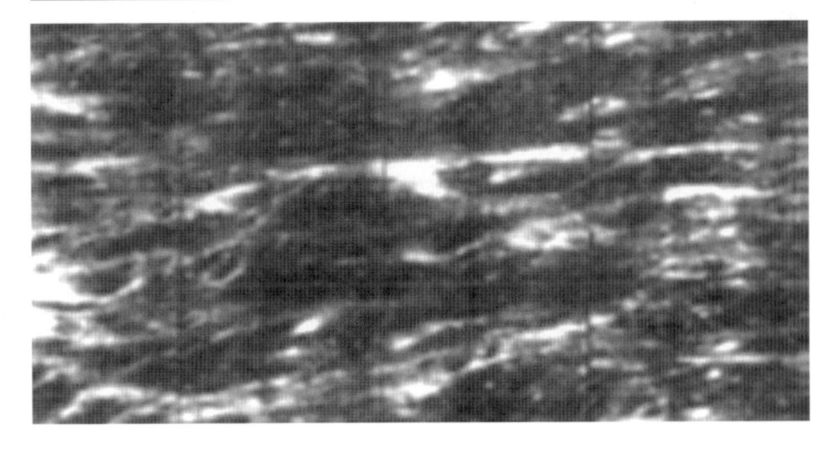

광산 추정지역의 뒤쪽을 보면, 불빛과 잔잔한 도로가 뒤섞인 복잡한 지역이 있는데, 우측 윗부분에는 거대한 Beacon과 유사하게 생긴 것 같은 건축물이 보인다. 하지만 사진 해상도가 좋지 않아서 이런 판독에 동의하지 않을 수도 있을 것 같다.

Orbiter 1호의 사진에는 상대적으로 해상도가 좋은 게 많다. 특히 LO-I-102는 그중에서도 빼어나 많이 인용되는데, 훗날 업데이트된 LO-I-102-h1 파일은 해상도가 더욱 개선되어 있어서 예전에 볼 수 없었던 구조물들도 찾아낼 수 있다.

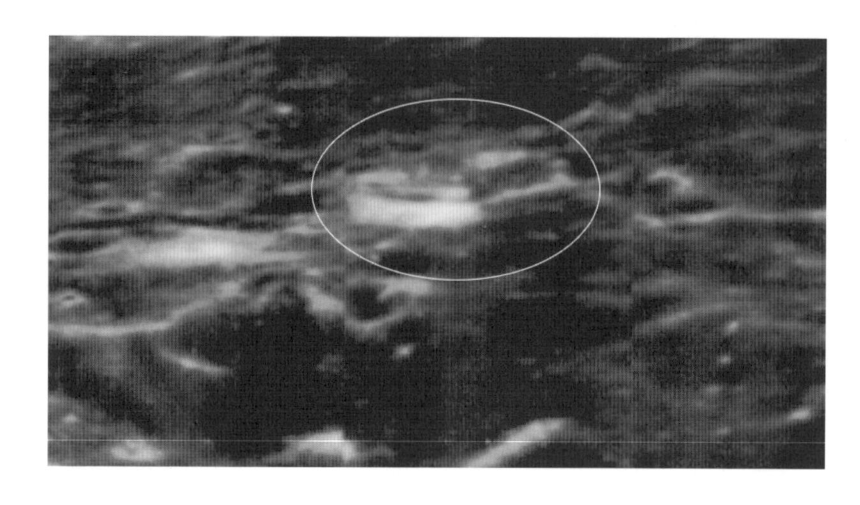

Frame 1102

위 사진은 Lunar Orbiter Photo Gallery Frame 1102에서 특정 부분을 발췌한 것이다. 원본은 좌측에 있는 QR코드를 통해서 볼 수 있다.

이 구조물의 위치를 정확히 알기 위해서, 주변 전경이 함께 촬영된 사진을 찾아서 살펴보면, 아래의 사진 속과 같은 정경을 볼 수 있다. 해상도가 불량하기는 하지만, 위에서 보았던 이상한 물체는 사각형 마크 안에 분명히 있다. QR코드에 주변 지역의 전경이 링크되어 있다.

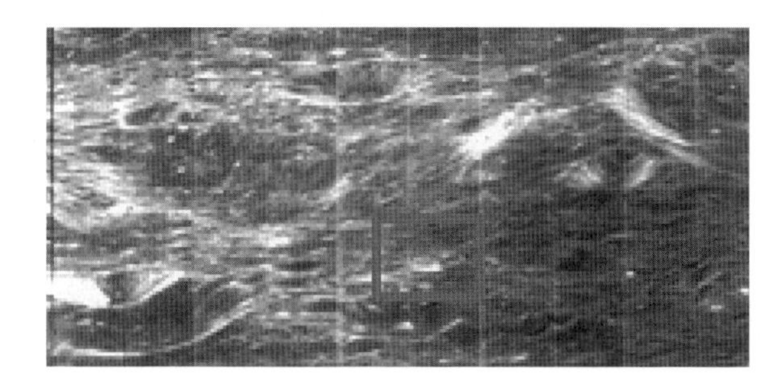

주변 정경

Mysterious Spheres

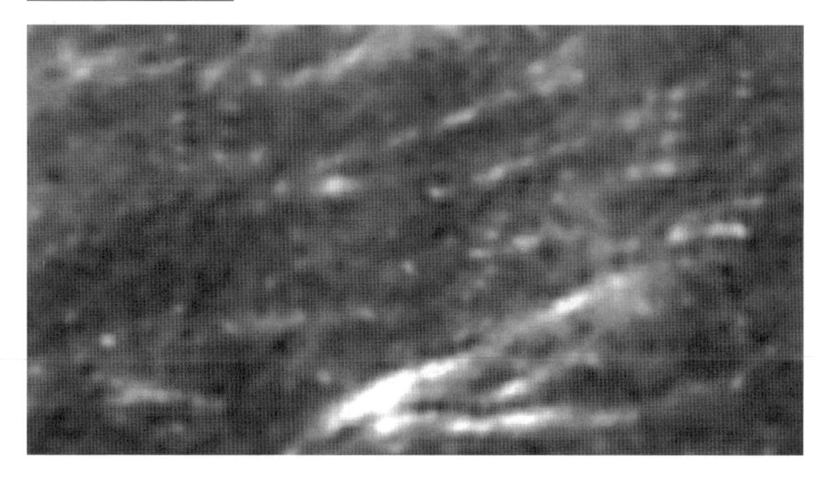

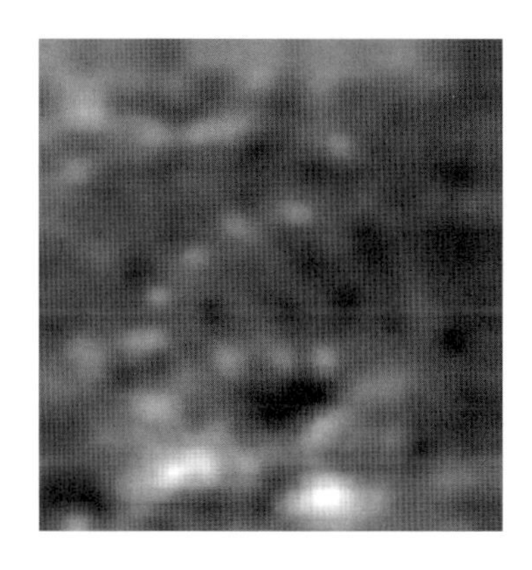

LO-1-102-h1 파일에서는 사각 모서리의 구조물들이 열을 지어 서 있는 모습도 발견할 수 있다. 뭔가에 덮여 있는 긴 구조물들도 보이고, 도로와 가로등과 유사한 광원도 보인다.

왼쪽 사진 안에는 거대한 호 형태로 배열된 구조물들의 모습이 보인다.

유커트 분화구

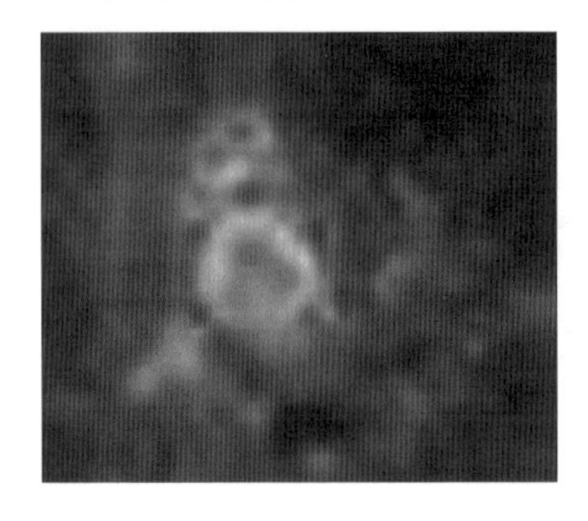

Ukert Crater에 관한 대중의 관심이 싹튼 지는 상당히 오래됐다. 20세기 중반에 이미 Lick 천문대에서 왼쪽 사진을 통해서 그 특이한 모습을 공개했기 때문이다.

Lunar Orbiter 계획 중에 오른쪽 사진과 같이 조금 더 선명한 영상이 공개되자, 인공 구조물일 가능성이 크다며, 대중들의 관심이 폭발했다. 하지만 그 열기가 오랫동안 지속하지는 않았다.

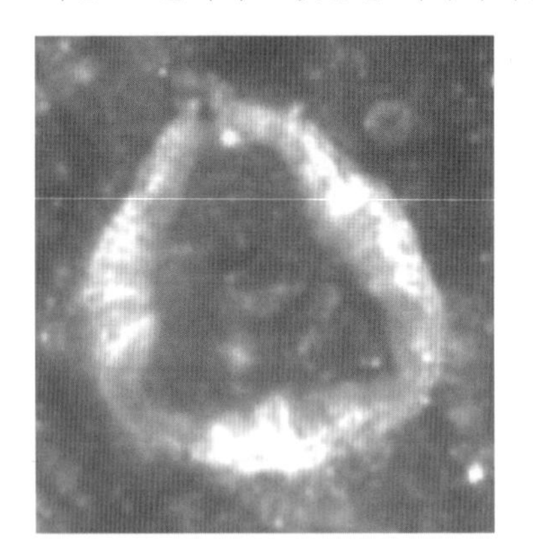

클레멘타인 위성(Clementine Satellite)이 근접 촬영한 사진을 보내오면서, 조금 특이한 모양의 분화구일 뿐, 인공 구조물이 아니라는 사실을 확인시켜줬기 때문이다.

Clementine은 미국 국방부가 전략방위구상(SDI) 계획의 일부로 1994년 1월에 쏘아 올린 달 탐사용 우주선이다. 달 표면의 정밀한 지도를 작성하기 위해, 70여 일 동안 달 궤도에 머물면서 새롭게 달의 지형과 구조를 조사했는데, 그러던 중에 Ukert Crater의 실체를 명확히 알 수 있는 사진을 보내온 것이다.

위에 게재한 사진은 Clementine Satellite의 Full Color 0.1 k/p image에서 발췌해 온 것인데, 대중들의 미몽을 깨기에는 충분한 해상도를 가지고 있다. Copernicus Crater의 왼쪽에 자리 잡고 있는 Ukert Crater의 실체는 우리가 과거에 흐릿한 사진을 통해서 유추하던 모습과는 완전히 달랐다.

Crater의 전체적인 모양이 삼각형 형태인 것은 사실이었으나, 변이 매끄러운 직선이 아니었을 뿐 아니라 모서리가 예리하지도 않았다. 간단히 말해서, 인공적인 손길이라고는 찾아볼 수 없는 자연지형이 틀림없었다.

결국, 대중의 상당수가 꽤 오랫동안 신비로운 꿈을 꾸어 온 것인데, 이런 데는 지금까지도 신비롭게 여겨지는 Ukert Crater와 인접한 Copernicus Crater 영향이 컸던 것 같다. 어쨌든 해상도 높은 Clementine의 사진은 Ukert 경우처럼 과거의 소모적인 논란들을 많이 잠재웠다.

하지만 논란을 더 확대한 경우도 있다. 바로 Orbiter가 달 표면에서 발견해 내면서 논란을 일으켰던 Shard, Castle, Mega Cube 등에 관한 것이었다. 그런데 이에 대한 논란은, Clementine이 그에 관한 정밀한 사진을 촬영했기 때문이 아니라, 흔적조차 발견해 내지 못한 데서 비롯된 것이다. 그렇다면 Orbiter가 허상을 찍었다는 말인가. 그렇지는 않은 것 같다. 플레어와 같은 카메라 이상 현상으로 몰기에는 무리가 있을 만큼, 사진 속에는 뭔가 있는 건 분명했다. 그래서 제기된 게 음모론이다. NASA에서 달에서 찾아낸 자료들을 조작하거나 은폐하고 있다는. 정말 그럴까.

Shard

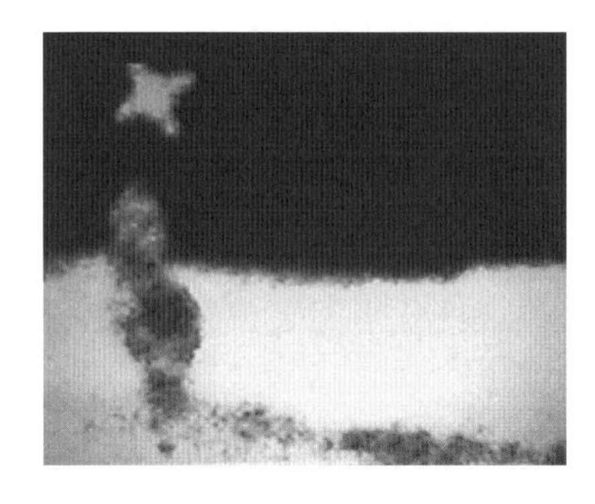

두 사진 모두 Lunar Orbiter Ⅲ호가 1967년 2월에 찍은 것으로, 프레임 번호는 LO-Ⅲ-84M이다.

이 사진 속의 물체가 더욱 기괴해 보이는 것은 머리 위에 떠 있는 십자가 모양의 불빛 때문인데, 사실 이것은 별빛이다. 우연히 Shard와 겹치는 바람에 사진이 동화 속의 삽화처럼 되어버렸다. Shard는 높이가 약 2.4km인 볼링핀 모양의 상부, 꽈배기 모양의 불룩한 중앙 부위, 가늘게 생긴 하부 등의 특이한 구조를 지니고 있다. 주위의 지형과 너무 달라서 인공적으로 조성됐다고 할 수밖에 없는 모습이다. 빛의 반사율이 높은 것으로 봐서 프레임 재질은 유리나 수정, 티탄, 철 등으로 추정되고, 내부는 트러스트 구조와 유사할 것으로 여겨진다. 그리고 전체적으로 심하게 손상된 것으로 보아 아주 오래된 것 같다.

이 구조물에 Shard라는 이름이 붙은 것은, 정확한 연유는 알 수 없으나,

아마 호글랜드(Richard C. Hoagland) 박사의 발언 때문인 것 같다. 그는 이 구조물이 금속 같은 유리로 만들어진 인공 구조물의 한 종류로, 어떤 문명의 유물 중의 남겨진 일부분일 거라고 주장한 바 있다.

LO-Ⅲ-84M에는 Shard 외에도 여러 가지 이상한 물체들의 모습도 담겨 있는데 그중에는 Mega Cube도 있다.

Mega Cube

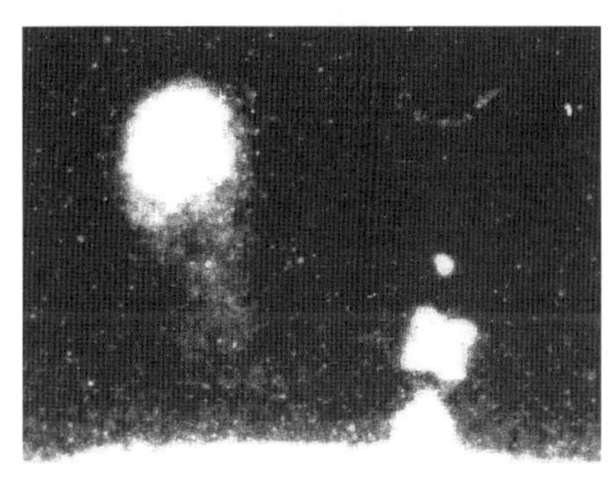

이 '거대한 입방체'는 이름만큼이나 정체가 추상적이다. Shard처럼 확실한 그림자와 함께 찍히지 않아서 지상에 고정된 물체라고 단정 짓기가 모호하고, 그 재질 역시 고체라고 단언하기 어렵다.

그렇다고 유체라고 보기도 어렵다. 유체라고 가정한다면 액체보다는 기체일 가능성이 큰데, 도대체 어디서 발생한 어떤 기체가 저런 구체를 형성할 수 있을까. 더구나 오른쪽에 있는 물체는, 유체로는 조성될 수 없는, 직선 모서리와 예리한 노드를 가지고 있지 않은가. 물론 두 물체가 서로 다른 재질로 구성된 것일 수도 있기는 하다.

하지만 분명한 사실은 있다. 그 정체가 무엇이든 우리가 알고 있는 지식으로는 그것들이 자연 상태에서는 조성될 수 없다는 것이다. 그리고 Orbiter가 달의 궤도를 돌 때는 분명히 존재했으나, 그 후에 이어진 Clementine이나 아폴로 계획 때는 이 Mega Cube에 관한 언급이 없다는 것이다. 여러 우주선이 그 지점을 수없이 지나갔는데도 Mega Cube를 봤다는 얘기는 하지 않고 있다. 하지만 언급되고 있는 것도 있다. 바로 'Crisium Spire'이다.

Crisium Spire

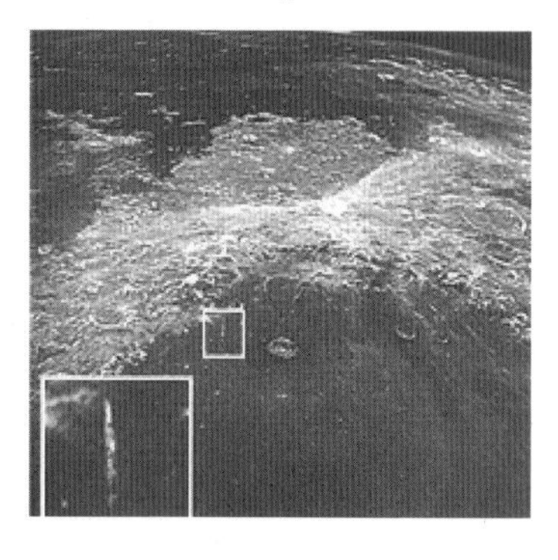

이 구조물은 샤드에서 약 800km 떨어진 위기의 바다에 있고, 마치 거대한 창을 세워놓은 구조이며 높이가 무려 32km나 된다. 이 구조물은 샤드만큼은 손상되지 않은 상태로 보이며, 유리와 유사한 재질로 이루어져 있다. 어떤 거대한 구조물 일부였던 것으로 추론하는 학자들이 많이 있다.

Castle

이 Orbiter Ⅲ호가 촬영한 사진 속에 'Castle'이 보인다. 정말 'Castle'을 닮았는지는 모르지만, 그 여부와는 무관하게 이것은 분명히 실존한다.

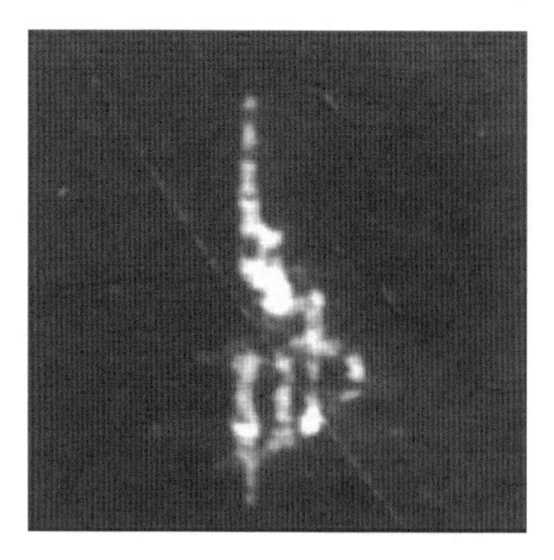

물체 표면의 음영을 보면 태양 빛이 사진의 오른쪽에서 오고 있음을 알 수 있다. 이런 'Castle'의 실존은 너무도 분명한 상황이어서, 이에 관한 연구는 달의 다른 구조물에 비해서 상당히 진척되어 있다. 공개된 정보 중에 가장 놀라운 내용은, 이 구조물의 높이가 무려 1.5km에 이른다는 사실이다.

이런 사실은 아폴로 10호 미션 때에도 다시 확인된 바 있다. 아폴로 10호의 사령선이 촬영한 4822 Frame에는 Castle과 함께 주변 지역의 정경도 담겨 있다.

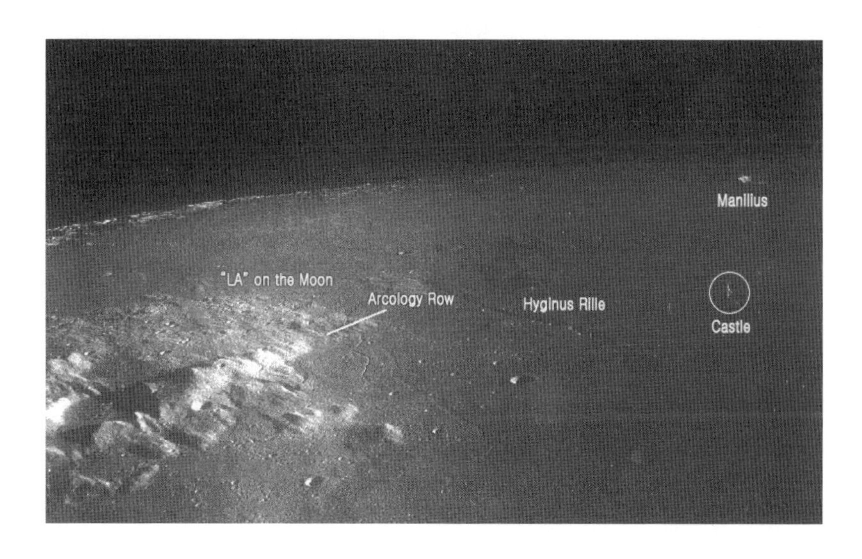

사진이 원경임에도 불구하고 Castle의 모습이 오른쪽 가장자리에 선명하게 보인다. 이 만큼 확실한 존재감을 드러내는 구조물도 드문 것 같다. 정보 독점에 익숙한 NASA가 이례적으로 Castle의 존재를 인정하고 그 정보를 공개한 것도 주머니 속의 송곳처럼 도저히 감출 수 없다고 판단했기 때문이었는지 모른다.

물론 이에 대한 자료를 공개했다고 해서, 이것이 인공적인 구조물이라고 인정한 것은 아니다. 이에 관해서는 의견 자체를 내놓지 않고 있지만, SETI나 UFO 관련 사이트 참여자들은 NASA의 침묵을 '묵시적 인정'으로 받아들이고 있다. 그들이 인터넷 사이트에 공개한 Castle의 확대 사진과 Wire 사진을 살펴보자.

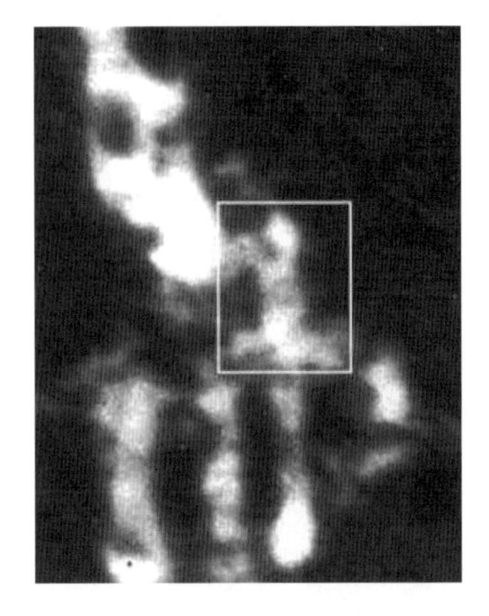

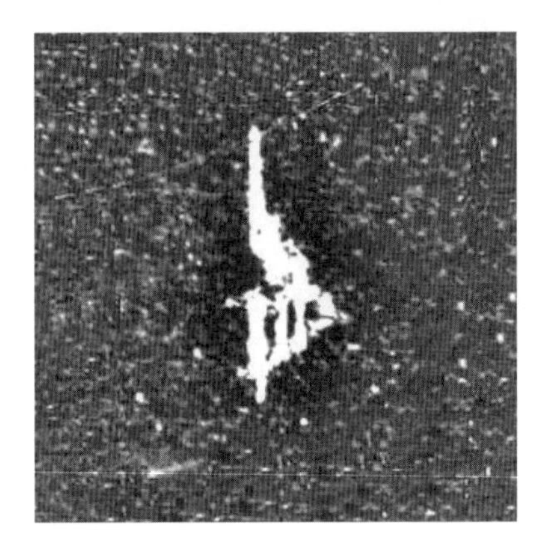

위의 사진은 Castle의 오른쪽 부분을 확대한 것이다. 가장 인공적으로 여겨지는 부분을 확대한 것인데, 아쉽게도 선명하지 못하다. 왼쪽 사진은 Castle의 Wire로 그 전체적인 윤곽을 확실히 알 수 있다. Lunar Orbiter의 주된 임무는 뒤이어 진행될 유인 우주선의 달 착륙 지점을 선정할 수 있는 자료를 수집하는 것이었으나, 그 과정에 진행된 달 지형지물의 세부적인 관찰과 그에 관한 분석으로, 달에 대한 인류의 시선을 획기적으로 바꿔 놓는 데 더 크게 기여했다. 그런 데는 무엇보다 달 표면에 있는 이상한 물체들의 발견이 결정적인 작용을 했다. 그리고 Lunar Orbiter 중에 이상한 지형지물을 가장 많이 발견한 것은 Ⅲ호이다. 여기에서 주로 LO-Ⅲ 시리즈 사진을 공개하는 것도 그런 이유 때문이다.

L.A.

한편, 앞에서 Castle의 위치를 살피기 위해서 제시한 사진 중 왼쪽 부분에 복잡한 구조물들이 얽혀 있는 지역이 있는데, 호글랜드 박사가 그곳에 '달의 LA'라는 이름을 붙여 놓았다. 지도상의 정확한 위치는 사이너스메디 지역의 Ukert 분화구 근처이다.

마치 미국의 LA와 비슷한 도시 모습을 하고 있는데, 규칙적인 블록과 3차원 입체 구조물이 몇 마일 단위로 반복되는 게 계획도시의 모습과 유사하고, 수십 마일씩 뻗어 있는 선들 역시 도심을 가로지르는 도로와 놀랍도록 유사하다. 언뜻 보기에, 한때 번성했다가 쇠락한 대도시 같다.

Glowing Light

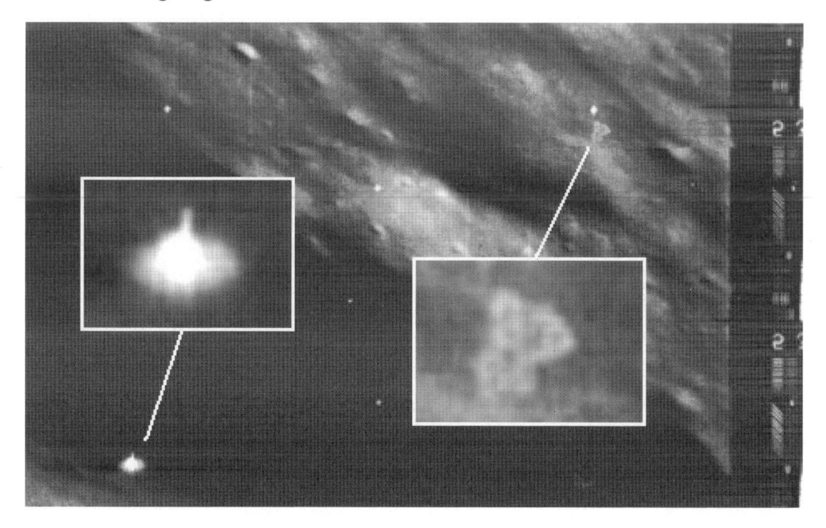

위의 불빛과 이상한 물체 역시 LO-Ⅲ 시리즈에서 발견해 낸 것이다. 아래 원본의 타원형 표시를 해 둔 곳을 확대하면 보인다.

Frame 3120

하지만 태양의 반사광들과 인공적인 불빛을 가려내는 일이 쉽지 않으니 주의를 기울여야 한다. 위 사진 원본의 번호는 LO-3-120-H3이다.

QR 코드에 링크되어 있는 것은 Lunar Orbiter Photo Gallery Frame 3120으로, 위의 LO-3-120-H3 외에 H1, H2도 포함되어 있어서 주변 지역을 함께 살필 수 있다.

사실, 이 자료 속에서 별빛과 인공 빛을 가려내며 인공 물체를 찾아낸 이는 필자가 아니라 특정 기관 소속의 전문가들이다. 그들의 치열한 노력이 정말 놀랍다.

그들이 찾아낸 또 다른 것도 있다. 'Smoking Plume'이라는 존재의 발견인데, 이것은 위의 'Glowing Light'처럼 일반인들이 식별하기 어려워 놓쳤다기보다는, 자료 관리자들의 '취급 부주의'로 생긴, 실수의 흔적으로 여기고 간과했던 것이라고 할 수 있다.

Smoking Plume

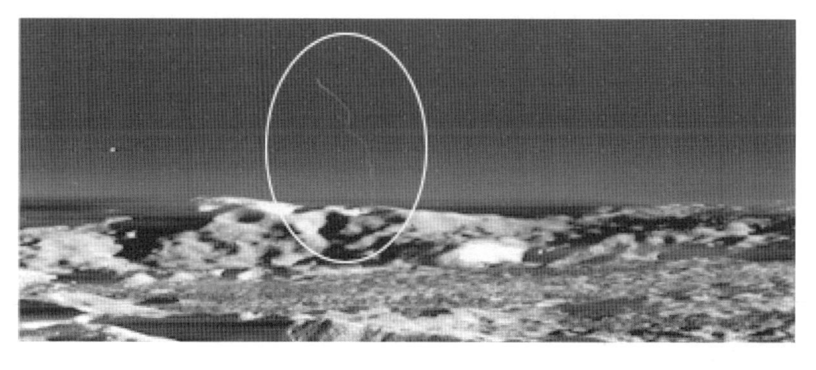

그러니까 일부 전문가들의 주장은 사진의 가운데 있는 능선에서 위로 그어진 선이 '연기 기둥'이라는 것이다.

그런데 연기가 저런 모양으로 피어오를 수가 있을까. 자료에 근접할 수 있는 누군가 장난한 것이거나, 실수로 그어진 선이라고 보는 게 더 합리적이지 않을까. 대중들 다수는 대체로 이와 유사한 생각을 했던 것 같다. 지금 사진의 원본을 봐도, 이런 유추가 더 비합리적이었다는 생각이 들지 않는다.

Lunar Orbiter Ⅲ호가 찍은 것이고 사진 번호는 LO-3-213-H1이다. 원본을 본 순간, 사진의 원본에 누군가의 손길이 닿았을지도 모른다는 생각을 하게 된 연유를 알게 됐을 것이다.

사진의 아래쪽에 무엇엔가 긁힌 자국이 분명해 보이는 흔적이 있다. 그래서 위쪽의 부자연스러운 곡선도 달의 정경과는 무관한 인간의 손길로 여기게 된 것이다. 그리고 이런 단정이 결코 어리석은 속단이 아니었다는 믿음은, 이 사진을 확대해 볼수록 더욱 군건해진다.

그렇기에 이 사진에 "The Smoking Plume"이라는 이름을 붙인 Sherpa 마저 그 이름의 적합성을 강력하게 주장하지 못하는 것이다. 사진의 윗부분을 조금 확대해 보자. Smoke Column이 있는 부분을 중심에 놓으면, 아래와 같은 사진을 얻을 수 있다.

확대해 볼수록 조작된 냄새가 짙어진다. 특히 사진 원판의 Fudicial Marks(Cross hairs) 위로 Smoke Column이 지나가는 것은 상식에 벗어나는 것으로 결코 이해할 수 없다. 여기에 대해서는 Sherpa 역시 의심의 눈길을 보내고 있다.

그런데 이런 논쟁이 한창이던 때에, 누군가 이 사진을 새로운 시각에서 바라보며 또 다른 의문을 제시했다. 그는 Smoke Plume을 보지 말고 그것이 피어오르는 언덕의 능선을 바라보라고 했다. 그러고 보니 그 능선엔 대기가 있는 행성에서나 볼 수 있는 'Glow of Atmosphere' 같은 것이 빛나고 있다. 그러자 누군가 사진 아래쪽도 주시하라고 했다. 아, 저 일직선으로 난 선들은 뭔가··· 'Grid?' 많은 학자가 다시 사진 주위로 몰려들기 시작했다.

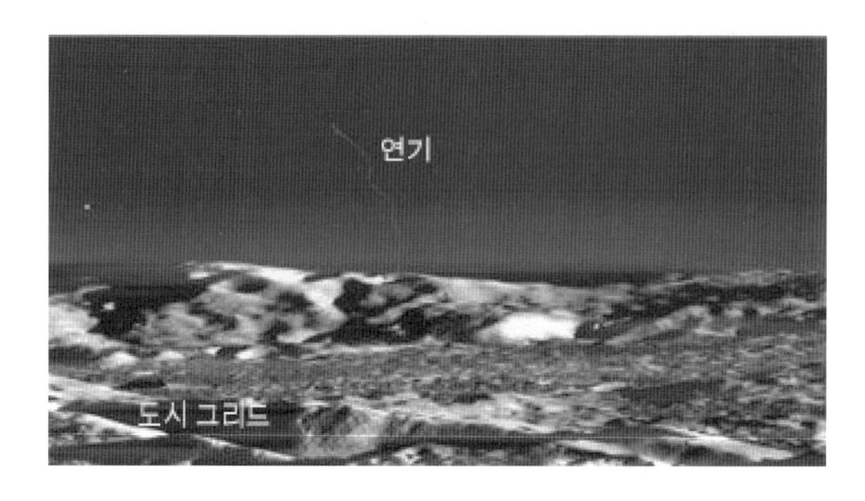

이 사진에서 새롭게 시선을 끌게 된 것은 'City Grid'였다. 한동안 그곳을 확대해서 응시하던 학자들은 그 지역이 촬영된 다른 사진을 황급히 찾기 시작했다. 그래서 아래와 같은 사진을 찾아내어 'The City'라는 거창한 이름을 붙여서 공개했다. 그 바람에 Smoking Plume에 관한 논란은 그 실체와 무관하게 그야말로 연기처럼 사라지게 됐다. 'The City'의 전경을 살펴보자.

City

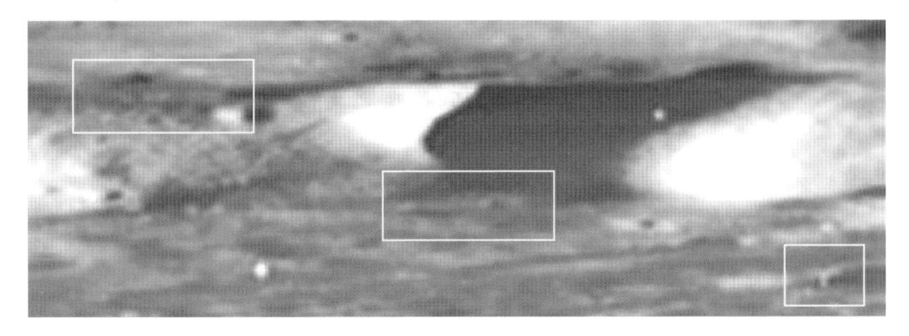

규모가 커 보이지는 않지만, 인공적인 구조물들이 설치되어 있는 마을 같기는 하다. 수상한 지역을 중심으로 확대해 보자.

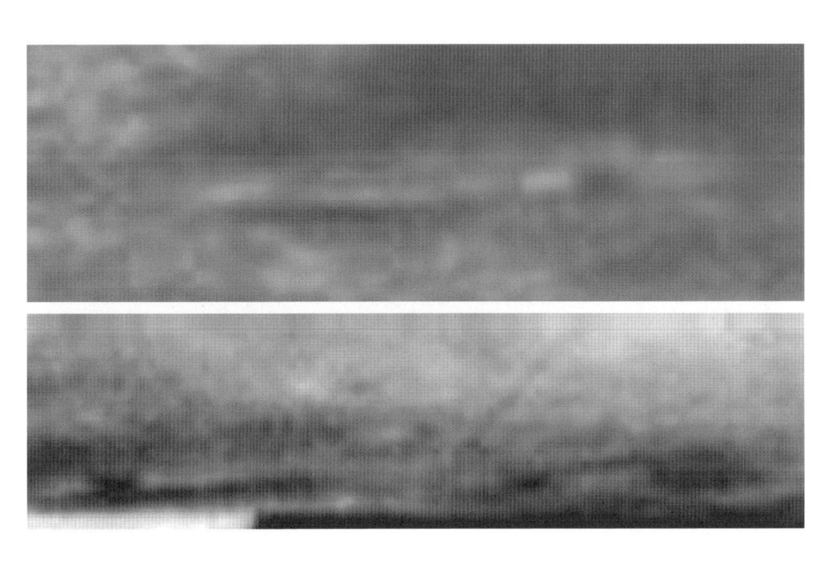

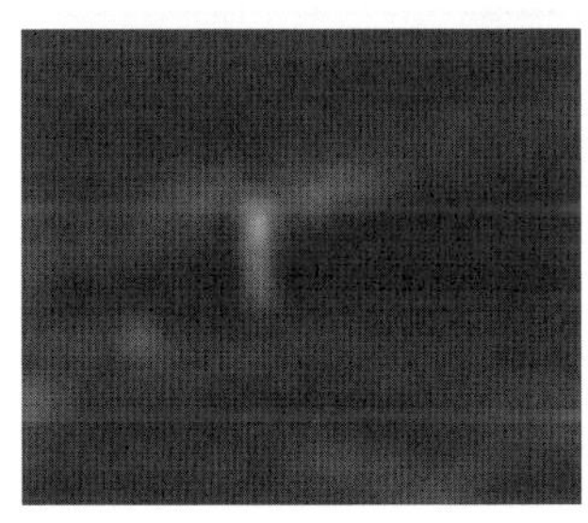

해상도가 너무 낮아서 확대하니까 도리어 식별하기 더 어렵다. 호사가들은 '도시'가 틀림없다며, Complex, Hotel, Tower 순서로 이름 붙여 놓기도 했지만, 더 확실한 자료를 보기 전까지는 판단을 보류하

는 게 옳을 듯하다.

이제 Orbiter Ⅲ호의 앨범은 이쯤에서 덮기로 하고, 또 다른 전사의 기록인 Orbiter Ⅴ호의 앨범을 열어보도록 하자.

◐ 언덕 위의 구조물

아래 사진은 Lunar Orbiter Ⅴ호의 대표적인 걸작인데, 사진 번호는 'LO-V-126-h2a'이다. 언덕 위에 놓여 있는 흰 원반은 색깔이나 모양이 주변의 지형과는 너무 다르다.

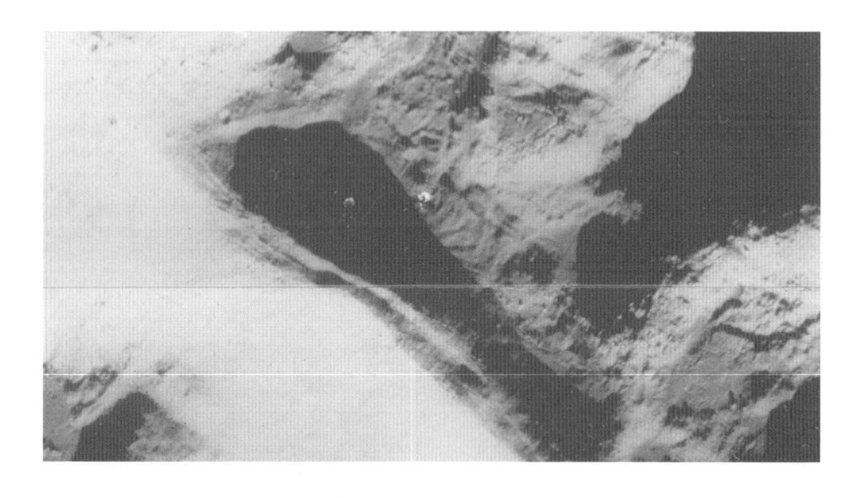

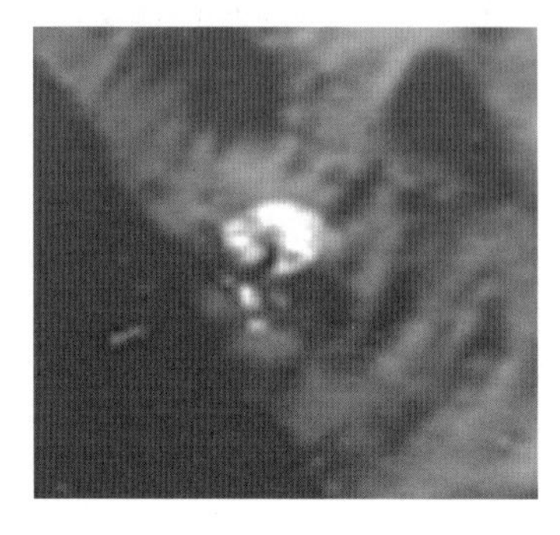

왼쪽에 게재한 사진은 원본 사진을 부분적으로 확대해 놓은 것이다. 접시 모양의 구조물 위로 솟아 있는 탑이 선명하게 보인다. 우리가 자연에 존재하는 현상을 다 아는 것은 아니겠지만, 자연 속에서 만들어질 수 있는 구조물은 아닌 것 같다.

다음에 살펴볼 물체는 그 정체에 관한 의문도 많지만, 물체를 이동시키는 힘의 원천과 현상 자체에 관한 토론이 더 활발하게 벌어지고 있다. 그 논란의 중심에 있는 것은 'Rolling Boulder'이다. 그런데 이와 유사한 현상은 화성에서도 발견된 바 있고, 우리가 사는 지구에서도 유사한 현상이 종종 발견되고 있다.

누가 의도적으로 이 물체를 움직이는가, 아니면 우리가 모르는 어떤 자연의 힘이 움직이는가.

Rolling Boulder

수많은 논란을 파생시키고 있는 LO-5-168-h2 사진 파일이다. 하지만 이 사진 공개됐을 당시에는 어떤 논쟁도 일어날 조짐이 없었다.

달이 기상 현상이 거의 없는 무표정한 천체인 것은 사실이지만, 그래도 자전과 공전을 하며 끊임없이 움직이는 천체이고, 태양이나 지구와의 인력이 수시로 변할 뿐 아니라 가끔 유성우나 운석이 떨어지기도 하는 곳이기에, 돌이 구르는 정도의 현상은 충분히 일어날 수 있을 거라고 여겼기 때문이다.

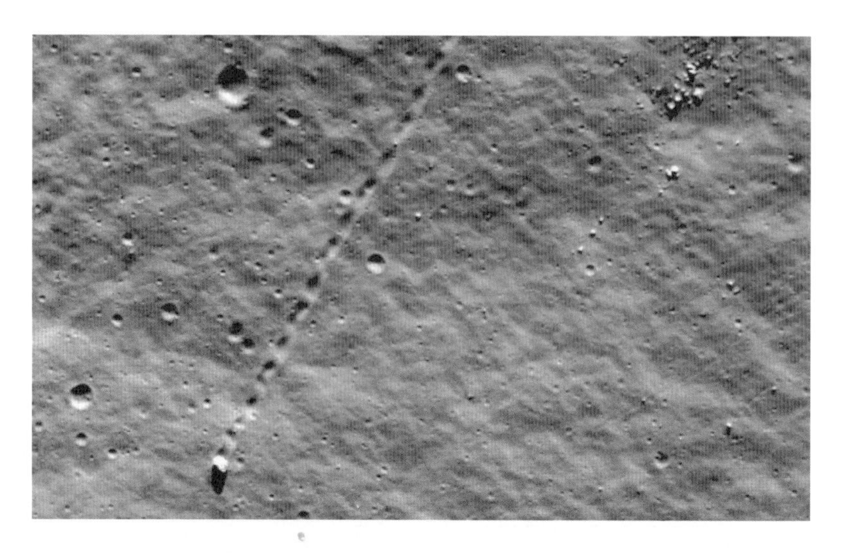

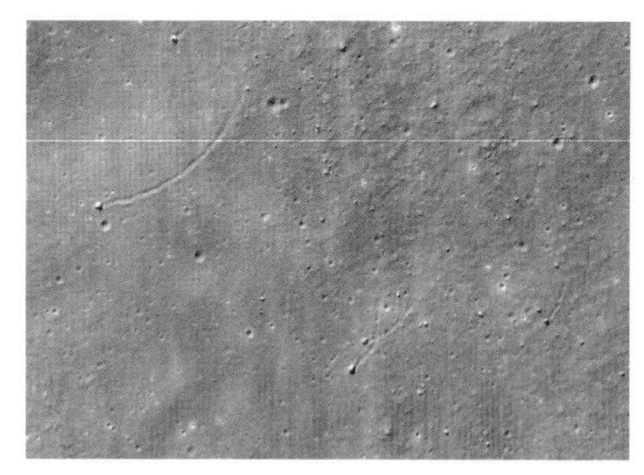

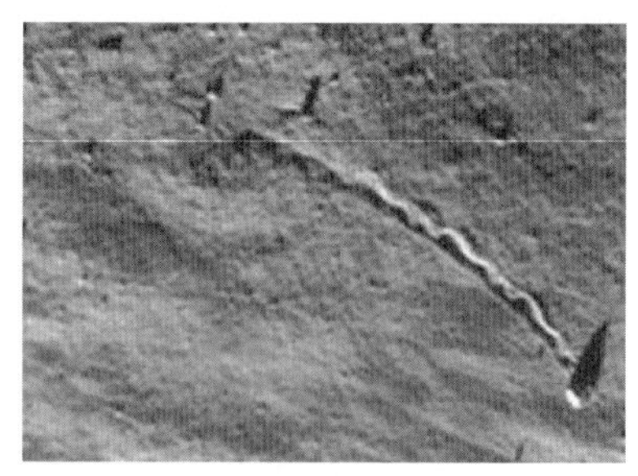

그리고 실제로 그런 장면은 달의 여러 곳에서 촬영되기도 했다. 맨 위에 있는 사진에서처럼 지름이 9m 정도 되는 거대한 바위가 굴러내린 흔적이 쉴러 분화구(Schiller crater) 근처에서 발견되었고, NAC M169772563L의 사진에서처럼 커브를 그리며 흘러내린 경우가 발견된 적도 있다.

다소 이해하기 힘든 점이 있다면 LO-5-168-h2 파일 속에 있는 물체의 경우는, 그것이 있는 위치가 급경사가 거의 없는 비텔로 분화구(Vitello Crater) 내부라는 사실에 관한 것뿐이었다.

Crater 내부는 대부분 큰 돌이 구를 만한 경사가 없고 비교적 평평했기에, 돌이 저렇게 긴 거리를 굴러 내릴 수 있을지 선뜻 이해가 가지 않았다. 하지만 합리적인 설명이 불가능한 것은 절대로 아니었다.

달에 직접적인 영향을 미치는 힘은 지구와 태양의 인력과 같은 주기적인 것과 내부의 지진과 같은 예측 가능한 것만 있는 게 아니고, 돌발적으로 일어나는 다소 과격한 지진이나 운석과 유성의 충돌에 의한 격변도 있을 수 있기 때문이다.

학자들의 다수는 Vitello Crater 주변을 살핀 후에, LO-5-168-h2 파일 속에 있는 바위의 경우는 운석의 영향으로 움직이게 됐을 거라는 의견을 제시했다.

운석들이 떨어져서 달 표면에 큰 변화가 일어난 곳이 여러 곳 있는데, Vitello Crater의 내부도 그런 곳에 해당한다는 것이다. 즉 Vitello Crater의 위쪽에 떨어진 운석의 잔해가 분화구의 북쪽에 침범하게 되면서 평평했던 분화구에 경사가 생겼고, 그 후에 지진으로 유발된 진동과 달의 중력이 그 돌을 남쪽으로 구르게 했다는 것이다.

이런 설명이 제시되자 동료 학자들은 물론이고 저널들도 대체로 별 이견 없이 수용했다. 그랬기에 Rolling Boulder에 관한 논쟁은 모두 끝난 것으로 믿었다. 더는 굴러내리지 않고 그곳에 멈추어 설 것으로 믿었다.

그러나 그 바위는 그곳에서 잠들지 않았다. 멈춰있던 Rolling Boulder가 다시 움직이기 시작했다. 그를 깨운 것은 지질 조사국(USGS: United States Geological Survey)이었다. Vitello에 관한 고해상도 파일을 공개하자 학계는 다시 소란스러워졌다.

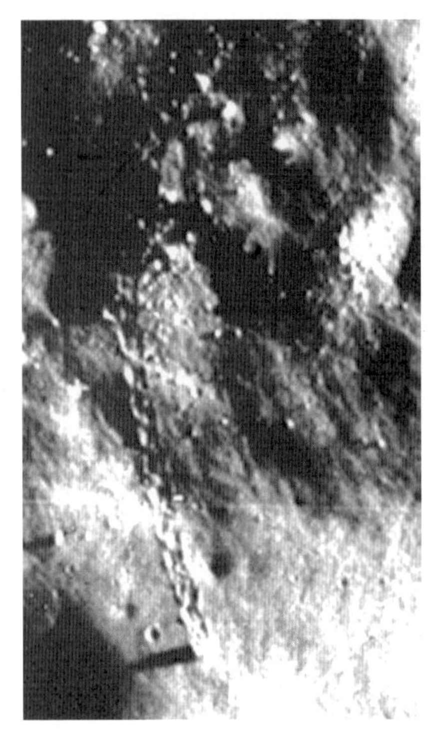

원래 이 사진은 NASA의 고다드 우주 비행 센터에서 운영하는 NSSDC(National Space Science Data Center, 국립 우주과학 자료센터)에 보관되어 있던 것이었는데, 달의 지도 작성을 위해 USGS가 가져오는 과정에 공개되면서 논쟁의 초점에 놓이게 되었다.

그런데 논쟁의 핵심 쟁점은, Boulder의 움직임에 관한 것이 맞지만, 앞에서 보았던 Boulder와 직접 관련된 것은 아니었다. 사진 파일을 확대해본 결과, 이상한 트레일을 가진 또 다른 'Wandering Boulders'가 발견되었는데, 초점은 그 새로운 대상에 맞춰졌다.

'Wandering?' 그리고 'Boulders?' 그렇다. 새롭게 발견된 바위들은 그 움직임이 단순히 경사면을 따라 굴러내리는 형태가 아니었고, 그 개수도 하나가 아니고 둘이었다. 정말 지면 위를 이리저리 떠도는 돌들이 있을 수 있을까? 그게 실제로 가능한지는 모르지만, 그렇게 표현할 수밖에 없는 증거가 발견된 건 사실이다.

NSSDC가 보관하고 있는 Vitello Crater의 중앙 언덕이 촬영된 사진을 살펴보면, 경사면과 무관하게 언덕의 왼쪽에서 오른쪽으로 움직이는 두 개의 바위를 볼 수 있다. Vitello 내부의 작은 분화구 위쪽에 있는 두 개의 바위 중에 큰 것은 270m 정도의 거리를 움직였다는 것을 알 수 있는데,

사진의 해상도가 높은 편이어서 궤적은 물론이고 그림자까지 볼 수 있다.

그리고 그것보다 작은 또 하나의 물체는 360m 정도의 거리를 오고 가며 복잡한 흔적을 남겨 놓았는데, 이 물체는 구른다는 표현을 쓰기 곤란할 정도로 이동 경로가 불규칙하고 모양도 다각형으로 둥글지 않다. 그런 탓에 일부 학자들은 이 물체가 사진 속의 위치로 오기 전에 분화구 바닥을 지나왔을 거라는 주장을 펴기도 했다. 하지만 이런 주장이 나올 당시에는 동조하는 학자들이 거의 없었다. 돌들의 궤적이 이상한 것은 사실이지만, 돌이 성능 좋은 월면차처럼 분화구의 경사를 타고 올라갔다는 주장은 너무 비현실적이라는 게 주류 학자들의 견해였다.

미상불 그들의 비판은 합리적으로 보였다. 외계 고고학(Extraterrestrial Archeology)이 태동하기 전에는 분명히 그랬다. 하지만 새로운 학문이 생겨나면서 그 엉뚱해 보이는 주장을 새로운 가능성으로 수용할 수밖에 없게 됐고, 실제로 해상도가 개선된 사진이 촬영되면서 그 주장은 참신한 아이디어로 자리 잡게 됐다.

정말 이 물체들의 정체가 무엇일까? 인간이 모르는 자연 현상이 달에서 일어난 것일까. 아니면 외계 문명이나 UFO 마니아들의 주장처럼, 누군가 Vitello에서 이 물체들을 운행하고 있는 걸까.

인공적인 물체임을 강하게 부정하던 학계에서 점차 비판을 자제하는 분위기가 형성되자, 이에 힘을 얻어 그런 부류의 주장은 더욱 과격해져 갔다. 그중에 압권은 어느 UFO Evidence Forum의 선언문 제목이다. 'Alien Machine Caught On Moon In 1967.' 2005년 5월에 열린 어느 포럼에서, 달 위에 있는 외계인의 기계가 Orbiter Ⅴ에 포착됐다고 선언하였다.

주류 학자들은 이 과격한 주장에 쉽게 동조하지 않았다. 그렇다고 '큰 바위가 언덕 아래로 굴러 내린 것'이라는 NASA의 주장에 동조한 것도 아니다. 그런데 왜 그들은 물리법칙을 기반으로 주장을 펼친 NASA의 태도에 회의적인 반응을 드러낸 것일까.

NASA의 주장에는 누구도 부정하기 힘든, 아주 심각한 결함들이 있었기 때문이다. 첫째, 물체가 남긴 트랙을 보면, 그 폭이 물체의 폭과 거의 같다. 일반적으로 구르는 돌은 자신의 폭보다 좁은 트랙을 남기고, 사진 속과 같은 흔적을 남기려면 돌이 실린더 모양이어야 한다. 그런 형태가 누운 상태로 굴러 내려야 사진 속과 같은 트랙을 남길 수 있는데 물체의 모양은 그렇지 않다. 둘째, 트레일을 보면, 물체가 넓은 저지대를 지나왔지만, 그곳에 빠지지 않고 무사히 통과했음을 알 수 있다. 더구나 그런 다음에 상당한 높이의 고지대 위로 올라가기까지 했다. 이런 행로는 스스로 움직일 수 있는 동력을 가지지 않았다면 그려질 수 없다. 셋째, 물체가 움직인 궤적이 복잡하다. 중력이나 지진의 진동으로 돌이 움직였다면, 전진과 후진 그리고 예리한 커브 등의 궤적이 그려질 수 없다. 그렇기에 이 물체가 어떤 목적을 수행하기 위해서 움직인 기계일 거라는 추정이 수그러들지 않는 것이다. 그리고 물체의 이동 궤적에 이처럼 많은 함의가 담겨 있었기에, 주류 학자들도 NASA의 주장에 동조할 수 없었던 것이다.

하지만 의구심의 핵심은, 이 물체의 궤적이 아니라 실체에 관한 것이고, 그 근본적인 의구심이 해결되면, 물체의 야릇한 궤적에 대한 의문도 자연히 풀릴 수 있을 것이다.

사실, 사진 속의 트레일은 '바위가 굴러 내린 흔적'이 아니라 '기계가 이동한 자취'일 가능성이 커 보인다. 중력에 의해 굴러 내린 바위는 절대로 이런 흔적을 남길 수 없기 때문이다.

처음에는 평범하게 보였던 사진이었는데, 집중적인 관찰이 시작되면서 아주 놀라운 사실이 발견되었고, 그에 대한 새로운 데이터들이 누적되면서 이제는 Orbiter Ⅴ가 보내온 이 사진을 도저히 평범하게 볼 수 없게 됐다.

다양한 논란은 결국 '구르는 바위'가 '바위'가 아닐 수도 있다는 것에서 파생된 것이지만, 그것들이 또 다른 차원의 아주 복잡한 문제로 분기될 개연성을 내포하고 있기에 '바위'가 원자폭탄보다 더 위협적으로 느껴진다.

그런데 물체의 정체를 파악하는 것이 가장 중요한 문제인 것은 틀림없으나, 그 실체에 접근하기 위한 중요한 열쇠가 물체의 트레일에 있다는 점 역시 부정할 수 없다.

트레일에 관해서 핵심적으로 분석해야 할 것은, 트레일의 요철이 심하고 커브를 그리고 있다는 사실 이외에, 능선을 가로지르며 특정 저지대는 통과했으나 또 다른 저지대는 의도적으로 경로를 뒤틀어 피했다는 사실이다. 그리고 전체적인 트레일을 분석해 보면, 어두운 험지에서 출발하여 양지로 들어오기 위한 경로 설정을 했다는 것을 알 수 있는데, 이 사실도 주목해야 한다.

물체의 표면은 거친 듯하지만, 암석보다는 밝은 빛을 반사하고 있고, 너무 밝아서 세부적인 모습이 보이지 않는 별자리 효과까지 내고 있다. 물체의 그림자는 0.5km 정도로, 주변의 다른 물체와 비교할 때 길이가 매우 긴 편이다. 그리고 태양의 정확한 고도를 알 수 없어 추정이 다소 곤란하지만, 물체의 폭은 대략 140m가량 되는 것 같은데, Vitello Crater가 42km 폭을 가지고 있다는 사실과 픽셀의 수를 기반으로 추정했으므로 거의 맞다고 봐야 한다.

어쨌든 다수의 학자가 이 물체에 얽혀 있는 현상에 관하여 많은 의구심을 품고 있지만, NASA는 '움직이는 바위'라는 입장을 여전히 고수하고 있다. 그런데 NASA의 설명에 대중들의 거부감은 그렇게 강한 것 같지 않다. 다른 문제에 관해서는 의구심이 끊임없이 제기되는 데 반해서 제대로 설명되지 않은 문제가 많은데도, 이 '구르는 바위'에 관한 문제는 거의 제기되지 않고 있다.

그런데 이 문제가 정말 이렇게 가볍게 취급되어도 되는 문제인지 모르겠다. 필자의 생각엔 절대 쉽게 잊혀서는 안 되는 문제라고 본다. 조금이라도 관심이 있다면, 사진을 확대해서 다시 한번 자세히 살펴보길 바란다. 진실을 끝까지 추적할 능력이 없더라도, 분화구의 깊이와 기괴한 궤적, 그리고 물체가 움직인 거리 등에 관하여 분석해 보고, 그 결과를 정리해 놓을 필요는 있을 것 같다.

한편, 지금껏 주로 큰 물체와 그 궤적에만 집중해 왔는데, 앞에서 말했듯이 새롭게 찾아낸 물체는 두 개다. 그런데 위에서 말한 큰 물체보다는 작은 물체의 궤적이 더 기괴하다. 그 행로가 거의 지적 생명체의 움직임처럼 유연하다.

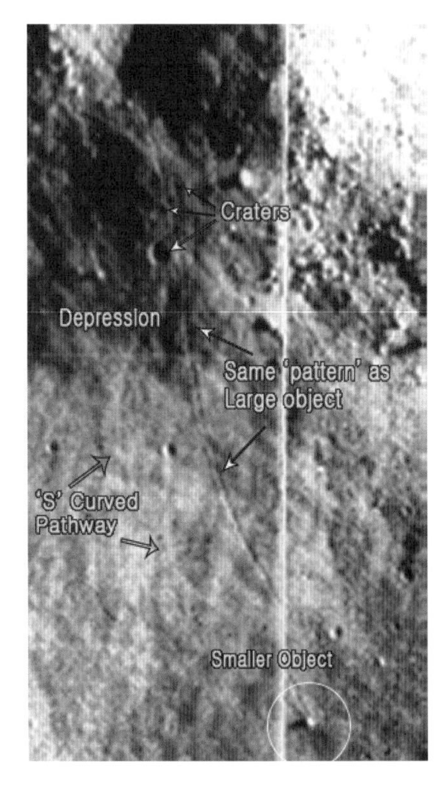

왼쪽 사진은 USUG에 의해 공개된 사진에서 새롭게 발견한 두 물체 중 작은 물체를 중심으로 확대한 것이다. 사진의 끝 부분을 잘라서 옆에 붙여 놓아 판독하기에 다소 불편한 것은 사실이지만, 트레일을 판독하는 데는 문제가 없다.

이 작은 물체는 비록 크기는 작지만, 트랙 내부의 패턴이 일정하고, 방향이 바뀌어 저지대로 내려가거나, 저지대를 나와 언덕 위로 오르는 궤적이 큰 물체보다 훨씬 더 유연하다. 특히 분화구를 절묘하게 피하며 그려낸 S자 궤적은 도저히 바위가 굴러서 만든 것으로 여기기 불가능하게 만든다. 물론 이 물체에 대한 NASA의 의견 역시 '구르는 바위'이다. 예견했던 바이다.

그런데 여태껏 이상한 트레일과 그것을 그린 물체에 집중하느라, 더 중요한 대상을 간과하고 있었던 것 같다. 그것들을 품고 있는 지역 자체에 관해서는 관심을 두지 않은 듯하다. 그러니까, 신기한 나무를 보느라 그것을 품고 있는 숲을 보지 않고 있었던 것이다.

◐ Vitello

아래 게재된 사진 속의 지역이 'Wandering Boulders'를 품고 있는 Vitello Crater이다. 여기에서 가장 시선을 끄는 부분은 중앙의 고지를 체인처럼 둘러싸고 있는 밝은 Rille이다.

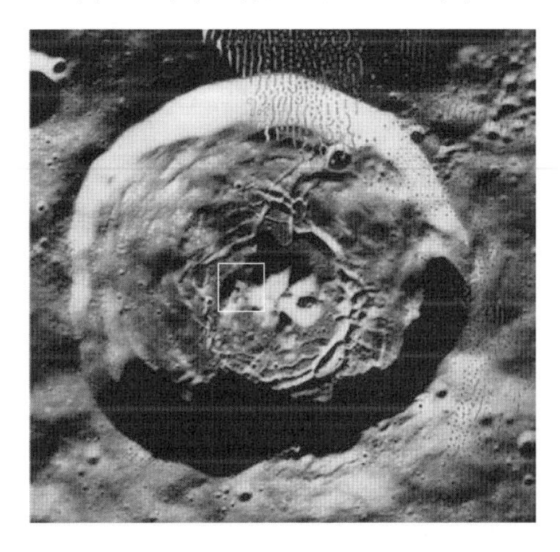

비텔로는 42km의 지름을 가지고 있는데, Rille는 대부분 작은 분화구에서 시작하여 림의 안쪽을 감고 나와, 완만한 곡선을 그리며 분화구 바닥 10km 정도를 가로질러, 중앙 고지 근처에서 끝나고 있다. 'Wandering Boulders'는 작은 능선이 거미줄처럼 얽혀 있는 분화구 중심 근처에 있는데, 정확한 위치는 사각형 마크를 해 둔 산맥 근처이다.

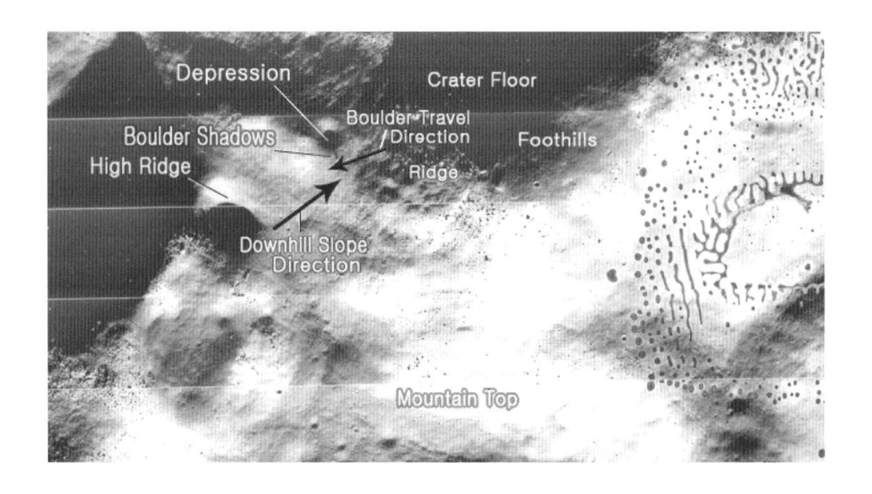

위 이미지는 Vhr_5168_med_raw.tiff에서 발췌해 온 클립이다. 구르는 바위의 방향에 대한 의문이 많으므로 우선 이에 관한 것부터 정리해 보기로 하자. 사진의 중앙에 있는, 크고 밝은 부분은 분화구의 중심 산맥이고, 그 위의 어두운 지역은 분화구 바닥이다. 사진을 자세히 살펴보면, 바위의 이동선이 지역의 경사면 방향과 다르다는 사실을 알 수 있다.

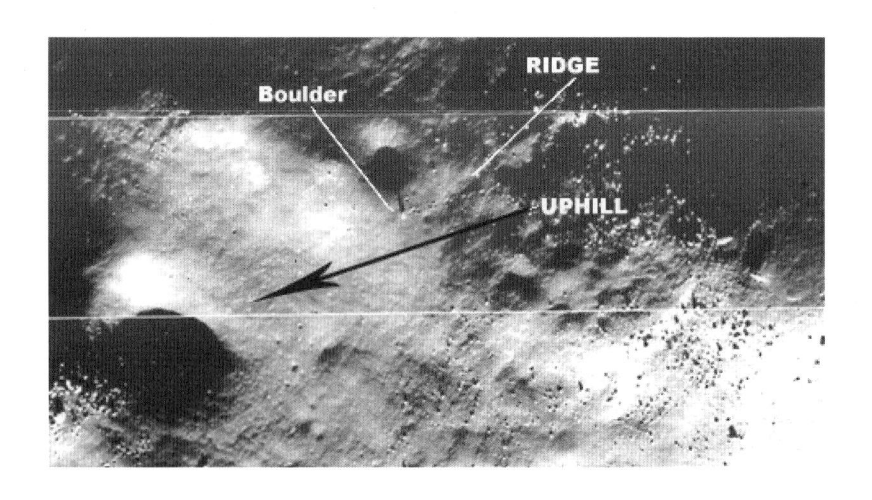

위 사진은 Lo5_h168_2 파일에서 발췌해 온 것이다. 바위를 중심으로

사진을 확대해 놓았는데, 라벨은 지역의 고지대와 바위의 상대적인 위치를 표시해 놓은 것이다.

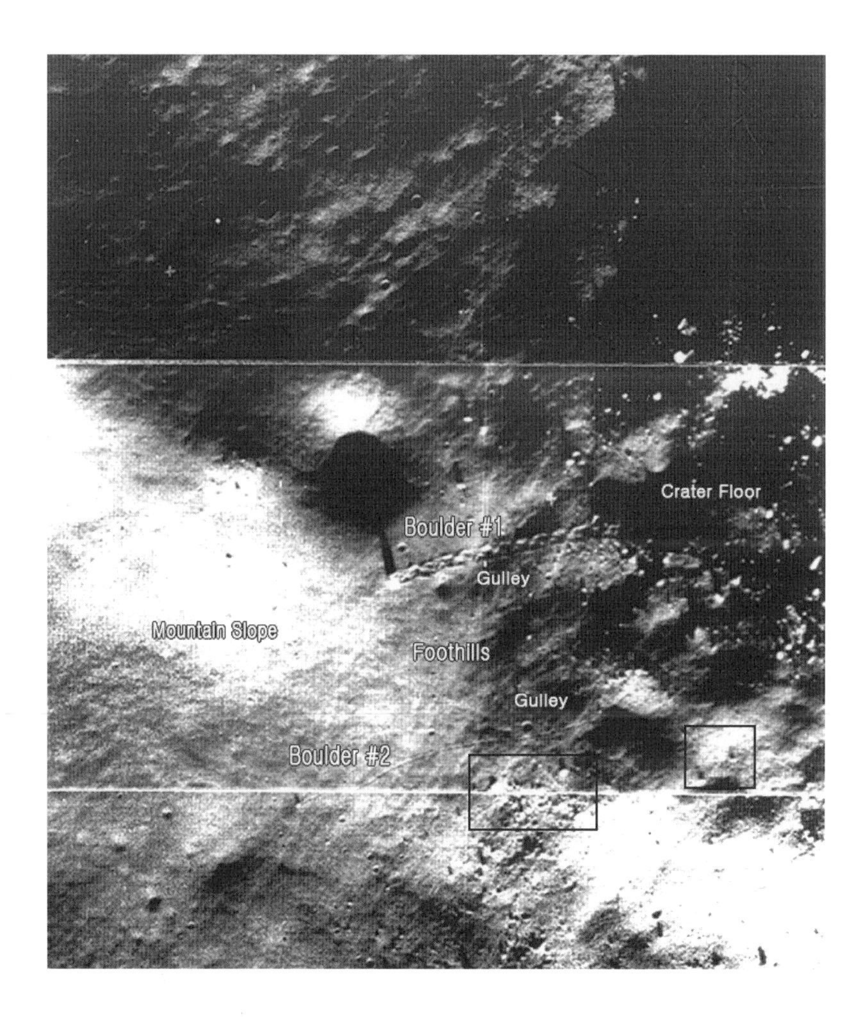

이 사진을 살펴보면, 바위가 분화구 바닥에서 출발하여 능선 위를 가로질러, 긴 그림자가 가리키고 있는 구렁을 피하면서 UPHILL로 가고 있다는 사실을 알 수 있다. 그리고 사진의 아랫부분을 보면, 바위가 절묘한 행로를 그리며 위험지역을 피해서 계곡과 능선을 지나왔다는 사실을 알 수

있다.

이 이상한 현상을 더욱 추적하고 싶으면, 파일의 원본을 구해서 사각 표시를 해 둔 지역을 더 확대해서 살펴보면 된다. 그리고 혹여 상세한 분석이 어렵더라도 실망할 필요는 없다. 앞으로는 Orbiter Mission에서 얻은 파일을 더욱 세밀히 분석할 수 있는 기술이 개발될 것이다.

현재, 기존의 기능들이 유지되면서 미학적 VHR 데이터 집합을 향상하는 방법이 개발되고 있다. 그리고 LO 필름 스트립의 측면을 따라 발견되는 백색 동기 표시들이 이미지의 품질을 제한하고 있는 것에 대해서 불만이 많지만, 가우스 형 필터가 향상되면 이러한 노이즈가 제거되어 데이터의 손상 정도가 최소화된 달의 명확한 전경을 볼 수 있게 될 것이다.

물론 모든 프레임에 이러한 기술을 적용하지 못할 수는 있을 것이다. 추정컨대 LO Ⅰ호와 Ⅱ호 파일에는 적용이 힘들고 Ⅲ, Ⅳ, Ⅴ호의 파일에는 적용될 가능성이 크다.

어쨌든 Vitello Crater는 많은 경이로움을 품고 있고, 그에 관한 Orbiter의 자료가 풍부한 편임에도 불구하고 현재의 기술로는 더 이상의 분석이 어려운 형편이다.

그런데 Vitello Crater에 관한 자료 중 Orbiter의 것이 최고 품질의 것인가. 더 이상의 자료는 없는가. 그런 것 같다. 앞으로 달 탐사가 계속되면 이에 관한 갈증도 해소되겠지만 말이다.

사실, Clementine이 Orbiter보다 더 나중에 달의 궤도에 갔고 Vitello 위를 여러 번 지나가며 영상을 찍었으므로 Orbiter보다 더 나은 자료들을 수집했을 것으로 추정하는 경향이 있지만, 실상은 그렇지 않다. Clementine이 Topography를 만들기 위해 촬영한 Vitello의 Image를 살펴보자.

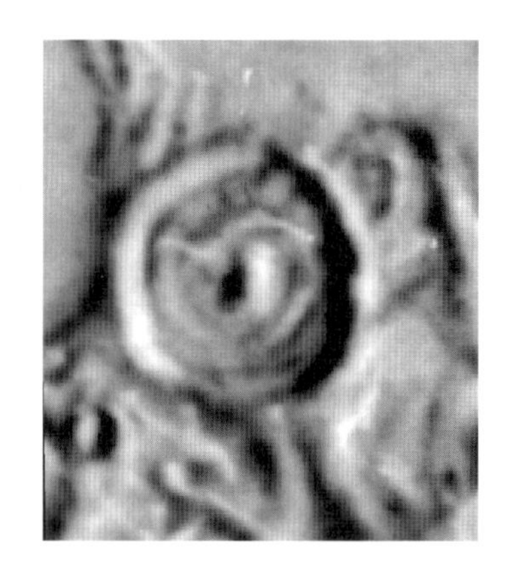

이 이미지는 USGS의 달지도 제작 준비 자료에서 나온 것으로 Clementine이 촬영한 Vitello 사진이다. 그러나 불행하게도 이것은 우리가 알고 싶어 하는 궁금증을 해소해 주는 데 별로 도움을 주지 못한다. 이 이미지는 겨우 Vitello 중심 지역의 상대 높이를 알게 해 줄 수준밖에 안 된다.

이 사진 말고도 컬러 이미지가 더 있긴 하다. 하지만 그 해상도 역시 기대치에 턱없이 모자란다. 해상도가 1960년대 Orbiter mission의 초기 때 수준이다. LESS 해상도를 가지고 있다는 뜻이다. 도대체 비용 부담이 얼마나 컸기에 겨우 그 정도 수준의 카메라를 Clementine에 부착했는가. 의문이 들 수밖에 없다. NASA에서는 이에 대한 대답을 회피했고 카메라 제조사가 대신해서 대답했는데, 지극히 은유적이고 간접적이다.

그들은, "전형적인 달 궤도 임무(Lunar Orbiter의 임무)에서 사용하는 촬영 시스템이었다면 카드 테이블의 크기를 표시하기에 충분한, 선명하고 해상도 높은 사진을 제공했을 것이다."라고 해명했다. 도대체 이게 무슨 말인가. 이 말을 쉽게 풀어보면, Lunar Orbiter 경우는 달 표면에 안전하게 착륙해야 할 지점을 찾는 임무를 수행해야 하기에 아주 정밀한 사진을 촬영할 카메라가 필요했다. 하지만 Clementine은 달의 지도 작성을 위한 임무를 수행하기 위해 달 궤도를 돌았으므로, 이 일을 수행하는 데는 그렇게 정밀한 수준의 카메라가 필요 없었다는 말이다. 정말 이러한 주장을 온전히 받아들여야 하는지 모르겠다. 하지만 카메라에 관한 의문은 이쯤에서 접자. 정작 우리가 궁금해했던 것은 카메라가 아니고 돌에 관한 문제였다.

이제 그에 대한 답 근처에 이르게 된 것 같다. 자료를 분석해 본 결과, Vitello Crater의 Boulder가 움직인 것이 자연적인 힘이 아니라 인위적인 힘의 결과일 거라는 사실에 조금 더 확신을 두게 됐다. 그러나 이건 여전히 필자를 비롯한 소수의 결론일 뿐이다. 아직은 '굴러 내린 바위'라는 NASA의 주장을 믿는 대중이 적지 않다. 미상불 그들이 그런 믿음의 끈을 놓지 않고 있는 것을 무지나 고집으로 치부해서는 안 될 것 같다. 희미하긴 하지만 그런 주장의 논거는 여전히 남아 있기 때문이다. 그 논거의 중심에는 특이한 달 중력의 성질이 있다.

뉴턴의 운동 법칙에 의하면, 모든 물체는 외부에서 힘이 가해지지 않는 한, 정지나 등속도 운동의 상태가 유지된다. 그래서 우리는 Vitello 표면을 떠도는 둥근 바위의 트랙 패턴에 의심의 눈길을 보낸 것이다. 중력 외에 달리 작용하는 힘이 없다면, 그렇게 복잡한 운동을 할 수 없기 때문이다. 그리고 이런 의심에는 전혀 문제가 없는 것처럼 보인다.

그렇지만 냉정하게 생각해 보면, 이런 논리는 지구에서나 문제가 없는 논리이다. 지구에서만 문제가 없다? 그렇다면 뉴턴 법칙 역시 지구에서만 적용될 수 있다는 뜻인가? 그렇지는 않다. 뉴턴 법칙에 문제가 있다는 게 아니라, 달의 중력 작용이 특이해서 뉴턴 법칙을 일반적으로 적용하기가 곤란할 수도 있다는 뜻이다.

주지하다시피 달의 중력은 미약하여 중력 가속도가 1.622m/sec2로 지구의 9.806m/sec2와 비교하면 1/6밖에 되지 않는다. 그렇지만 이것은 어디까지나 평균적인 수치일 뿐이다. 달의 중력장은 매스콘(Mascons: Mass Concentrations)이라는 존재 때문에 아주 불균일하다. 매스콘이 있는 지역은 중력이 매우 강하다. 이런 사실은 달 궤도선이 도플러 레이더 신호를 발사하는 과정에서 확실히 알게 됐다. 가장 중력장이 큰 곳은 '평온의 바다'와 '비의 바다'인데, 이런 현상의 원인이 지표면의 밀도 차와 관련 있을 거로 추정하고 있을 뿐, 정확한 원인은 아직도 모르는 상태이다.

어쨌든 매스콘이라는 특이한 존재가 있기에, Vitello의 바위의 움직임이 자연의 힘과 무관하다고 속단을 내릴 수 없는 상황이다. 하지만 그 때문일 개연성이 작은 것 역시 사실이어서, Vitello의 바위는 바위라기보다는 자연의 힘과는 무관하게 움직인, 어떤 기계이거나 그것의 작업 흔적으로 여기는 측이 조금씩 힘을 더 얻어 가고 있다. 머지않아 이런 의견이 대세가 될 수도 있을 것 같은데, 이런 조짐에는 Lunar Orbiter Ⅴ호의 또 다른 발견이 적지 않은 영향을 미쳤다. 바로 Copernicus Crater 내부의 이상한 지형지물이 그것이다. 여기에는 복잡한 암석의 이동뿐 아니라 토목 공사 흔적으로 의심할만한 증거도 있다.

어쨌든 이에 관해서는 따로 장을 마련해서 살펴보도록 하고, 우선은 Lunar Orbiter의 또 다른 자료들을 분석하는 데 집중하자.

Gassendi의 UFO

Mare Humorum의 북쪽 가장자리인 17.55°S 39.96°W에 Gassendi 분화구가 있다. 그런데 달 궤도 탐사선 사이트에 들어가서 M109495053R 자료를 보면, 2009년 10월에 그 분화구의 아래쪽에서 위와 같은 물체를 발견했다는 것을 알 수 있다. 수 km나 되는 긴 트레일 끝에 둥근 물체가 멈춰 서 있는 게 보인다.

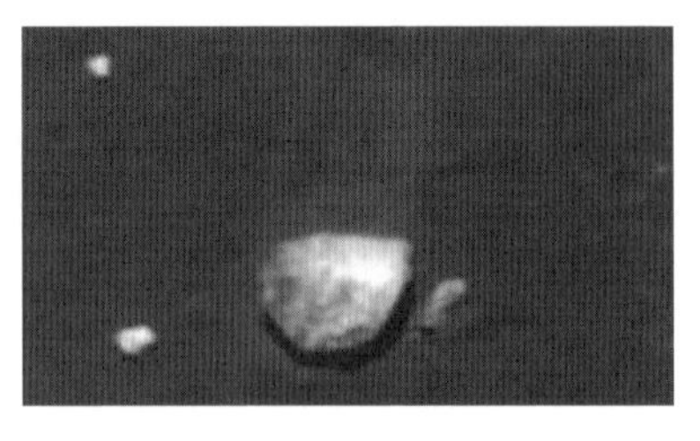

확대해서 살펴보면, 암석과는 재질이 다르다는 것을 알 수 있다. 트레일이 달려 있고 예전 사진에는 없던 것이어서 UFO일 개연성이 높은데, 사고 탓인지 외형이 그렇게 말끔하지는 않다.

탑과 구조물

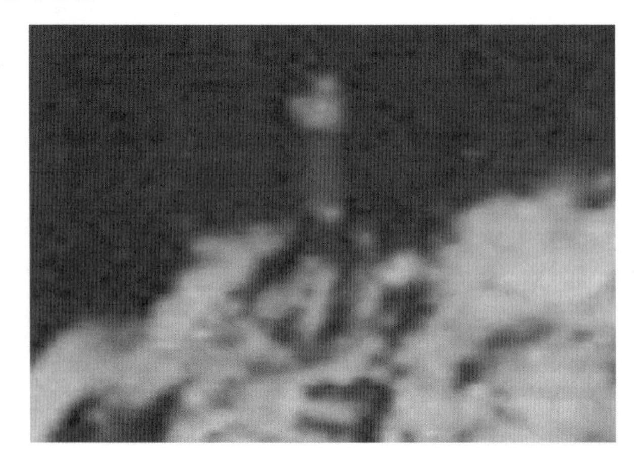

LO-Ⅴ-125-H2A

Orbiter Ⅴ호가 전송해 온 자료 중에 가장 놀라운 것은 LO-Ⅴ-125-H2A 파일인 것 같다. 위의 사진은 파일 일부를 발췌한 것인데, 정말 경이롭다.

가운데 우뚝 솟아 있는 물체는 오벨리스크처럼 보이지만, 독립된 것이라기보다는 큰 구조물 일부일 개연성이 더 큰 것 같다. 그 뒤에 있는 어두운 그림자와 깊은 관련이 있는 것으로 보이나, 구조물의 전체적인 형태를 그리기가 쉽지 않다. 오벨리스크 모양 아래 'E' 모양의 구조물도 조각물처럼 보이고, 왼쪽 아래 구조물도 자연의 힘으로 만들어진 구조물 같지는 않다. 그리고 이 근처에는 이 물체들 말고도 이상한 것들이 많이 모여 있다.

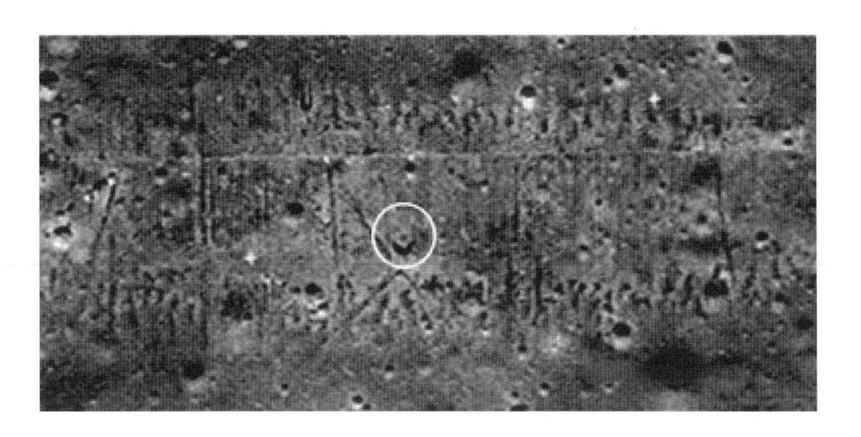

이것은 Lo5-105-h3 left 파일 일부로, 지형의 위치는 Hadley Rille(Rima Hadley) V형 계곡의 아래쪽이다. 가운데 사다리꼴 모양의 윗면을 가진 구조물은 입체적인 그림자를 가지고 있는데, T자형의 긴 구조물과도 연결되어 있다. 이곳을 확대해 보자.

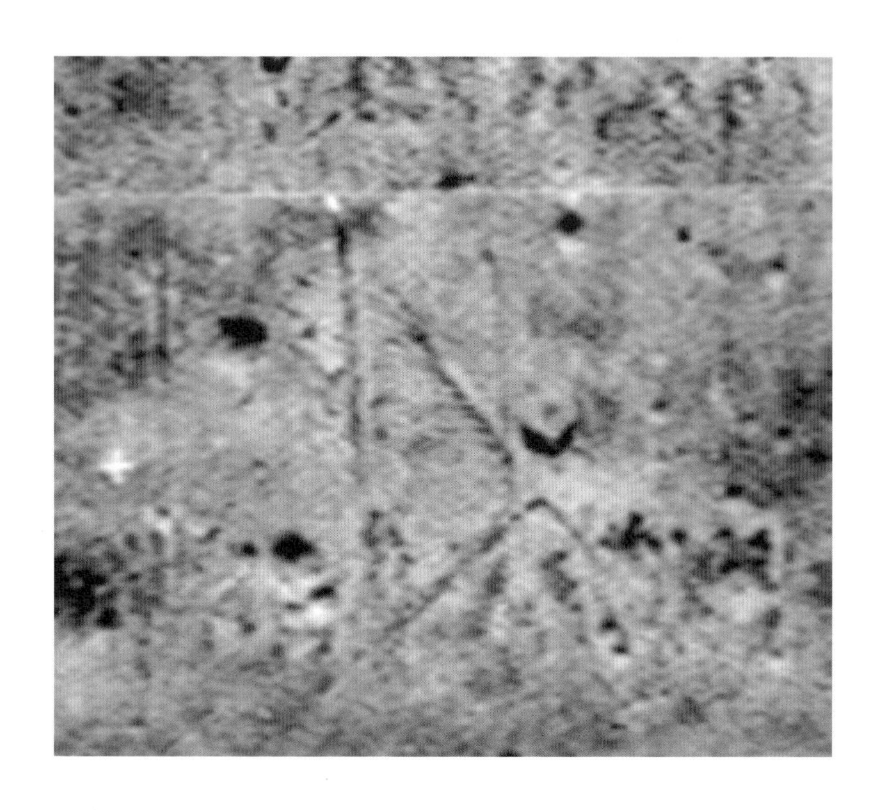

이곳을 누가 자연적으로 형성된 지형이라고 말할 수 있겠는가. 사다리꼴 구조물은 예리한 모서리를 가지고 있고 내부 그림자도 아주 선명하다. 주변의 지형지물과 함께 보면, 지역 전체에 인위적인 설계가 가해졌다는 느낌이 확연히 든다.

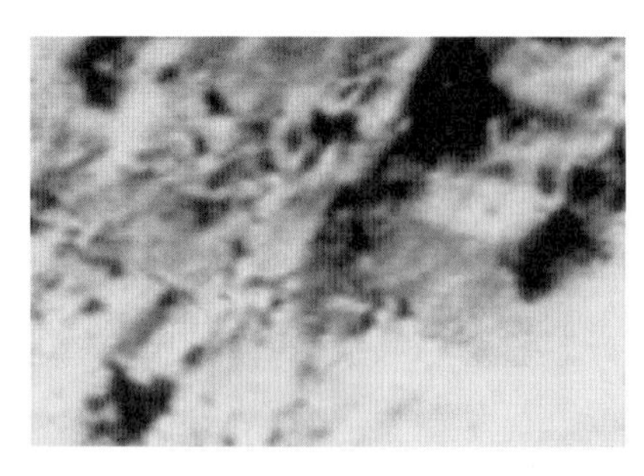

또한, 이 지역에서 멀지 않은 오른쪽 주변에는, 왼쪽 사진과 같은 지역도 있다. 여러 구조물이 섞여 있는데, 그중에는 속이 비어서 무엇을 담을 수 있는 구조를 가진 것도 있다. 전체적으로 구조물들의 모서리가 잘 다듬어져 있다.

Malibu

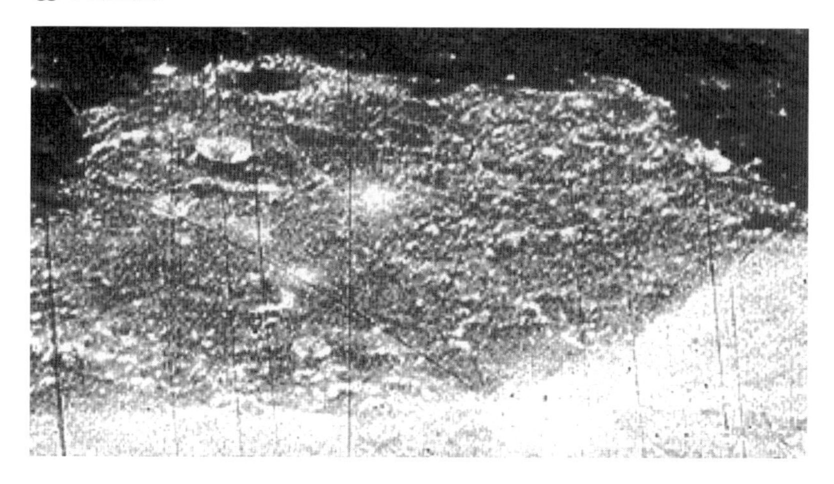

Orbiter는 말리부 지역을 탐사하는 도중에 또 하나의 성과를 거두었다. 이 이미지는 몰락한 도시의 모습을 담고 있는 듯하다. 위쪽의 어두운 지역은 위난의 바다(Mare Crisium)이다. 정면에 아치 모양의 피카드 분화구가 있다. Greaves는 왼쪽 위에 있고, 아래쪽에는 'Dish'라는 괴물체가 있다. 아래쪽을 확대해 보았다.

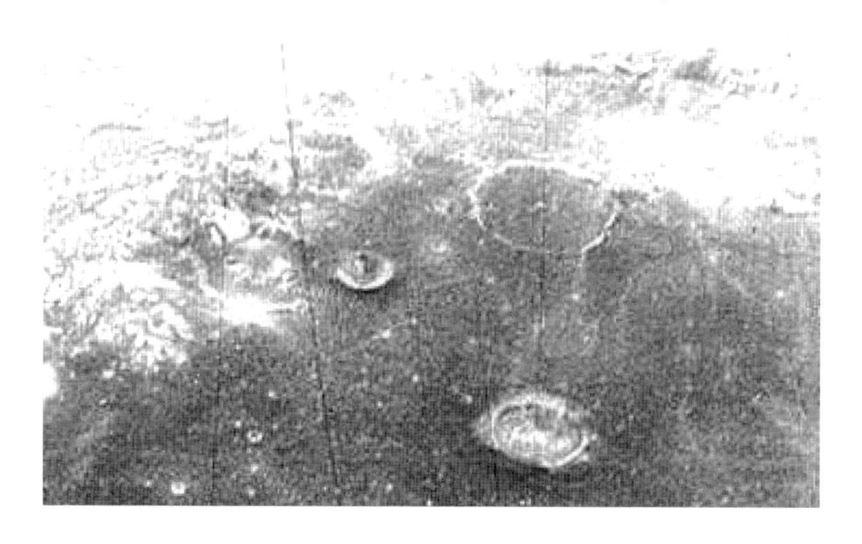

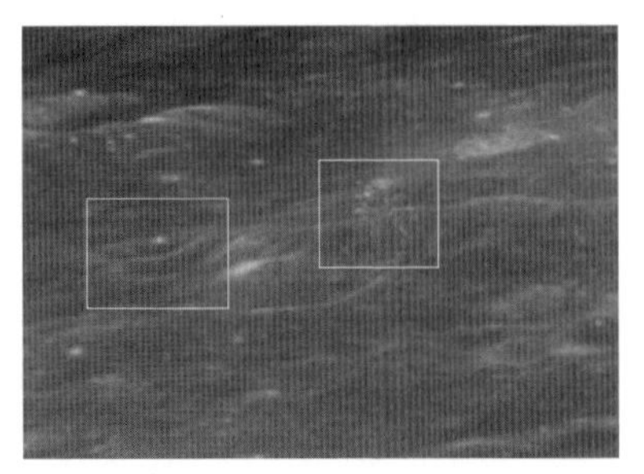

왼쪽 사진은 Orbiter Ⅴ호가 지평선을 바라보며 촬영한 것이다. 지평선 너머로 지구의 모습이 보인다. 그런데 사진의 오른쪽 아래 네모 표시를 해 둔 곳을 보면 이상한 구조물들이 보인다.

오른쪽 사진은 사각형 표시를 해 둔 곳을 다시 확대해서 이상한 물체들에 더욱 접근해 간 것이다. 하지만 아직도 물체의 세부적인 모양을 알아볼 수가 없다.

해상도가 좋은 편이어서 조금 더 확대해도 무방할 것 같다.

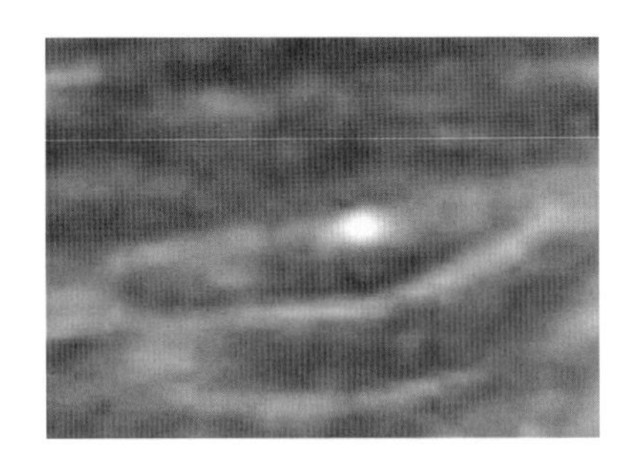

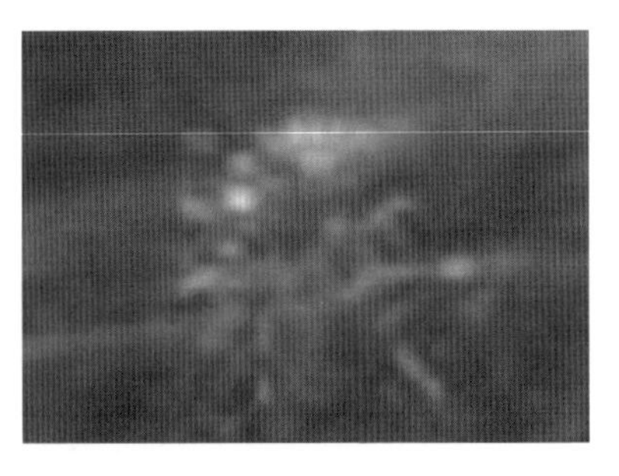

왼쪽 사진은 왼쪽 상자 부분을 확대한 것인데, 달에서 종종 발견되는, 정체불명의 광원이 작은 크레이터에서 나오고 있는 장면이 촬영되어 있다. 발생 원인이 확실히 밝혀지지는 않았으나, 플라즈마일 거라는 설이 가장 유력하다.

오른쪽 사진은 가운데 상자 부분을 확대한 것인데, 로봇이나 차량으로 보이는 물체가 촬영되어 있다.

UFO or Dish

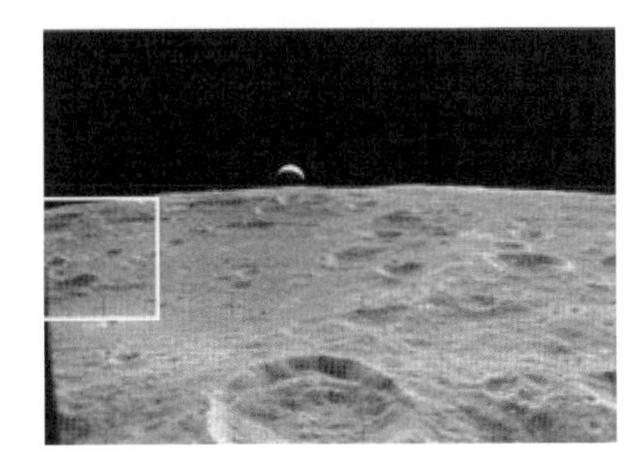

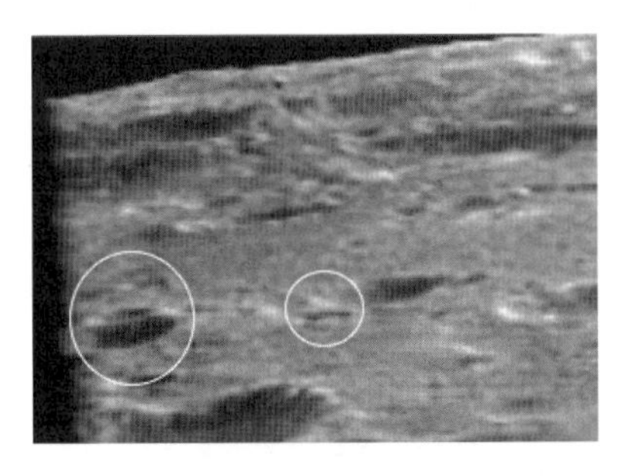

이 사진도 Orbiter Ⅴ호의 사령선이 촬영한 것인데, 왼쪽 사진의 사각 상자로 표시해 둔 부분을 보면, 이상한 물체 두 개가 보인다.

오른쪽 사진은 그 물체들을 확대한 것이다. 지면에 고정된 구조물이 아니고, 이동이 가능한 물체로 보인다.

Bridge or Sphere

왼쪽 사진의 윗부분에 이상한 물체들이 보여서 확대해 보았다. 왼쪽 물

체는 크레이터를 가로지르고 있는 것으로 보아 다리 역할을 하는 것으로 보이는데, 오른쪽 화살표가 가리키고 있는 물체는 그 모습이 너무 낯설어서 도무지 용도를 짐작할 수 없다.

남극 근처를 떠도는 UFO

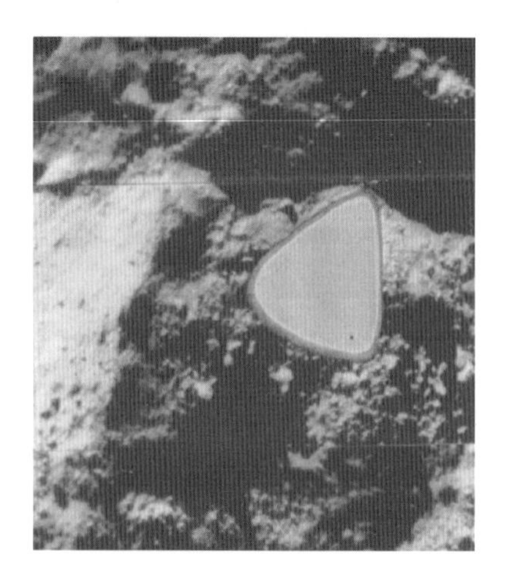

왼쪽 사진은 경도 -11.6°, 위도 -42.3° 지역을 촬영한 LO5-126-h2b 파일에서 발췌한 것이다.

사진 윗부분의 원 표시를 해 둔 곳을 보면, 이상한 물체가 보인다. 하지만 이 파일은 여러 사진 조각을 붙여서 만든 것이기에 노이즈일 가능성을 완전히 배제할 수 없다.

그러나 확대한 아래 사진을 보면, 뚜렷한 테두리를 가진 독립된 물체라는 사실을 알 수 있다. 그리고 이 물체가 비행체라는 사실에 확신이 생기기 시작한다. 이 물체는 연이어 촬영된 다른 사진에도 담겨 있다.

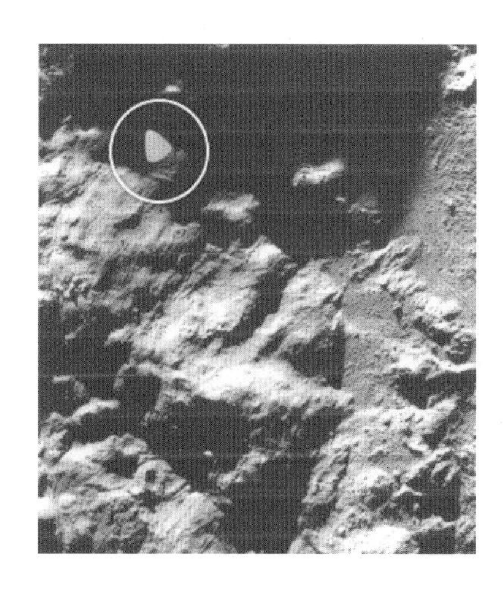

바로 옆 지역을 촬영한 LO5-126-h2c 파일에서 발췌한 사진이다. 원 표시를 해 둔 곳을 보면, 진로 방향만 다를 뿐, 같은 물체라는 사실을 한눈에 알아볼 수 있다.

다만 확대를 해 보아도 표면의 세부 구조를 볼 수 없는 것은 물론이고 질감마저 거의 느낄 수 없다. 그 이유는 표면이 지나치게 매끈해서라기보다는 이 지역이 햇빛의 농도가 희박한 남극 근처여서, 궤도선이 이 물체를 필름에 담기 위해 노출을 높인 탓일 가능성이 크다.

어쨌든 우리가 주목해야 할 것은, 이 물체가 자연 지형지물일 가능성이 거의 없을 뿐 아니라, 지구에서는 볼 수 없는 외형을 가진 비행체라는 사실이다.

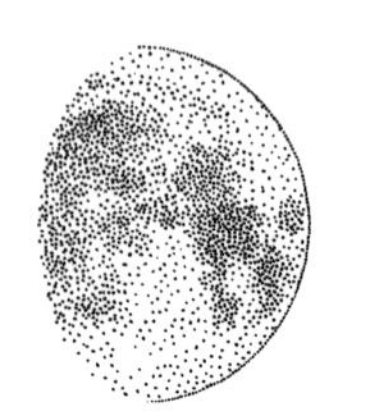

제 4 장

아폴로의 발견

아폴로 계획(Project Apollo)은 아이젠하워 대통령의 재임 시절에 추진됐던 머큐리 계획을 기반으로 출발하였다.

그렇지만 머큐리 계획은 한 명의 비행사가 우주선에 탑승하여 지구 궤도 비행하는 것이 목표였으나, 아폴로 계획은 세 명의 비행사가 우주선에 탑승하여 지구 궤도를 벗어나 달로 여행하는 것이 목표였다. 아폴로라는 이름은 에이브 실버스테인이 붙인 것으로, 고대 그리스 신인 아폴론의 이름을 딴 것이었다.

이 계획은 1961년부터 1972년까지 NASA에 의해 진행되었다. 주지하다시피 이 계획의 최종 목표는, 존 F. 케네디 대통령의 연설에서 언급되었던 것처럼, 인간을 달에 착륙시킨 후 무사히 지구로 귀환시키는 것이었다.

1960년 11월에 존 F. 케네디가 미국 대통령으로 당선되었는데, 대통령 후보 시절에는 우주 탐사와 미사일 방어 분야 모두 소련에 대해 우위를 확보하여야 한다고 공언하였으나, 대통령 취임 후에는 주로 미사일 경쟁에 집중했다.

그런데 1961년 4월에 소련의 유리 가가린이 최초의 유인 우주 비행에 성공하자, 미국은 소련의 우주 과학 기술에 큰 위협을 느끼게 되었다. 그래서 케네디는 유리 가가린이 우주유영에 성공한 바로 다음 날에 우주 과학 위원회를 소집하여 소련과의 경쟁에서 우위를 차지할 방안을 모색하기 시작했고, 마침내 1961년 5월에 아폴로 계획을 선포하게 되었다.

"우선, 나는 인간이 달에 착륙한 후 무사히 지구로 귀환하는, 이러한 계획이 성공한다면 다른 어떠한 우주 계획도 인류에게 이보다 강렬한 인상을 심어줄 수 없다고 확신한다. 또한 이는 장기적인 우주 탐사 계획에 중요한 전환점이 될 것이기에, 이를 위해서는 모든 어려움과 막대한 비용지출을 감수할 것이다." 케네디가 이러한 선언을 할 당시, 미국은 단지 한

명의 우주인만 지구 궤도 선회에 성공했을 뿐이어서, NASA 내에서도 이 선언에 회의적인 반응을 보일 정도로 여론의 반응은 비관적이었다.

그렇지만 그것은 기우였다. 1969년 7월 20일에 아폴로 11호의 선장인 닐 암스트롱이 달에 첫발을 내딛게 되면서 인류의 오랜 꿈이 실현되었다. 물론 이러한 성과가 결코 쉽게 이루어진 것은 아니었다. 주지하다시피 아폴로의 성공에 필요한 자료와 정보를 얻기 위해, 머큐리 계획과 제미니 계획이 장기간 수행되면서 많은 희생을 치렀다.

그리고 아폴로 계획에서도 그 첫발을 내딛는 순간부터 끔찍한 재난을 겪었다. 1호가 발사 연습을 하던 중에 우주선 속에서 발생한 화재로 그리섬, 화이트, 채피가 모두 사망했다. 그 때문에 계획 참여자들이 극심한 충격에 휩싸여 계획 전체가 좌초될 뻔했으나, 겨우 분위기를 추슬러서 1968년 4월까지 4, 5, 6호를 우주로 보내었다.

그렇게 로켓과 모듈을 테스트한 후에, 1968년 10월에 유인 우주선인 7호의 발사에도 성공하였다. 그 후에도 수많은 난관이 있었지만, 가까스로 극복하여 달을 정복했고, 1970년대 초반까지 달 착륙을 꾸준히 이어갔다.

아폴로는 새턴(Saturn) 로켓을 사용하여, 사령선, 기계선, 달 착륙선으로 이루어진 우주선을 우주에 진입시켜 달 탐사를 수행하는 방식으로 개발되었다. 이 우주선은 우주에 진입한 후에 전체가 달로 날아가지만, 달 표면에는 착륙선만 내려가서 임무를 수행한다. 이때, 사령선과 기계선은 서로 붙어서 달 주위를 돌고 있다가 착륙선이 임무를 다하고 달에서 이륙하게 되면 도킹하여 다시 지구로 돌아오게 된다. 그리고 지구 대기에 도달하면 사령선만이 지구로 들어와 긴 여정을 끝마치게 된다. 다소 복잡해 보이는 시스템이지만, 이러한 시스템의 개발은 소련에 뒤져있던 위상을 역전시키는 결정적인 전기가 되었다.

어쨌든 유인 달 착륙을 계기로 미국이 우주 개발의 선두에 서게 되었지만, 아폴로 프로그램에 사용된 총 자금은 실로 어마어마했다. 약 19,408,134,000달러로 이는 NASA 예산의 34%였다.

아폴로 계획에서 달 착륙에 성공한 것은 아폴로 11호, 12호, 14호, 15호, 16호 17호로 총 여섯 번이다. 아폴로 11호가 처음이었고 13호는 달에 갈 예정이었으나 사고로 실패하였으며, 18호 이후의 계획은 모두 취소되었다. 여섯 번의 달 착륙 동안 각각 2명의 우주인이 달을 걸었기에 총 12명이 달에 착륙한 게 된다.

멀고도 험한 여정 끝에 아폴로 계획은 위대한 성과를 거두었지만, 필자가 관심을 두고 있는 부분은 그 업적보다는 미션 수행과정에서 발견한, 이상한 현상이나 지형지물에 관한 것이다.

아폴로 7호의 발견

아폴로 7호는 1968년 10월 11일에 새턴 IB 로켓으로 발사된 아폴로 계획 최초의 유인 우주선이다. 10월 22일에 귀환하기까지 발터 시라, 돈 아이셀, 발터 커닝햄은 260시간 동안 체공하면서 지구를 163번이나 돌았다.

승무원들, 왼쪽부터 아이셀, 시라, 커닝햄

아폴로 7호의 사령선은 아폴로 1호 화재 사건 영향으로 대폭 재설계되었는데, 선장은 우주선 탑승 경험이 있는 발터 시라가 맡았다. 이 우주선에는 착륙선이 포함되지 않았기 때문에 강력한 새턴 V 로켓이 아닌 새턴 IB 로켓이 사용됐다. 우주선의 하드웨어 완성도가 높아서, 달 궤도로의 투입과 이탈에 사용될 보조 추진 시스템과 엔진이 실험 중 아무런 문제를 일으키지 않았다.

우주선의 선실은 제미니의 선실보다 쾌적했지만, 11일간 궤도에 체류했을 때쯤에 승무원 모두 감기에 걸렸다. 임무를 제대로 수행할 수 없을 정도로 건강이 나빴으나, 소명의식을 가지고 가까스로 버텼다. 그들의 노력 덕분에 새롭게 설계된 아폴로 우주선이 최종 임무를 수행할 능력을 갖추고 있다는 사실이 증명되었다. 사실 이들의 임무 수행과정은 TV로 미국 전역에 생중계되고 있었기에 임무를 제대로 수행하지 못했다면 아폴로 계획은 치명상을 입었을 것이다.

어쨌든 이제부터 이 책의 주제에 초점을 맞춰서 아폴로 7호가 미션 수행 중에 겪었던 이상한 체험들을 살펴보도록 하자.

UFO와의 조우

아래 사진은 Apollo Image Atlas에 게시되어 있는 AS07-07-1874 파일이다. 7호와 비슷한 고도에 물체가 떠 있는 게 보인다. 모양이 어지러워 우주 쓰레기일지도 모른다는 의심이 먼저 든다.

AS07-07-1874

하지만 다음에 게시된 사진들과 함께 종합해서 생각해 보면, 그런 의심이 조금씩 증발한다.

AS07-07-1875

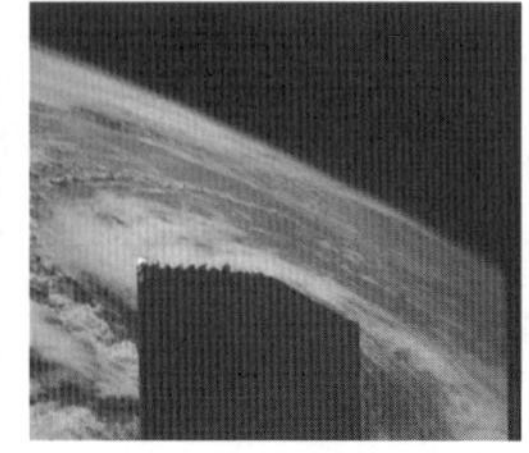
AS07-07-1878

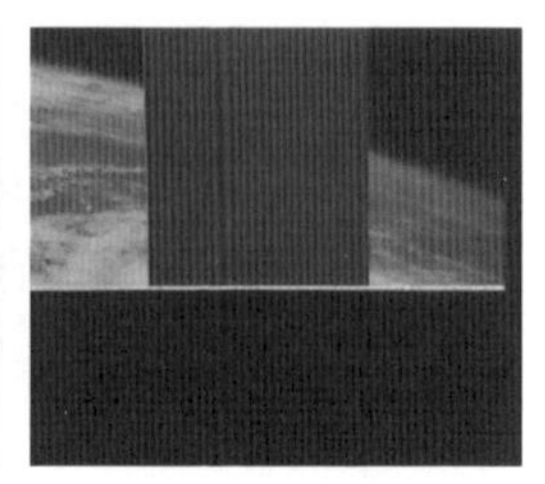
AS07-07-1879

1875 파일은 1874 파일 바로 뒤에 촬영한 것이다. 물체가 순식간에 사라졌다는 사실을 알 수 있다. 뒤에 두 사진도 곧이어 촬영한 것인데, 창문 부분이 덕트 테이프로 가려져 있다.

왜 그랬을까. 우주선에 가까이 다가온 UFO의 세부적인 모습을 감추기 위해, 저렇게 은폐했을 거라는 개연성이 먼저 생각난다. 하지만 이럴 경우, 의구심이 해소되기는커녕 머릿속이 더 복잡해진다. 대중에게 진실을 감추려고 했다면, AS07-07-1874 파일에서 UFO로 추정되는 물체를 지우면 목적을 더 완벽하게 이룰 수 있는데 NASA에서는 그러지 않았기 때문이다. 그렇다면, 이렇게 어설프게 조작된 자료를 공개한 의도가 무엇일까.

사실, 우주 비행사들은 아폴로 프로젝트 이전에 진행됐던 제미니 프로젝트 시절부터 UFO와의 조우에 대한 자료와 증언들을 제시하기 시작했다. 그런데 NASA는 그것들을 부정하는 태도로 일관해서, UFO의 존재를 확신한다고 주장한 비행사들은 정신 감정까지 받아야 했다.

무슨 이유 때문인지, NASA는 UFO의 존재 여부를 따지는 일에 합리적으로 접근할 의사가 없는 듯했다. UFO는 존재하지 않는다거나 존재해서는 안 된다는 결론을 정해 놓고, 모든 걸 그것에 끼워 맞추는 식으로 접근하려는 것 같았다. 하지만 제미니 프로젝트 때 UFO가 발견된 것은 부정할 수 없는 진실이다.

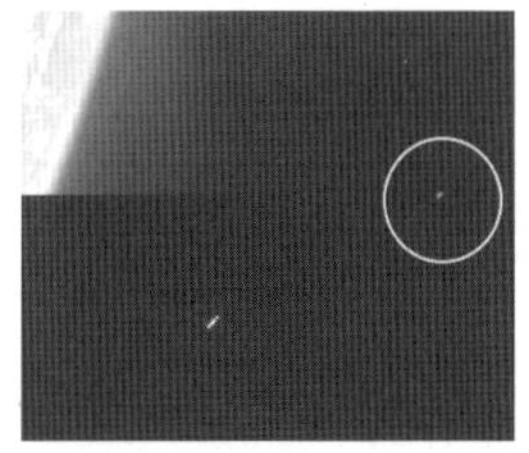 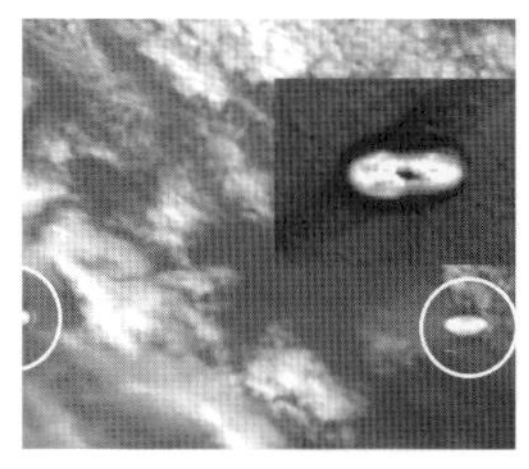 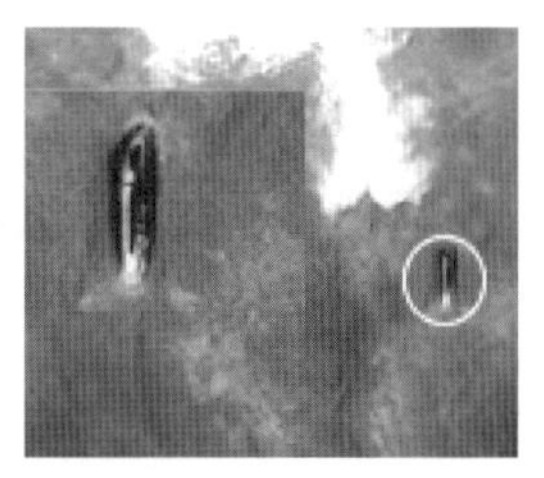

이 자료들은, NASA의 미분류 자료들이 보관된, 애리조나 대학 천문연구소 사이트 'March to the moon'에 게시되어 있는 것들이다. 25,800 여장의 사진 중, 제미니 프로젝트 때 촬영된, 선명한 UFO 사진들만 발췌했다.

지구를 떠나는 광원

엄밀히 말해, 아래에 설명한 현상은, 달이나 그 상공에서 발견한 게 아니라, 지구 근처에서 발견한 것이다. 7호가 막 대기권을 벗어났을 때, 승무원들은 지구에서 떠오르는 녹색 광원을 발견했다.

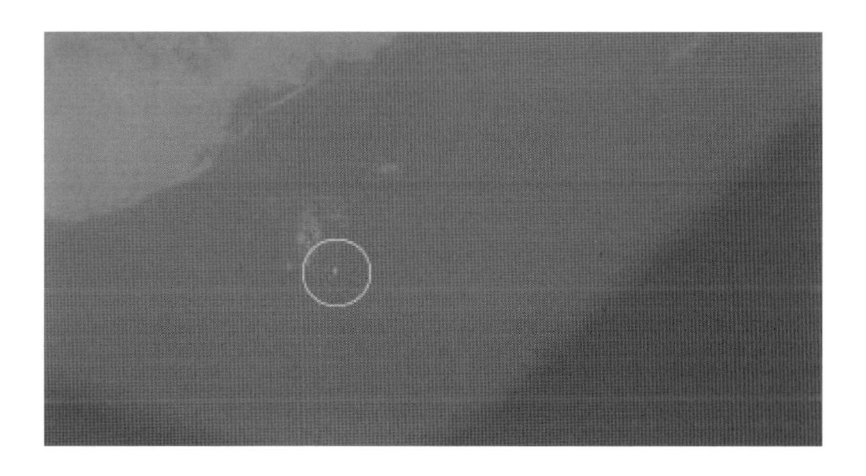

컬러 이미지

사진 가운데 부분의 하얗게 보이는 작은 점이 바로 그 광원인데, 흑백 사진이어서 식별이 어려울 것이다. 왼쪽의 QR코드에 컬러 사진이 있으니 이것을 보면 확실하게 식별할 수 있을 것이다. 사진 번호는 AS07-05-1613이다. 바로 아래에 광원을 확대한 사진이 있다.

확대해 보니까 아주 선명하게 보인다. 승무원들은, 처음 이 광원을 발견했을 때, 이것이 지구를 떠나는 어떤 물체의 모습일 거라고는 전혀 생각하지 않았다. 아직 인간이 모르는, 어떤 자연 현상이 순간적으로 일어난 것으로 생각했다. 하지만 잠시 후에 그 광원이 방향을 전환하는 모습을 보고 나서는 판단을 새롭게 내려야만 했다.

위 사진(AS07-06-1700) 속의 광원은 지구를 떠나서 먼 여로에 접어드는 여행자 같다. 우주인들은 그 광원을 계속 지켜보고 싶었지만, 그들은 그것과 반대 방향으로 등속 운동을 하고 있어서 더는 그것을 추적할 수 없었다.

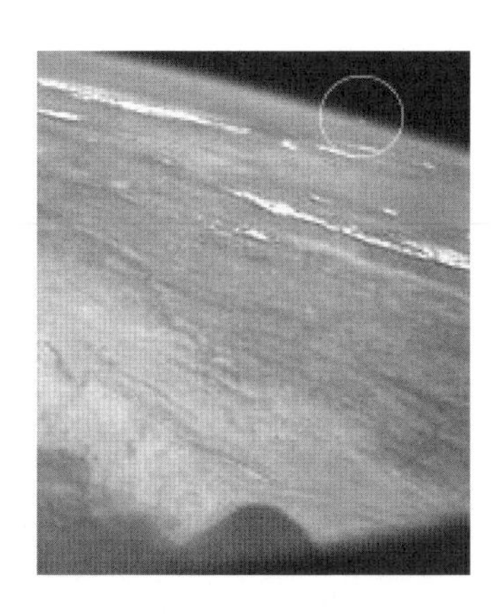

컬러 이미지

그들이 마지막으로 카메라에 담은 광원의 모습이 위 사진 속에 있는데 대기권 위쪽에 작은 점으로 간신히 보인다.

아폴로 7호는 달까지 가려 했던 우주선은 아니다. 지구 궤도를 돌면서 우주선 기능을 시험하는 것을 핵심 목표로 삼았던, 최초의 유인 우주선이었다. 승무원 중에는 승선 경험이 전혀 없는 아이셀과 커닝햄이 타고 있었는데, 그들이 우주로 나오자마자 시위하듯 이상한 광원이 나타났으니 얼마나 놀랐을까. 그들은 지구 상공을 돌고 있는 동안에 지구를 떠나던 녹색 광원의 뒷모습을 잊지 못하고 있었을 것이다.

아폴로 7호 승무원들을 경악에 빠트렸던 그 푸른 광원의 정체는 뭘까. 아무리 고심해 봐야 그 정체를 알 수 없을 테니, 그냥 'UFO'라고 정의해 버리는 게 현명할 것 같다.

사전적 의미 그대로 '정체를 확인할 수 없는 비행물체'인데, 굳이 유형을 구분하자면 구형 UFO이다. 이런 형태는 원반형 다음으로 자주 목격되는 유형으로, 크기가 다양하며 표면의 상태에 따라 금속체처럼 반사광이 강한 것, 마치 비눗방울처럼 투명하게 보이는 것, 광구형으로 보이는 것 등이 있다.

아폴로 승무원이 목격한 것은 광구형에 가까운 것 같은데, 이와 유사한 형태는 지구 내부에서도 자주 발견되고 있다. 그 중 대표적인 것 몇 가지만 살펴보자.

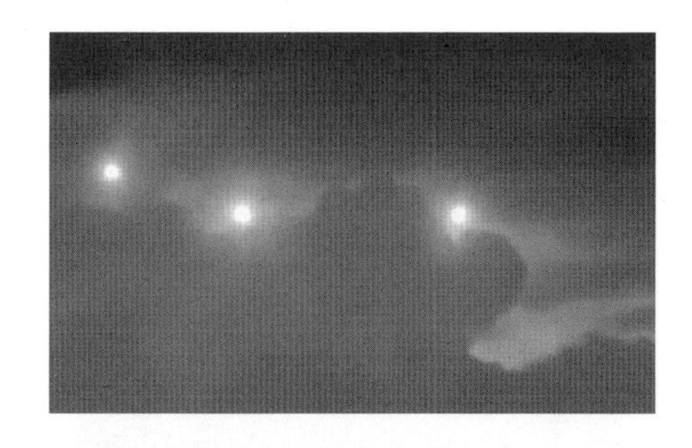

앞쪽 사진은 멕시코시티에서 70km가량 떨어진 포포카테틀산의 상공에서 발견된 것인데, 모양은 유사하지만, 색깔은 흰색에 가깝다.

그다음은 카나리 제도 해변에서 촬영된 사진으로 UFO가 3개나 담겨 있는데, 모양과 색깔 모두 아폴로 승무원들이 본 것과 거의 같다.

마지막 사진은 1972년 아폴로 17호 미션 때 촬영된 것인데, 사진 속 UFO는 모양은 흡사하지만, 그 표면의 질감은 다르다.

지워진 UFO

AS07-07-1738 파일이다. 아무런 이상이 없는 것처럼 보인다. 역설적이게도 그래서 이 사진을 게재했다. NASA는 최근에 UFO가 보인다는 부분을 지우고 사진을 새롭게 홈페이지에 공개했다.

예전에 게시했던 사진이다. 원 안쪽에 뭔가 보인다. 정체가 궁금했는데, NASA가 설명 없이 지운 것으로 봐서는 UFO가 맞는 것 같다.

아폴로 8호의 발견

아폴로 8호 미션은 11호 이전의 미션 중에 가장 괄목할 만한 것이었다고 할 수 있다. 원래 아폴로 8호 미션은 지구 저궤도에서 달 착륙선과 사령선을 시험 비행하는 목적으로 계획되었지만, 비행 계획이 연기된 후에 더 대담한 방향으로 전환되었다.

지구 궤도 선회 정도까지만 성공한 상태에서, 지구를 벗어나 달로의 비행, 달 궤도 진입과 이탈, 지구로의 귀환이라는 이제까지 인류가 해 보지 못한 여러 가지 과제를 동시에 수행하기로 계획이 수정됐다. 몇 번의 미션으로 쪼개서 진행해야 할 과정들을 한 번에 해야 했기에 부하가 무거웠던 미션이었다.

주지하다시피 새로 개발된 새턴 V 로켓은 그때까지 한 번도 유인 비행에 사용된 적이 없었다. 정상적인 상황이었다면, 달 착륙선을 테스트하기 이전에, 새턴 V 로켓의 유인 비행 테스트가 먼저 시행됐어야 한다. 그러나 1969년 전에 인간을 달로 보내야 한다는 과중한 목표 때문에 베르너 폰 브라운은 자신이 만든 새턴 V 로켓이 이미 세 차례에 걸친 무인 발사 성공으로 어느 정도 신뢰성을 검증받았다며, 유인 발사 테스트 과정을 생략하고 다음 단계로 넘어가자고 주장했다.

그렇지만 달 착륙선 개발이 지연되어 그 탑재와 랑데부 테스트를 아폴로 9호에게 미룰 수밖에 없을 뿐 아니라, 아폴로 계획 전체를 순연시킬 수밖에 없는 상황인데, 폰 브라운은 도리어 계획을 앞당겨서 우주선 모듈의 성능과 안전성 실험 일부를 생략하고 아폴로 8호를 달까지 보내어 선회 비행을 시키자고 주장했다. 그때까지 인류는 지구 궤도를 벗어나 본 적조차 없었기에 그것은 아주 충격적인 제안이었다. 달 선회 비행이라는 아폴로 8호 계획 자체의 무모함을 차치하더라도, 아폴로 8호에 투입될 새턴 V 로켓은 그때 막 개발된 것이어서, 인간을 탑승시킨 유인 비행에서는 한 번도 테스트해 본 적이 없었다. 그래서 각종 언론에서의 비난이 폰 브라운의 머리 위로 폭포처럼 쏟아졌다.

그러나 케네디가 천명한 대로 1960년대 안에 인간을 달에 보내려면 시간이 촉박했다. 폰 브라운은 NASA의 기술력과 경험, 자신이 직접 개발한 새턴 V 로켓의 성능 등에 강한 확신이 있었다. 또한 새로운 계획을 성공하게 되면, 소련 과학자들에게 큰 충격을 주어 그들의 개발 의지를 자체를 꺾을 수 있을 것으로 생각했기에, 비판적인 여론에도 불구하고 자신의 계획을 고집스럽게 밀어붙였다. 그리고 때를 맞추어 CIA의 첩보 위성이 소련에서 개발 중이던 N-1 로켓을 촬영하여 미국 시민들에게 공개하며 위기의식을 부채질하자, 아폴로 8호의 계획은 브라운의 뜻대로 추진될 환경이 조성되었다.

아폴로 8호 미션은 도박에 가까웠지만, 결과적으로 대성공을 거두었다. 1968년 12월 21일에 발사된 아폴로 8호는 3일 만에 성공적으로 달 궤도에 진입했다. 궤도를 도는 20시간 중 승무원들은 크리스마스이브 축하 방송을 하였다.

승무원들, 왼쪽부터 보먼, 앤더슨, 러벨

그들은 달 궤도 위에서 사령선과 기계선의 성능 시험을 하며 성서의 창세기를 읽었는데, 그 순간 미국 텔레비전 프로그램의 시청률이 역대 최고를 기록했다. 지구가 달의 지평선 위로 뜨는 어스라이즈(The earth rise) 장면을 처음으로 촬영했던 것도 이때였다.

아폴로 8호의 성공으로, 존 F. 케네디는 1970년대가 시작되기 전에 달 표면에 인간이 발을 딛게 하겠다고 다시 공언할 수 있게 되었으며, 이는 아폴로 11호의 유인 달 착륙 성공으로 실현되었다.

어쨌든 아폴로 8호의 업적이 대단한 것은 사실이지만, 지금부터는 미션 과정에서 발견한 이상 현상들에 대한 자료에만 집중해 보도록 하자.

이 장에서 제시한 자료들은 주로 아폴로 미션 때 발행된 책에 나온 것들이다. 그렇기에 같은 자료들을 인터넷에서 찾을 수도 있을 것이다. 물론 이 모든 소스는 NASA에 보관되어 있던 것들이다. 첫 번째 게재할 자료는 아폴로 8호 사령선에서 촬영한 AS8-12-2209 파일이다.

아폴로 8호 자료의 매력은, 인간이 달 궤도 위에서 직접 카메라 셔터를 조작하여 특정 지역을 촬영하였다는 것 외에, 달의 뒷면에 관한 자료를 여느 미션 때와는 비교할 수 없을 정도로 많이 얻었다는 것이다. 사실, 달 뒷면의 특정 지역을 사진을 통해 직접 볼 수 있다는 점은, 달에 관심을 두고 있는 사람들을 흥분시킬 만한 매력 중의 매력이었다.

이 사진의 위쪽을 보면, Joliot-Curie 분화구에서 밝은 빛이 나오는 것처럼 보이는데, 이것은 사진 전문가가 에어 브러시 작업을 한 결과이다. 이런 작업을 한 이유는 단언할 수는 없지만, 사진 속에 나타난 각종 구조물을 감추기 위해서인 것으로 보인다. NASA가 뭔가를 숨기는 데 사용하는 주된 방법은 인근 토양이나 암석과 유사한 색상과 질감으로 특정 지점을 가리는 것이다.

여기에 이와 같은 기술들이 사용된 것은 달의 어떤 지형지물이 지구의 일반 대중에 의해 발견될 가능성을 최소화하기 위해서일 것인데, 사진 속에서 어떤 구조물과 이상 현상을 찾아내기를 원한다면 이런 사실을 염두에 두어야 한다.

사진 위쪽에 Joliot-Curie Crater가 있고, 그 아래, 약간 왼쪽에 Lomonosov Crater가 있다. 앞에서 말한 주의점을 상기하면서 사진을 찬찬히 살펴보면, 사진 전반에 은폐 작업을 했지만, Lomonosov Crater 앞쪽의 이상한 형상들은 완전히 가리지 못했다는 사실을 알 수 있다. 왼쪽 마크 내부부터 살펴보자.

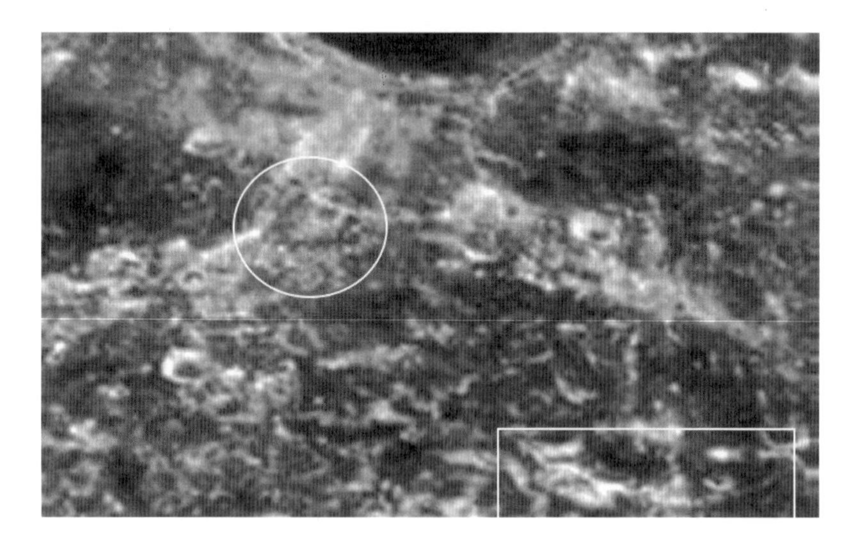

포토샵 기술에 대해서 잘 모르는 대중들이 보기에는 이상한 점이 뚜렷이 보이지 않을 수 있다. 하지만 달 표면이 매우 자연스럽지 않다는 느낌은 들 것이다.

이상한 곳이 여러 군데 있지만, 가장 의심스러운 곳들만 확인해 보자.

검게 보이는 Joliot-Curie Crater의 아래쪽 지점에 이상한 형상이 보이고, 오른쪽 아랫부분에는 긴 튜브 같은 것이 누워 있다. 원과 사각형 마크를 해 뒀는데, 그래도 식별하지 못하는 이가 있을지 모른다. 조금 더 확대해서 살펴보자.

우주 정거장

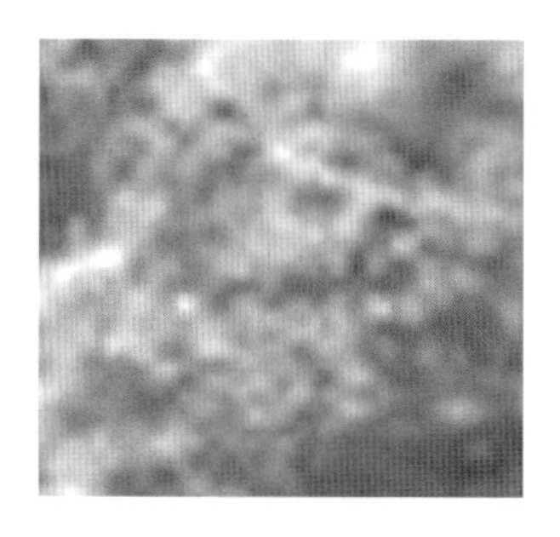

원 표시 내부는 많은 이가 우주선 정거장이라고 믿는 곳이다. 가장자리의 밝은 부분에 우주선과 유사한 형상이 보인다.

그리고 왼쪽 아랫부분에는 균형 잡힌 펜타곤 건축물과 유사한 지형지물이 보인다.

발사대와 전송 튜브

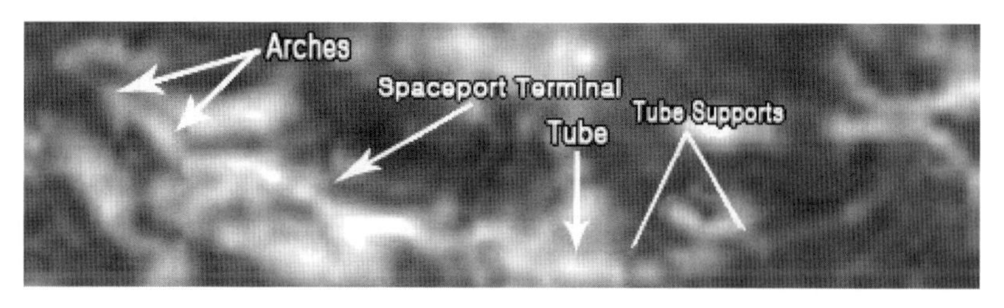

사각형 표시 안에는 곡선형 튜브가 있는데, 오른쪽 구조물에서 나와 왼쪽으로 이어져 있다. 그리고 그 튜브를 이어주는 연결 링이 아주 선명하

게 보인다. 왼쪽에는 플로리다에 있는 NASA 런치 패드와 유사한 구조물이 보인다. 사실, 이 사진에 관해서는 아직도 논란이 많다.

위에서 밝힌 내용 외에 이 지역 전체가 거대한 산업단지라는 주장도 있지만, 위의 내용조차 못 믿겠다는 의견도 만만치 않다. 그런데 이런 논란이 계속되는 것은, NASA가 이 사진에 많은 조작을 가했기 때문이기도 하다.

<u>산업단지</u>

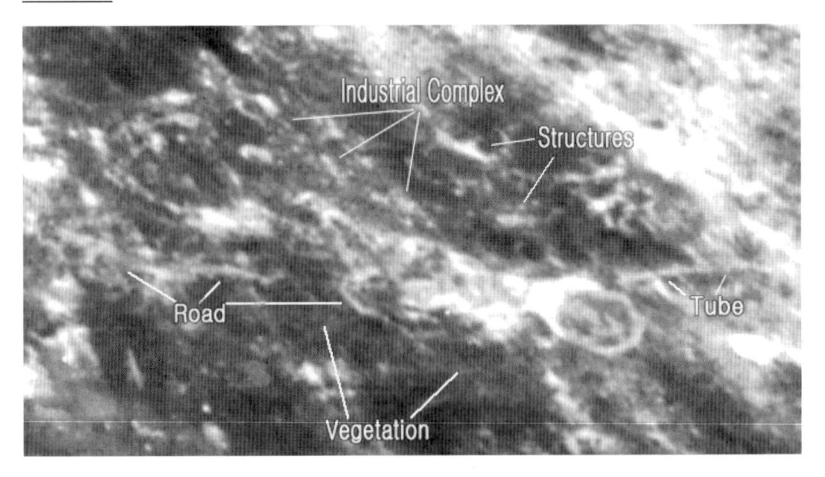

AS8-12-2209 파일의 오른쪽 사각형 표시의 내부를 확대해 보면, 위의 사진과 같이 복잡한 형태의 구조물들이 나타난다.

지구에서도 볼 수 있을 정경처럼 보인다. 산등성이에 조성된 산업단지 같은데, 블록으로 정렬되어 있는 곳을 보면, 다양한 종류의 구조물들과 건물들이 어우러져 있다.

클러스터의 오른쪽에는 긴 운송 튜브가 보이고, 왼쪽에는 지역 내외부를 연결하는 도로 시설이 보이며, 아래쪽 부분에는 식물들이 자라나고 있는 듯 아주 부드러운 질감이 느껴진다.

구름

AS08-13-2225
부분 확대

위 사진은 아폴로 8호가 1968년 12월 24일에 Goclenius Crater를 촬영한 것이다.

사진 번호는 AS08-13-2225인데, 구름이나 미스트가 있는 것 같다는 의구심에 대한 NASA의 대답은, '태양의 강한 광선과 달 표면의 강한 반사가 만들어낸 착시'라는 것이다. 정말 그럴까?

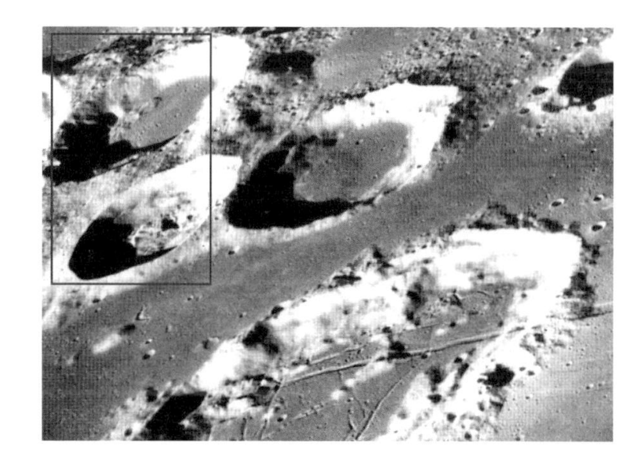

AS08-13-2225

하지만 주변 Crater를 함께 찍은 장면을 보면, 그런 주장이 힘을 잃게 된다. 사각 표시를 해 둔 곳엔 이상한 구조물도 보인다.

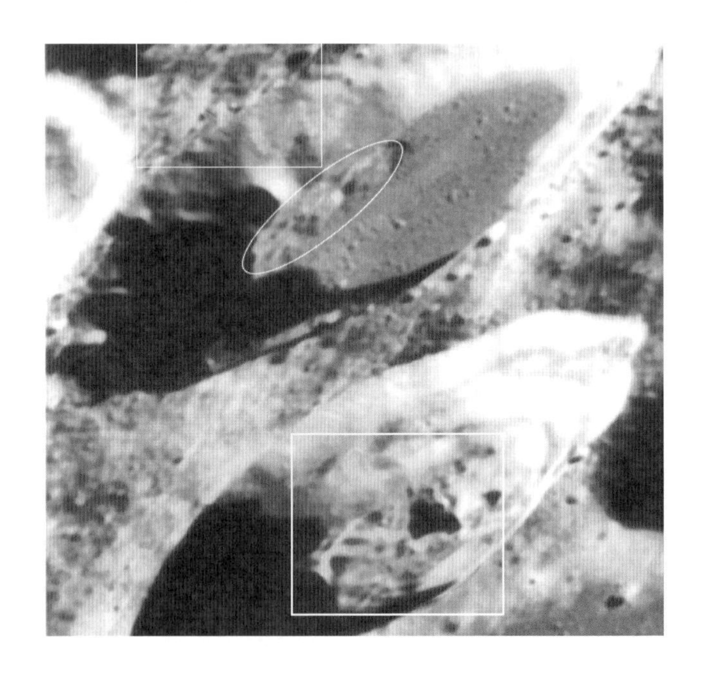

단순한 착시 현상이 아니라, 달 표면에 구름이나 미스트가 깔려 있다는 느낌이 강하게 든다. 그리고 착각일지 모르지만, 사각과 타원으로 표시해 둔 곳을 살펴보면, 이런 기체들을 배출했을지도 모르는 구조물들이 보인다. 인공적인 설계의 흔적이 엿보이는 구조물들이다. 만약 그렇다면 저것은 누가 만든 것일까.

사실, 아폴로 8호는 달 궤도를 돈 최초의 유인 우주선이었기에 Mission이 시작될 때부터 기대가 높았다. 그런 기대에 부응하듯이 많은 자료를 보내왔고, 그로 인해서 수많은 논란도 유발했다.

다음에 소개할 곳은 지금까지도 논란이 계속되고 있는 Petavius Crater 주변이다.

Petavius 분화구와 도시

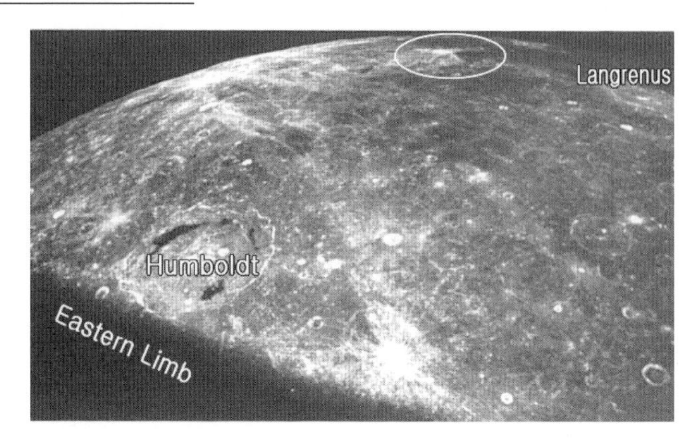

AS08-12-2189

AS08-12-2189 사진의 중앙 위쪽에 Petavius Crater의 측면이 보이고, 그 오른쪽에는 Langrenus Crater의 모습이 보인다. 그리고 아래쪽 Eastern Limb 바로 위에 거대한 Humboldt Crater가 보인다.

여기에서 집중적으로 살피고자 하는 곳은, 의문의 지역으로 자주 거론되는 Petavius와 그 주변이다. 일반적으로는 풍요의 바다의 남동쪽에 있는 운석 충돌로 생긴 Crater로 알려졌지만, 자세히 살펴보면 충돌 분화구 같지 않다는 생각도 든다.

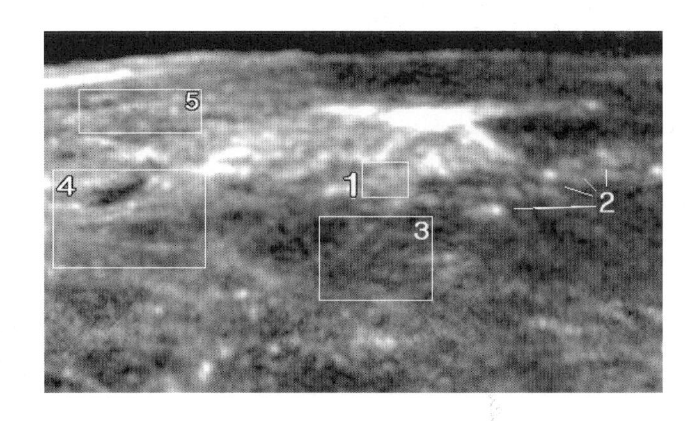

확대한 사진이다. 확실히 일반적인 분화구와는 다른 모습이다. 몸통이 사각형이고 그것에서 사방으로 뻗어 나온 팔에는 커다란 물체들이 달려 있으며, 그 일부는 조명을 켜고 있기도 하다.

세부적인 구조를 파악하기는 어렵지만, 인공 구조물이 널려 있다는 사실은 충분히 알아볼 수 있기에, 보수적인 학자들조차도 Petavius B라고 명명된 이 지역은 결코 자연 상태 그대로가 아니라고 인정하고 있다.

하지만 오직 NASA만은 이곳이 희귀한 형태지만, 자연지형이 틀림없다는 주장을 고수하고 있다. 이곳에 관한 선명한 자료를 가장 많이 가지고 있는 NASA가 계속해서 고집을 부리고 있으니 정말 난감한 상황이다. 사실 아폴로 8호도 이곳의 사진을 많이 촬영했지만 무슨 이유 때문인지 하나같이 선명하지 못하다.

어쨌든 전문가들은 이 사진 속의 지역에 'Petavius 북서쪽에 있는 도시 지역'이라는 이름을 붙여 놓았고, 다양한 지형과 물체들에 주석도 달아 놓았다. '1-구조물', '2-물체들의 배열이 질서 정연하다.', '3-물체가 거의 평행으로 줄지어 있다.', '4-물자지원 용도로 보이는 튜브가 보인다.', '5-거대한 건물.'

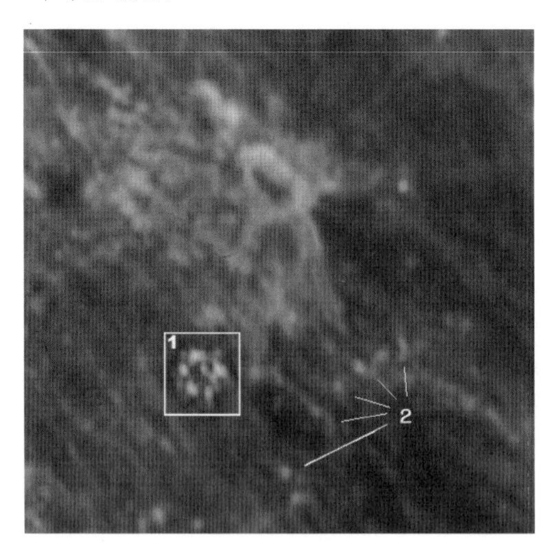

옆의 사진은, 이 지역에서 가장 기이한 곳이라고 할 수 있는 1과 2 지역을 판독하기 쉬운 각도로 돌려놓은 것인데, 아폴로 8호가 찍은 사진이 아니고 지구의 릭 천문대에서 천체 망원경을 사용하여 촬영한 것이다.

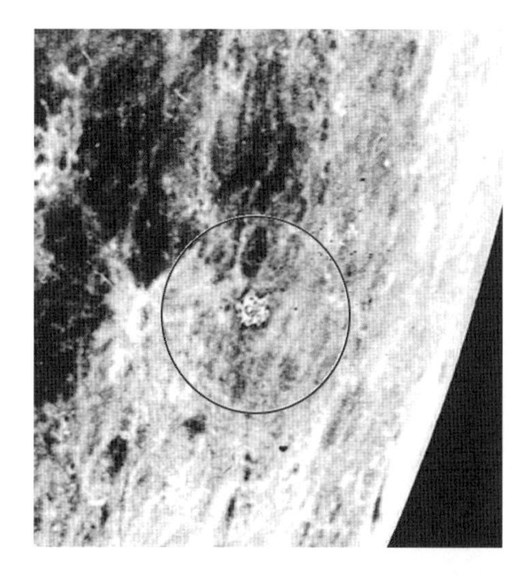

그리고 옆의 사진은 훗날 망원경이 좀 더 개선된 후에 같은 천문대에서 촬영한 사진이다. 원 안의 구조물이 아주 기괴해 보이지만, 낯설지 않기도 하다. 그런 이유는 이미 릭 천문대의 자료를 소개하는 장에서 이것을 보았기 때문이다.

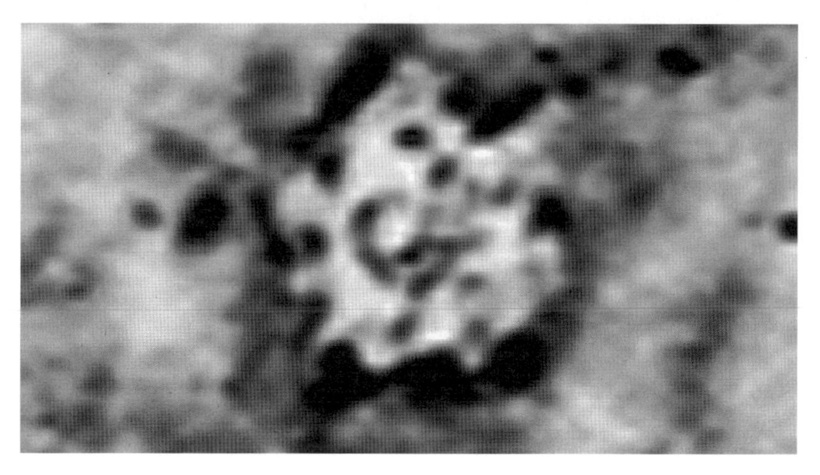

1번 구조물의 정확한 위치는 Holden Crater의 중심 위도선과 Petavius의 북서쪽 팔이 교차되는 지점인데, 앞에서 이미 자료를 제시했듯이 이 근처에는 이것 말고도 여러 구조물이 다양하게 얽혀 있다.

하지만 이 구조물 사진 외에는 선명한 사진을 구할 수 없다. 아폴로 8호 미션 때 촬영한 자료 중에 공개된 것은 어이없게도 수십 년 전에 지구의 천문대에서 촬영한 것보다 해상도가 낮은 것뿐이다. 고성능 천체 망원경을 보유하고 있는 다른 천문대에서도 1, 2번 외의 지형지물에 관한 자료는 공개하지 않고 있다.

거대한 입구

이번에 소개할 사진은 너무도 생경해서 조작일 거라는 논란이 어느 경우보다 많았던 것이다. 하지만 언제라도 NASA의 홈페이지를 통해서 열람할 수 있는 사진이기에, 개인이 조작해서 인터넷에 유포한 것은 분명히 아니다.

AS08-18-2908

바로 이것이 문제의 사진인데, 홈페이지에서 보면 알겠지만, AS08-18-2828에서부터 AS08-18-2907까지는 아주 정상적인 장면이 나오다가 AS08-18-2908에서 갑자기 이런 기괴한 장면이 나온다.

어떻게 달 표면이 저렇게 될 수 있는지 도무지 이해할 수 없다. 얼핏 보기에는 달 내부로 들어갈 수 있는 거대한 문처럼 보이는데, 달이 거대한 우주선과 같은 기계가 아니라면 저런 현상이 순식간에 나타날 수 없기에, 이 자료에 대해서는 정말 심도 있는 연구가 필요해 보인다.

녹색지대

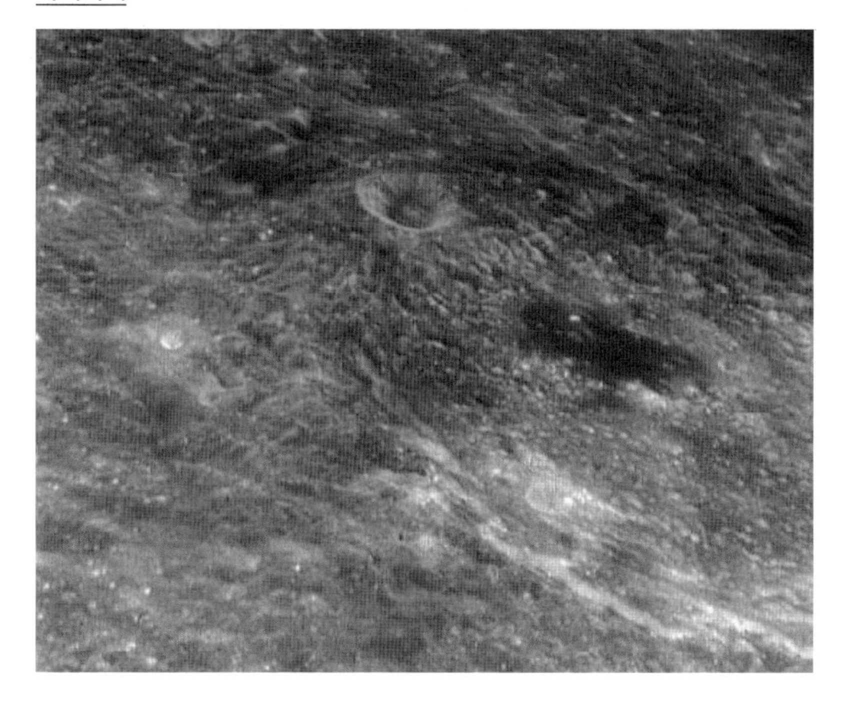

컬러 이미지

이 사진을 보면, 작은 분화구 주변에 푸른 이끼 같은 것이 넓게 분포되어 있다.

이미지 전송과정에 생긴 실수이거나 인화 과정에 생긴 실수일지 모른다는 생각을 떠올릴 수는 있지만, 토양 색깔의 톤이 고르게 유지되어 있는 것으로 보아 합리적인 의심은 아닌 것 같다.

분화구 뒤쪽의 경사면은 푸른 이끼가 너무 많아서 마치 초원처럼 보인다. 사진이 흑백이어서 이런 주장을 실감할 수 없겠지만, QR코드로 연결된 사진 원본을 보면, 이런 주장이 결코 과장이 아니라는 것을 알 수 있을 것이다.

정말 달의 어떤 지역에는 푸른 초원이 있기도 한 것일까.

◑ 아폴로 10호의 발견

Apollo 8호에서 9호를 거치지 않고 바로 10호로 건너뛴 것은 Apollo 9호가 달에 가지 않았기 때문이다. 달에 가지 않았기에 여기에서 다루지 않지만, NASA의 아폴로 계획에 의하여 발사된 유인 아폴로 우주선 중 세 번째 유인 우주선인 것은 틀림없고, 미션 역시 가벼운 것이 아니었다.

1969년 3월 3일에 새턴 V 로켓에 의하여 발사된 뒤 3월 13일까지 지구를 152회 도는 동안 맥디비트, 스콧, 슈바이카트는 사령선과 착륙선의 도킹 작업 과정을 연습했다. 우주에서 처음으로 우주선 전체의 기능을 테스트했고, 달 착륙선에 관한 테스트도 물론 행해졌다.

9호 승무원들, 맥디비트, 스콧, 슈바이카트

그리고 10일간 우주에서 체류하며 지구 궤도 상에서 사령선과 달 착륙선을 떼어 내었다가 다시 도킹시키는 연습을 반복했다. 우주선 자력만으로 궤도 위에서 랑데부와 도킹이 가능하다는 사실을 확실히 증명해 낸 것이다.

결코 가볍게 볼 수 없는 미션을 수행한 것은 사실이나, 아폴로 9호는 달 사진을 가지고 있지 않으므로, 그의 업적을 외면한 채 아폴로 10호에 시선을 줄 수밖에 없다.

10호 승무원들, 서넌, 영, 스태퍼드

아폴로 10호는 아폴로 계획의 네 번째 유인 우주선으로, 인간의 달 착륙이라는, 아폴로 11호 임무를 준비하기 위한 최종 리허설이었다. 탑승한 승무원들은 제미니 계획 시절부터 활동한 베테랑들로, 토머스 스태퍼드(사령관), 존 영(사령선 조종사), 유진 서넌(착륙선 조종사)였다.

아폴로 10호는 1969년 5월 26일에 발사되었으며, 달 궤도에 도착한 후에 톰 스태포드와 유진 서넌이 탄 달 착륙선 스누피가 고도 15.6km까지 내려갔다가 다시 올라와서 사령선 찰리 브라운에 도킹했다. 이때 NASA에서는 아폴로 10호를 그냥 달에 착륙시키자는 의견도 나왔다. 하지만 달 착륙선의 성능이 완전히 확인된 상태가 아니었기에 실행할 수 없었다. 탑재되었던 달 착륙선의 착륙 기능은 검증된 것이지만, 이륙 기능은 검증되지 않은 상태였다.

하여튼 유인 달착륙을 위한 최종 리허설을 수행한 아폴로 10호의 성과가 중요한 것이긴 하지만, 지금부터는 미션 중에 발견한 수수께끼에 집중해 보도록 하자.

사실, 당시에는 공표되지 않았지만, 이 미션 때 가장 흥미로웠던 발견은 지형지물에 관한 것이 아니고 정체불명의 음악 소리에 관한 것이었다. 2008년에 해제된 기밀 자료에 의하면, 1969년에 달 탐사를 떠났던 아폴로 10호가 달 뒷면에서 정체불명의 음악 소리를 들었다고 한다. 허핑턴 포스트 등에 따르면, 이 소리는 아폴로 10호가 달 뒷면을 가로지를 때 포착되었다고 한다. 지구와 교신이 끊기는 달의 뒷면에서는 약 1시간 동안 어떤 소리도 들리지 않기 마련인데, 아폴로 10호에 타고 있던 우주 비행사들의 헤드셋에서 이상한 소리가 들려 왔다.

당시에 승무원들이 그에 관해 나눈 대화가 테이프에 고스란히 기록되어 있다. 이들은 "저 휘파람 소리 들었어?", "마치 외계 음악 같은데…", "아무도 우릴 믿지 않을 거야."라며, 매우 놀라고 있다. 비행사들은 이 소리의 존재를 NASA에 보고했지만, NASA는 이 사실이 가져올 파장을 생각해 기밀에 부치기로 했다고 한다.

훗날 아폴로 11호 사령선에 남아 있던 마이클 콜린스도 이 소리를 들었다고 고백하여 의문이 더욱 증폭된 바 있는데, 최근에 사령선과 착륙선 사이의 교신에 사용됐던 초단파 무전기의 간섭음일 가능성이 제기되면서 미스터리가 걷히고 있는 상황이다. 지금부터는 영상 자료를 집중적으로 살펴보도록 하자.

초대형 담요

사령선에서 촬영한 AS10-31-4565 사진이다. 언뜻 보기에, 섬유와 유사한 소재로 만들어진 것으로 보이는 물체가 지면 위에 넓게 펼쳐져 있다. 소재가 무엇인지는 알 수 없으나 암석이 아닌 것은 확실해 보이는데, 구조물의 모양이 너무 생경해서 그 용도가 무엇인지 정말 궁금하다.

비밀의 계곡

AS10-30-4349-H 사진이다. 이 비스듬한 시각의 사진은 아폴로 10호 사령선이 King Crater의 북쪽을 바라보며 찍은 것이다. 사진 중앙 부근인 King Crater 북쪽 벽의 어두운 패치는, 미션 초기에 관찰된 이후부터 시각적 연구의 대상으로 꾸준히 주목을 받아왔다.

이 사진은 NASA의 웹 사이트에

AS10-30-4349-H

도 게시되어 있다. 그리고 어떤 사이트에는, 이 지역의 특정 지점을 발췌하여 초목 지대와 유사한 곳이 있다는 설명과 함께 특별한 표시를 해 놓은 사진도 있다. AS10-30-4356번 사진이 그것인데, 이것을 잘 판독하기 위해서는 AS10-30-4349 ~ AS10-30-4364번 사진을 참고할 필요가 있다.

킹 분화구

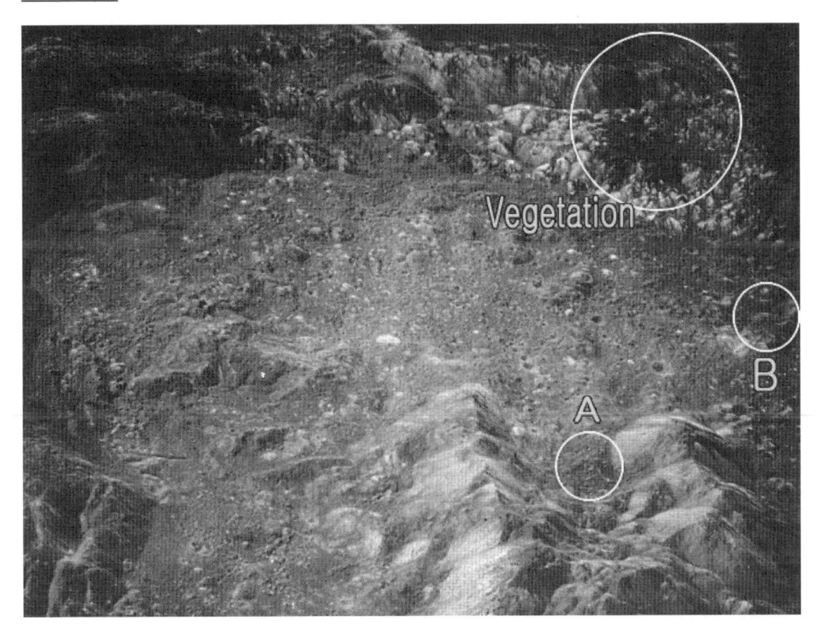

SP-246

이 사진은 NASA의 간행물 SP-246의 일부를 발췌한 것이다. 우리가 중점적으로 관찰해야 할 지역은 바로 사진의 오른쪽 윗부분이다. 이곳이 바로 초목(Vegetation)이 있는 지역으로 지목받는 곳이다. 그 부분을 확대해 보자.

정말 초목이 덮여 있는 것 같다. 그런데… 초목으로 보이는 존재가 있는 곳만을 주목해서는 안 될 것 같다.

아래쪽 지역에 이상한 물체들이 다량으로 매설되어 있는 것으로 보이기 때문이다. 특히 A와 B로 표시해 둔 곳은 정말 수상하다. A 지점에는 우리가 알지 못하는 어떤 동물의 유골 같은, 도저히 자연적으로는 생성될 수 없는 형상이 있다.

그리고 B 지점에는, 확신할 수는 없지만, 기계 시설이나 그것의 잔해로 보이는 물체들이 보인다. 사실, A와 B 지점의 표면에 드러난 물체들이 Vegetation 지역보다 훨씬 더 강하게 시선을 잡아당긴다. 먼저 A 지점부터 확대해 보자.

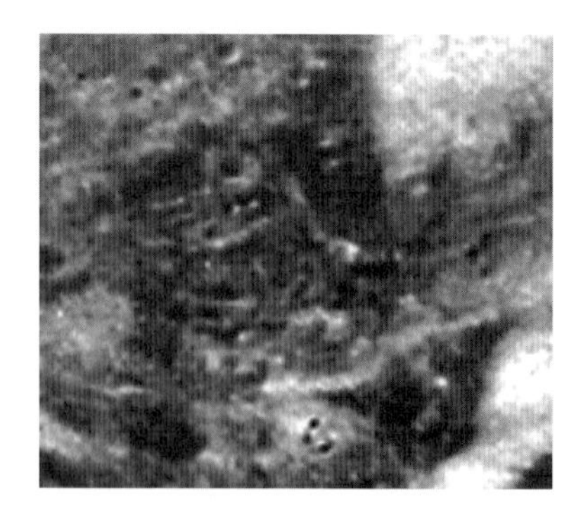

이상한 구조물의 세부적인 모습이 눈에 들어온다. King Crater의 중앙 피크 바로 아래에 묻혀 있는데, 확대해서 보니 동물류의 유골이 아니고 기계 시설일 수도 있다는 생각도 든다.

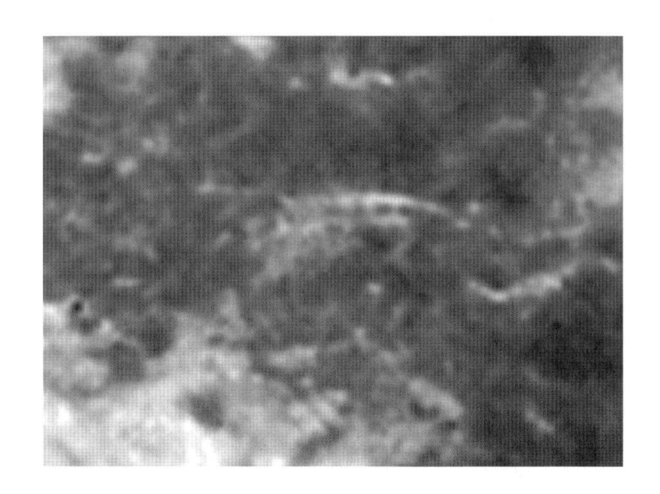

무엇을 공급하기 위해 매설된 튜브 일부가 지표면으로 드러난 것으로 보이는데, 그것은 초목과 질감이 유사한 소재로 교묘하게 은폐되어 있기도 하다.

어쨌든 사진의 원본을 QR코드에 링크해 놓았으니, 포토샵이나 유사한 응용 프로그램이 있다면, 이 파일을 내려받아서 원형 표시를 해 놓은 Vegetation, A, B 지역 등을 확대해 보길 바란다. 앞에 게재해 놓은 것보다 더 선명한 장면을 볼 수 있을 것이다.

그런데 필자는 이보다 더 충실한 자료도 가지고 있다. 원고 순서상 아폴로 16호의 자료를 미리 게재하는 것이 적절하지는 않지만, 이 지역과 관련된 자료 일부만 먼저 보도록 하자.

AS16-4998-P

아폴로 16호의 사령선에서 촬영한 AS16-4998-P 파일이다. 킹 크레이터의 중간 언덕 정경으로(앞의 사진을 기준으로 하면 A 지점 근처), 아래처럼 사진을 확대해 보면, 물체들을 아주 명확히 볼 수 있다.

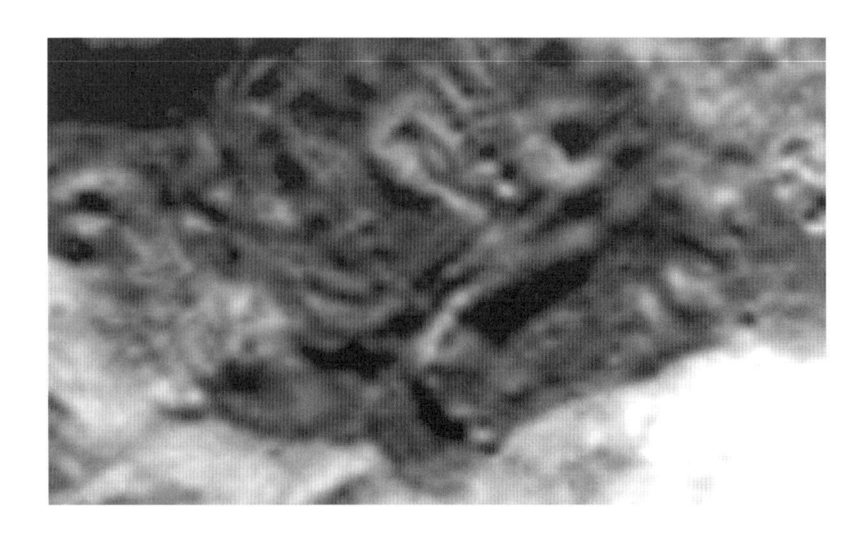

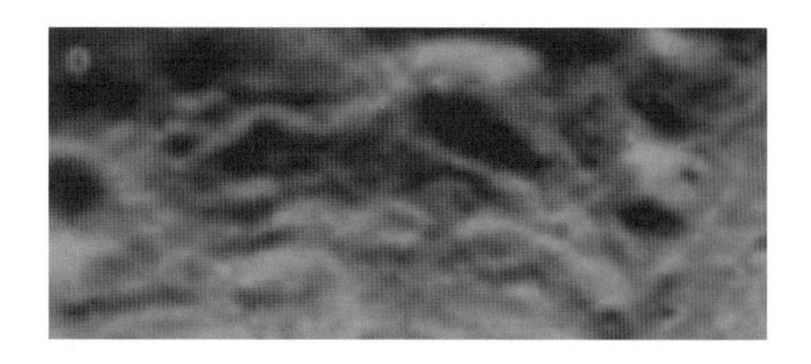

King Crater 바닥을 거의 수직으로 내려다보는 각도이고, 사진의 해상도도 좋은 편이어서, 전체적인 모양을 판단하는 데 이보다 나은 자료가 없는 것 같다. 이미 아폴로 10호의 자료를 봤을 때도 확신했지만, 이런 형상은 절대로 자연적으로 형성될 수 없다.

이제, 본류로 다시 돌아가서, 아폴로 10호의 승무원들이 촬영해 온 King Crater의 다른 사진들을 들여다보자.

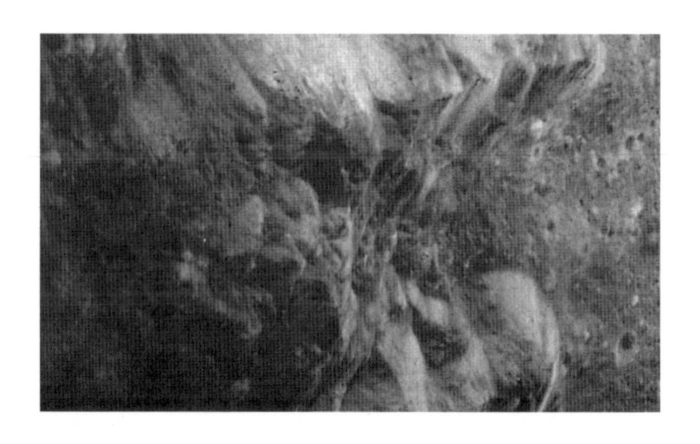

AS10-30-4354

이 사진은 AS10-30-4354 파일에서 발췌한 것이다. 얼핏 보기에도 크레이터의 벽 일부가 무엇을 조각해 놓은 것처럼 복잡하다. 그 부분을 확대해 보도록 하자.

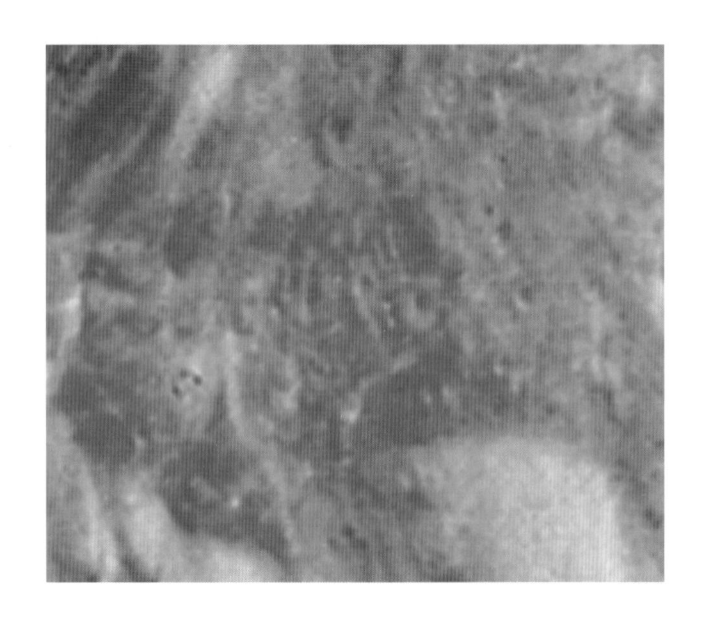

조각이라고 보기보다는 기계적 구조물이 설치되어 있다고 보는 게 더 합리적일 것 같다. 이 King Crater는 거대한 기계 시설로 꽉 차 있다는 느낌이 든다. 현재는 사용 중이 아닐지는 모르나, 한때는 기계 시설이 집중적으로 구축되어 있었던 곳 같다는 느낌이 든다. King Crater에 숨어 있는 또 다른 수수께끼들도 찾아보자.

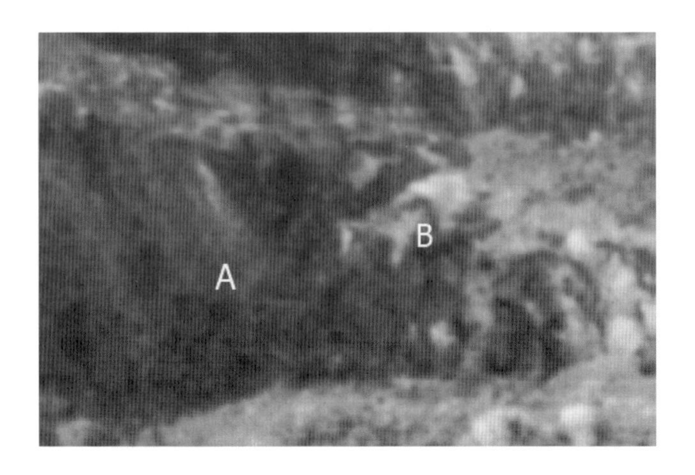

A: 초목 지대 / B: 흡기나 배기 장치 일부로 보이는 물체

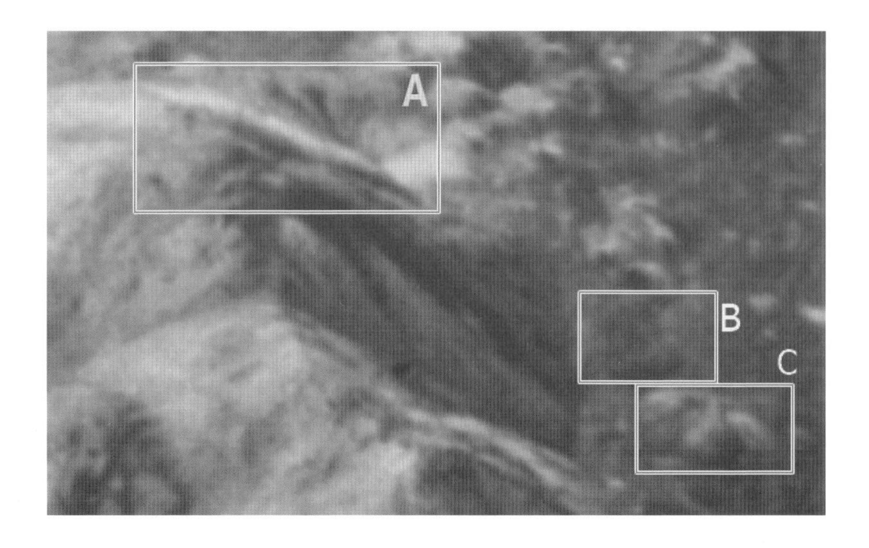

A: 시가 모양 물체 / B: 육각형 물체 / C: 버려진 비행접시

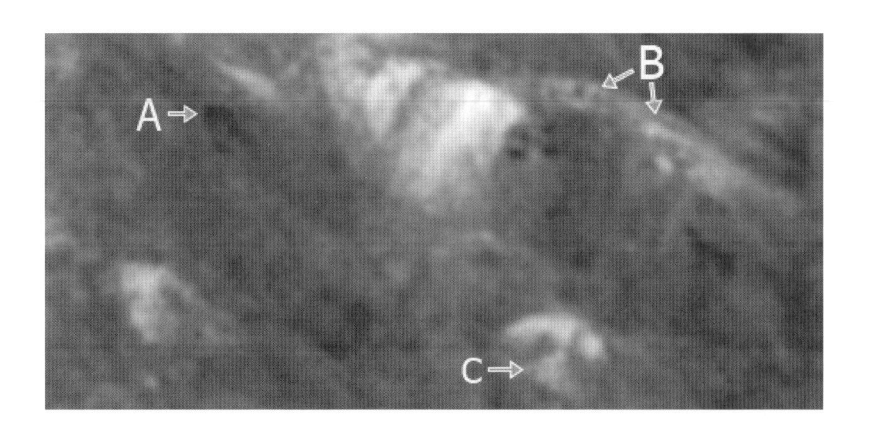

A: 사각형 모양의 개구부

B: 다각형의 건물들

C: 식생으로 덮인 버섯 모양의 구조물

이상한 바위

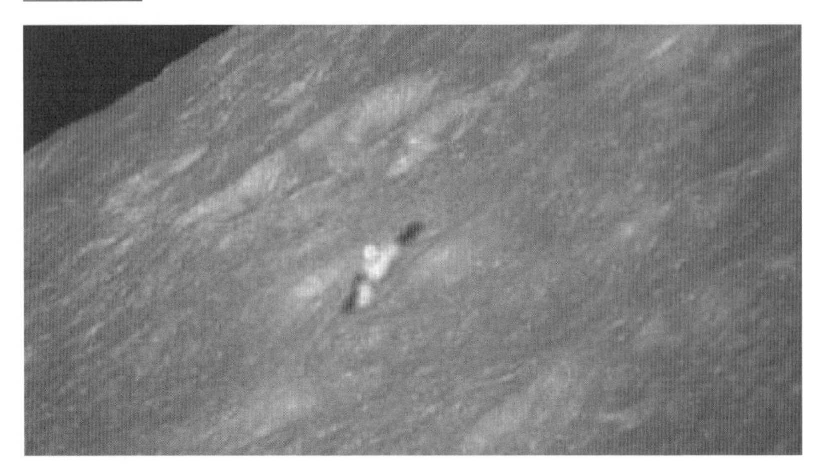

King Crater를 벗어나 조금 내려오면, 거대한 바위 같은 물체가 보이는데, 아무리 봐도 자연 암석이 아닌 것 같다.

구조물들

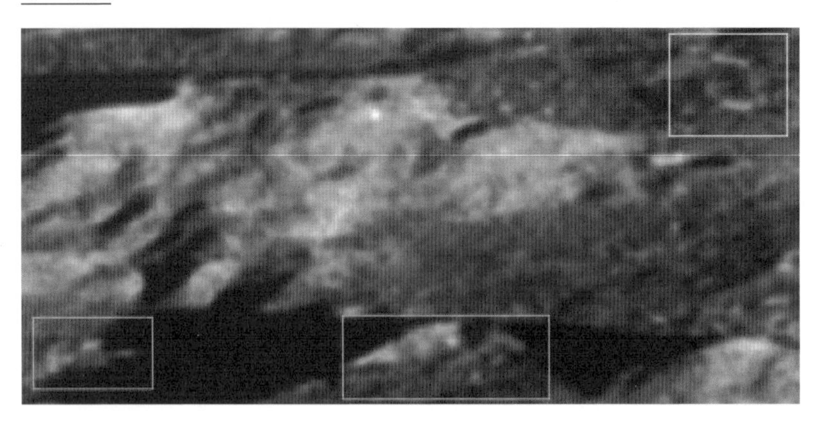

AS10-32-4810 클립에서 발췌한 것이다. 네모 표시해 둔 곳을 보면, 다양한 기계들이 보인다. Orbiter Ⅲ호가 같은 지역을 촬영한 영상(LO-Ⅲ-85)이 있는데, 거기에는 이것들이 없다고 한다.

Trail

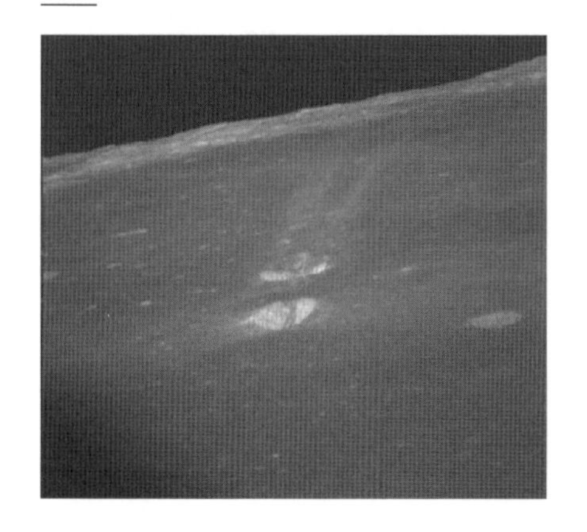

아폴로 10호의 사령선이 찍은 클립 중의 일부이다. 이 사진 속의 분화구를 주목하는 것은, 지평선에서부터 이곳으로 나 있는 트레일 때문이다. 뭔가 이곳으로 오고 간 자국이 선명하게 남아 있다.

숨겨진 마을

컬러 이미지

아폴로 10호 사령선에서 촬영한 달 표면의 사진이다. 얼핏 보기에는 작은 크레이터와 능선이 어우러진 평범한 지역으로 보이지만, 아래처럼 확대해 보면, 수상한 지형지물이 드러난다.

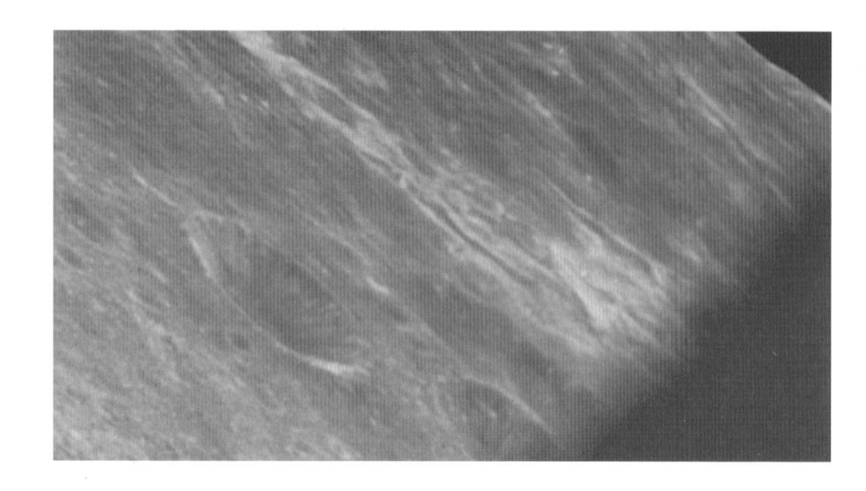

허공을 떠도는 Fabric

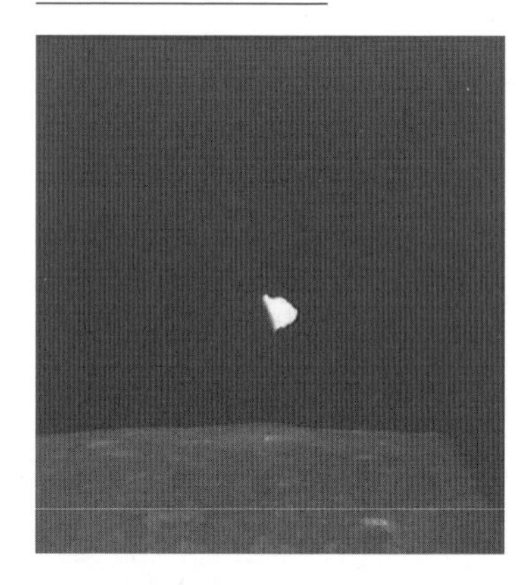

AS10-28-3988 파일이다. 처음 이 자료를 봤을 때는 원고에 넣지 않으려고 했다. 자료를 관리하는 실무자의 실수로 Fabric 조각이 삽입된 것으로 보았기 때문이다. 누가 봐도 직물이나 종잇조각인데, 저런 물체가 달 허공을 왜 떠돌고 있겠는가.

AS10-28-3989

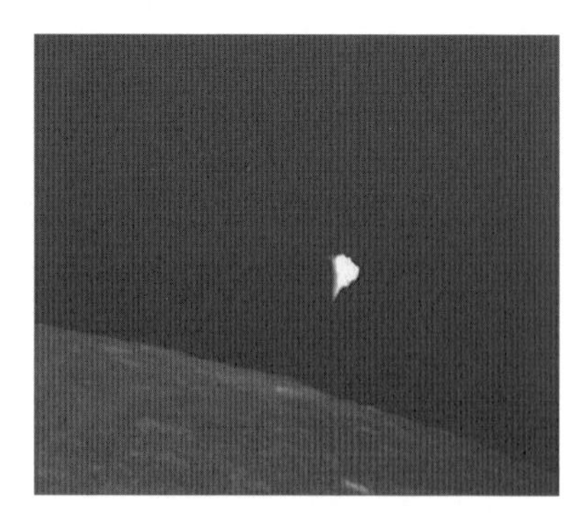

AS10-28-3990

하지만 연이어 촬영된 3989와 3900 사진을 보고 난 후에는 생각이 달라졌다. 관리자의 실수로 삽입된 게 아니고 실제로 달 상공에 떠 있던 조각일 가능성이 크다. 확대해 보면, 스스로 움직이는 듯 방향이 바뀐다는 사실도 알 수 있다. 도대체 무엇일까.

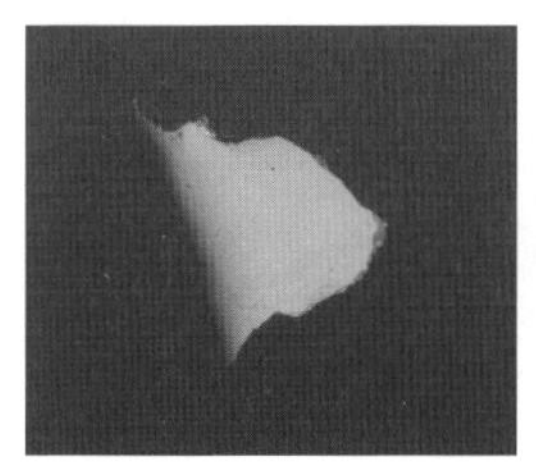 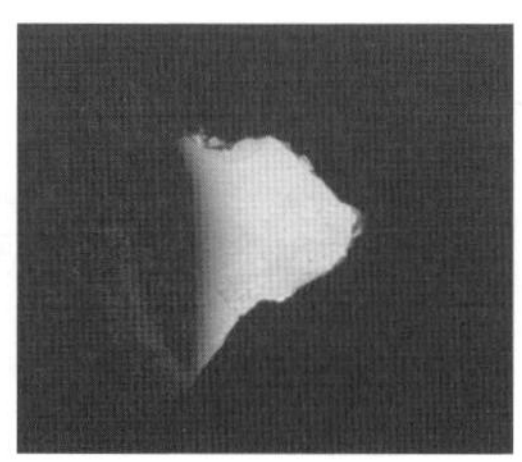 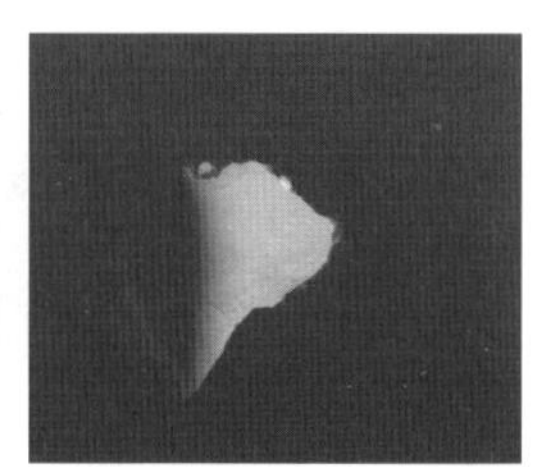

아폴로 11호의 발견

드디어 Apollo 11호 미션까지 왔다. '드디어'라는 부사를 문장 앞에 붙인 것은 주지하다시피 11호는 달에 착륙한 최초의 유인 우주선이기 때문이다. 그리고 11호는 아폴로 계획의 다섯 번째 유인 우주 비행인 동시에 세 번째 유인 달 탐사이기도 하다.

왼쪽부터 암스트롱, 콜린즈, 올드린

선장 닐 암스트롱(Neil Alden Armstrong), 사령선 조종사 마이클 콜린스(Michael Collins), 달 착륙선 조종사 버즈 올드린(Edwin Eugene Aldrin jr.)이 타고 있었고, 그들 중에 암스트롱과 올드린이 7월 20일에 달에 발을 내디뎠다.

아폴로 11호를 탑재한 새턴 V 로켓은 1969년 7월 16일 9시 32분에 케네디 우주 센터에서 발사되었다. 12분 후에 지구 궤도에 진입했고, 지구를 한 바퀴 반 돈 뒤, S-IVB 3단계 엔진을 점화시켜 달을 향해 날아가기 시작했다. 그로부터 30분 후, 사령선 모듈이 새턴 V 로켓 기체에서 분리되어, 루나 모듈 어댑터 내에 있던 달 착륙선과 합체했다.

그리고 3일간 우주 공간을 비행한 후, 7월 19일에 달의 뒤편에서 기계선의 로켓 엔진을 점화시켜 달 주회 궤도에 올랐으며, 마침내 1969년 7월 20일에 착륙선 이글이 사령선에서 분리되었다.

그런데 엔진을 점화해 강하를 개시한 지 얼마 지나지 않아, 닐 암스트롱과 버즈 올드린은 달 표면 위의 목표 지점을 통과하는 것이 4분 정도 빠른 것을 알았다. 이 상태를 유지하게 되면, 예정 착륙 지점을 수 마일 정도 지나쳐 버리게 될 상황이었다.

착륙선의 항법 컴퓨터에서 경보가 발령됐지만, 휴스턴 관제센터에 있던 오퍼레이터는 항법 주임에게 그대로 강하를 계속해도 문제가 없을 것으로 보고했고, 그것은 즉시 비행사들에게도 전달되었다. 하지만 지시를 그대로 따를 수 없는 상황이었다. 닐 암스트롱이 창밖을 봤을 때, 거기에는 지름 100m 정도의 크레이터가 있었고, 그 내부에는 승용차 크기의 바위가 엎드려 있었다.

그래서 암스트롱은 조종을 반수동으로 전환하면서 올드린에게 고도와 속도 데이터를 읽게 했다. 그의 지혜로운 결단 덕분에 1969년 7월 20일 20시 17분에 이글은 간신히 달 표면에 착륙할 수 있었다. 잠시 후, 닐 암스트롱의 착륙 성공 메시지가 휴스턴에 전해졌다. "휴스턴, 여기는 고요의 기지. 이글은 착륙했다(Houston, Tranquility Base here. The Eagle has landed)."

다른 우주 탐사 미션에도 위험한 고비가 많았지만, '인간의 달 착륙'이라는 역사적인 대업을 수행해낸 아폴로 11호의 여정에는 유독 고비가 많았다. 당시의 과학 기술 수준을 고려해 보면, 참가자가 아니더라도 그 무리한 여정에 겪었을 고난이 짐작 갈 것이다.

11호 때는 인간이 달에 직접 가서 탐사 활동을 펼쳤기에 다른 때와는 차원이 다른 자료들이 많이 있다.

특히 인간과 달의 정경을 함께 촬영하거나 카메라 앵글을 임으로 설정해 촬영한 사진은 다른 때에는 얻을 수 없는 것들이었다. 물론, 그 모두에 수수께끼가 담겨 있는 것은 아니지만 말이다.

피라미드

피라미드

아폴로 11호는 실제로 달에 착륙한 유인 우주선이었기에 자료 중에 달 표면에서 직접 촬영한 사진들이 많지만, 이것은 사령선에 남아 있던 콜린즈가 촬영한 것이다. '달의 피라미드'로 널리 알려져 있다.

숨어 있는 구조물

건축물이 숨어 있는 것 같다는 의문이 제기된 또 다른 사진으로, 아래에 게재된 AS11-41-6156도 있다. 영상 분석 전문가들에 의하면, 분화구 내부에 건축물이 숨어 있다고 한다. 너무 평온한 달 표면의 정경이어서, 그런 사실을 염두에 두고 보지 않으면, 누구도 찾기 힘들 것 같다.

그런데 어디에 건축물이 있다는 건가. 그리고 그런 논란거리가 있었다면, 과연 NASA가 그걸 제거하지 않고 그대로 공개했을까.

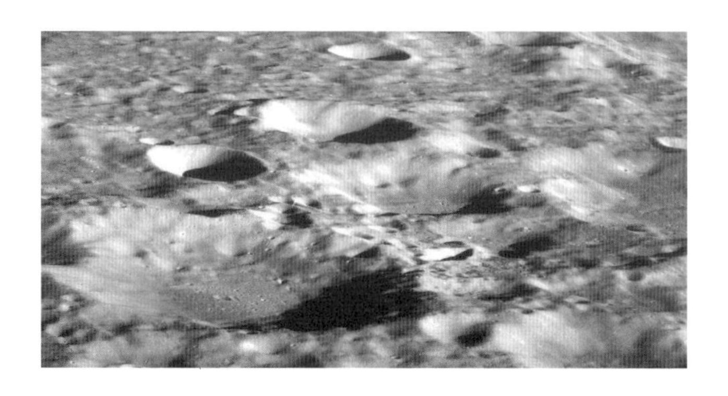

무심히 보면 분화구와 먼지 외에는 아무것도 없는 것처럼 아주 말끔해 보인다. 하지만 사진의 해상도가 높아서 더 확대해도 무방할 것 같다. 사진을 조금 더 확대해 보면, 분화구 내부에 있는 이상한 물체가 눈에 들어오기 시작한다.

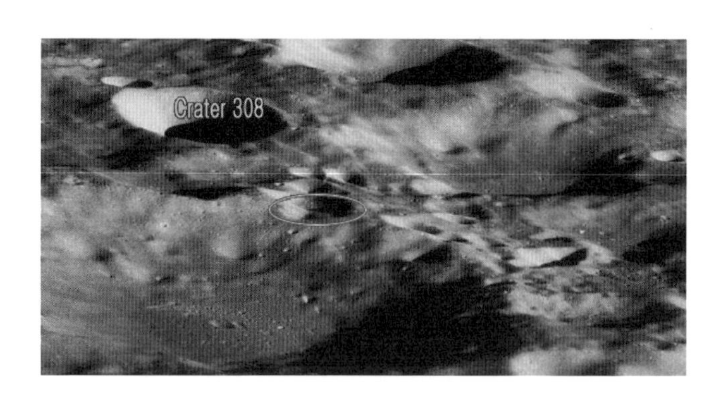

AS11-41-6156

호사가들이 주목하는 곳은 Crater 308 주변과 그 아래에 있는 작은 구덩이 내부인데, 타원 표시를 해 둔 구덩이는 너무 작아서, NASA가 이 구조물의 존재를 알아채기 어려웠을 거라는 생각도 든다.

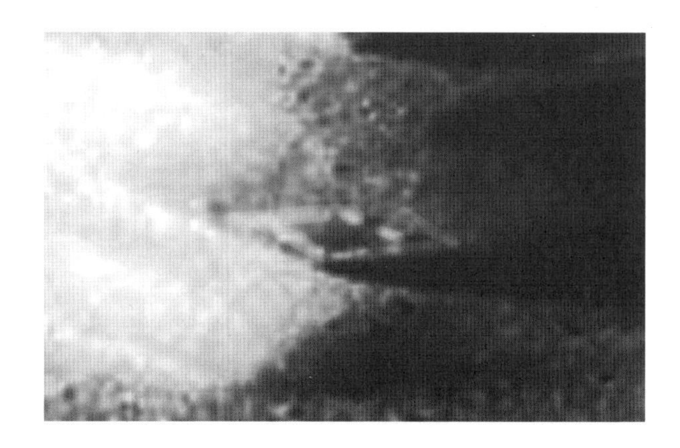

구덩이 내부를 확대해 보면, 벽으로 둘러싸여 있는 커다란 복합 구조물이 보이고, 그 위에도 자연물이 아닌 것으로 여겨지는 물체들이 즐비해 있다. 구덩이 윗부분을 조금 더 확대해 보자.

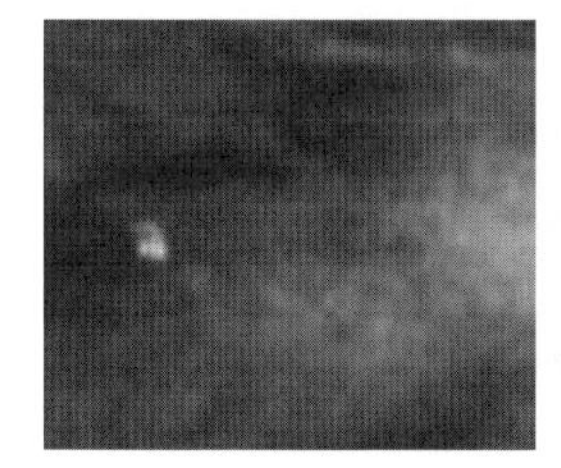

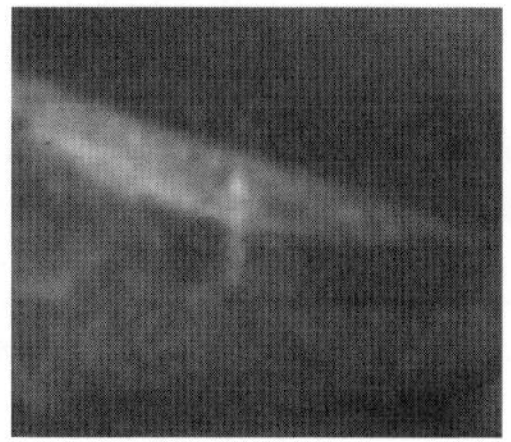

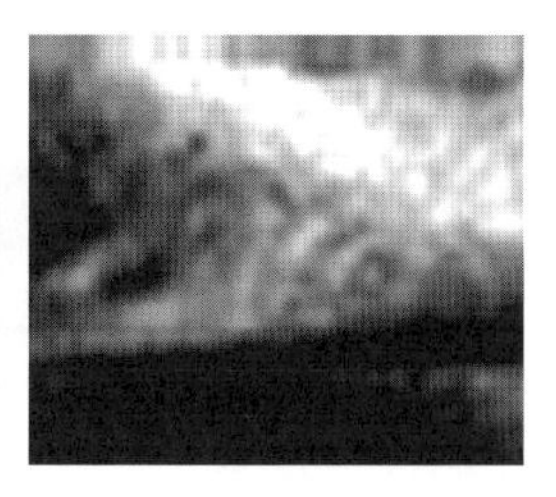

이상한 물체들이 한두 개 있는 게 아닌데, 해상도가 낮아서 강력하게 어필하기 곤란하다.

이 지역은 달의 뒷면이다. 지구와 달이 동주기 자전을 하는 까닭에 지구에서 관찰하기가 불가능한 곳이다. 그래서 달에서 가져온 자료에 의존할 수밖에 없는데, 위의 AS11-41-6156 파일은 해상도가 비교적 높은 편이나 카메라 각도 상 더 세밀한 분석은 불가능하다.

하지만 다행스럽게도, 아폴로 11호가 Crater 308의 상공을 지나면서 촬영한 고해상도 사진이 따로 존재한다. 위에서는 Crater 308이라고 라벨을 붙여 놓았지만, 사실 이곳은 미노스 왕의 미궁(迷宮) 라비린토스를 만든, 전설적인 장인의 이름이 붙어 있는 Daedalus Crater이다. Daedalus를 중심으로 이 지역 전체를 찬찬히 다시 분석해 보자. Icarus처럼 경솔한 행동은 하지 말고.

다이달로스 분화구(Crater 308)

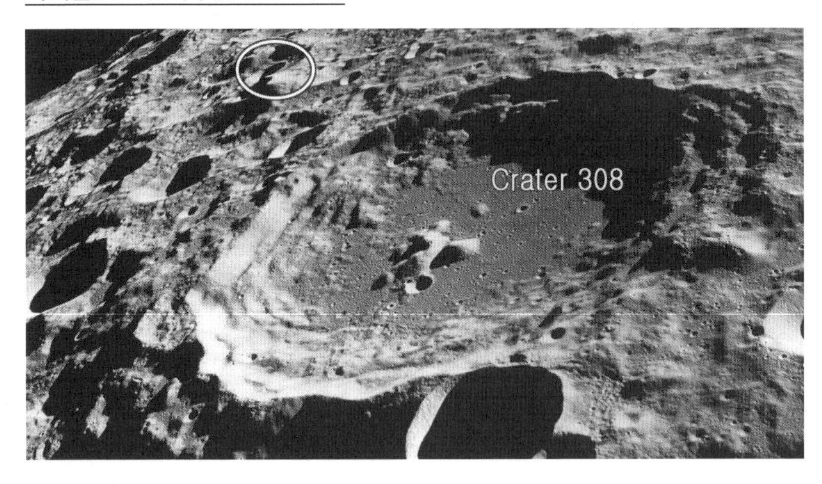

AS11-44-6609

아폴로 11호가 촬영한 AS11-44-6609 파일 일부이다. 방향은 앞의 사진과 반대여서 중앙의 커다란 Crater가 바로 Daedalus이고, 구조물이 있던 구덩이는 타원으로 표시해 둔 곳에 있다. 스캔들의 대상이 되는 곳은, 앞에서 언급했듯이, Daedalus Crater와 이웃하고 있는 작은 분화구들 주변이다.

이미 경험했듯이 얼핏 봐서는 알 수 없다. 높은 해상도를 믿고 과감하게 확대해 봐야만 뭔가 나온다. 부자연스러운 곳을 아래와 같이 셋으로 나눈 후에, 한 군데씩 확대해서 살펴보도록 하자.

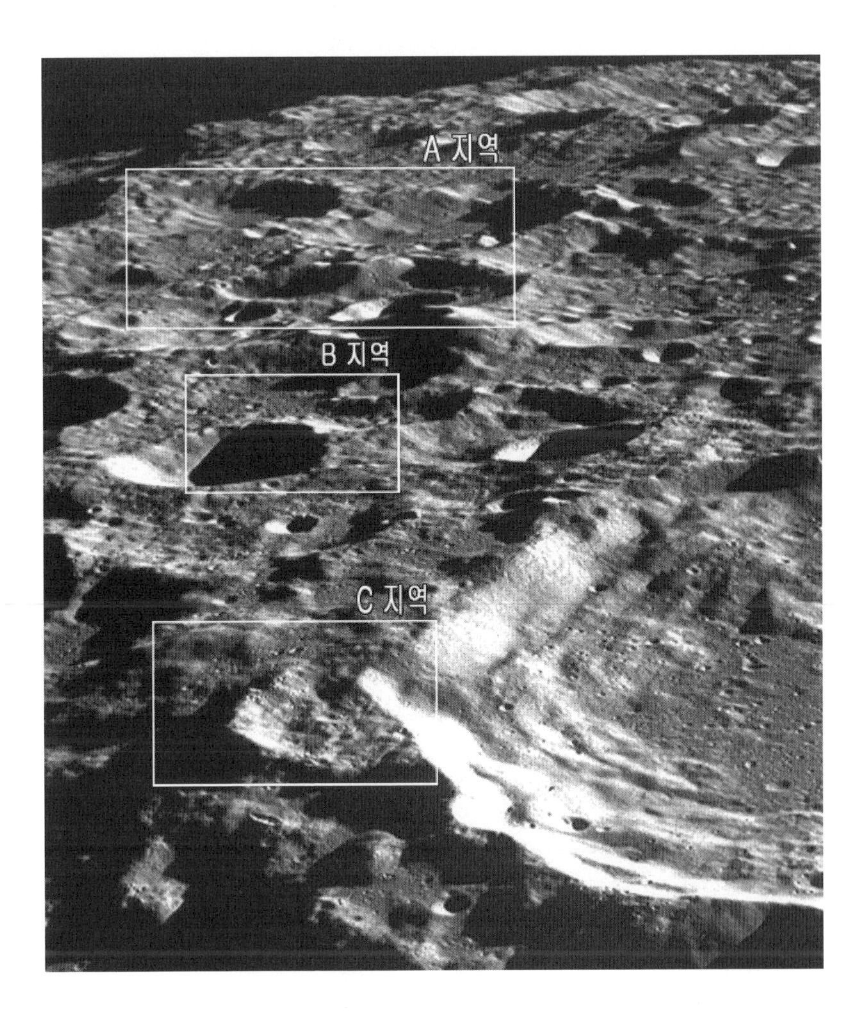

[A 지역]

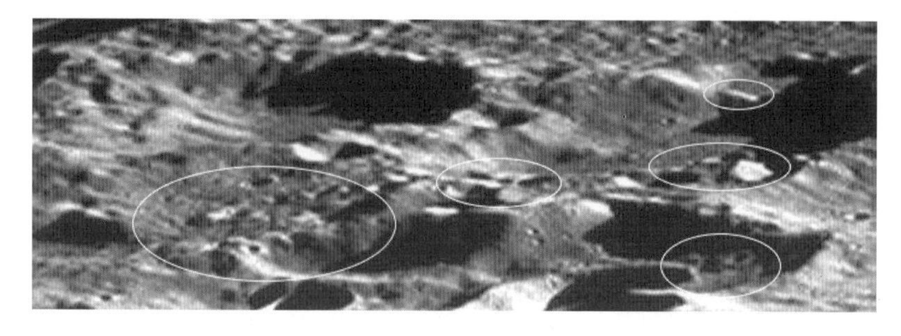

지역 전체에 다양한 인공 구조물들이 사방에 산재해 있는데, 특히 타원으로 표시해 둔 곳이 수상하다.

[B 지역]

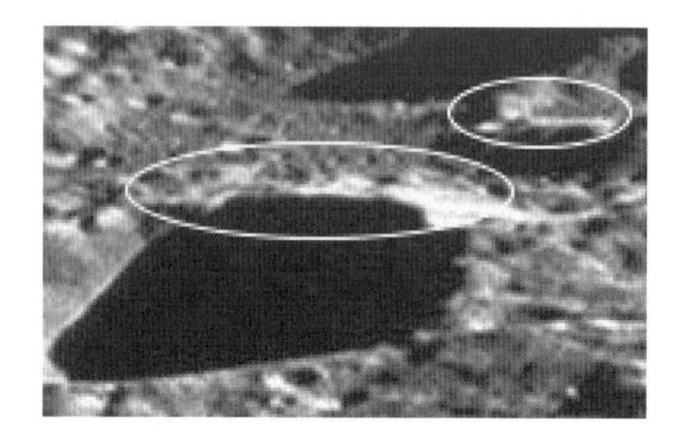

구덩이의 위쪽에 캐노피 형태의 구조물이 있고, 오른쪽 언덕 위에는 잘 정비된 기초와 함께 예리한 모서리의 구조물이 있다.

[C 지역]

지역 전체에 광범위한 토목 공사가 진행된 것 같다. 경사로가 잘 정비되어 있고 거대한 사각형 패턴이 여러 개 보인다. 잔잔한 구조물도 보이는데, 그 용도를 유추하기는 어렵다.

Bridge & Pool

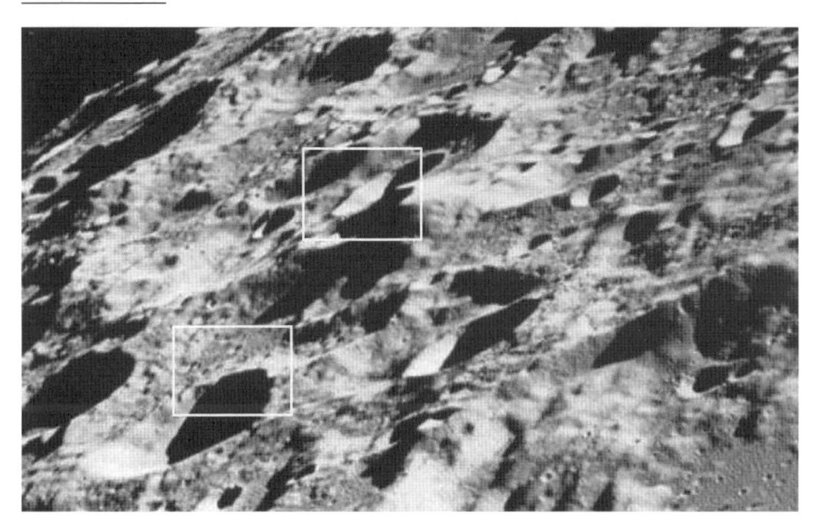

이 사진은 아폴로 11호 사령선이 촬영한 AS 11-44-66HR이다. 평범한 지역 같지만, 사각형으로 표시해 둔 곳을 자세히 살펴보면, 인공적인 구조물들이 보인다.

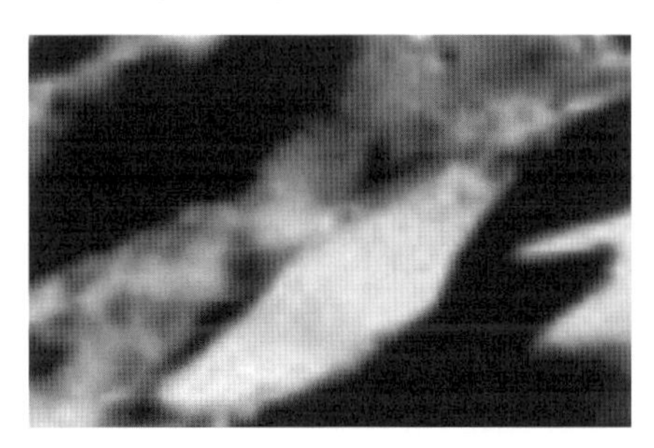

가운데 있는 구조물을 확대한 것인데, 얼핏 보기에는 크레이터와 건너편 절벽을 잇는 다리인 것으로 여겨진다. 하지만 자세히 살펴보면, 고정되어 있는 구조물이기보다는 곧 어디론가 날아갈 이동체가 임시로 계류하고 있는 것처럼 보이기도 한다.

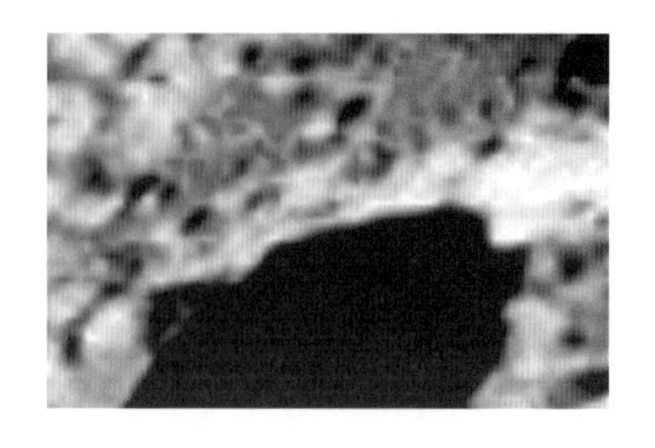

옆의 사진은 아래쪽 구조물을 확대한 것이다. 사각형 모서리를 가진 구덩이 위에 누군가 만들어 놓은 게 확실해 보이는 캐노피가 있는데, Daedalus Crater 주변의 B 지역에서 보았던 것과 거의 같은 모양이다.

아폴로 11호는 이 외에도 수많은 사진을 촬영해 왔지만, 원하던 자료는 그렇게 많지 않다. 물론 이렇게 평가할 수밖에 없는 데는, 최초의 유인 착륙선에 대한 기대가 너무 컸던 탓도 있으나, NASA에서 자료를 제대로 공개하지 않은 탓도 있을 것이다.

다만 아폴로 11호의 사진 자료 중에는 위와 같이 달 표면에 관한 것 말고, 공간 여행 중에나 달 표면 탐사 중에 우주 공간을 촬영한 사진도 있는데, 그중에 주목할 만한 것들이 있다. 여기에서는 누구도 그 특별함을 부정할 수 없을 증거들만 소개하겠다.

Cigar 모양의 비행체

아래 사진은 11호의 사령선에서 찍은 AS 11-37-5388번 파일로, 밝은 빛을 내는 Cigar 모양의 비행체가 담겨 있다. 일반 상식과는 다르게, 동체 길이 방향으로 날아가는 게 아니고 옆으로 구르는 형태로 이동하고 있으며, 증기도 심하게 내뿜고 있다. 거짓 자료가 아닌지 의심할지 모르나, 분명히 존재하는 파일이다.

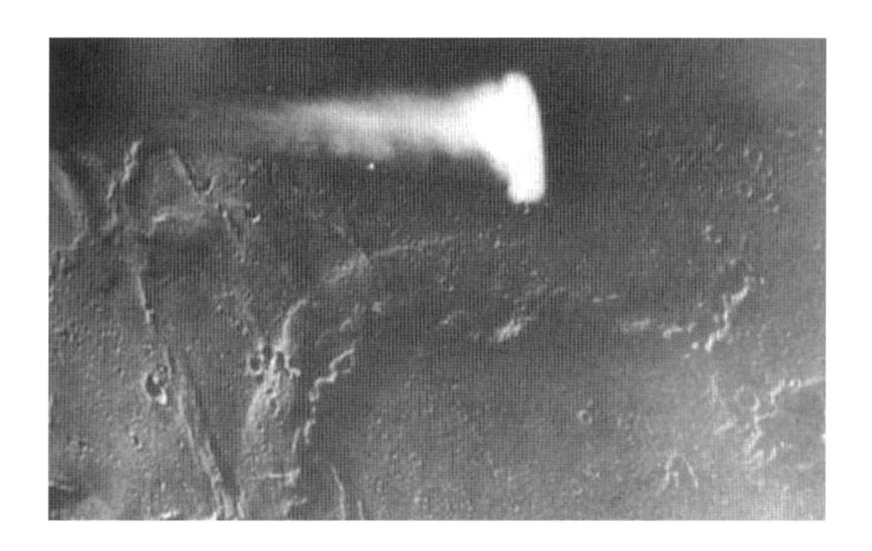

Peekaboo

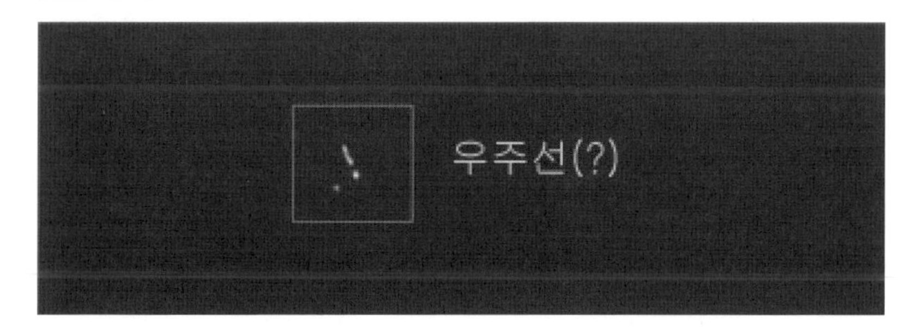

이 사진은 우주선이 달로 이동하는 중에 촬영한 것이 아니고, 달 표면에서 탐사 작업을 하던 중에 지면에 설치해 둔 팬 카메라에 찍힌 것이다. 이 물체를 유성이나 혜성 같은 것이라고 보는 이는 없을 것이다.

균형이 잘 잡힌 비행체가 공간으로 날아오르는 모습이 분명하다. 연이은 아폴로의 다른 미션에서도 이와 흡사한 물체가 꾸준히 발견되었기 때문에 확신할 수 있다.

아폴로 12호의 발견

아폴로 12호는 아폴로 계획에 의하여 발사된 여섯 번째 유인 우주선이고 유인 달 착륙 기준으로는 두 번째이다.

왼쪽부터 콘라드, 고든, 빈

1969년 11월 14일에 새턴 V 로켓에 의해 발사되었고, 승무원은 C.콘라드 2세, R.F.고든, A.L.빈이다. 발사 시간대에 기후가 불안했지만, 관제센터는 발사를 감행했다.

발사한 지 수십 초 후, 번개가 새턴 V 로켓의 기체를 때리는 바람에 사령선 장치의 전원이 꺼져서, 관제실은 사령선으로부터의 텔레메트리를 수신할 수 없게 되었다. 하지만 곧 회복하여 지구 주회 궤도에 들어갔다.

12호의 S-IVB는 원래 달 착륙선 분리 후, 나머지 추진제를 방출해 태양 주회 궤도에 놓아버릴 예정이었다. 하지만 제3단 점화 시에 모터가 예정보다 장시간 연소했기에, S-IVB의 탱크에 남아 있는 연료를 모두 방출해도 3단 부분이 지구 궤도를 탈출할 수 있는 에너지를 얻을 수 없었다. 이 때문에 지구 둘레를 주회하는 준안정 궤도에 머물게 할 수밖에 없었다.

12호는 무인 탐사선들(루나 5호, 서베이어 3호, 레인저 7호)이 방문했던 폭풍의 바다 근처에 착륙을 시도했는데, 콘라드 선장은 달 착륙선 인트레피드를 예정하고 있던 지점보다 580ft 정도 앞에 착륙시켰다. 착륙 후에 콘라드와 빈은 달의 암석을 채집했고, 달의 지진이나 태양풍의 강도, 자기장 등을 계측할 수 있는 장치들을 설치했다.

한편, 달 주회 궤도 위의 사령선에 남아 있던 고든은 달 궤도를 돌면서 여러 장의 사진을 촬영했다.

콘라드와 빈이 달 궤도 위에서 고든과 다시 합류한 후에는 인트레피

드의 상승 단을 예정대로 달 표면에 추락시켰다. 이것은 달 표면의 위도 3.94°S, 경도 21.20°W 지점에 충돌했고, 비행사들이 달 표면에 설치한 지진계에는 이 충돌에 의한 진동이 1시간 이상 동안 기록되었다. 비행사들은 바로 지구로 귀환하지 않고, 달 궤도 위에 하루 더 체류하면서 사진 촬영을 했기에, 이들의 달 체류 시간은 총 31시간 반이 되었다.

아폴로 12호는 과거의 어느 미션 때보다 풍부한 사진 자료를 지구로 가져 왔지만, 실망스럽게도 우리가 원하는 특이한 사진은 적다. 당시 세간에 의혹이 제기됐던 사진들을 살펴보자.

원형 펜스와 기계

컬러 이미지

12호 사령선 조종사 고든이 달 궤도를 돌면서 동료들을 기다리던 중에 촬영한 사진이다. 왼쪽 위에 길쭉한 돌출부를 가진 물체가 사선으로 놓여 있고, 그 아래쪽에 아주 투박해 보이는 구조물이 있으며, 주변에는 대형 펜스로 보이는 구조물도 있다.

헬멧 안면에 비친 물체

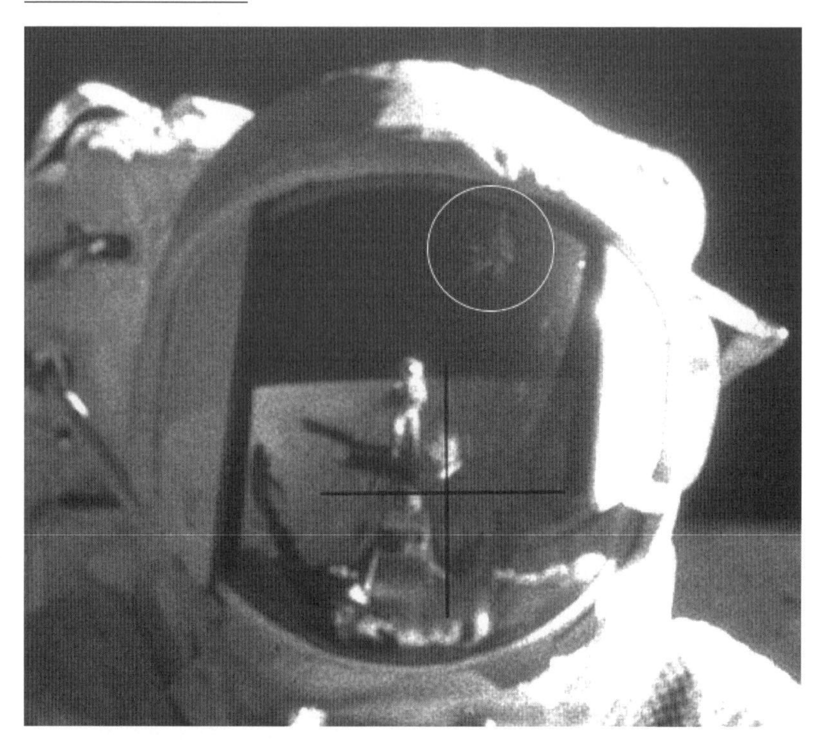

찰스 콘라드가 카메라를 들고 있는 앨런 빈을 촬영한 사진 일부인데, 앨런 빈의 헬멧 안면에 정체불명의 비행체가 찍혀 있다.

줌아웃 된 사진을 보면, 전체적인 정황을 이해하기가 더 쉽다. 바로 아래에 줌아웃 된 사진이 있다.

AS12-48-7071HR

AS12-48-7071HR 사진이다. 이 사진에 대해 위와 같은 논란이 불거지자, NASA는 카메라 플레어 현상이거나 그와 유사한 현상일 거라고 설명했다. 하지만 그렇다면 이 허상은 그림자를 동반하지 않아야 하는데, 선장의 바로 뒤쪽에 괴물체의 그림자가 살짝 엿보인다. 이에 대한 NASA의 설명은, 그것은 물체의 그림자가 아니라, 지형 굴곡에서 비롯된 착시라는 것이었다. 그 설명에 대해서 재차 반론을 펼치기에는 증거가 미약한 편이어서 이 논란은 더 확장되지 않았다.

하지만 아폴로 16호의 자료에는, 누구도 부정하기 곤란한 UFO 자료가 적지 않고, 그 종류도 다양하다.

다양한 UFO

이것은 아폴로 12호 사령선에서 촬영한 AS12-50-7433 사진이다. 평범해 보이는 전경이지만, 타원 표시를 한 곳을 보면 희미한 불꽃 같은 게 보인다.

어떤 물체가 있는 것 같기는 한데, 크기가 너무 작아서 아직은 잘 보이지 않는다. 조금 더 확대해 보자.

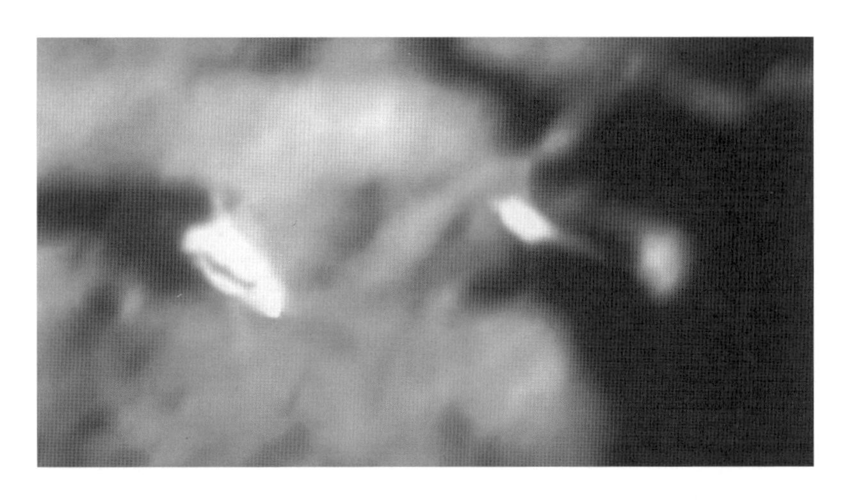

컬러 이미지

이 확대한 사진을 보면, 크레이터 안에서 솟아오르는 두 개의 물체가 보인다. 뒤로 내뿜고 있는 불꽃은, QR코드에 링크해 놓은 컬러 사진을 보면 그 크기는 작지만, 생생한 색깔과 강렬한 속도감이 느껴진다.

앞쪽 사진은 러벨이 지상에서 일하던 중에 촬영한 AS12-52-7743 사진이다. 지평선 근처에 UFO가 떠 있는 게 희미하게 보인다.

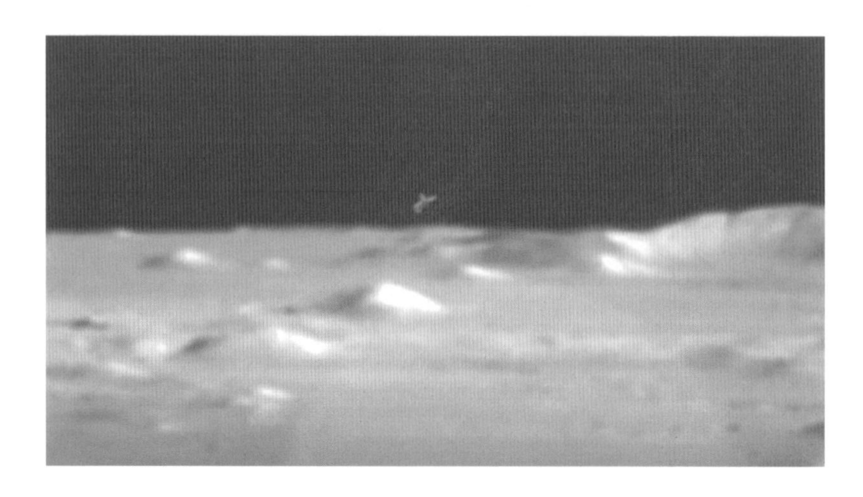

특별한 목적을 가지고 촬영한 것이 아니고, 달 전경을 찍던 중에 우연히 포착한 것이다. 조금 더 확대해 보면, 비행체의 모습이 거의 온전히 드러난다.

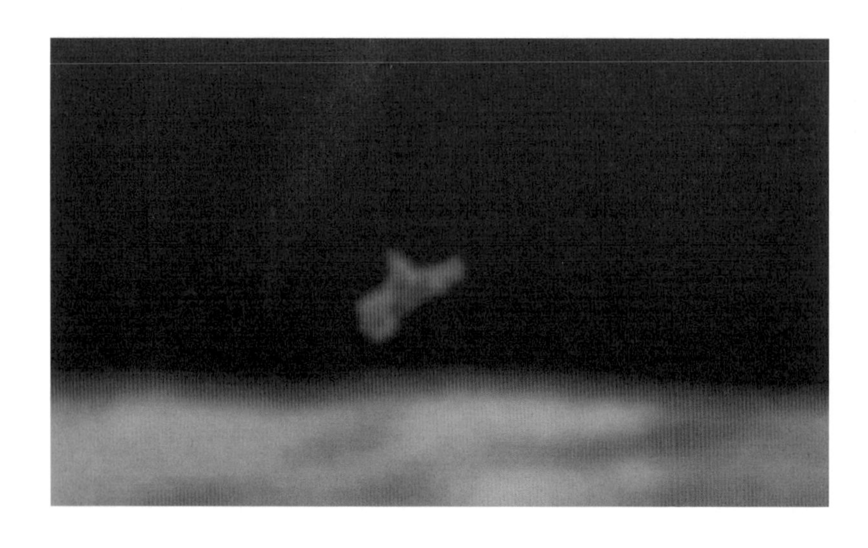

지평선 너머로 날아가고 있는 듯한 모습인데, 양 날개의 모습이 너무 뚜렷해서, 마치 대기가 있는 곳에서 날아다니는, 지구의 비행체 같이 보인다.

이것은 사령선에서 촬영한 AS12-50-7407 사진이다. 아무것도 없는 허공 같은데, 사진을 확대해 보면, 사령선 창의 오른쪽 상공 위에 비행체가 있다는 사실을 알 수 있다.

밝게 표시해 둔 곳을 보면, 무언가 공간에 떠 있다는 사실을 알 수 있다. 하지만 많이 확대했는데도 아직도 아득해서 전체적인 외형을 그려보기조차 어렵다. 사진의 해상도를 믿고 조금 더 확대해 보자.

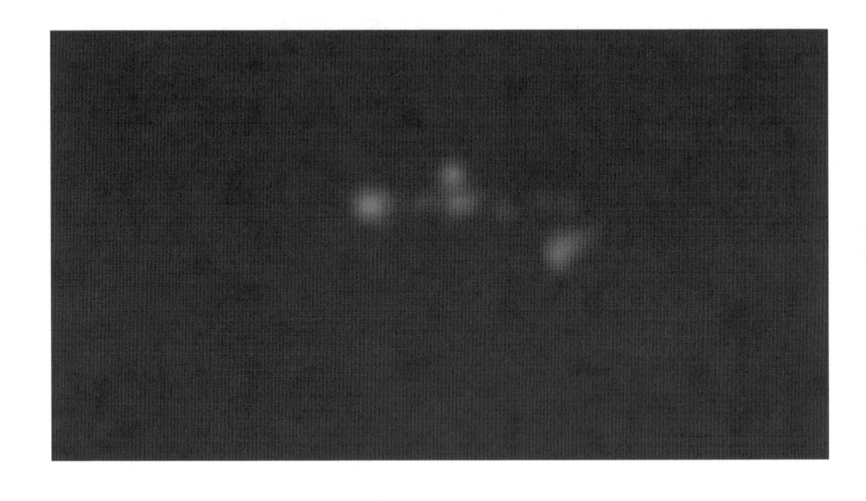

컬러 이미지

이제 실루엣이 대강 드러난다. 날개를 가진 비행체인 게 분명한 것 같다. QR코드에 링크된 컬러 사진을 보면, 그 외형이 더 뚜렷해 보이고 각종 조광 장치도 보인다.

그런데 기억을 되살려보면, 앞에서 보았던 AS12-52-7743 속의 UFO와 비슷하다는 걸 알 수 있다.

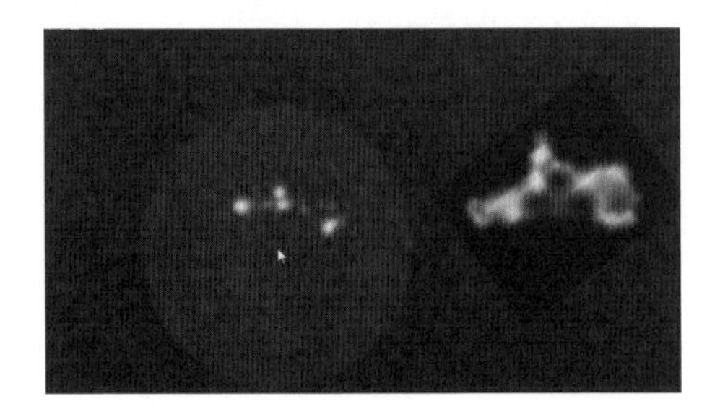

오른쪽 사각형 안에 있는 게 AS12-52-7743에서 찾아낸 UFO이다. 왼쪽의 비행체와 비슷하지 않은가.

◑ 아폴로 13호의 발견

아폴로 13호는 1970년 4월 11일에 발사되었다. 아폴로 계획에서 세 번째로 달에 착륙할 예정이었으나, 우주선 고장으로 실패했다. 승무원은 사령관 제임스 러벨, 사령선 조종사 캔 매팅리, 달 착륙선 조종사 프레드 헤이스였다.

사실, 아폴로 13호는 발사 직후부터 문제가 발생했다. 우선 제2단 로켓 S-II의 중앙 엔진이 예정보다 2분 빨리 연소가 정지되었다.

왼쪽부터 러벨, 스위커트, 헤이스

하지만 이때는 주위의 4기 엔진이 자동으로 연소시간을 연장해서 궤도를 수정했기에, 위험을 여유 있게 피할 수 있었다.

그러나 지구로부터 321,860km 떨어진 곳에서 기계선의 산소 탱크가 폭발했을 때는 수습이 쉽지 않았다. 2번 탱크 교반기의 스위치를 넣었을 때, 전선이 합선해 테플론제의 피막이 발화하여 압력이 한계치의 7MPa를 넘어서며 2번 탱크가 폭발했고, 1번 탱크도 손상을 입었다. 수 시간 후에는 기계선의 산소가 완전히 비어 버릴 것이었다. 관제센터는 비행사들에게 사령선의 기능을 중지시키고 착륙선으로 피난하도록 지시했다. 결국, 이 사고로 13호는 달 착륙은 포기하게 되었다. 하지만 다행히 달의 중력을 이용하는 자유 귀환 궤도에 올라 지구로 돌아올 수는 있었다.

아폴로 13호는 핵심 임무를 수행하지 못했지만, 얻은 자료가 전혀 없는 것은 아니다. 그중에 특별한 것만 살펴보자.

LTP(Lunar Transient Phenomena)

AS13-61-8820

AS13-61-8822

AS13-61-8824

달에서 관찰되는 일시적인 이상 현상들을 LTP라고 하는데, 이 중에 가장 주목받는 것은 달의 모양 자체가 변하는 형상 변화이다. 하지만 순식간에 일어나는 경우가 대부분이어서, 그와 관련된 목격담은 많으나, 그것을 카메라로 촬영한 경우는 거의 없다.

그러나 이 일을 아폴로 13호 승무원들이 해냈다. 위 사진들은 달착륙을 시도하지 못한 아쉬움을 달래며 달을 돌아보다가, 놀라운 형상 변화를 목격하고 70mm 카메라로 포착한 것이다.

달의 한 귀퉁이가 움푹 파인 모습을 보고 얼마나 놀랐을까. 아폴로 13호가 이런 사진을 찍을 수 있었던 것은 사고로 인해서 다른 우주선과는 달리, 자유 귀환 궤도에 올랐기 때문일 수도 있다. 아폴로 13호는 달의 뒤편을 돌 때, 일반적인 궤도보다 대략 100km 정도나 높은 궤도를 지났다.

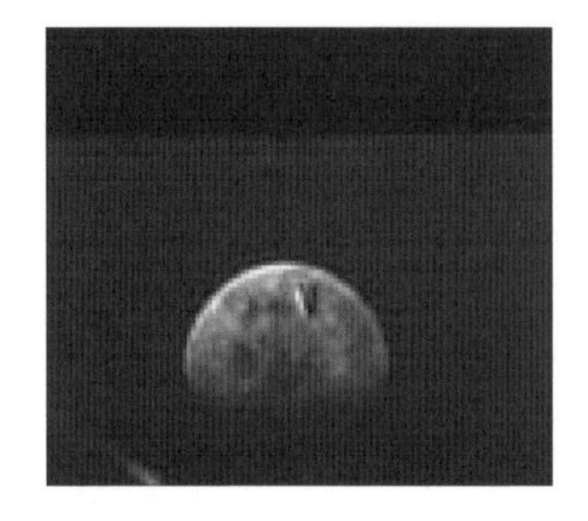

그런데 가만히 기억을 되짚어 보면, 위와 유사한 사진이 또 있었던 것 같다. 바로 아폴로 8호 미션 때 찍었던 AS08-18-2908 사진이 그것이다. 바로 왼쪽에 게시되어 있는 것인데, 이 사진 역시 AS08-18-2908번까지는 이상 조짐이 전혀 없다가 갑자기 나타났으며, 찢겨 있는 모양이 거의 유사하다. 하지만 두 현상의 연관성은 물론이고, 사진에 나타난 현상의 발생 이유를 여전히 알아내지 못하고 있다.

투명한 구조물 혹은 광원

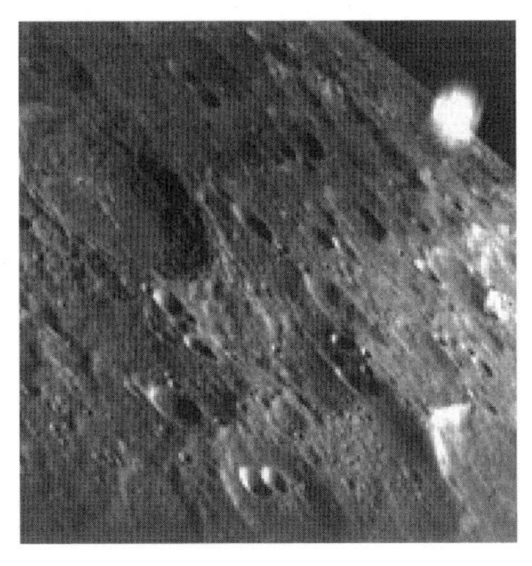

AS13-60-8608

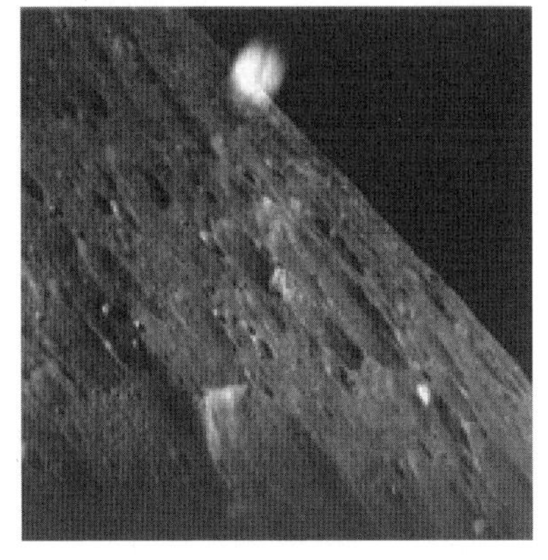

AS13-60-8609

아폴로 13호의 자료 중에 논란이 되었던 또 하나의 자료가 바로 위에 있다. 거의 같은 지점에 있는 것을 찍은 것이어서, 투명한 구조물의 반사광이라는 주장도 있고, 구조물이라기보다는 외부의 광원이 유발한 착시라는 주장도 있다.

이 불빛이 유리 구조물의 반사광이라는 의견이 조금은 우세하지만, 다른 광원에 의한 빛이 카메라의 망막에 들어온 것이라는 주장도 만만치 않은 상황이라는 뜻이다.

그런데 유리 구조물의 반사광이라고 해도 그 구조물이 저곳에 있다는 뜻은 아니다. 그러니까 그 구조물이 고정체가 아니고 이동체일 개연성도 있다는 말이다. 그리고 다른 광원이 카메라 렌즈로 들어온 경우라고 해도, 그 광원이 인공 광원이 아닌, 천체의 빛이라고 단정 지을 수는 없다. 그렇기에 이에 대한 논쟁은 계속될 수밖에 없는 상황이다.

◑ 아폴로 14호의 발견

왼쪽부터 루사, 세퍼트, 미첼

아폴로 14호는 NASA의 아폴로 계획에 따라 발사된 유인 우주선 중 여덟 번째이며 유인 달 착륙으로는 세 번째이다. 1971년 1월 31일에 새턴 V 로켓에 의해 발사되었고 승무원은 앨런 셰퍼드, 스튜어트 루사, 에드가 미첼이다.

14호는 1971년 2월 5일에 Fra Mauro Crater에 착륙하여 42.28kg의 월석을 채집하였는데, 착륙선 안타레스가 강하하던 중에 두 번의 위기가 있었다.

첫 번째 위기는 착륙선 내부의 컴퓨터가 사령선의 조정 패널로부터 착륙 중지 신호를 받은 것이었다. 이에 대해 NASA 관제소에서는, 진동으로 핸더의 조각이 벗겨져 회로가 닫혀서 컴퓨터가 잘못된 신호를 받은 거라고 판단하고, 스위치 근처의 조작 패널을 두드리는 해결책을 제시하여 문제를 해결했다.

두 번째 위기는 달 표면으로 발사하는 레이더의 고장이었다. 하지만 착륙 직전에 간신히 살려내어 예정 지점에 착륙할 수 있었다. 프라마우로 고지에 착륙한 후, 셰퍼드와 미첼은 새로운 지진계를 설치하기 시작했고, 사령선에 머물러 있던 루사는 달 궤도를 돌면서 열심히 사진을 촬영했다. 하지만 루사가 촬영한 사진에는 수수께끼 소재가 될 만한 것이 없다.

다만 지상에서 작업했던 승무원들이 촬영한 사진 중에, 12호 미션 때 발견했던, Peekaboo와 유사한 물체가 담겨 있을 뿐이다.

불꽃 1

AS14-66-9295HR

아폴로 12호 미션 때 보았던 물체와 같은 종류인지는 모르겠지만, AS14-66-9295HR 원본 사진을 보면, 발산되고 있는 푸른빛이 강렬하고 그 모양도 아주 역동적이어서, 자연에서 일어날 수 없는 현상이라는 것을 확신할 수 있다.

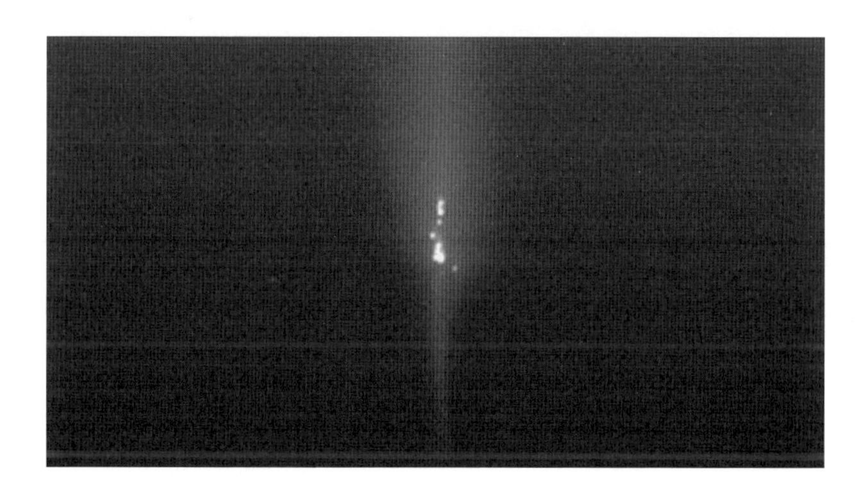

발광체 부분을 확대한 것이다. 이런 물체가 자연적으로 생성될 가능성은 거의 없다고 봐야 한다.

움직이는 모양으로 보아 운석이나 유성은 아니고, 태양계의 행성이나 위성 중에 저런 모양을 가진 것이 없을 뿐 아니라, 먼 곳에서 온 별의 모습은 더더욱 아니다. 그렇다면 푸른 불빛으로 감싸져 있는 저 물체의 정체는 도대체 무엇일까.

사실, 물체를 감싸고 있는 빛의 모양도 신기하기 이를 데 없다. 추진체에서 나오는 분사물이라면 한 방향으로 나와야 하는데, 이 경우에는 빛이 보호막처럼 물체 전체를 감싸고 있다. 더욱 놀라운 점은, 이와 같은 것으로 보이는 물체가 미션 수행 중에 여러 번 발견됐다는 사실이다.

불꽃 2

AS14-66-9301

세퍼드가 촬영한 사진으로 미첼의 작업하는 모습이 담겨 있는 AS14-66-9301이다. 배경에 찍힌 발광체의 모습이 AS14-66-9295 사진 속의 물체와 너무 흡사해서 같은 사진이 아닌가 싶지만, 9295 사진과 달리 미첼의 모습이 담겨 있고, 주변 지형도 다르다.

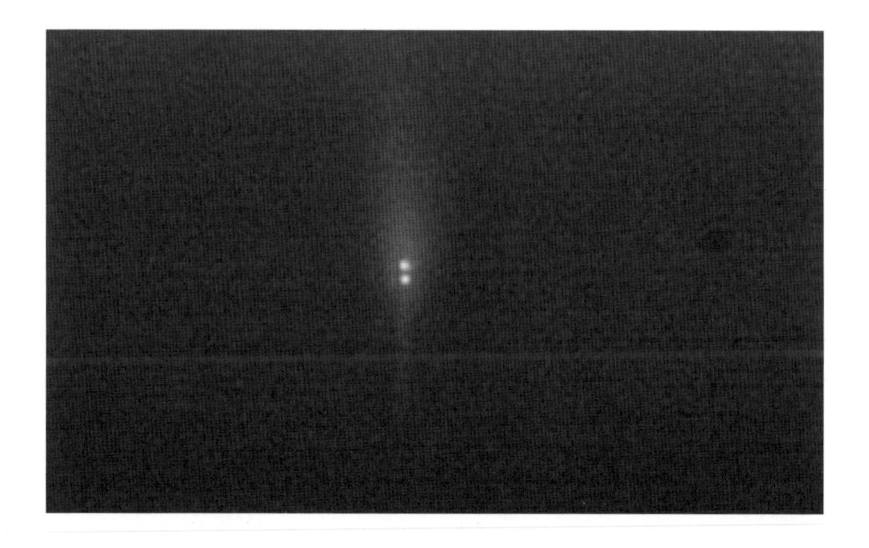

그리고 자세히 살펴보면, 불빛 모양도 다른 것 같다. 색깔은 푸른색이지만, 크기가 AS14-66-9295의 피사체보다는 작다. 그러나 같은 족속들이 사용하는 비행체 같다는 느낌은 확실히 든다.

사실, 비행체와 함께 발견된 이 푸른 불꽃 말고는 아폴로 14호 미션 때 제기된 수수께끼가 거의 없다. 하지만 훗날 에드가 미첼이 뜻밖의 폭로를 하게 되면서, 아폴로 14호의 미션 때 촬영한 모든 사진이 재조명받게 된다.

2008년에 미첼은 데일리 메일과 기자회견을 하면서 "UFO는 실재하며 그들이 수시로 지구를 방문하고 있다는 것을 NASA에 근무하면서 알게 되었다. 그러나 정부와 NASA가 이를 조직적으로 은폐하고 있다."고 폭로를 시작하여, "만약 외계인들이 지구인들처럼 폭력적이고 악의적이었다면, 지구는 이미 그들의 식민지가 되었을 것이다. 지구인들의 과학으로 그들을 설명하려는 시도는 사실상 불가능한 것이며, 그들의 기술은 이미 지구와 차원이 다르다."는 과격한 주장을 펼쳤다. 그가 이런 주장을 하자, AS14-66-9301 사진이 다시 데일리 메일에 게재되면서, 그 안의 파란 불꽃이 그가 주장하는 UFO라는 기사가 실리게 되었다.

하지만 사실이야 어떻든, 14호의 사진들을 다시 세세히 살펴봐도, 수수께끼 소재가 될 만한 것은 지형지물에서는 거의 찾을 수 없고, 상공과 불빛에 관한 것이 대다수이다.

이상한 상공

앨런 셰퍼드가 촬영한 AS14-66-9279 사진이다. 착륙선 옆에 서서 지평

선을 바라보며 촬영한 사진인데, 처음 이 사진을 접하는 사람은 우주인이 미션을 수행하기도 바쁠 텐데 그 와중에 이 사진을 왜 찍었는지 그 이유를 알기 힘들 것이다. 아무리 살펴도 너무도 평온한 정경이기 때문이다. 평평한 지면 위에 주목할 만한 지표나 대형 크레이터 하나 없는, 지극히 평범한 지역일 뿐이다. 그런데 시선을 옮겨 상공을 보면, 생각이 조금 달라진다. 흐릿하지만 이상한 것들이 떠 있는 것 같다.

이 사진은 이상한 물체를 확실히 보기 위해서 사진의 대비와 밝기를 조금 높인 것이다. 덕분에 분명하게 볼 수 있다.

그러나 이에 대한 이견 역시 만만치 않다. 이상한 물체가 상공에 떠 있는 것이 아니라, 카메라의 플레어(Lens Flare) 현상이라는 게 이견의 핵심이다. 플레어 현상은 피사체를 촬영할 때 카메라 렌즈의 반사 등에 의하여 발생하는 왜곡 현상을 말한다. 하지만 고휘도의 물체 주변에 주로 둥근 모양의 테두리나 빛으로 나타나기에 그렇게 속단하는 것도 문제가 있는 것 같다.

아폴로 14호가 가져온 자료에는 불빛에 관한 것이 유독 많은데, 지표면에서 발견한 거의 유일한 수수께끼도 바로 이런 불빛과 무관하지 않은 것이다.

이 사진을 보면, 상공에 무언가 떠 있는 게 확실한 것 같다. 광원이 태양뿐이라면, 물체의 그림자 방향이 이렇게 다를 수 없다. 승무원의 그림자는 지평선과 거의 나란한 방향이지만, 암석의 그림자는 지평선의 대각선 방향으로 흐르고 있다.

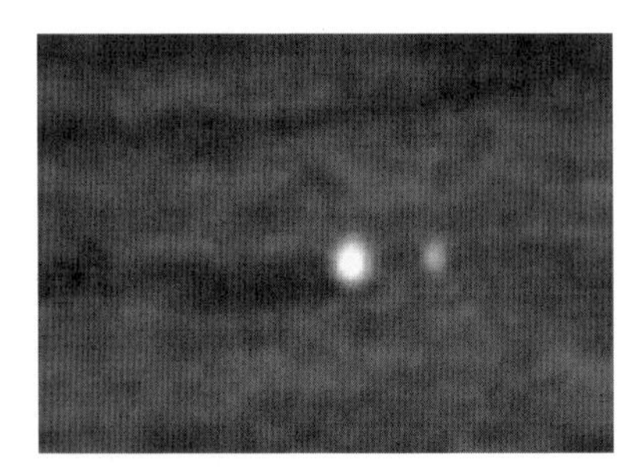

옆 사진 속의 빛은 햇빛의 반사광인지, 물체 스스로 발광하는 것인지는 알 수 없지만, 후자일 개연성이 더 높아 보인다. 두 개의 발광체가 곧 비상할 것 같다.

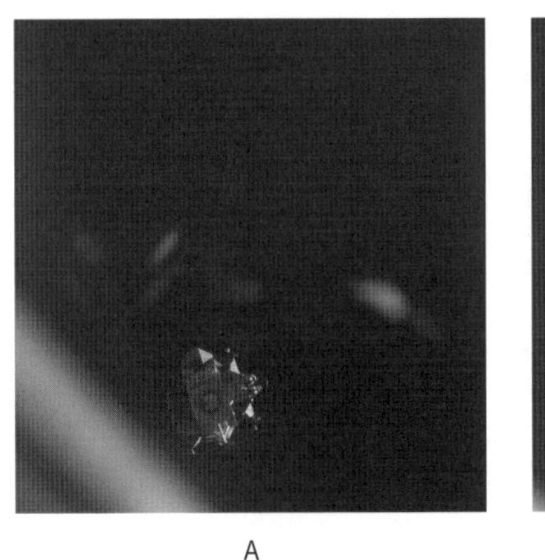

A

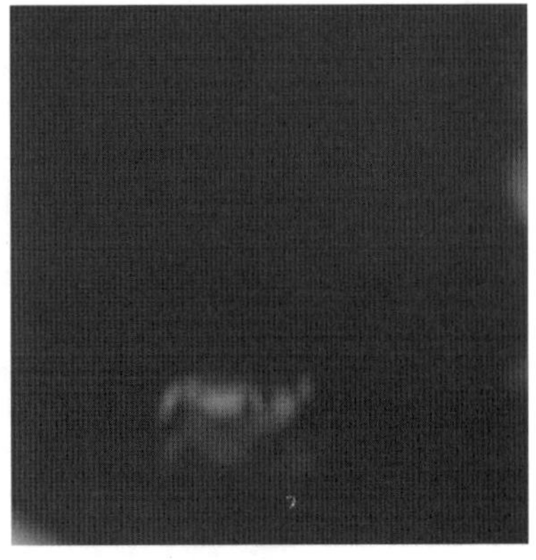

B

A의 컬러 이미지

B의 컬러 이미지

위 사진에는 지상의 승무원이 아폴로 14호 사령선을 촬영하다가, 의도와 무관하게 담게 된 비행체들이 있다.

B 사진에는 그 형체가 비교적 선명하게 찍혀 있는데, 앞에서 본 푸른빛의 물체와 무관한 것 같지 않으며, 달에 UFO가 존재한다는 결정적인 증거로 볼 수 있다.

아폴로 15호의 발견

아폴로 15호는 NASA에 의해 발사된 아홉 번째 유인 우주선이며, 유인 달 착륙으로는 네 번째이다. 승무원은 데이빗 R.스콧, 제임스 B.어윈, 알

프레드 M.워든으로, 1971년 7월 26일에 새턴 V 로켓으로 발사되었다.

왼쪽부터 스콧, 워든, 어윈

15호는 아폴로 계획 중 처음으로, 달의 바다 이외의 장소인, 비의 바다 근처의 '부패의 늪(Palus Putredinus)'에 착륙하였다.

두 명의 비행사는 최초로 로버를 사용하여, 이전의 아폴로 미션 때보다 훨씬 먼 장소까지 이동하면서 77kg의 달 토양 샘플을 채집했으며, 사령선에 남아 있던 알프레드 워든은 과학 실험장치 모듈(SIM)을 이용해서 달 표면 환경을 상세하게 조사했다.

그리고 그들은 미션을 끝나갈 무렵에 손자 위성도 발사했는데, 이 위성의 임무는 달의 중력·자력 분포 조사와 태양풍을 측정하는 것이었다.

아폴로 14호 승무원들이 촬영한 사진 중에는 눈에 띄는 게 없다. 인공 구조물이나 이상 현상이 담긴, 특이한 증거가 없다는 뜻이다. 그러나 다소 모호하지만, 달에 대한 기존 지식에 회의를 유발할 만한 증거는 있다. 과거와 같이 치열한 논쟁을 벌일만한 증거는 없으나, 작업 과정이 세밀하게 촬영된 고해상도 사진이 많아서 과거와는 차원이 다른 논쟁의 소지를 안고 있는 자료들은 있다는 뜻이다. 물론 이런 자료들도 이 분야에 관심을 두고 있는 이들의 눈에만 보이겠지만 말이다.

이상한 비행물체

어윈이 촬영한 사진 중 하나이다. 뭔가 상공에 있는데, UFO라고 단정 짓기에는 다소 모호한 물체이다.

그렇다고 이 물체가 운석이나 유성체라고 말하기도 곤란하다. 그렇게 보기에는 표면이 고르고 전체적으로 균형이 잘 잡혀 있는 것 같다. 인공적으로 만들어진 물체일 가능성이 조금 더 커 보이기는 하지만, 해상도가 좋지 않고, 주변에 운석 조각 같은 게 어렴풋하게 보여서, 확신이 서지 않는다.

컬러 이미지

집단 거주지

이 사진은 사령선에 있던 워든이 촬영한 AS15-1541이다. 오른쪽 지평선 근처를 바라보면, 건물 집합체 같은 것이 보인다. 네모 상자로 표시해 둔 부분을 확대해 보면, 이것이 자연지형이 아니고, 인공 구조물의 집합임을 확신할 수 있다.

AS15-87-1858

이 물체는 그 정체를 알 수 없을 뿐 아니라, 상공에 떠 있는지 지면에 붙어 있는지조차도 제대로 파악하기 어렵다. 크기가 크고 둔탁하게 생겨서 지면에 설치된 구조물인 것처럼 보이지만, 그렇다면 그림자가 있어야 하지 않겠는가. 그런데 물체 내부의 그림자는 있으나, 지상에 드리워진

그림자가 없다.

상공에 떠 있는 물체라고 보더라도 여전히 이 문제는 개운하게 해결되지 않는다. 하지만 카메라 프레임에 벗어난 곳에 그림자가 있다고 가정하면 해결될 수 있을 것도 같다.

그렇다면 결국 이 물체의 정체는 UFO가 되는 건가.

분화구 속의 Trail

아래 사진 역시 사령선 조종사 워든이 촬영한 AS15-81-10954이다. 아래쪽 크레이터를 보면, 가운데를 가로지르는, 두 줄로 나란히 나 있는 트레일이 선명하게 보인다. 저런 트레일이 자연 상태에서 저절로 만들어질 수는 없다. 누가 어떤 용도로 저런 것을 만들어 놓았는지 정말 궁금하다.

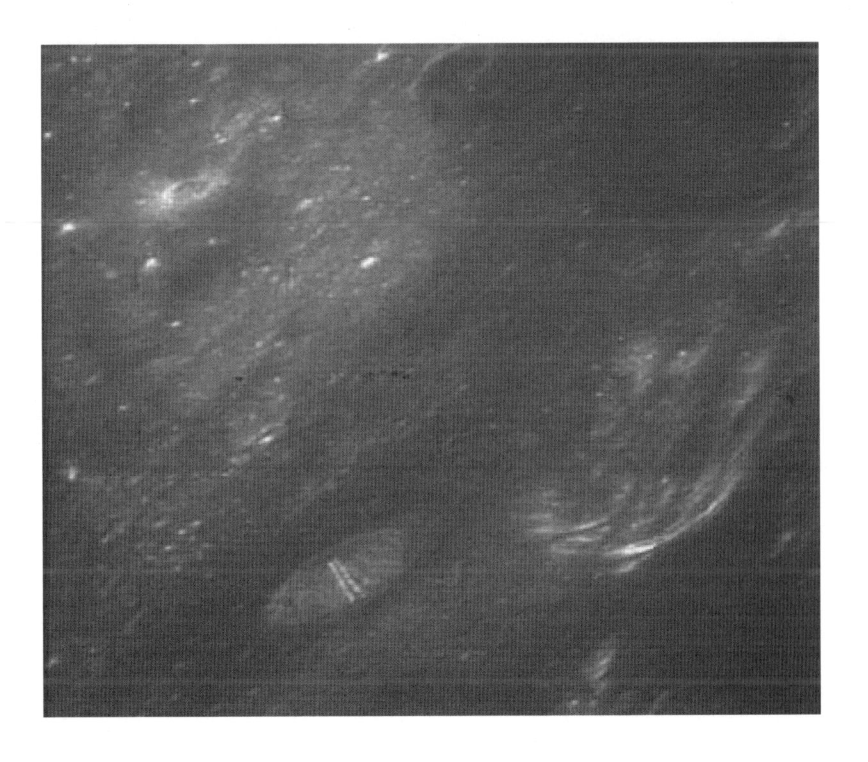

액체 상태의 물 혹은 유리질

아래 사진은 생생한 작업 과정의 일부를 촬영한 AS15-86-11571이다. 제임스가 갈고리를 사용해서 바위를 젖히자, 데이빗이 집게로 바위의 바닥을 밀면서 촬영한 것이다. 그는 바위가 무척 탐났지만, 너무 커서 채집해 오지는 못했다고 말했다.

AS15-86-11571

어쨌든 우리가 이 바위에 관심을 두는 것은, 바위 모양이 특이해서거나 작업 현장의 생생한 분위기가 묻어 있어서가 아니다. 바위 밑 부분에 붙어 있는 흙이 고르지 않고, 국소적으로 반사도의 차이가 나타난다는 사실 때문이다.

돌출 부위에 흙이 붙어 있는 정도의 차이가 생각보다 훨씬 심한데, 이건 점도가 약한 건조한 흙에서는 나타나기 어려운 현상이다. 혹자들은 이를 보고 바위의 바닥에 물방울이 붙어 있다는 주장을 펼치기도 한다. 과연, 그럴 수 있을까? 이런 주장은 달에 액체 상태의 물이 없을 뿐 아니라, 대기도 없다는 게 정설로 되어 있는 현재 상황에서는, 다양한 논쟁으로 비화할 수 있다.

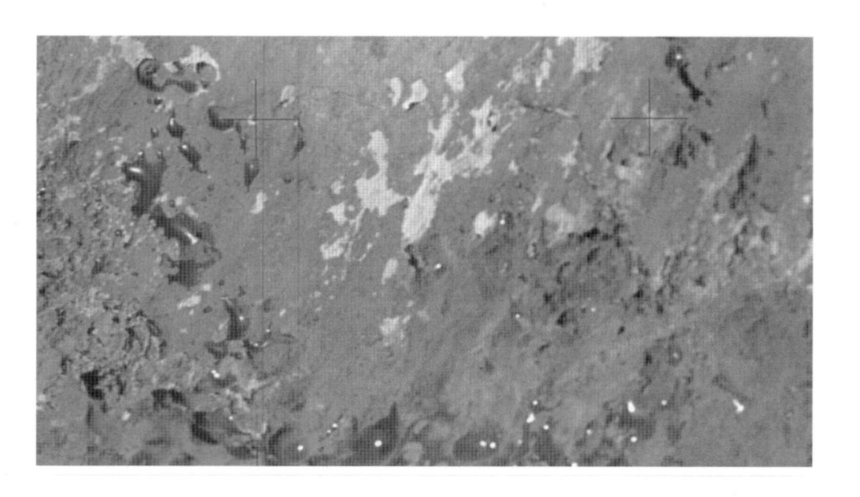

달이 대기를 가지고 있지 않다는 게 사실이라면, 달 표면 근처에는 액체 상태의 물이 존재할 수 없다. 그것이 바위 밑이라고 해도 예외일 수는 없다. 그렇기에 바위 밑쪽의 흙이 조금 젖어 있는 듯 느껴지는 것은 순전히 우리의 착각이다. 바위 표면의 반짝거림의 차이도 표면에 묻어 있는 습기 때문이 아니고, 바위의 고유성분 속에 들어 있는 유리질 차이 때문이라고 보는 것이 옳을 듯싶다. 물론, 이런 판단은 달에 대기가 전혀 없는 상태라는 사실을 전제하에서만 성립하는 것이다.

그런데 우리는 이미 아폴로 8호의 미션 때 AS8-13-2225 사진을 보면서, 달 표면에 구름 같은 것이 있다며 이런 전제를 의심한 적이 있다. 위의 AS15-86-11571 사진을 보고 있으면, 그 의심이 상기된다. 정말 달이 의외로 풍부한 대기를 가지고 있는 것은 아닐까.

Airglow Limb

아래 사진은 아폴로 15호가 달을 떠나오면서 촬영한 AS15-88-12013 사진을 조금 증강 시킨 것이다. 이 사진에는, 지구에서 본 대기의 'Airglow Limb'와 거의 같은, 달을 둘러싸는 레일리 산란광이 나타나 있다.

AS15-88-12013

레일리 산란광은, 속박된 전자가 원자에 비해 긴 파장의 빛을 가상적으로 흡수하여 한 번 들뜬 상태로 되었다가, 다시 원래의 상태로 되돌아감에 따라 생기는 긴 파장의 빛의 산란을 말하는데, 산란광의 세기는 파장의 4 제곱에 반비례한다.

이런 현상은, 입사광에 의해서 미립자에 전기장이 작용하고, 거기에 입자 내의 전자가 진동되어 쌍극자 모멘트가 유발됨으로써 생긴다고 해석할 수 있다. 푸른 하늘이나 저녁놀 등의 빛깔을 설명하거나, 대기 속의 미립자에 의한 태양 빛의 산란을 설명할 때 유용하다. 하지만 이건 지구에서나 유용하다. 달에는 대기가 없다는 게 정설이기에, 달에서 일어나는 이런 현상을 지구에서 일어난 현상과 같은 원리로 설명할 수는 없다.

AS15-88-12014

아래의 사진은, 아폴로 15호 승무원이 위의 사진을 촬영할 때 같이 촬영한 달의 풀 사이즈 사진이다. 이 AS15-88-12014 사진을 보고 있으면, 달에 대기가 있을 것 같다는 느낌이 강렬하게 든다.

Hadley Rille

구글의 달 위성사진 서비스인 '구글 문(Google Moon)'에서, 기생충이나 곤충처럼 생긴, 정체불명의 형상물이 발견됐다는 소문이 떠돈 적이 있다.

구글 문을 클릭하면, 지구에서는 절대 볼 수 없는 달의 뒷면은 물론이고, 일본 우주국(JAXA)에서 제공한 정보를 토대로 한 세부적인 지형까지 확인할 수 있으며, 아폴로 11호부터 17호까지 행해진 인류의 달 탐사 흔

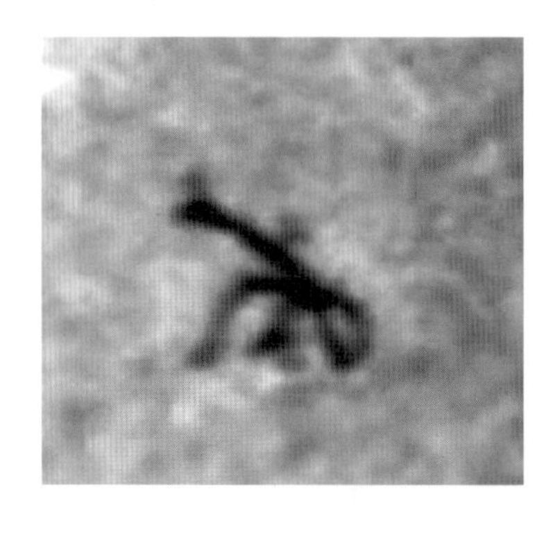

적도 손쉽게 접할 수 있다. 옆에 게재된 사진 속의 괴상한 형상은 25.58° 1′ 89″N, 3.31° 3′ 19″E에 있다. 이것이 생물이라고 믿는 이들도 있는데, 그들은 달 어딘가에 외계인 기지가 있으며, 심지어 달 자체가 인공 구조물일지도 모른다고 생각하고 있다.

이들은 생물체가 살고 있을 개연성이 높은 곳으로 아폴로 15호가 착륙했던 해들리 열구(Hadley Rille)를 주목하고 있다. 화산 폭발로 생긴 해들리 열구를 외계 생명체의 거주 시설이 있는 터널로 여기고 있는 것이다.

최근에는 위의 형상에 대해서 '인류 접근을 경고하는 외계인의 메시지'라는 식의 다소 추상적인 의견도 내놓고 있다.

Paracelsus Crater

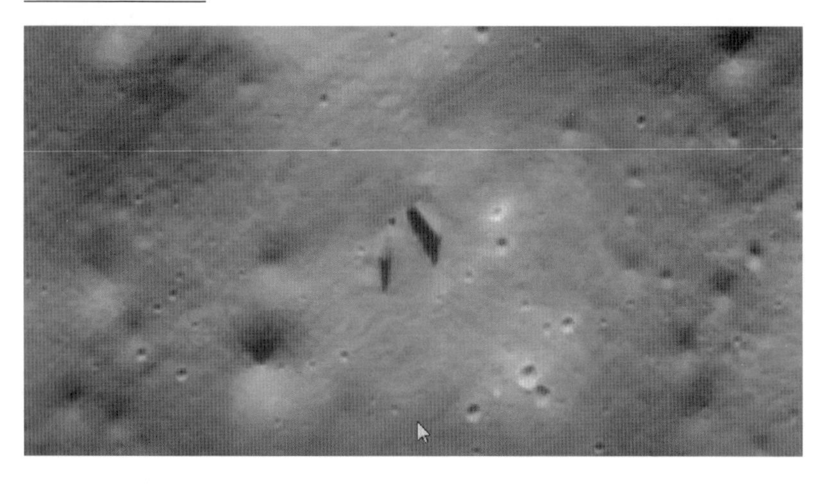

Paracelsus Crater는 경도 165°E, 위도 22°S에 있는 작은 분화구이다. 좌표에서 알 수 있듯이, 달의 뒷면에 있고 크기도 작아서 인간의 시선을 끌

기가 쉽지 않았기에, 그 안에 담겨 있는 이상한 물체는 달 탐사가 시작된 후에도 쉽게 발견되지 않았다.

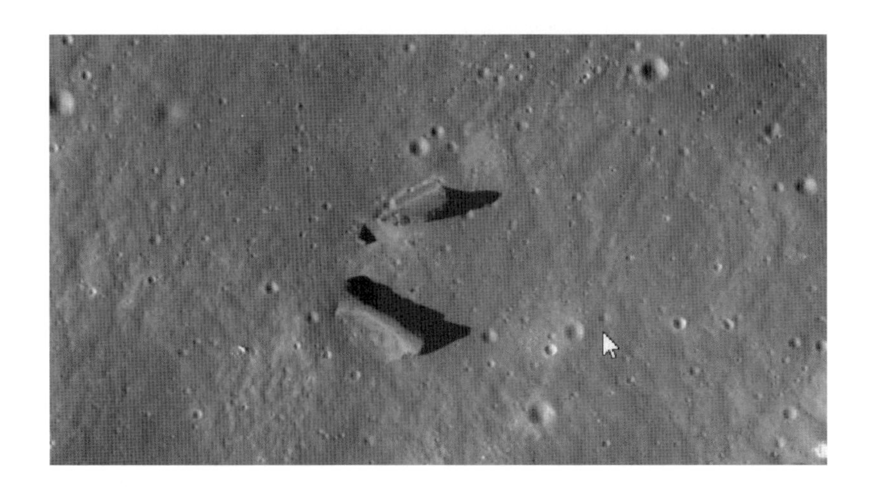

위의 지형이 최초로 담긴 것은, 아폴로 15호가 촬영한 AS15-P-8873 사진 파일이다. 하지만 위 사진은 그 파일이 아니다. 이것은 Paracelsus Crater 내부에 이상한 지형지물이 있다는 사실이 확인된 후에 궤도선이 다시 촬영한 사진이다. 파일명은 LROC Observation M118769870L이다. 처음에는 컨테이너 구조물 두 개가 지면 위에 놓인 형태로 판단하기 쉬운데, 확대된 사진을 보면 생각이 달라진다.

달 표면 위에 축조된 건축물일 가능성이 더 커 보인다. 이 구조물의 규모를 측정해 보면, 상단의 물체는 높이가 15m이고 길이는 40m이며, 하단의 물체는 높이가 10m이고 길이는 60m이다.

과학자들이 수차례 분석한 결과, 자연물이 아닌 것으로 판명이 나서 이 결과를 NASA 측에 알렸으나, NASA는 현재까지 어떤 반응도 내놓지 않고 있다.

거대 우주선

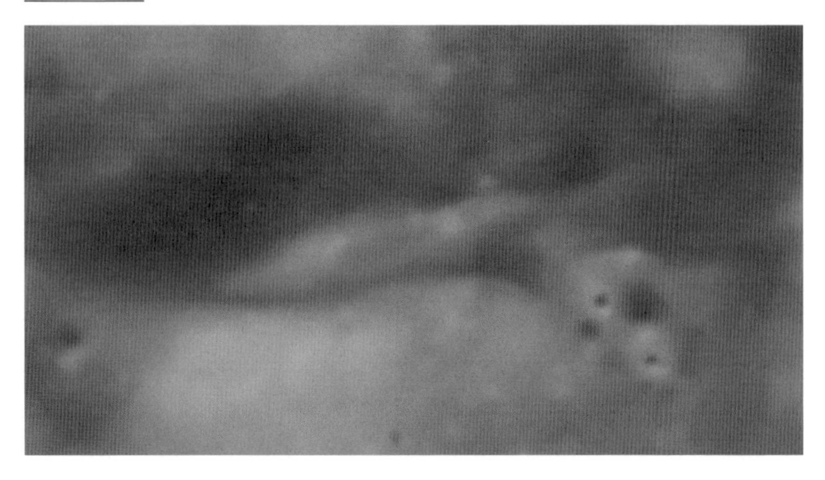

Delporte-Izsak 지역을 촬영한 AS15-M-1333 사진이다. 지형지물이 특이한 것은 사실이지만, 이 사진이 공개됐을 당시만 해도 사진의 중심부에 물체가 있을 거라고 여기지는 않았다.

하지만 같은 지역을 촬영한 AS15-P-9625가 공개되자 분위기가 갑자기 바뀌었다. 동굴 입구로 보이는 곳에 거대한 인공 구조물이 누워 있으며,

그것이 외계의 우주선일 거라는 의견이 늘어났다. 사실 여부는 알 수 없으나, 이 물체가 우주선이라면 높이가 1km 정도로 거대하기에 지구의 것은 아니다.

◑ 아폴로 16호의 발견

아폴로 16호는 NASA에서 발사한 열 번째 유인 우주선이며, 유인 달 착륙 기준으로는 다섯 번째이다. 1972년 4월 16일부터 4월 27일까지가 여정으로, 승무원은 존 영, 켄 매팅리, 찰스 듀크였고, 20시간 14분 동안 월면 활동을 했다.

왼쪽부터 메팅리, 영, 듀크

아폴로 16호는 세 번의 달 표면 선외 활동을 각각 7.2시간, 7.4시간, 5.7시간에 걸쳐 실시했다. 지구 귀환 궤도 위에서도 1.4시간 동안 선외 활동을 했는데, 이것은 지구 주회 궤도보다 먼 궤도에서 행해진 선외 활동으로는 두 번째로, 외부 카메라로부터 필름을 회수하고, 미생물의 생존 실험을 하기 위해서 실시했다.

물론 미션 수행 중 위험한 순간이 있었다. 달 궤도 위에서 사령선 주요 추진계의 서보 루프에 이상이 발생한 적이 있다. 그로 인해서 사령선 궤도 수정 시에, 엔진 분사가 정상적으로 이루어지지 않을 수도 있었기에, 달 착륙이 실패할 우려가 있었다. 그러나 문제 발생 시에 이미 사령선으로부터 떼어내진 달 착륙선으로 비행하고 있던 영과 듀크는 달 착륙을 그대로 감행하기로 했다. 임무 수행 기간을 하루 줄였지만, 무사히 임무를 마쳤다.

영과 듀크가 데카르트 고지를 3일 동안 탐사한 후에, 애초에 예정했던 임무는 아니었지만, 착륙 지점의 토양을 면밀하게 조사했다. 그 결과, 그들은 화산 활동으로 형성되었다고 여겼던 착륙 지점이 실제로는 운석 충돌로 만들어진 각력암으로 되어 있다는 사실을 알아냈다.

그들이 수집한 표본 안에는, 아폴로 계획에서 얻은 암석 중 가장 큰 11kg의 돌(닉네임: Big Muley)이 포함되어 있었다. 하지만 그들이 가져온 최고의 보석은 그런 물질적인 것이 아닌 해상도 높은 달 표면의 영상들이라고 할 수 있는데, 그중에서도 압권은 King Crater 지역을 촬영한 사진이다.

킹 분화구의 '비밀의 계곡'

AS16-4998-P

아폴로 16호의 사령선 캐스퍼가 킹 크레이터의 중앙 고지대 위를 지나면서 찍은 AS16-4998-P번 사진이다. 골짜기 바닥의 지형과 그 위에 그려진 무늬들이 선명하게 보인다. 아폴로 10호 미션 때 조금 소개한 바 있지만, 여기서 좀 더 상세히 살펴보자.

킹 크레이터는 오래전부터 다양한 논란의 중심에 서 있던 지역이지만, 여기서 모든 쟁점을 다룰 수는 없고, 치열한 논쟁이 벌어졌던 쟁점만을 추려서 거론해 보도록 하겠다.

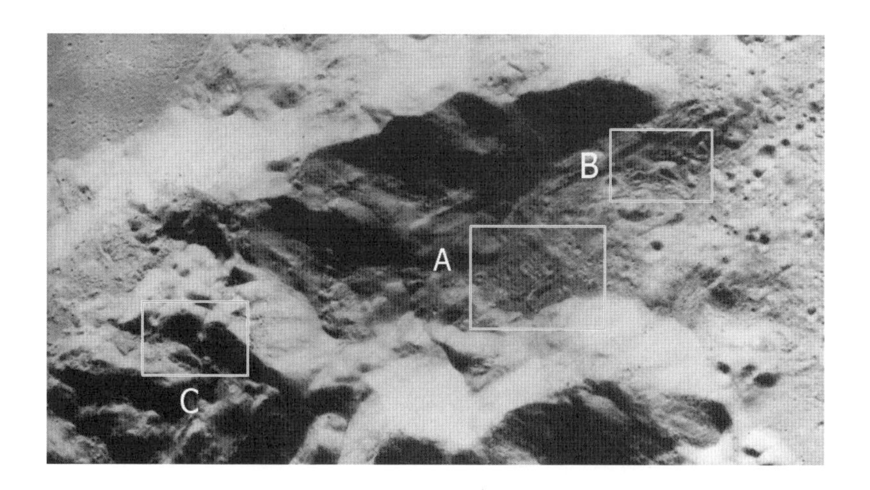

가장 격론이 벌어졌던 대상은 바로 위 사진에 담겨 있는 크레이터 중심 부근의 작은 골짜기 지역인데, 편의상 세 지역으로 나누어 분석해 보자.

[A 지역]

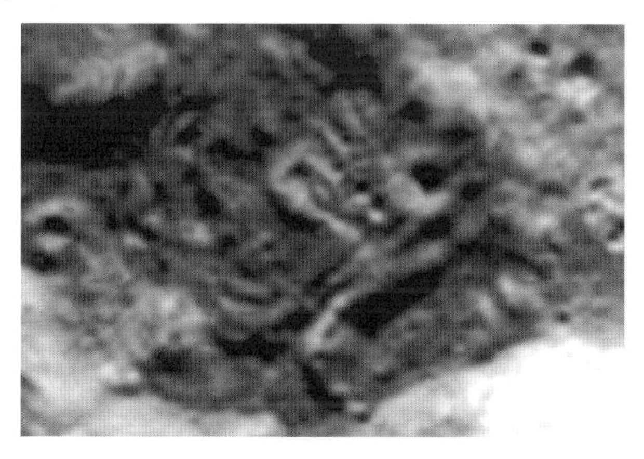

복잡한 미로가 얽혀 있는 듯한 이 지역은 도대체 뭘 하는 곳인가. 복잡한 배관과 함께 거대한 기계 시설이 설치되어 있는 곳으로 보인다.

[B 지역]

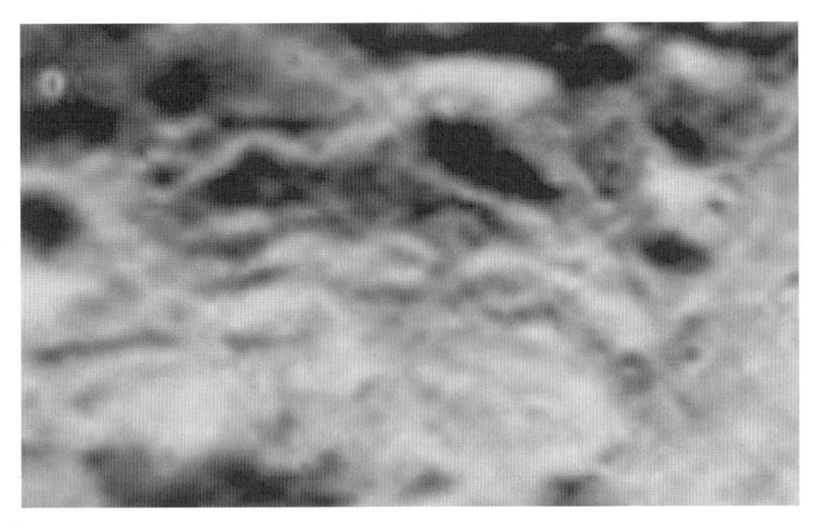

언덕 아래에 뭔가를 저장하기 위한 거대한 탱크가 몰려 있는 것 같은데, 그 용도를 알기 쉽지 않다. 하지만 이 지역 역시 인공적인 구조물의 실루엣이 확연히 느껴진다.

[C 지역]

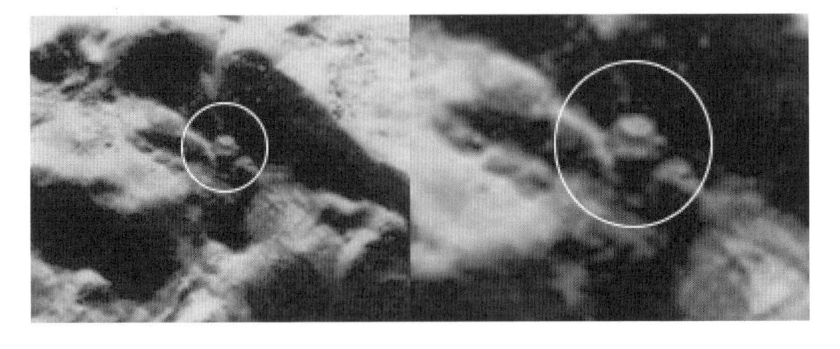

원으로 표시된 곳에 있는 물체는 아폴로 10호 미션 때 이미 노출되었지만, 당시에는 자연지형의 일부로 보았기에 무심히 스쳐 갔다. 하지만 훗날 자료를 분석하던 마니아들이 다시 호기심을 드러내면서 논란의 소용돌이에 휩싸이게 되었다.

사실 주변에 시선을 당기는 지형이 많아서, 전문가들은 이곳에 대해서는 오랫동안 거의 시선을 주지 않았는데, 사진의 이 부분을 확대한 자료가 제시되자, 갑자기 이 지점에 모두의 시선이 집중되었다.

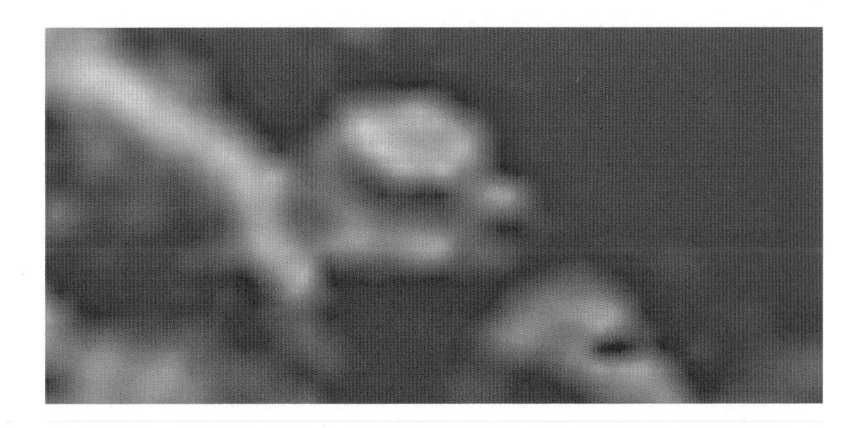

위 사진은 픽셀이 무너지기 직전까지 극대화한 것이고, 아래 사진은 물체의 모서리를 추정해서 그려 넣은 것이다. 외형과 그림자를 추정해 보건대, 인공적인 구조물이 분명해 보인다.

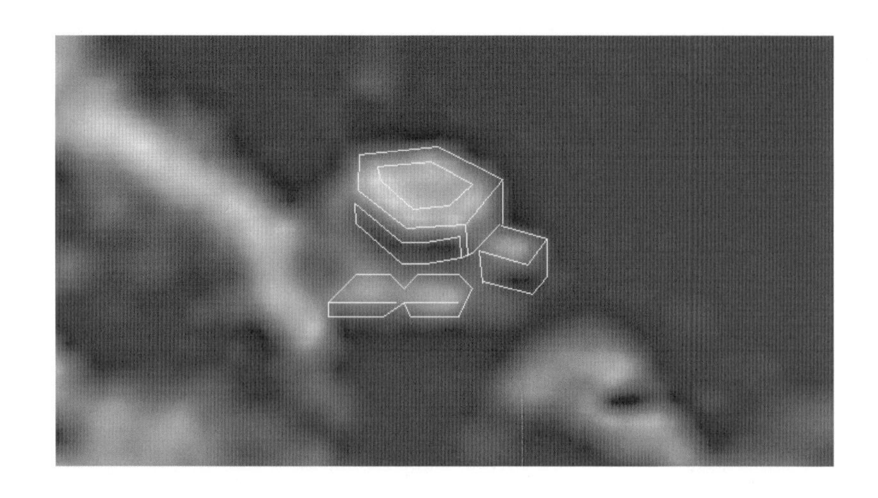

이 지역 외에도, 미션이 끝난 지 한참 후에, 자료 분석에 집착해 있던 마니아들에 의해 논란이 점화된 지역이 또 있다.

거대한 안테나

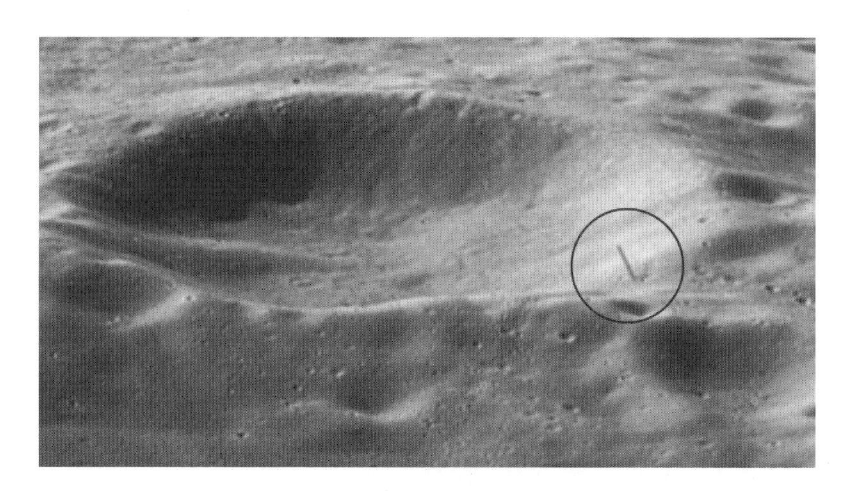

이 사진의 식별 번호는 AS16-118-18957이다. 이상한 물체가 있을 것 같지 않은 흔히 볼 수 있는 달의 정경 같은데, 확대해서 살펴보면 분화구의 벽에 거대한 안테나 같은 Pole이 보인다.

상공의 우주선

AS16-111-18035HR

1972년 4월에 촬영한 AS16-111-18035HR 사진 파일이다. 원형 마크로 표시한 곳에 비행물체가 보인다. 이 물체를 확대해 보면, 왼쪽 그림처럼 나타난다. 예리한 모서리들이 보이고 심하게 돌출된 부분도 보인다. 유성이나 운석이 저곳에 떠 있을 개연성도 없지만, 전체적인 외형이 절대로 자연 속에서 생성될 물체가 아니다. 틀림없는 인공 구조물이고, 공중에 뜬 상태이다.

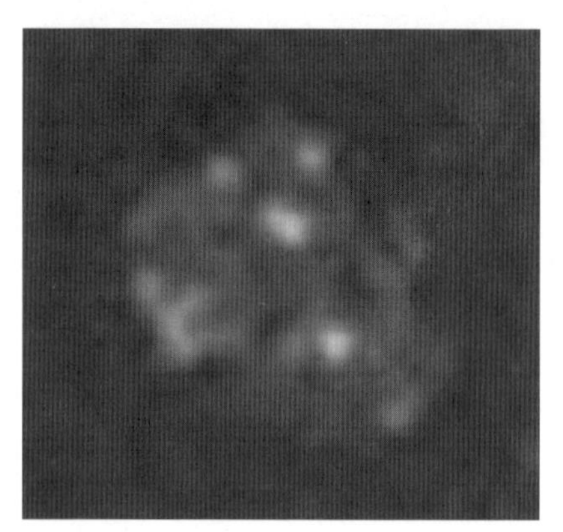

이처럼 설계된 공작물이 확실해 보이는 물체는, 아폴로 16호 미션 중에 달 지면에서도 발견되었다.

Gear가 달린 실린더

AS16-116-18603HR

AS16-116-18603HR 사진이다. 얼핏 보기에는 언덕 등성이에 바위들이 널려 있는 정경 같지만, 조금만 주의를 기울여 살펴보면, 왼쪽의 돌무더기 사이에 원통형의 물체가 비스듬히 묻혀 있다는 사실을 알 수 있다.

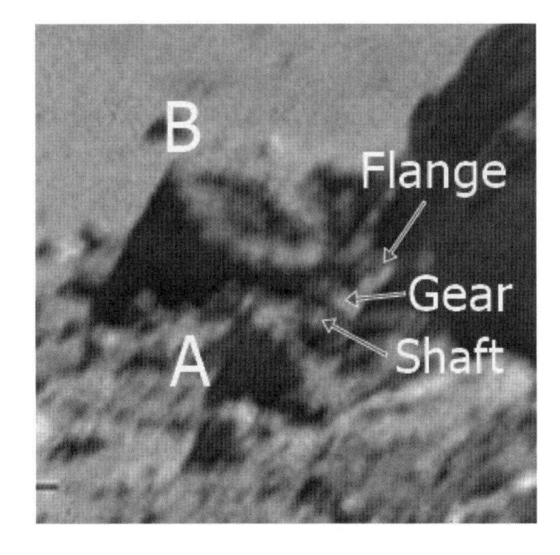

애초에 원경을 확대한 이유는 'B'를 자세히 보기 위해서였다. 그런데 실제로 확대해 보니까 'B'보다 'A'의 모습이 더 기괴하다. 물론 여기에서의 기괴하다는 표현은, 그것이 '달에 있어야 할 자연물'과는 너무도 거리가 멀다는 뜻이다. 저런 물체가 지구에서 발견됐다면 기괴하다고 여길 이유가 없다. 누가 망가진 기계를 길에다 버렸을 거라고 여기고 말았을 것이다.

NASA와 회의론자들은 이 물체들이 기계 부속들로 보이는 것을 빛과 그림자의 조화에서 비롯된 착시라고 말하지만, B는 아랫부분이 흙에 묻혀 있으나 균형이 잘 잡힌 원통형의 끝 부분에 기어가 아주 고르게 붙어 있는 모습이고, A는 평평한 플랜지, 블래킷이 있는 축과 기어를 가지고 있다. A와 B, 어느 것도 자연에서 생성된 바위라고 볼 수 없다.

더구나 A와 B의 기어는 크기가 비슷하고 마루와 골의 간격도 거의 같아서, 결합해서 적당히 손질하면 다시 맞물려서 돌아갈 것 같다. 또한, A의 구조는 물리적 균형도 잘 맞을 뿐 아니라 복잡하기에 인공적인 힘이 가미되지 않았다면, 물과 바람의 침식작용이 일어날 수 없는 달에서 어떤 힘이 저런 형상을 만들 수 있을지 상상조차 할 수 없다. 그렇기에 아무리 냉철하게 생각해 봐도, A와 B가 자연에서 생성된 바위라고는 도무지 인정해 줄 수 없다. 그뿐 아니라 어떤 이는 원통형 실린더 옆의 이중 구조의 바위도 자연물이 아닌 것 같다고 주장하고 있다.

그런 말을 듣고 나서 이 바위를 다시 보면, 이 물체의 재질은 바위일 가능성이 크지만, 기계의 손길이 스쳐 간 흔적은 분명히 느껴진다. 아래에 확대한 사진이 있는데, 이걸 보면 그런 생각이 확신으로 바뀌어 간다.

그리고 우리가 여태껏 집중해 온 것은, 위 사진의 큰 사각형 표시 안의 물체에 관한 것인데, 해외 사이트를 보면 아래 작은 사각형 속의 물체에 관한 논란도 만만치 않다.

확대해 보면 왼쪽 사진과 같다. 물체의 형상과 그림자로 보건대, 일반적인 돌은 아닌 게 분명하다.

아래쪽 구체는 'Babe Ruth Homer'라는 별명이 붙은 물체인데, 실밥이 있는 야구공처럼 보인다. 정말 실린더 모양 하나에서 출발한 의구심이 끝없는 논란거리를 만드는 것 같다.

하지만 모든 사람이 가장 궁금해하는 문제는, 논란의 끝 무렵에 생겨났다. 문제의 물체들이 있는 정확한 위치를 알려주기 위해서 게재한 사진 속에서, 꼭꼭 숨어 있던 수수께끼가 드러난 것이다. 아래 사진은 얼핏 보기에는 별다른 문제가 없어 보인다. 하지만 승무원을 확대해 보면, 묘한 문제가 파생된다.

이 당시에 달에 존재해야 할 아폴로 16호의 승무원은 두 사람이다. 선장인 존 영과 착륙선 조종사 찰스 듀크이다. 그런데 이 사진에 의하면 현장에 세 사람이 있다.

사진 모델 한 사람, 사진을 촬영하는 한 사람, 그리고 저 뒤쪽에 서 있는 한 사람. 이에 대해서 수많은 질문이 쏟아졌지만, NASA는 한동안 침묵했다.

그러다가 조심스러운 설명을 내놓았다. 16호 미션 때 동반한 로봇의 모습 같다는 것이다. 그러자 다시 논란이 불거졌다. 지구에서도 제대로 동작하지 못하는 두 발 로봇을 왜 달에 데리고 갔는지에 대한 의문이 쏟아졌다. 그러자 NASA는 다시 침묵을 고수했다. 그런데 정말 헬멧에 비친 사람의 실루엣이 로봇이 맞기는 한 것일까.

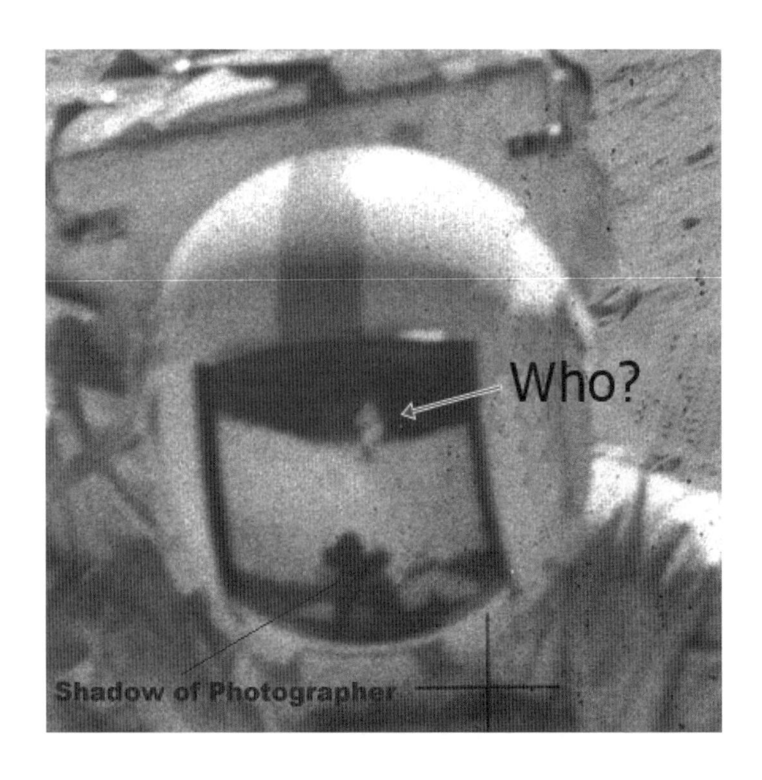

유골

AS16-116-18607

찰스 듀크가 촬영한 AS16-116-18607(72-HC-420) 사진이다. 문제의 물체는, 멀리 보이는 월면차 아래쪽의 가운데에서 조금 왼쪽으로 치우친 곳에 있다. 이 물체가 평범한 돌처럼 보이지 않는 것도 착시 때문인가. 이 부분을 확대해 보자.

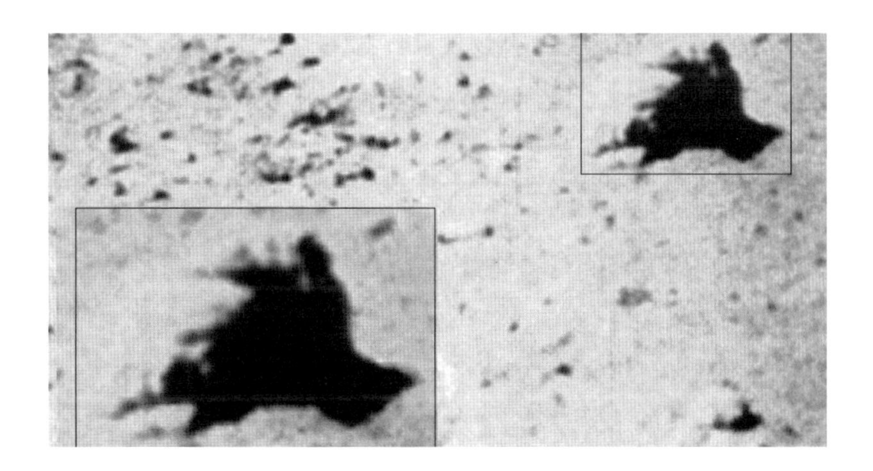

확대한 것 외에 어떤 조작도 가하지 않은 사진이다. 이것이 돌이라면 정말 기이한 모양이다. 하지만 어떤 동물의 유골이라고 해도, 그 동물이 어떤 종류인지 추정하기가 쉽지 않다. 그러나 의기소침할 필요는 없을 것 같다. 이곳이 지구가 아니고 달이라는 사실을 상기해 보면, 그럴 수밖에 없는 게 당연한 일 아닌가.

그 근처에 승무원들의 발자국이 많이 있음을 주목할 필요가 있다. 그들도 이상하다고 여기고 살펴보았다는 증거이다. 아마 이 물체를 향해 여러 장의 사진을 촬영했을 것이다. 언젠가 공개될 그 사진들을 보면, 이 물체의 정체를 정확히 알 수 있겠지.

UFO

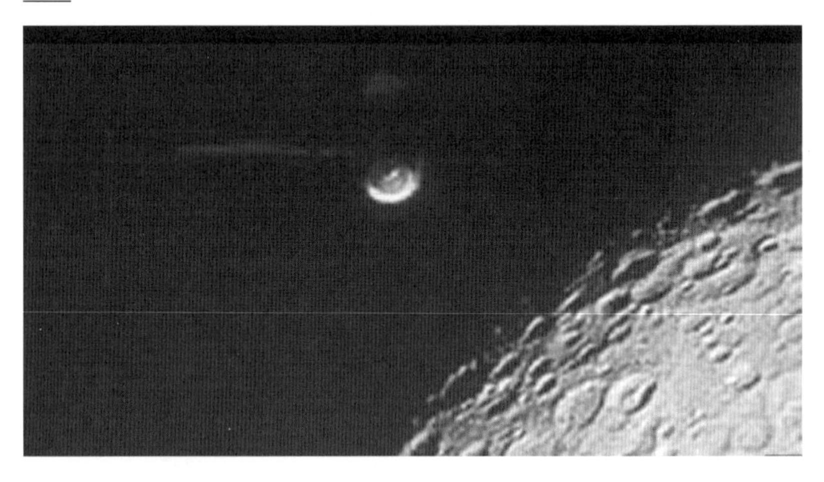

1972년 4월 27일에 승무원들이 발견한 UFO이다. 약 4초 동안 승무원들의 시야 안에 머물렀으며 16mm 필름의 50프레임 정도에 찍혔다. 이에 대해 침묵하고 있던 NASA가 2004년에 착륙선의 Flood Light일 거라고 해명했지만, 논란은 여전하다.

방전 현상

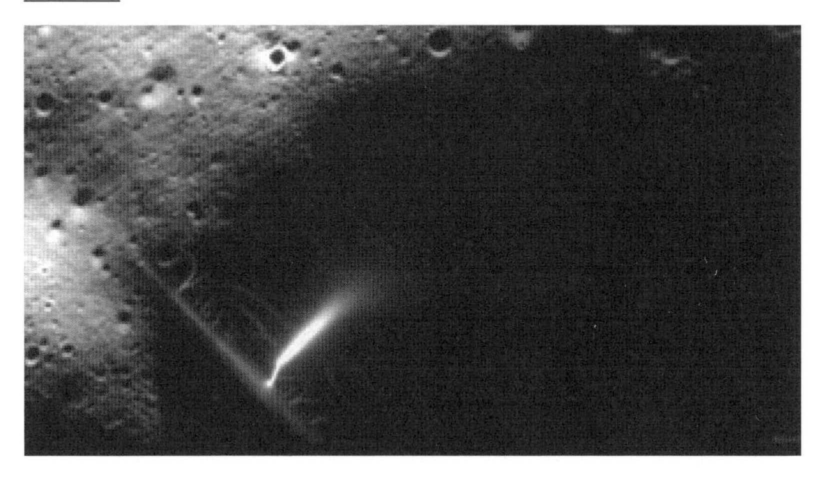

1972년에 아폴로 16호의 사령선이 달의 뒷면에서 발견한 대규모 방전 현상이다. 지하에서 올라오는 거대한 파이프의 구조도 함께 찍혀서 지하에 어떤 구조물이 있음을 추정할 수 있다.

거대한 탑

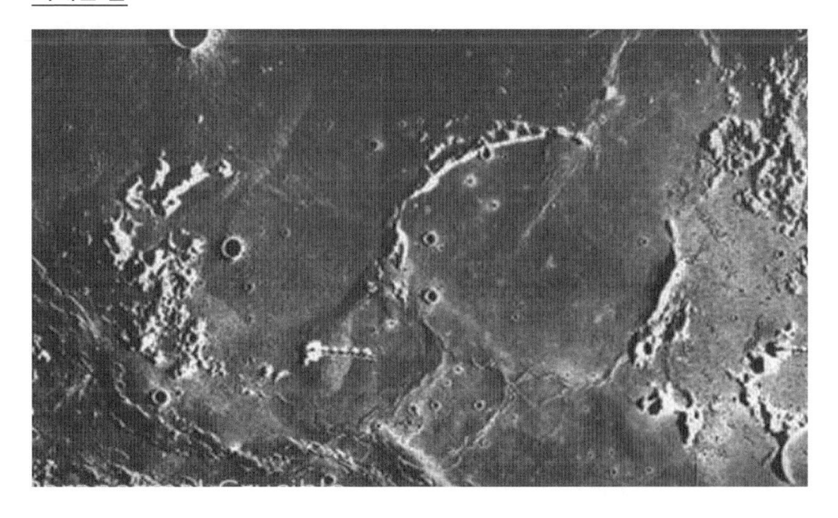

AS16-M-2836 사진이다. Lunar Installation이라는 평범한 이름으로 불리는 이 탑의 중심 위치는 위도 −10.36°, 경도 −34.51°이다. 얼핏 보기에는 사령선의 기계 팔과 비슷하지만, 확대해서 살펴보면 다르다는 사실을 알 수 있다.

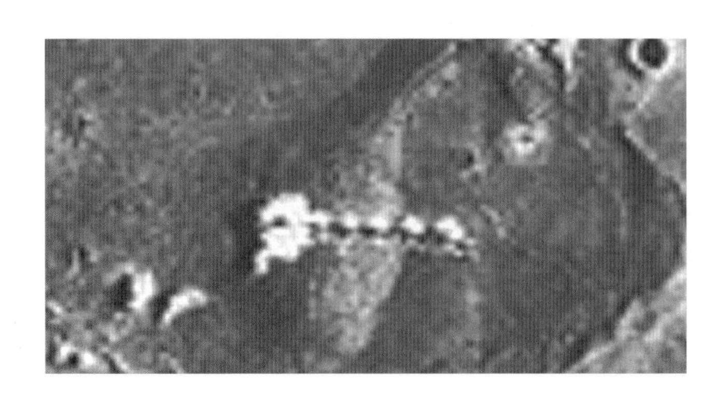

사령선의 팔은 스프링 형태이나 이 탑은 구형이 쌓여 있는 형태이고 몸통도 굵다. 그리고 무엇보다 사령선과 연결되어 있지 않고, 독립된 개체로 우뚝 솟아 있다. 높이가 15km 정도로 거대한데, 문제는 현재 어느 달 지도에도 존재하지 않는다는 것이다.

아폴로 17호의 발견

왼쪽부터 슈미트, 서넌, 애번스

아폴로 17호는 NASA가 발사한 열한 번째 유인 우주선으로, 20세기에 달에 착륙한 마지막 유인 우주선이기도 하다. 1972년 12월 7일에 케네디 우주 센터에서 발사되어, 12월 11일에 달에 착륙하였다.

선장은 유진 서넌, 사령선 조종사는 로널드 애번스, 달 착륙선 조종사는 해리슨 슈미트였으며, 착륙 지점은 '맑음의 바다'의 남서쪽에 있는 타우르스 산지(Montes Taurus)였다. 착륙지 일대는 몇 개의 충돌 분화구와 화산 분화의 자취로 여겨지는 곳이 많아서 암상 표본을 구하기 쉬운 곳이었다.

에반스가 주회 궤도를 돌면서 사진을 촬영하는 동안에 슈미트와 서넌은 타우루스-리트로우 계곡을 34km 정도 이동하며 110.52kg의 암석을 채집했다. 그 과정에서 예상하지 못했던 오렌지 색의 흙을 발견하여 ALSEP(Apollo Lunar Surface Experiments Package)에서 조사하기도 했다.

임무를 마친 우주 비행사들을 사령선에 데려다준 착륙선은, 그것으로 임무를 다하고 달 표면에 충돌하여 미션의 대미를 장식했고, 아폴로 17호 역시 아폴로 계획의 종지부를 찍었다. NASA는 17호 미션이 끝난 후에 더는 우주선을 달에 보내지 않았다.

한편, 아폴로 17호가 여느 때보다 선명한 사진을 많이 촬영한 것은 사실이지만, 우리가 원하는, 이상한 지형지물이나 현상이 담긴, 사진은 많지 않았다.

움직이는 물체

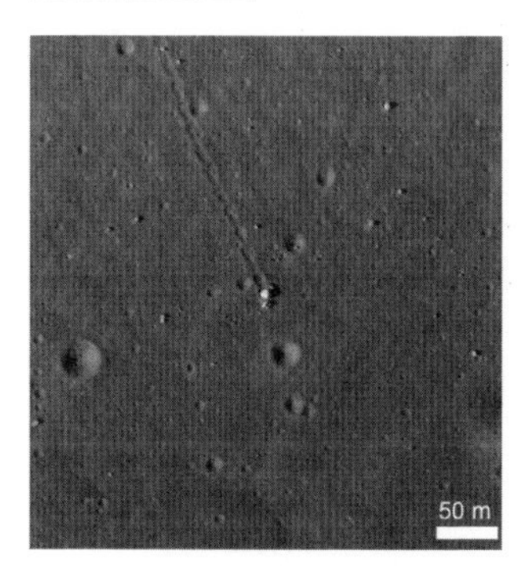

달에 관련된 많은 미스터리가 있지만, 그중에 가장 자주 회자 되는 것이 이른바 '구르는 돌'에 관한 것이다. 아폴로 17호는 이에 관해 여러 장의 사진을 촬영해 왔는데, 옆에 게재된 M134991788R처럼 범상해 보이는 것도 있지만, 아래 사진처럼 특별한 정보가 담긴 것도 있다. 이것은 사령선에서 촬영한 것인데, 두 물체가 약간의 거리를 두고 움직인 궤적이 나타나 있고, 그 궤적을 만든 물체의 모습도 온전히 드러나 있다.

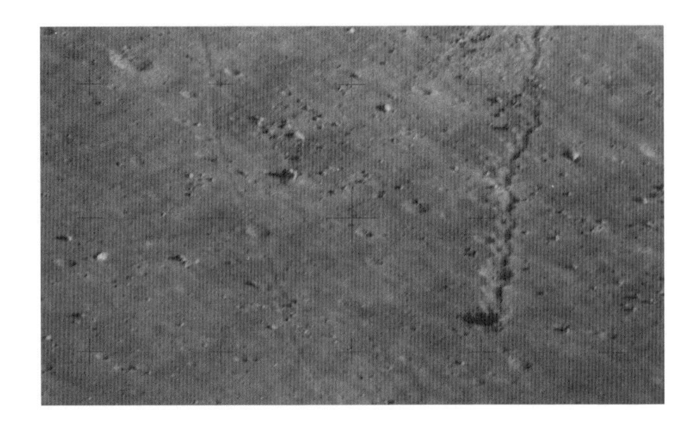

AS17-144-21992에서 주목해야 할 점은, 이러한 현상이 지진으로 유발된 진동이나 달의 중력에 의해 일어날 수 없다는 사실이다. 절대 자연의 힘만으로는 이러한 궤적이 생길 수 없다.

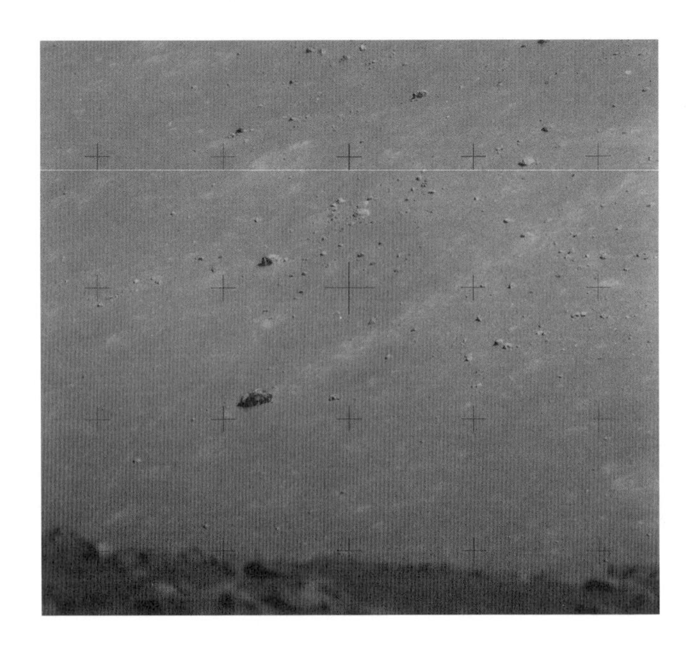

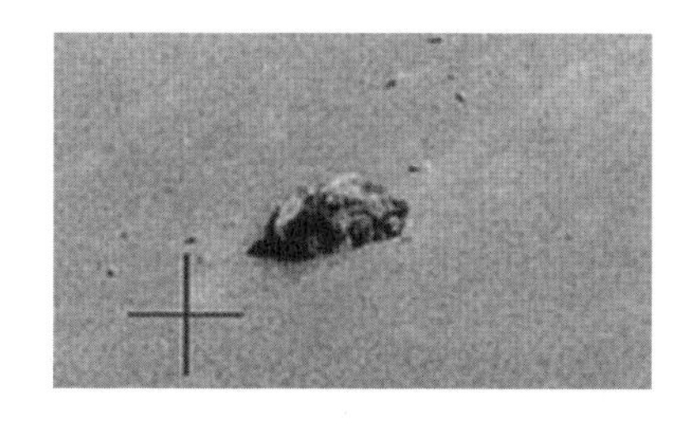

앞에서 발견했던 물체와 유사한 것이 주변에 하나 더 있다. 앞의 지점과 그리 멀지 않은 곳에서 탐사를 이어가던 슈미트가 이상한 궤적을 가진 물체를 발견하고 촬영하였는데, 이 사진의 번호는 S17-139-21255이다.

궤적은 다소 흐리지만, 궤적을 만든 물체의 모습이 아주 선명하게 촬영되어 있고, 특히 바퀴로 보이는 부속물도 드러나 있어서, 누가 봐도 이 물체를 자연 암석이라고 생각할 수 없을 것 같다.

Star Gate

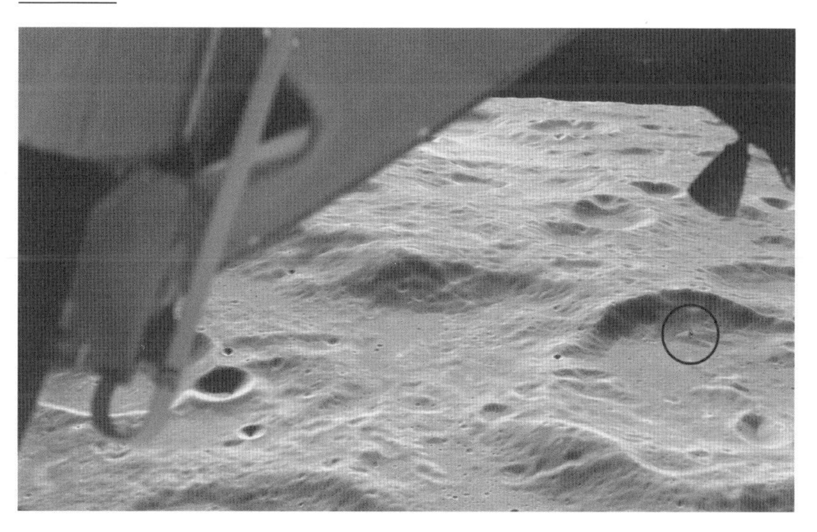

AS17-151-23127

위도 15.4°S, 경도 179.5°W 지역을 촬영한 AS17-151-23127 사진이다. 지극히 평범한 지형 같은데, 원 표시를 해 둔 곳을 자세히 살펴보면, 미처 상상하지 못했던 기이한 물체가 드러난다.

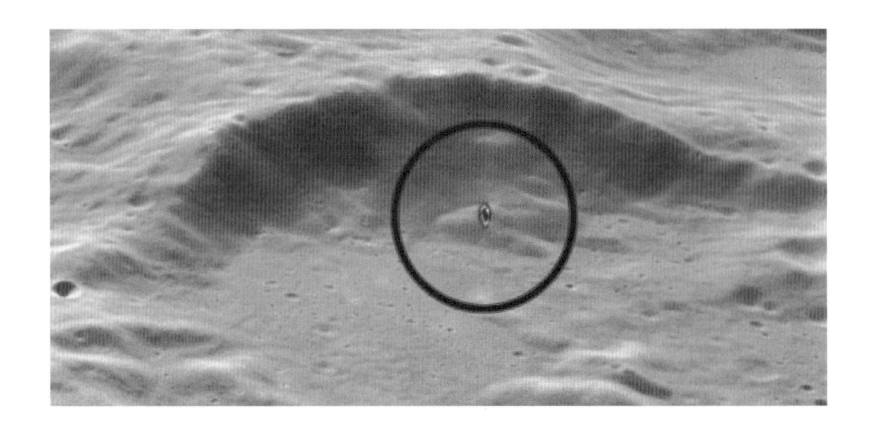

얼핏 보기에는, 비행접시가 세로로 서 있는 모습 같지만, QR코드로 연결해 놓은 컬러 이미지를 보면 생각이 달라질 것이다.

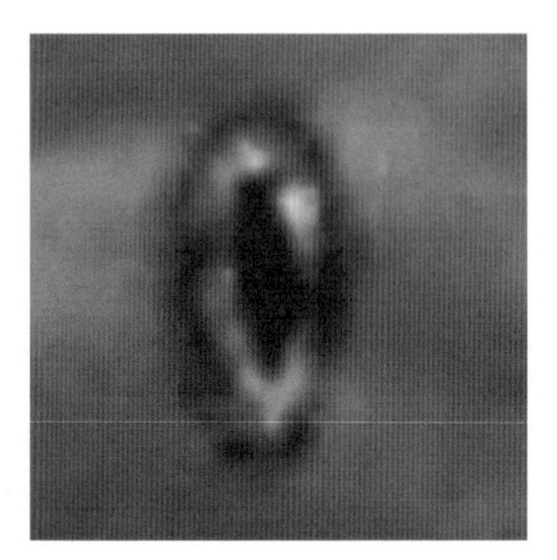

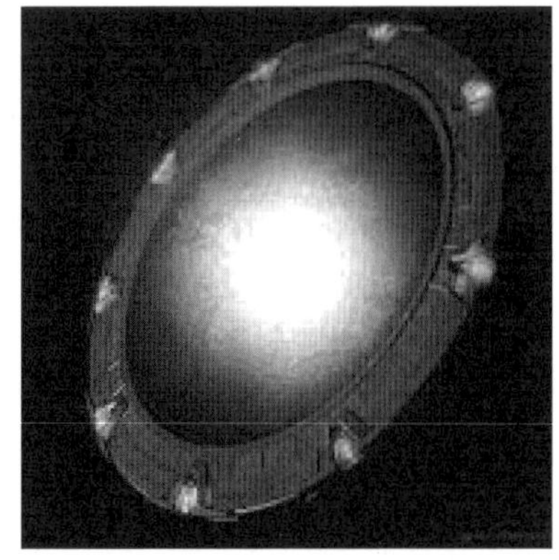

두 물체가 닮았는가. 왼쪽 사진 속의 물체가 AS17-151-23127에 촬영된 괴물체이다. 오른쪽 사진 속의 물체는, SF 영화의 고전이라고 할 수 있는, 〈STAR GATE〉에 나오는 인공 웜홀을 생성하는 가상의 기계이다.

영화 〈STAR GATE〉는 1994년에 개봉되었다. 4차원의 세계로 갈 수 있는 스타게이트의 비밀을 밝혀낸 주인공들이 미지의 외계인과 대적한다는 내용이었는데, '스타게이트'라는 장치가 너무 매력적으로 느껴져서 주인공들의 연기나 영화 내용보다 뇌리에 더 오래 남아 있다.

그런 탓인지, 사진 속의 괴물체를 보는 순간, 스타게이트라는 장치가 절로 떠올랐다. 물론 그것이 발견된 장소가 달이라는 곳이고, 푸른빛을 띤 거대한 고리형 물체라는 점에서 그런 연상을 떠올리게 됐지만, 냉정하게 따져보면 스타게이트라는 장치 자체가 가상의 장치이기에 어리석은 연상이었다는 생각은 든다.

하지만 그 연상을 쉽게 지울 수 없을 것 같다. 너무도 특별한 모습을 가지고 있어서 달리 연상할 대상을 찾지 못하겠다.

돌조각 혹은 기계 부속

AS17-137-20993

아폴로 17호 미션 과정에서 얻게 된 자료 중에 가장 특이한 것은, AS17-137-20993에서 AS17-137-21006 사이의 사진에 들어 있는 작은 물체들이다.

위 사진은 그중에서도 이상한 물체가 가장 많이 들어 있는 AS17-137-20993이다. 이 사진 속의 다양한 형상에 대해서는 아직도 논란 중인데, 이런 논란에 관한 상세 내용은 Enterprise Mission site에 잘 정리되어 있다.

이상한 물체들이 있는 곳을 확대해 보도록 하자.

다양한 부속들

클립에서 발췌한 사진을 두 배로 확대했지만, 증강 기술은 사용하지 않았다. 증강 없이도 물체들의 식별이 가능한 수준은 됐기 때문이다. 물체 중에 가장 먼저 눈에 들어오는 건 원 표시 속의 고리이다. 이 물체는 원경에서도 식별할 수 있을 정도로 모양이 뚜렷한데, 줌을 당겨보면 세부적인 모양까지 보인다.

그 용도는 알 수 없지만, 자연의 힘으로 이런 물체가 만들어질 개연성은 없다고 봐야 한다. 아래에는 또 하나의 수수께끼인, 디스크를 확대한 사진이 있다.

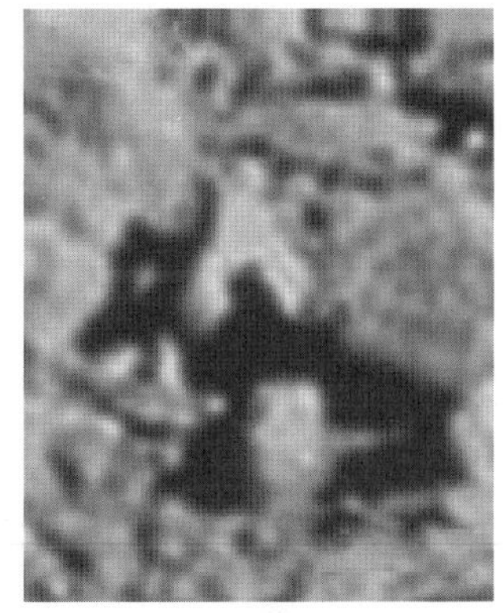

AS17-137-20993 사진 속 앞쪽 언덕 위에 있는 디스크인데, 이것에는 드릴로 뚫은 것같이 선명한 구멍이 나 있다. 완전히 관통한 것은 아니지만, 기계로 정밀하게 파 놓은 것으로 보인다.

오른쪽 사진 속에는 스패너처럼 보이는 물체가 있다. 물체의 내 외부 실루엣과 질감으로 추정해 보면, 소재가 암석이 아니고 금속인 것 같다.

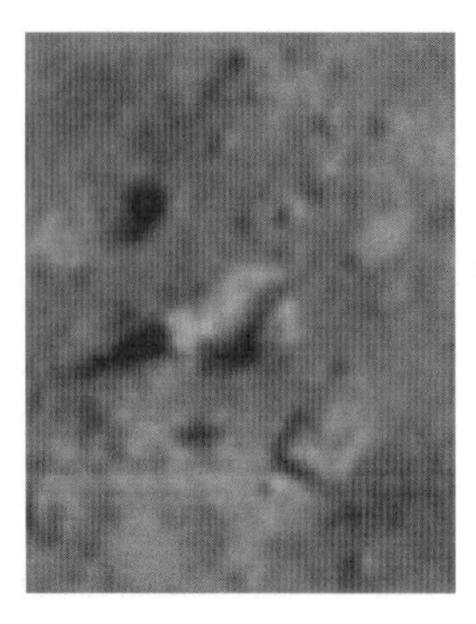
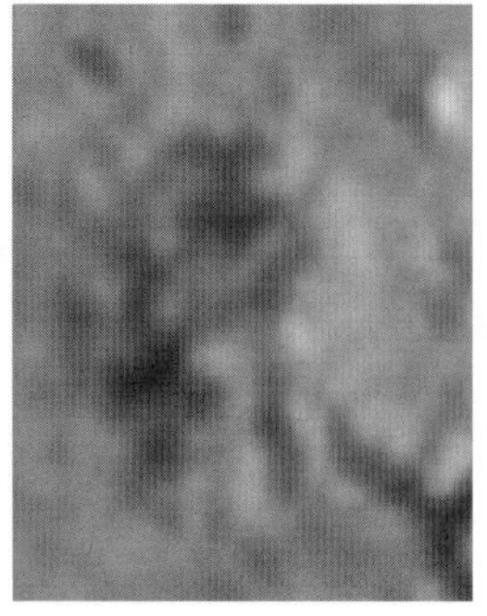
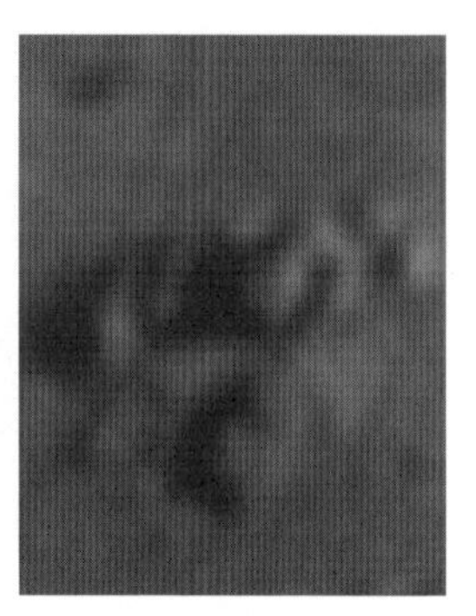

위의 물체들은 분화구 림의 오른쪽 위에서 발견된 것들이다. 이 분화구에 무슨 일이 일어났는지 모르지만, 분화구 주변에 산재해 있는 금속과 이상한 파편들로 보건대, 분화구 중심 부근에 있던 구조물이 폭발하거나 외부 충격을 받아 사방으로 흩어진 것 같다는 느낌이 강하게 든다. 이러한 의구심을 풀기 위해서는, 이 주변을 촬영한 사진을 면밀하게 검토해봐야 할 것 같다.

여기까지 제시된 사진은 주로 AS17-137-20993번을 분석하여 의견을 제시한 것인데, 이 지역을 다른 시각에서 촬영한 사진들을 보면, 이 지역에 관한 연구 필요성을 더 절실히 느끼게 된다.

A

사진 A는 AS17-137-21005 클립 일부를 확대한 것이다.

기괴하기 이를 데 없는 물체가 담겨 있는데, 도대체 뭔지 알아볼 수 없다. 하지만 자연 암석이 아닌 것은 확실하다.

사진 B는 A를 좀 더 쉽게 알아보기 위해서 gamma와

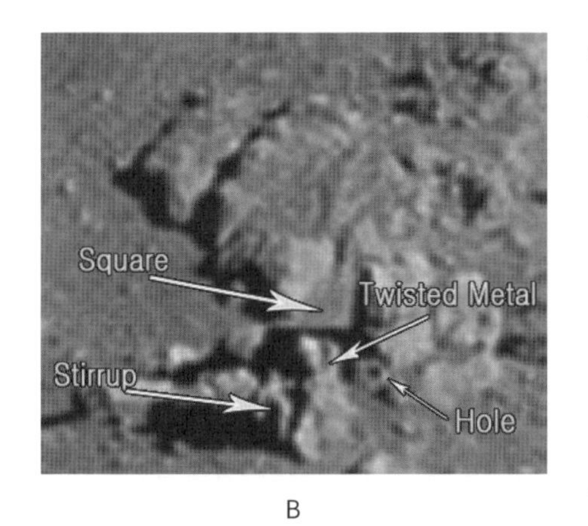

B

contrast를 조절하여 라벨을 붙여 놓은 것이다.

나름대로 모양에 어울리게 이름을 붙여 놓았지만, 전체적인 구조와 용도를 추정하기는 여전히 어렵다. 도대체 어디에 사용하는 물건이고, 누가 만든 것인가.

이 지역의 돌 더미 속에서, 이와 같은 수수께끼를 찾아낸 최초의 인물을 호글랜드(Dr. Richard C. Hoagland)이다. 그는 40년 이상 NASA와 논쟁을 벌인 인물로서, 달 사진뿐 아니라 화성, 소행성대, 태양 사진 등도 분석하여 숨겨진 수수께끼를 찾아냈는데, 이곳에서 찾아낸 것에는 아래와 같은 것도 있다.

AS17-137-20993에서 찾아낸 이 물체들은 대중의 시선을 바싹 잡아당겼다. 하지만 그 정체는 아직 누구도 알아내지 못했다.

두개골과 유기체 흔적

AS17-137-21005HR

AS17-137-21005HR 파일 일부이다. 한눈에 보기에도 이상하게 생긴 물체들이 사방에 널브러져 있다. 가장 눈에 띄는 것은, 위쪽에 덩그러니 놓여 있는 두개골 형상의 물체이다.

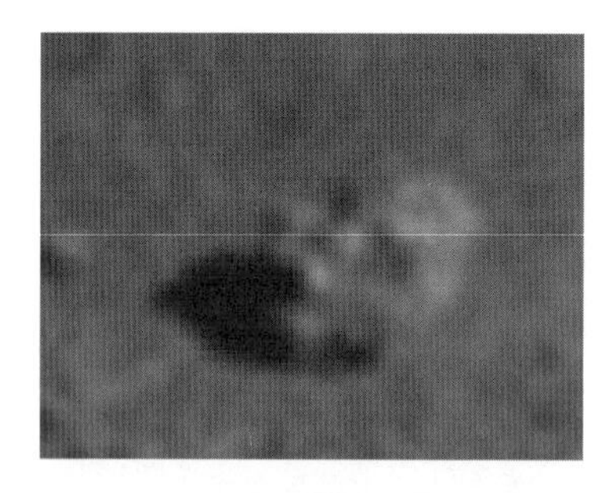

확대한 사진을 보면, 그 기이한 모습을 확실히 볼 수 있다. 호글랜드 박사는 이 물체에 대해서 'Data's Head' 라는 이름을 붙여 놓았다. 하지만 NASA에서는 자연 암석일 뿐이라고 주장하고 있다.

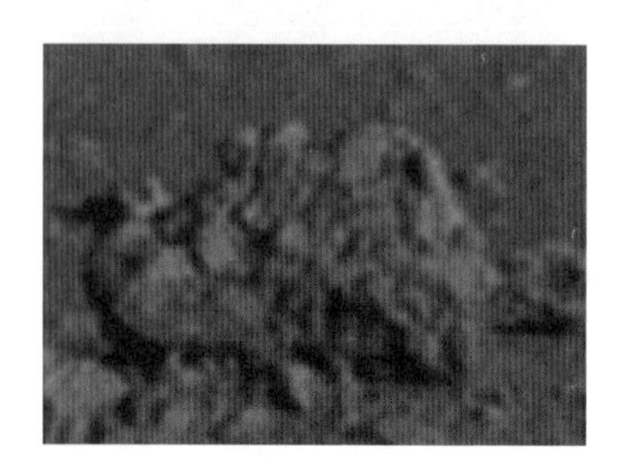

이것은 '칠면조'라는 이름이 붙은 물체이다. 카메라가 거의 수직 앵글로 촬영한 것이라서 실제의 모습은 '칠면조'와 많이 다를 것 같다. 하지만 자연적으로 생성된 바위가 아닐 개연성은 높다. 그 구조가 너무도 복잡하고, 인위적인 설계의 냄새도 풍긴다.

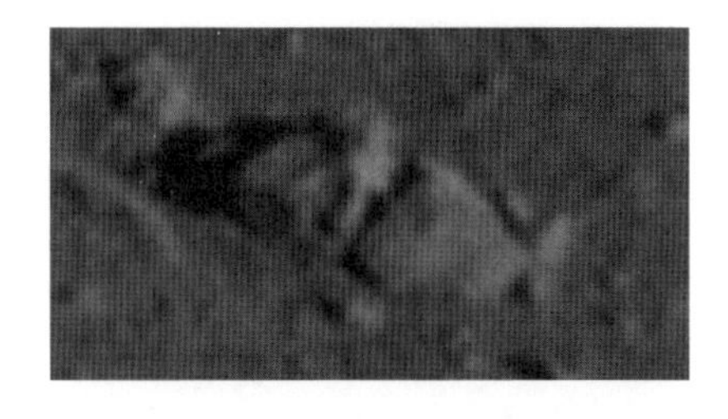

이것은 'Vase'라고 이름 붙여진 물체이다. 큐브 모양의 몸통에 받침대와 장식까지 갖추고 있는 것처럼 보인다.

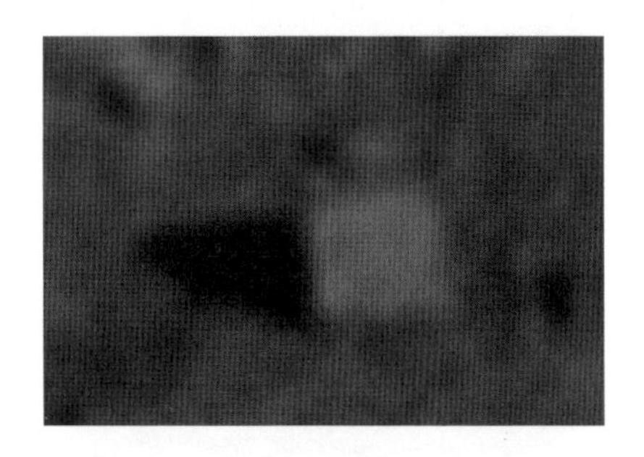

이 물체는 위의 사진에 담겨 있는 큐브 모양의 물체보다 모서리가 더 예리하다. Vase 근처에서 발견된 것인데, 주변의 물체들을 함께 고려해 보면, 어떤 큰 구조물의 파편 같다.

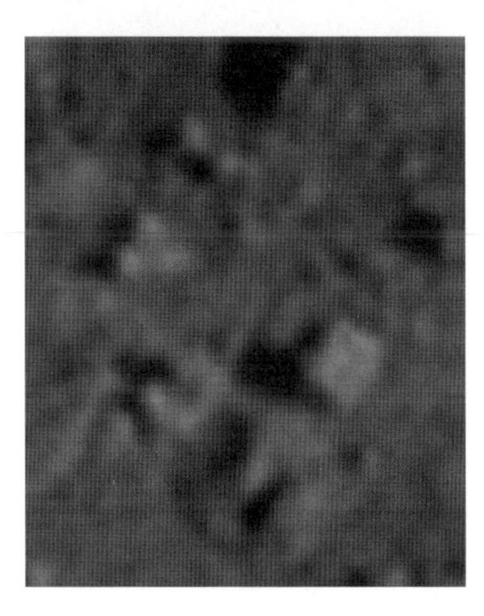

사진의 해상도가 좋지 않지만, 사진 속 물체들의 상태를 보면, 이 주변에 폭발이 있었던 것 같다는 느낌이 강하게 든다. 다양한 크기와 모양을 가진 큐브 조각들이 사방에 널려 있는데, 자연스럽게 생성된 모양이 결코 아니다. 물과 바람이 없는 달에서, 무엇이 이 물체들을 이렇게 흩어지게 했겠는가.

AS17-137-21005 파일을 잘 살펴보면, 이와 같은 증거 외에도 아래의 확대한 사진에서 나온 것처럼 이상하게 생긴 물체들을 많이 발견할 수 있다.

symetrical blocks

the hand

seat

stirrups

모두 자연적으로 생성된 물체나 지형이 아닌 것은 확실한데, 도무지 그 용도를 짐작할 수 없을 만큼 그 형상들이 하나같이 생경하다.

이 물체들에 기발한 이름을 붙여 놓은 이 역시 호글랜드 박사인데, 이름과 함께 물체의 용도 무엇인지, 파괴되기 이전의 전체적인 형상이 어떠했을지 유추해 볼 필요는 있을 것 같다.

야경

사진의 번호는 알려지지 않았지만, 아폴로 17호 사령선이 촬영한 사진으로 인터넷상에 널리 유포된 사진이다.

컬러 이미지

달 뒷면에 있는 지역으로, 멀리 보이는 지평선 근처에 도시를 연상하게 하는 불빛들이 보이는데, 햇빛의 반사광이 아니라는 사실을 확신할 수 있기에 그저 놀라울 뿐이다. 이 지역의 야경은 Clementine 미션 때도 촬영된 적이 있다고 한다.

언덕 위의 모듈

AS17-140-21409

AS17-140-21409 사진이다. 이 사진이 유명해진 것은, 모두가 괴물체라고 공감할 만한 물체가 담겨 있기 때문이다. 얼핏 봐서는 안 보이지만, 사각형 표시를 해 둔 곳을 집중해서 살펴보면, 경사지에 괴물체가 엎드려있음을 알 수 있다.

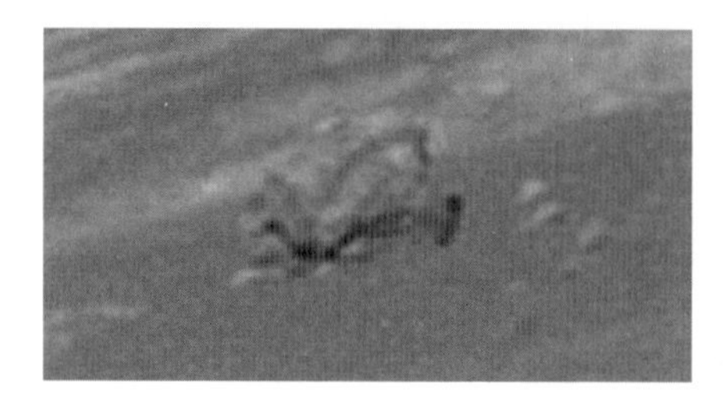

왼쪽 사진이 괴물체가 있는 부분을 확대한 것이다. 해상도가 좋지 않기는 하지만, 날개로 보이는 부분이 있는 것으로 보아, 지면에 붙어서 이동하는 물체라기보다는 비행체일 가능성이 커 보인다.

분화구 안의 구조물

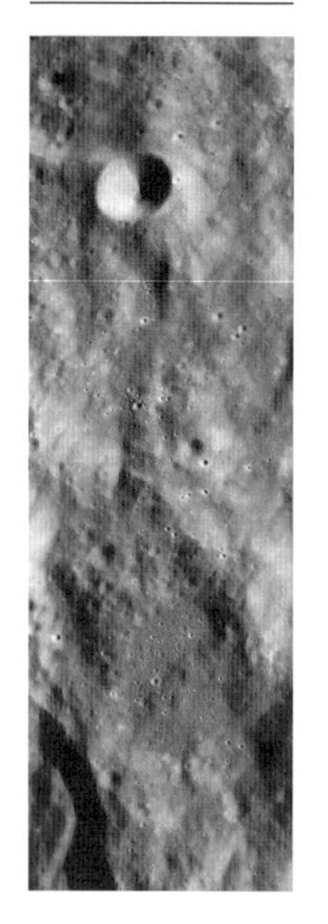

이 사진은 아폴로 17호 사령선에서 촬영한 AS17-P-1728이다. 중심 좌표가 경도 170.9°E, 위도 16°S로 달 뒷면이다.

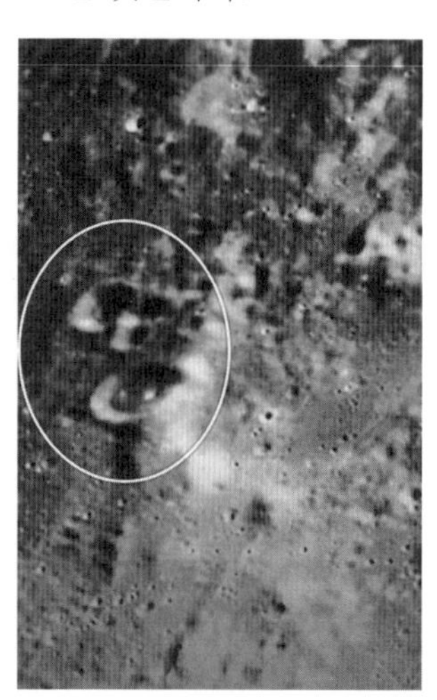

같은 지역을 촬영한 사진으로 이보다 조금 앞에 촬영한 AS17-P-1723번도 있는데, 두 사진 모두에 이상한 공작물이 담겨 있다. 사진 위쪽 지역에 그것이 있다.

이미지 원본

지름이 150~200m 정도인 3개의 크레이터가 모여 있는데, 그중 아래쪽의 크레이터 안에, 이동이 가능한 비행선으로 보이는 물체가 담겨 있다.

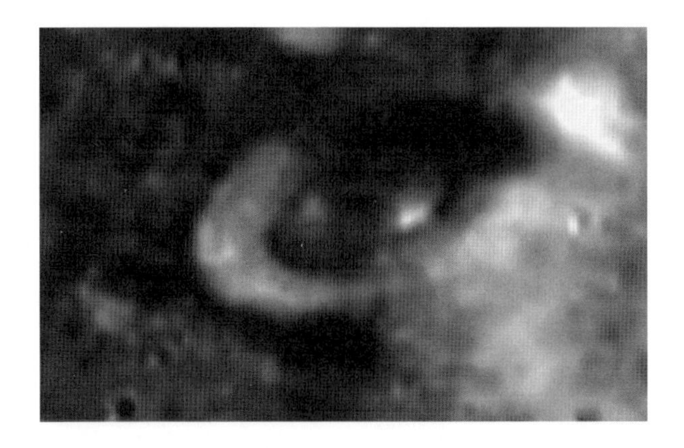

능선 위에 떠 있는 UFO

컬러 이미지

달 표면에서 촬영한 사진들을 검색하다 보면, 예기치 못한 곳에서 낯선 물체를 발견하고 깜짝 놀랄 때가 많다.

이 사진 속 물체의 위치나 모양 역시 매우 경이롭다. 스캔 과정에서 발생한 노이즈일 수도 있지만, AS16-111-18035HR 사진 속의 물체와 흡사한 것으로 보아, 촬영 당시 실제로 존재했을 가능성이 훨씬 크다.

또한, 달의 중력을 고려할 때 이 물체가 운석이나 소행성의 가능성은 희박하다. 그리고 물체가 있는 부분을 확대해서 보면, 인공물체라는 사실을 확신할 수 있게 된다. UFO로 보이는, 균형이 잘 잡힌 비행물체가 선명하게 드러난다.

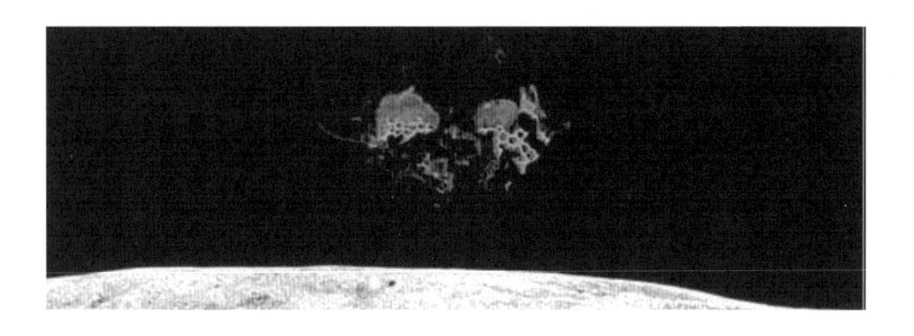

불시착한 우주선

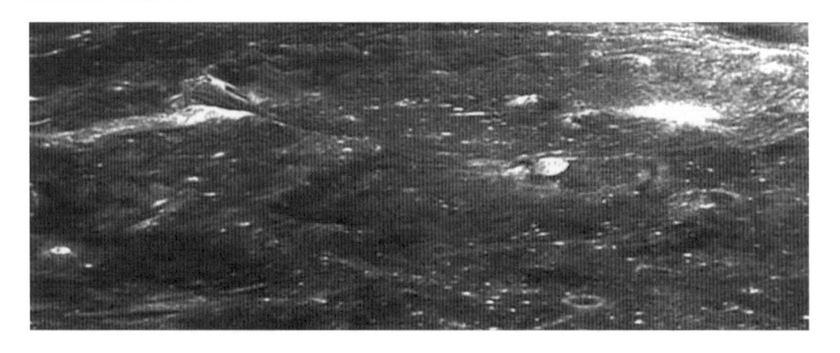

아폴로 17호 사령선이 촬영한 AS17-150-23085 사진이다. 좌측 위쪽에 반쯤 묻혀 있는 구조물이 보이는데, 날렵한 모양을 보건대 비행체의 일부인 것 같다.

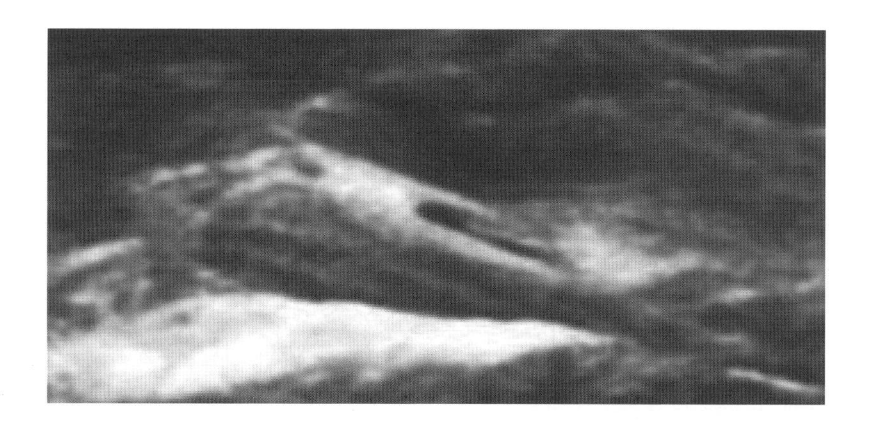

위처럼 사진을 확대해 보면, 주변의 토양과는 색깔과 구조가 확연히 다르다는 사실을 알 수 있다.

◑ 아폴로 17호 이후

미국의 달 탐사는 아폴로 17호 미션의 완료와 함께 끝났다. NASA는 '아폴로 18호' 발사 계획을 세웠으나, 정부의 예산 삭감 조치로 취소되고 말았다. 아폴로 18호 미션에서는, 달의 극지방에서 얼어붙은 암석을 채취하여 지구로 가져올 예정이었다. 그러나 아폴로 계획은 17호 미션을 끝으로 종식되었다.

그렇지만 공식적인 발표와는 달리, 세간에는 그 이후로 몇 차례 미션이 더 이어졌다는 소문이 파다하게 퍼져있다. 아폴로 18호 미션이 1975년 6월에 이루어진 것은 물론이고 이후에 또 다른 달 계획이 두 번 더 있었는데 19호 미션은 실패했지만, 20호 미션은 성공했다고 한다.

이러한 소문이 실제로 Vandenberg Air Force Base(California)에서 보고된 바도 있는데, 이와 같은 비밀 프로젝트는 미국과 소련의 협업으로 이루어졌다고 한다.

만약 그것이 사실이라면, 무슨 이유로 달에 그렇게 집착했던 것일까. 이유를 확실히 알 수는 없지만 15호 미션 때 Delporte-Izsak 지역에서 발견한 후, 오랫동안 그 존재를 비밀에 부쳐뒀던 물체에 대한 조사가 포함되어 있었을 것이다. 풍문에 의하면, 아폴로 20호 승무원들이 그 물체를 면밀하게 조사했다고 한다. 아래의 Cigar형 물체가 바로 그것으로, 길이가 3,000~4,000m에 달하고 높이가 500m나 된다.

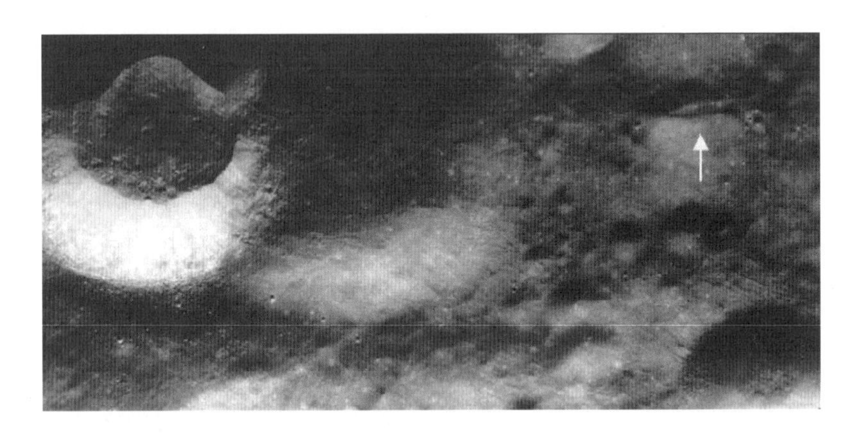

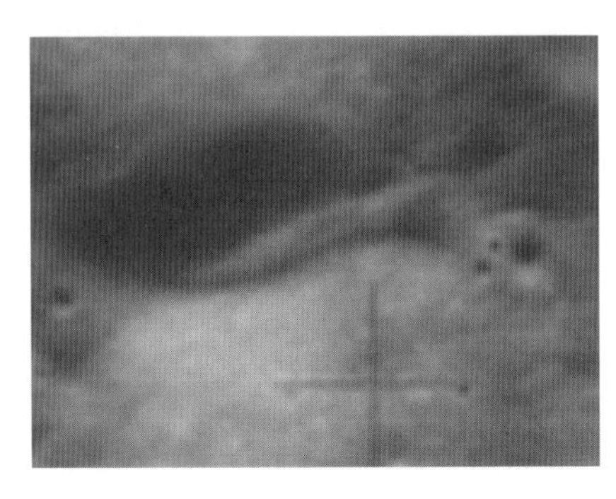

그 정체도 의문스럽지만, 더 이상한 점은 HD급 카메라로 위성 관찰 중인 유럽연합, 러시아, 중국, 인도, 일본 등의 탐사선들은 현재까지도 이 물체를 포착하지 못했다는 사실이다. 그렇

다면 이 물체가 어디로 날아가 버린 걸까, 아니면 땅속으로 숨어버린 것일까.

거대한 기둥

위 사진은 TV 화면을 포착한 것인데, 오른쪽 윗부분의 사각형으로 표시해 둔 부분을 보면, 거대한 기둥 일부가 보인다.

1970년대에 달 탐사를 마지막으로 한 건 아폴로 17호이다. 달에 착륙한 후에 탐사 장면을 촬영했고, 그 장면은 CBS 방송국을 통해서 미국 전역에 생중계되었다. 그런데 갑자기 예기치 못했던 사태가 발생했다.

아폴로 17호의 승무원이 들고 있던 카메라에 인공 구조물의 모습이 일부 노출된 것이다. 이 장면을 방송하던 월슨 아나운서는 거의 반사적으로 '달에 인공적으로 만들어진 듯한 건축물이 보입니다'라고 말하게 되었다. 그 순간 NASA가 방송 송출을 중단하면서 TV 화면은 달 표면의 원경으로 채워졌다.

위의 사진이 바로 그 정지 직전의 TV 화면을 포착한 것인데, 인공 구조물의 일부가 분명히 드러났는데도 NASA는 착시라고 주장했다. 하지만 구조물의 아주 일부만 드러난 탓에, 착시가 아니라고 대항하기에는 증거가 미흡한 상황이었다. AS17-135-20680HR 파일이 공개되기 전까지는 분명히 그랬다.

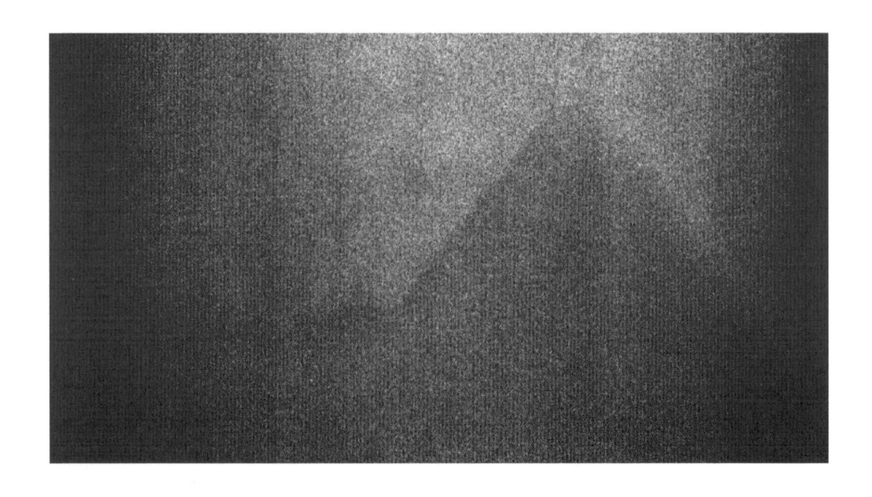

바로 위의 파일이 2015년 10월에 세상에 공개된 문제의 사진이다. 해상도가 왜 이렇게 안 좋은지, 그리고 공개가 왜 이렇게 늦어졌는지 모르지만, 사진 왼쪽에 거대한 기둥이 분명히 보인다. 이 사진이 용기 있는 저널에 의해서 세상에 알려지자, 호사가들은 TV 화면에 비쳤던 구조물이 바로 저것의 일부였을 거라고 주장했다. 그 사실 여부를 가리는 일도 중요했지만, 그보다 더 중요해 보이는 문제를 주시할 수밖에 없게 됐다. 사진 중앙에 미처 상상하지 못했던 물체가 실루엣을 드러냈기 때문이다. 아무리 봐도 피라미드 같은데, 저 구조물은 정말 존재하는 것인가.

사진에 수정을 조금 가해 보면, 구조물의 형태를 확연히 알 수 있는데, NASA가 이것도 착시라고 주장할 것인가. 그렇게 주장하지는 않았다. 그런데 어이없게도 사진의 해상도가 너무 좋지 않아서 판독하기가 곤란하다고 말했다.

그래도 다행히 AS17-135-20680HR 파일의 존재와 그 안의 이미지가 조작된 게 아니라는 사실은 인정했다. 이 파일이 없는 것이거나 누가 인위적으로 만들어낸 게 아니라는 얘기이다.

그렇다면 저 피라미드는 누가 지어 놓은 것일까.

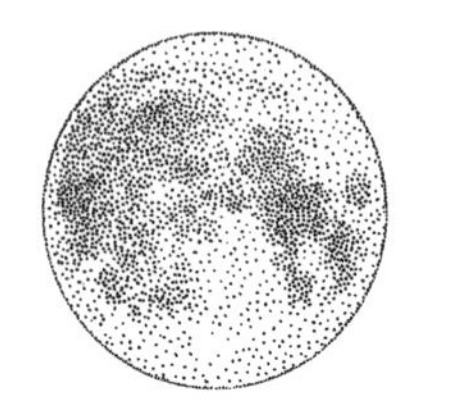

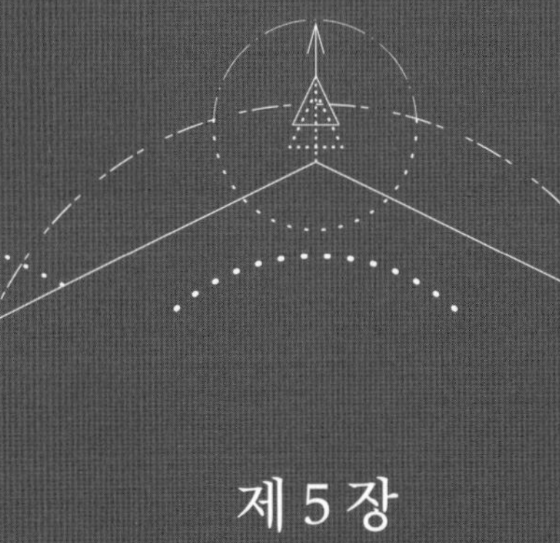

제 5 장

이해할 수 없는 지구의 위성

이 장에서는 그 출처와 촬영된 시기가 명확하지 않은 자료 중에 연구가 필요해 보이는 수수께끼들을 골라서 탐구해 보고자 한다. 물론 여기에는 인공 구조물인지 자연 지형지물인지 구분하기 모호한 것도 포함되어 있다.

이런 작업을 하려는 이유는, 달에 대한 진실을 밝힐 수 있는 자료는 최대한 발굴되어야 한다는 여기고 있기 때문이다. 제일 먼저 살펴볼 곳은, 이상한 지형지물이 몰려 있는 남극 지역이다.

달의 남극

위 사진의 타원과 사각형 표시를 해 둔 곳을 보면, 이상한 구조물들이 보인다. 첫눈에 들어오는 것은, 그것들보다는 지역 전체를 덮고 있는 회오리바람처럼 보이는 대기 현상이다.

달에 대기가 없다는 게 정설이라는 사실을 염두에 두고 보면, 이것이 무엇이든 신기한 현상이 아닐 수 없다.

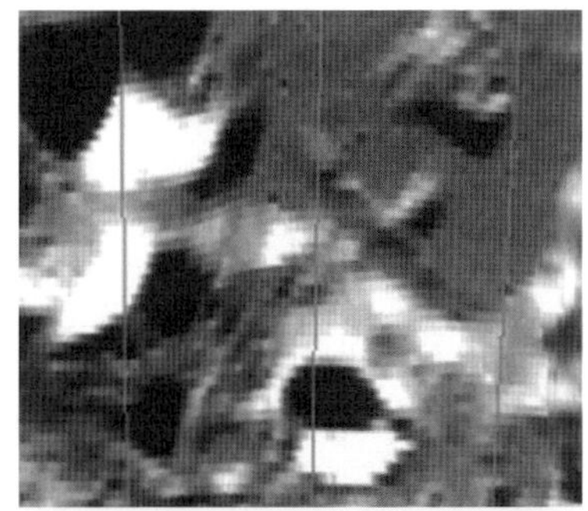

물체 중에 가장 먼저 눈에 띄는 것은 사진의 우측 아래에 있는, 성채(citadel)로 보이는 집합 구조물이다. 자연지형과 인공 구조물들이 혼재되어 있는 듯해서 시선이 자꾸 쏠린다.

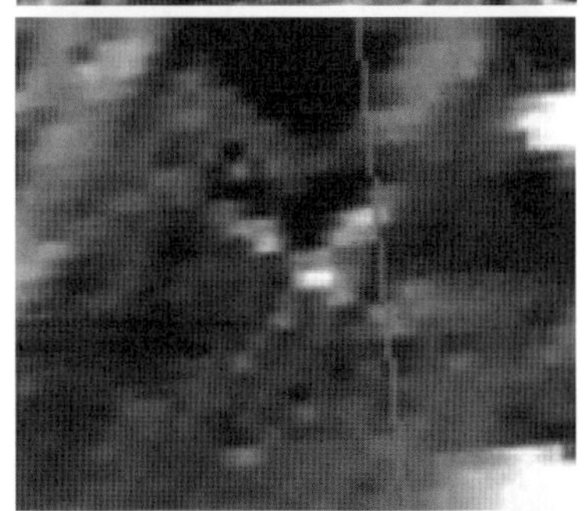

사각형 표시가 되어 있는 물체 중에 맨 위에 있는 십자가 형태의 지형도 범상하지 않다. 확대한 사진이 왼쪽에 있는데, 확대해도 그 수직 교차 모양은 그대로 견고하게 유지되고 있다.

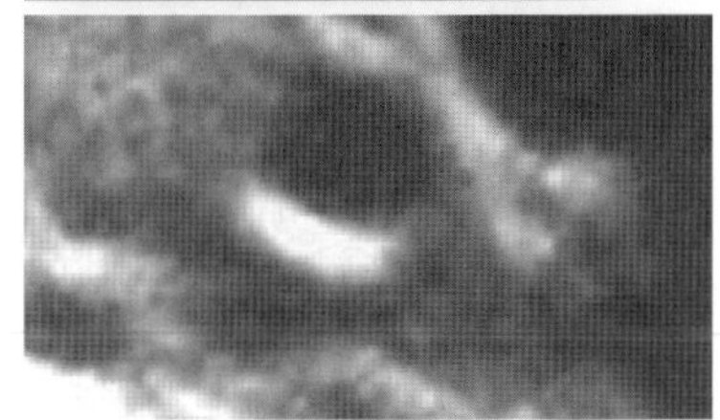

다음 사진은 오른쪽 타원 표시 내부를 다른 각도에서 본 것인데, 홀과 거대한 십자형 구조물이 함께 있는 특이한 구조이다.

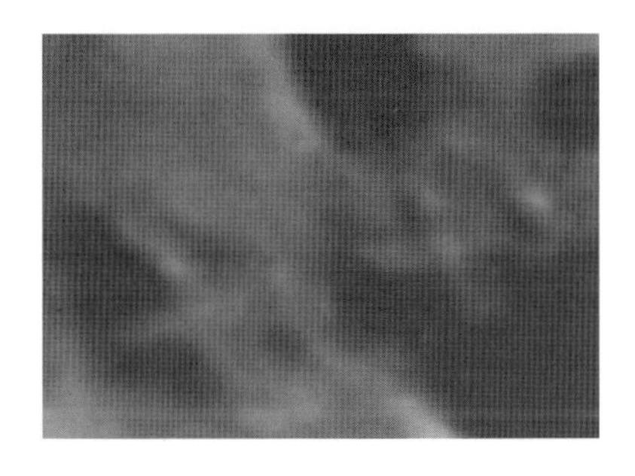

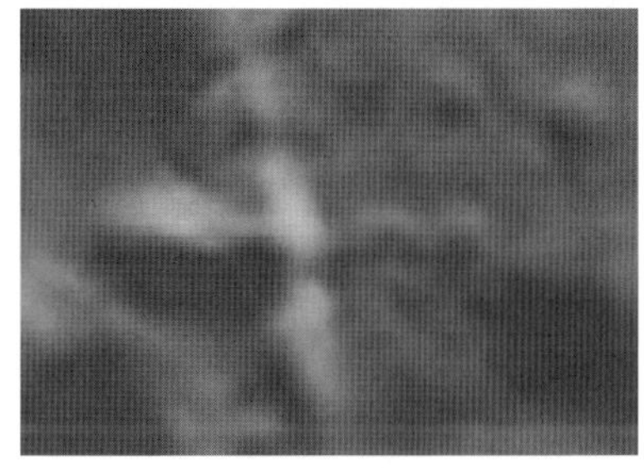

이 지역 외에도 위의 사진들과 같은, 십자가형 구조물들이 있다는 보고가 자주 들려 온다. 왜 달에는 자연 상태에서 쉽게 조성될 수 없는, 십자

가 지형이나 구조물이 이렇게 많은지 모르겠다. 그리고 이런 지형 다음으로 수상한 동굴들도 자주 목격된다.

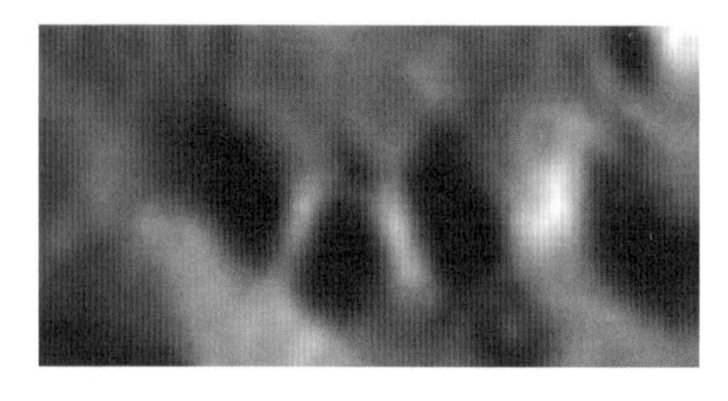

왼쪽 사진 속 동굴의 경우, 해상도가 좋지는 않지만, 인공적인 설계의 흔적이 확연하게 느껴진다.

남극 다음으로 살필 곳은 이상한 개체가 있는 건 아니지만, 존재 자체가 신비로운 플라토이다.

Plato 분화구

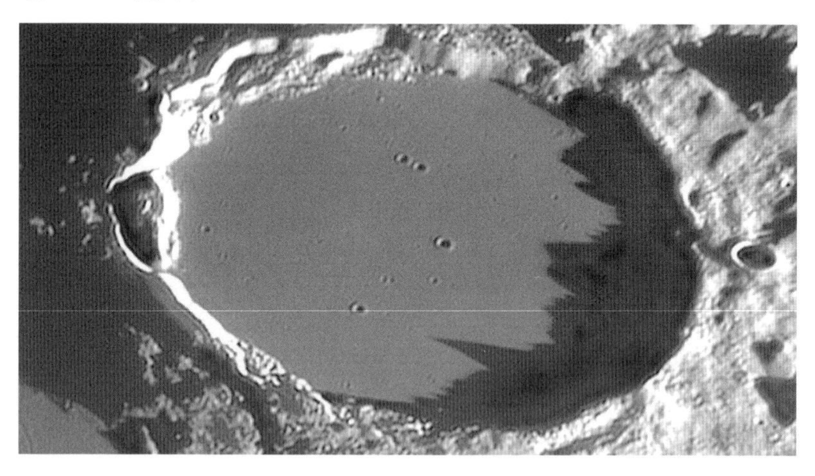

지난 수 세기 동안, 알프스 산맥의 북동쪽 구석에 자리 잡고 있는 플라토 분화구만큼 세인들의 많은 주목을 받으며, 광범위하게 관측이 이루어진 지역도 없을 것이다.

거대한 벽들에 둘러싸인 이 지역을 연구한 학자들은, 더는 달이 그 어떤 현상도 일어날 수가 없는, 죽은 곳이라는 사실을 인정할 수 없다고 말한다. 왜냐하면, 플라토 분화구의 어두운 바닥이 미묘하게 변하고 있는데, 연구 경험이 풍부한 다수의 학자조차도 그 안에서 출몰하는 점들과 가변적인 바닥의 모습을 자연 현상으로는 도저히 설명할 수가 없었기 때문이다.

플라토 분화구는 지름이 약 96km이고, 그것을 둘러싸고 있는 벽들의 높이가 900m에서 1,500m에 이르며, 제일 높은 곳은 2,200m 정도이다. 그렇기에 누군가 상현에서 하루 반 정도 지난 때에, 태양이 그 커다란 호수 위로 떠오르는 것을 본다면, 거대하고 거친 서쪽 벽의 야성미에 압도당할 것이다. 지평선에 낮게 걸린 태양이, 별로 높지 않은 플라토의 벽에 이상한 마력을 부여해서, 분화구 주위를 둘러싸고 있는 벽을 원래보다 훨씬 높고 거칠게 보이게 할 것이기 때문이다.

망원경으로 관찰하더라도, 서쪽 산마루의 울퉁불퉁한 그림자가 지름이 90km가 훨씬 넘는 크레이터의 바닥을 완전히 가로지르며 드리워지고, 그 호수 같은 바닥을 완벽한 어둠으로 덮어, 새벽의 여명을 완전히 지워버리는 것을 볼 수 있을 것이다.

그 후에는 태양이 부상하면서, 바닥에 드리워진 그림자는 우리가 보고 있는 동안 놀랄 만큼 빨리 바닥에서 후퇴할 것이며, 바늘같이 보이는 검은 그림자 하나를 제외하고는 채 한 시간도 지나지 않아서 바닥의 동쪽 절반 이상이 태양 아래 그 모습을 드러낼 것이다.

놀라운 건 그림자의 빠른 이동 속도만이 아니다. 그림자의 모양 변화가 더 신기할 것이다. 서쪽으로 급속히 후퇴하는 그림자를 관찰해 보면, 그림자의 폭이 수시로 변하고, 어느 시점에는 마법처럼 그림자에서 갈고리 모양이 드러나기도 할 것이다.

갈고리 모양의 그림자도 결국 움직이지 않는 산 그림자 아닌가. 그림자의 변화는 태양 고도의 변화와 분화구 표면의 상태에 좌우될 뿐인데, 어떻게 산에는 없는 모양이 그림자로 나타날 수 있는지 모르겠다. 바로 이것이 플라토의 3대 수수께끼 중 하나이다.

또 다른 수수께끼는, 크레이터 바닥에서 녹색을 비롯한 여러 색깔의 반점이 나타나는 현상이다. 이 현상에 관한 연구가 꾸준히 계속되고 있긴 하지만, 설명이 가능할지 모르겠다.

이에 관한 의미 있는 최초의 연구는, 1892년과 1893년 사이의 1년 동안에 걸쳐 이뤄진 윌리엄 픽커링의 연구이다. 그는 페루의 아레키파에 위치한 하버드 천문대에서 플라토를 주의 깊게 관찰했다. 하바드 연감 32호에 실린 그 연구 결과에 대한 논문을 보면, 그는 플라토의 바닥은 달의 정상적인 구의 곡률을 훨씬 벗어난 '극단적으로 볼록한' 상태라고 주장하고 있다. 또한, 바닥의 불규칙한 모습과 다양한 경사의 분포에 대해서도 언급하고 있다. 그런데 결론이 명쾌하지 못하다. 그 후에도 플라토에 관한 연구 발표가 이어졌지만, 모두가 공감할 만한 결과를 내놓은 건 없다.

플라토를 찍은 사진은 윌슨 천문대에서 촬영한 것이 제일 나은 것 같다. 바닥 내부에 다섯 개의 자그마한 내부 크레이터들이 보이고 밝고 어두운 얼룩들도 잘 보인다.

그중에 바닥의 오른쪽 위에 있는 쐐기 모양의 밝은 부분이 문제의 핵심이다. 원판 필름을 확대해 보면, 일련의 밝고 어두운 지역들이 산마루 위에서부터 바닥을 가로질러 가고 있는 게 보이는데, 이것들은 남쪽 산마루에서부터 내부의 바닥 중앙까지 걸쳐 연결된 융기한 부분같이 보인다.

그런데 바크로프트와 T.E. 호위와 같은 아마추어 천문학자들의 기록을 보면, 이러한 발견이 상당히 오래전에 이뤄졌다는 걸 알 수 있다. 호위가 「The Strolling Astronomer」의 1952년 2월호에 기고한 플라토의 지도를 보면, 중앙의 바로 남쪽 바닥에 이러한 융기 부분이 나타나 있다. 그런데 이에 관한 연구가 오래전에 이뤄졌다고 해서 쉬운 일로 봐서는 안 된다. 그냥 의지를 갖고 열심히 관측하면 될 것 같은데, 그게 그렇게 쉽지 않다. 우선 이러한 현상이 항시 관측되는 것이 아니고, 태양의 고도가 같은데도 그런 징후가 전혀 나타나지 않기도 하기 때문이다. 간혹 관측되는 때에도, 그림자가 나타나고 사라지는 속도는 물론이고, 반점의 출몰 역시 변화무쌍하다.

1952년 4월 3일에 윌킨스와 패트릭 무어는, 33인치의 뮤든 굴절 망원경으로 플라토를 관찰한 후에, '플라토의 바닥이 놀랄 만큼 균일하고 평평하다'고 발표했다. 그가 그날 밤에 그려 놓은 플라토의 그림에 그런 모습이 잘 나타나 있다. 무어는 『A Guide to the Moon』이라는 저서에서도, 그날 밤 자기가 본 광경을 언급해 놓았는데, '플라도 지역이 아마도 달에서 가장 반질반질한 곳'일 거라고 써놓았다.

윌킨스 박사가 그린 플라토의 그림을 보면, 서쪽 벽의 그림자가 바닥의 1/5쯤을 가로지르고 있는 것이 보인다. 약간 남쪽으로 치우쳐 있는 봉우리의 긴 그림자는 동쪽으로 멀리 뻗어 있는데, 갈고리의 끝이 남쪽으로 휘어져 있는 모습이다. 그런데 이런 형상은 봉우리가 그렇게 생겨서 휘어져 보이는 것일까. 아니면 고르지 못한 바닥 때문에 휘어져 보이는 것일까.

어쨌든 이 휘어진 그림자의 모습은 태양의 고도가 같다고 해도 항시 볼 수 있는 게 아니다. 해가 뜰 무렵에 맞추어 관찰해도 허탕 치기가 일수이다. 이런 현상은 지표면에서의 태양의 각도뿐만 아니라, 태양과 봉우리 간의 상대적 위치도 함께 조화를 이루어야만 휘어진 그림자를 볼 수 있다. 도대체 왜 이런 현상이 일어날까. 그 실제 의미를 알아내려면 플라토의 바닥 상태부터 먼저 알아야 할 것 같다. 그것은 과연 평평한가, 아니면 볼록한가. 혹은 오목과 볼록의 반복인가. 그것도 아니라면 수시로 변하고 있는 건 아닌가. 그것부터 알아내야 하는데, 정말 쉽지 않다.

운이 좋으면, 검은 바닥 내부에서 자그만 내부 크레이터들의 흔적을 볼 수 있을지 모른다. 하지만 누구도 볼 수 있을 거라고 장담할 수 없다. 보였다 안 보였다 하며 크기도 변하는 이 불가해한 내부 크레이터들은, 난해한 수수께끼일 수밖에 없기에 그에 관한 연구도 계속될 수밖에 없다.

이에 관해 가장 주목받는 연구는 영국의 W.R. 버트와 그의 동료들에 의해 시작된 것이다. 1869년에 시작된 그 팀의 광범위한 연구는, 지금까지 80개가 넘는 내부 크레이터를 포함한, 정체불명의 점들을 보고한 바 있다. 이것들은 어느 한 사람의 관측자에 의해서 모두 관찰된 적이 없으며, 특정 시간 내에 다 관찰된 적도 없다. 점 몇 개는 비교적 쉽게 보이지만, 그것도 항시 보이는 것은 아니며, 어떤 점은 사라졌다가 몇 년 뒤에 다시 나타나서 새로운 발견으로 착각을 유발하는 경우도 있다.

한편, E. 네이슨의 『The Moon(1876)』에는 10개의 내부 크레이터와 6개의 내부 크레이터 후보들, 내부 크레이터가 아닌 20개 점이 기술되어 있다. 그리고 T.G. Elger의 『The Moon(1895)』에는 40개가 넘는 점들에 대해서 다음과 같이 기술되어 있다. '그것들은 매우 미묘한 물체들로서 달의 위상이나 태양의 고도와는 상관없이 그 보이는 형태를 바꾸고 있다.' 그는 이전의 관찰자들에 의해 지도에 그려진 71개의 내부 크레이터들을 선정하여 관찰했지만, 39개 이상은 볼 수가 없었다고 한다. 그래서 그는 일부 크레이터들이 사라지고 있다고 결론을 내렸다.

1936~1939년과 1941~1942년 사이에는, T.L. 맥도날드가 윌킨스에 의해 그려진 플라토 그림 중 2개와 1935~1940년에 월터 H. 하스에 의해 그려진 것 중 2개의 지도를 놓고 비교 연구를 한 적이 있다. 영국 천문협회 저널 1943년 7월호를 보면, 맥도날드는 같은 시기에 그려진 윌킨스과 하스의 지도는 닮았지만, 나중에 그려진 윌킨스의 지도는 다른 2개의 지도와 아주 다르다며, '그것을 보면, 플라토에는 확실히 변화하는 무엇

인가가 있다.'라고 주장하고 있다.

1950년에 이르러서도 윌킨스는 여전히 내부 크레이터들이 사라지는 원인을 제대로 제시하지 못하고, 달의 위상과 불완전한 관찰 환경 때문일 거라는 막연한 추정만을 되뇌었다.

가장 최근에 간행된, 플라토의 비밀을 파헤친 무어의 책을 보면 다소 체념의 분위기가 풍긴다. '증거는 결정적인 것 같이 보이며, 우리는 이제 플라토의 바닥에서 무언가의 활동이 일어나고 있다는 사실을 받아들여야만 할 것 같다.' 이것은 도대체 무슨 뜻인가. 플라토 바닥에 무슨 일이 벌어지고 있지만, 지구인의 능력으로는 알아낼 수 없을 거라는 얘기 아닌가.

정말 이 수수께끼의 해답을 찾기는 어려울 것 같다. 상상력을 동원해서 가상 이론을 만들어보려고 해도 그조차 만들 수도 없는데, 어떻게 해답을 찾겠는가. 벽 모양과는 다른 그림자가 불규칙하게 그려지는 크레이터, 바닥에 있던 구덩이가 갑자기 사라지거나 나타나는 크레이터, 이 불가해한 크레이터가 플라토이다.

Schröteri의 비밀

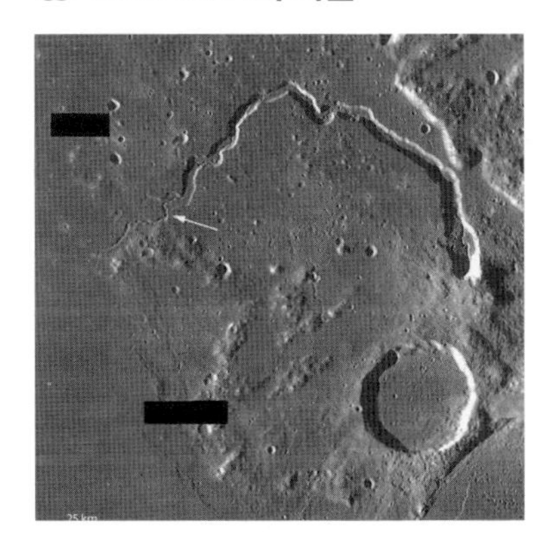

발리스 슈뢰테리(Vallis Schröteri)에서 가장 눈에 띄는 곳은 웅장한 Rille이다.

이 장에서 이곳을 소개하는 이유는, 인공적인 구조물이 있거나 이상한 현상이 있어서가 아니라, Rille 모양이 특이하고 그 생성 원인을 도

발리스 슈뢰테리

무지 짐작할 수 없기 때문이다.

특히 화살표가 가리키는 부분에는 Inner Rille가 중첩되어 있는데, 자연지형으로 보기엔 너무 기이해서 인공 구조물일 가능성을 떠올리지 않을 수 없다.

이 지역에서 발견한 다른 성과도 있다. 바로 아래 사진에 그것이 담겨 있다. 애리조나 주립 대학에서 운영하는 LROC는 우주선 착륙 예정 지점에 대한 데이터를 수집하고, 극지방 탐사와 글로벌 매핑을 수행하도록 설계되었는데, 그 임무를 수행하던 중에 Schröteri의 특별한 비밀을 알게 되었다.

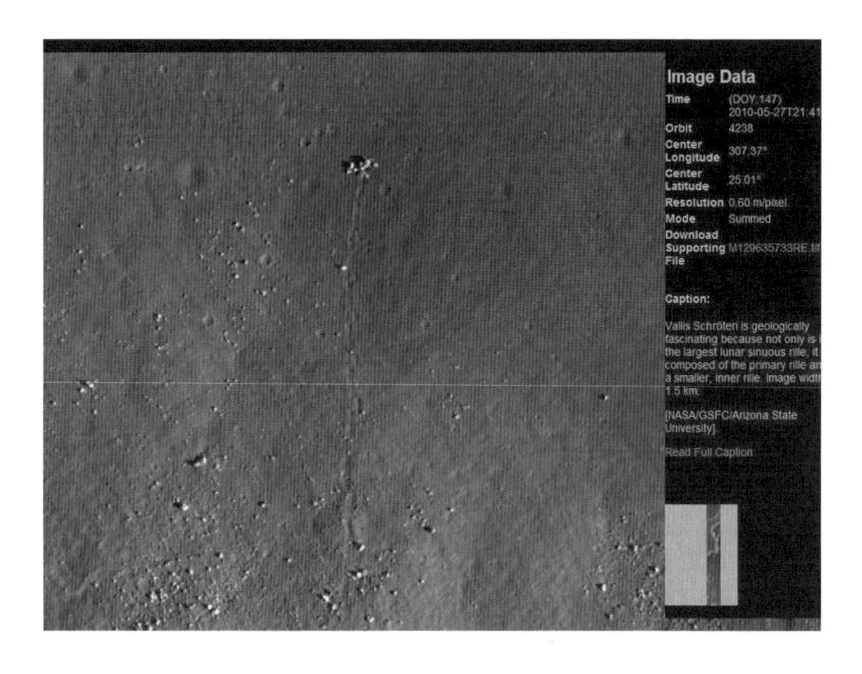

얼핏 보면 돌 더미처럼 보이지만, 조금씩 확대해 보면, 그것이 단순한 돌 더미가 아니고, 인공적으로 만들어진 거대한 구조물이거나, 돌 더미와 인공 구조물이 섞여 있는 형태에 가깝다는 사실을 알게 된다.

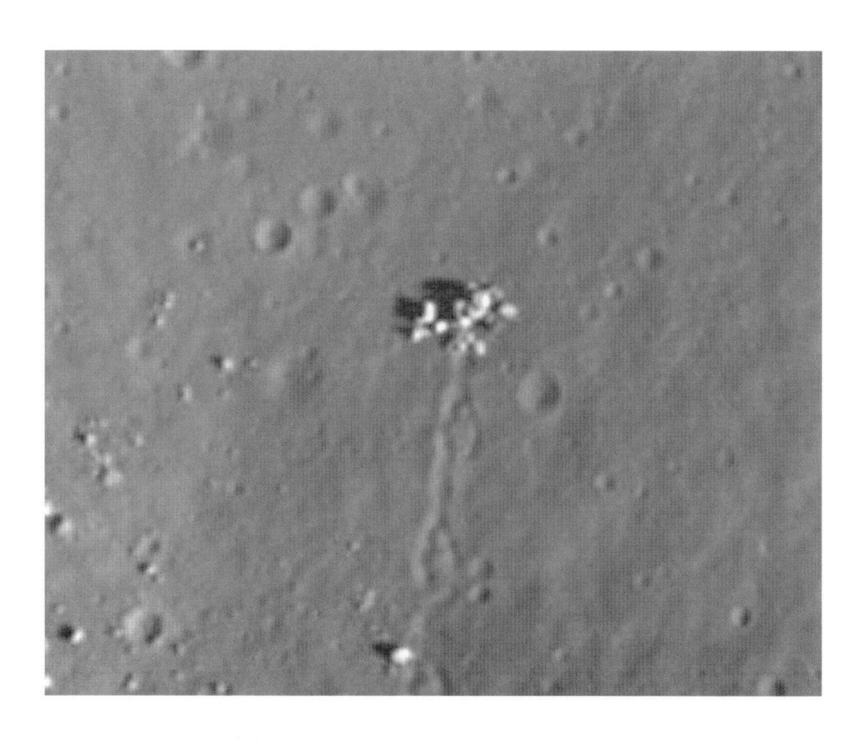

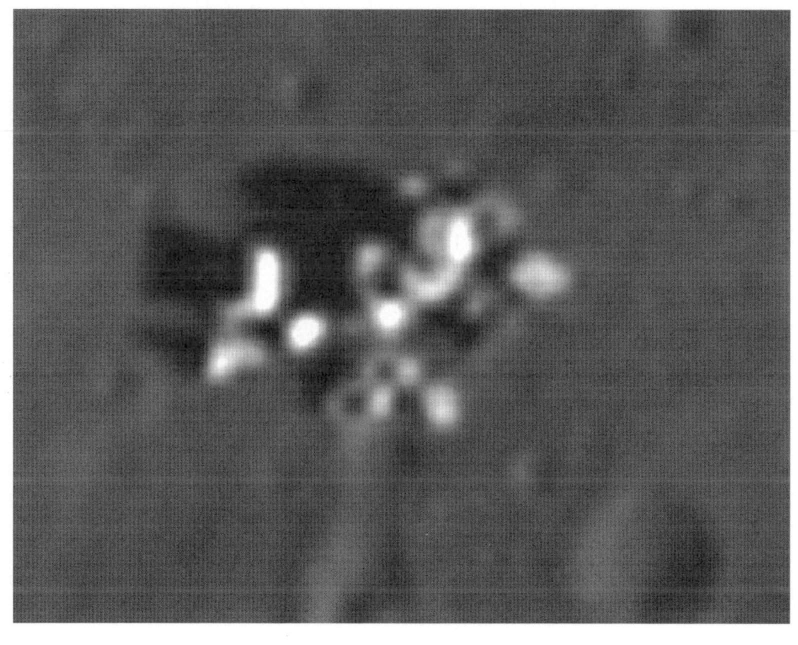

◑ Zeeman 분화구

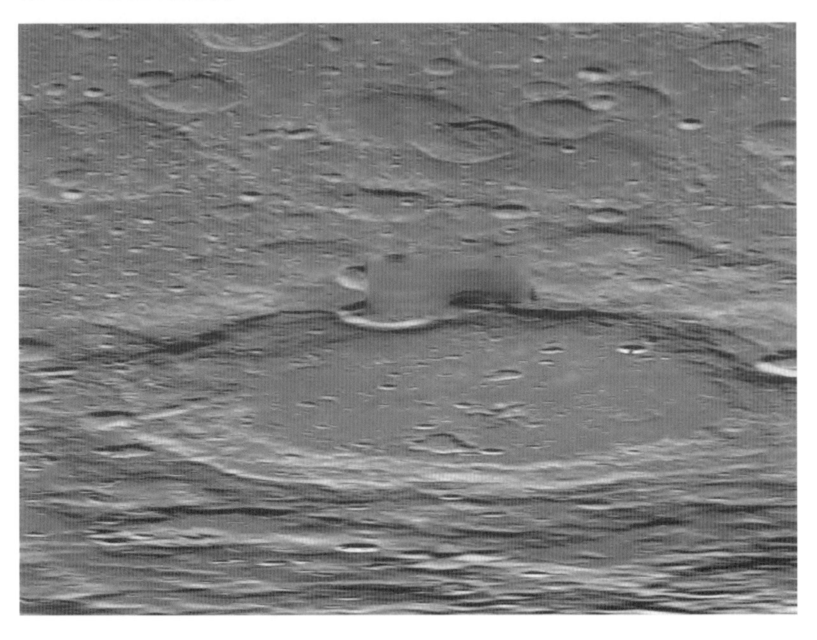

위의 사진을 보면, 누가 보아도 NASA가 사진 자료를 아주 노골적으로 왜곡시켰다는 사실을 알 수 있다. 이곳이 세인의 주목을 받은 것도 바로 이와 같은 이유 때문이다. 도대체 이곳에 무엇이 있기에, NASA가 비난을 무릅쓰고 이런 조작을 가했을까.

이 사진은 NASA의 증거 인멸 의도와 함께, 에어 브러싱의 강력한 증거로 지목받아 왔는데, Clementine 버전 1.5 브라우저에서 나온 것이다. 우리는 오랫동안 이 얼룩 아래 무엇이 있는지 몰랐을 뿐 아니라, 이곳의 정확한 위치도 몰랐다.

그러나 미국 외의 국가들이 달 탐사에 나서게 되면서, NASA는 정보를 더는 은폐하기 어렵게 됐다. 더구나 중국 국가항천국(CNSA)에서 Clementine 버전과 아주 흡사한 각도에서 찍은 사진을 공개하자, NASA의 입장이 더욱 난처해졌다.

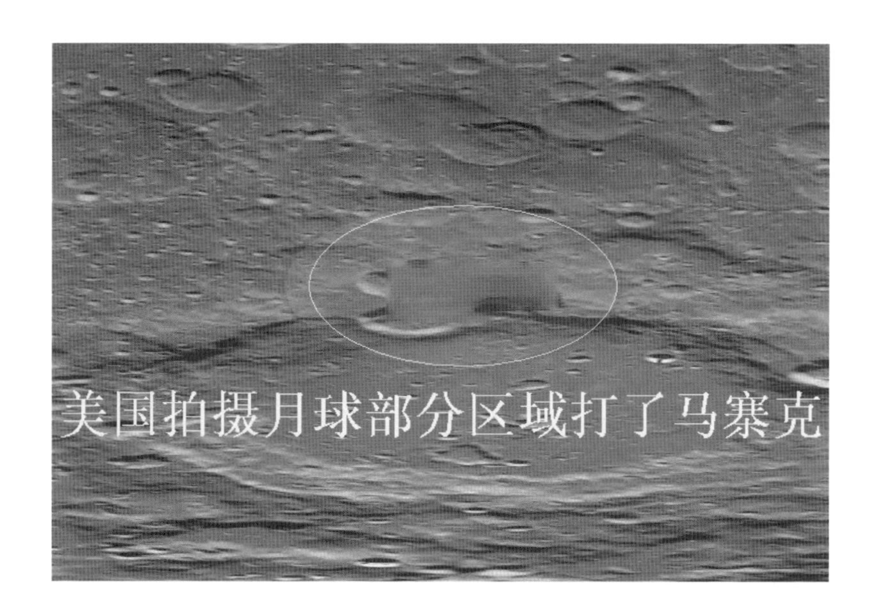

이 사진은 CNSA가 Chang'e 달 탐사 계획 중에 공개한 것이다. 중국은 이 얼룩 밑에 있는, 믿을 수 없을 만큼 쇼킹한 물체를 찾아냈다고 주장했다. 하지만 그들도 원본을 공개하지는 않았다.

NASA의 행위를 비웃듯이 NASA와 거의 같은 형식으로 조작한 사진을 Chinese News Tabloid에 공개하면서, Zeeman Crater에 놀라운 구조물이 있다는 주장을 반복하기만 했다.

저널에서 사진의 원본을 그대로 공개하지 않은 이유를 묻자, 인민의 정신적 충격을 고려한 최고 지도자의 만류 때문이었다고 대답했다. 그러자 세인들의 궁금증은 더욱 증폭됐다.

그런데 미국과 중국이 진실을 감추면, 대중은 그 실체를 알아낼 방법이 없는 것일까. 다행히 Google이 Lunar Orbiter Series에서 얻은, Zeeman Crater에 관한 오래된 원본 자료를 가지고 있었다.

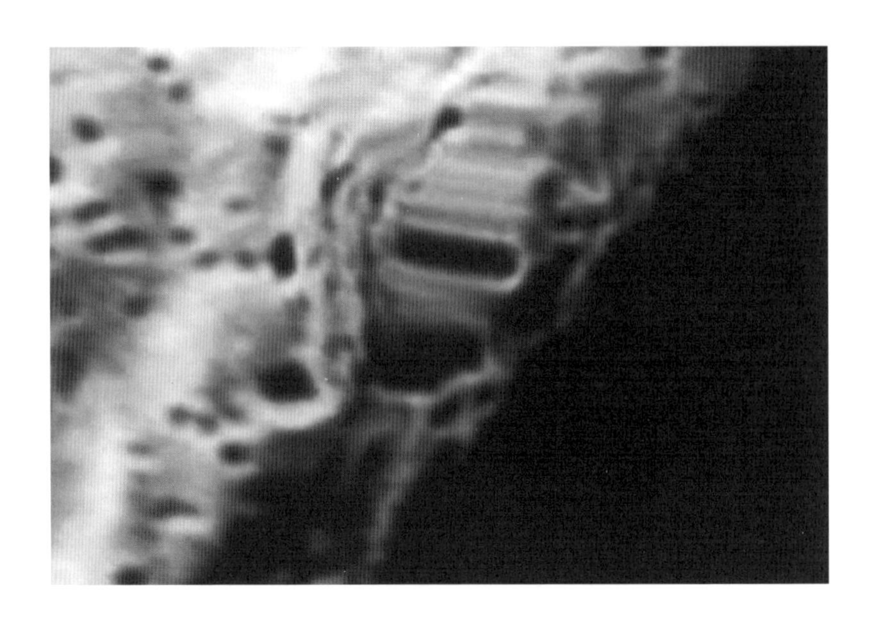

Zeeman Clip

위의 사진은 Google Moon의 비디오 클립에서 발췌해 온 사진이다. 하지만 그들도 처음부터 이런 충실한 자료를 공개한 것은 아니다. Google에서도 처음에는 NASA와 유사하게 Zeeman Crater의 여러 곳이 가려져 있는 자료를 공개했다. 하지만 JASA가 먼저 Zeeman Crater의 민낯을 공개하자, Google도 Lunar Orbiter가 촬영한 Zeeman의 원래 모습을 공개할 수밖에 없게 되었다.

그런데 도대체 이곳이 뭘 하는 곳일까. 그리고 누가 저 구조물을 만들어 놓은 것일까. 대중들은 외계인 기지로 의심하고 있다. 외계인 기지? 다소 의아할 수도 있지만, 그 외에 다른 것으로는 설명할 만한 아이디어 자체가 없다.

더구나 JAXA가 발사한 카구야(Kaguya) 탐사선이 보내온 사진을 보면, 주변 전체가 요새화되어 있는 것 같다는 느낌이 든다. 바로 아래에 JAXA가 공개한 그 문제의 사진이 있다. 사진의 선명도는 다소 떨어지지만, 조작되지 않은 사진이어서 오른쪽 아래에 있는 X 표시도 그대로 노출되어 있다. 누군가 그려놓은 게 분명한 X 표시 말이다.

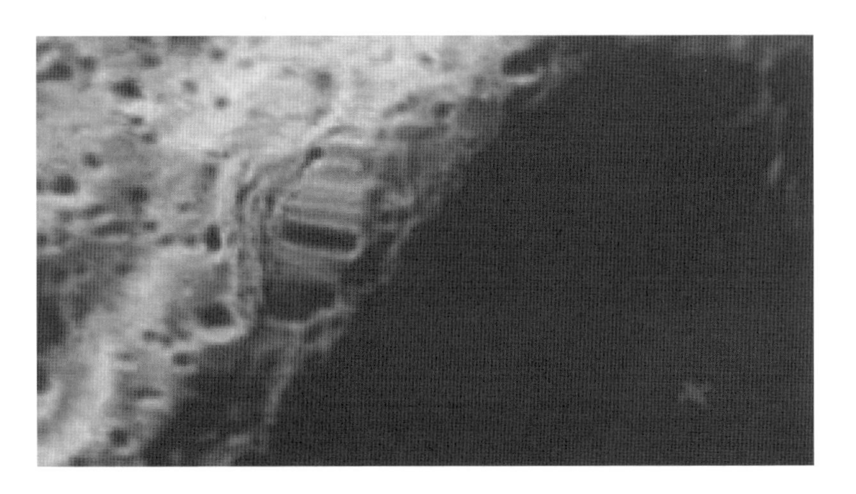

이상한 건축물

아래 사진은 Lunar Orbiter가 찍은 Frame 3085이다. 달에서 흔히 볼 수 있는 평범한 지형 같지만, 오른쪽 부분을 자세히 보면, 어떤 설비들이 설치되어 있는 정경이 보인다.

아래와 같이 확대해 보면, 이곳이 인위적으로 조성된 곳임을 확신할 수 있다. 언뜻 보기에는 지구에서도 볼 수 있는 시설물 같아서 눈에 익기까지 하다. 이 설비들은 누가 무엇을 하기 위해서 설치해 놓은 것일까.

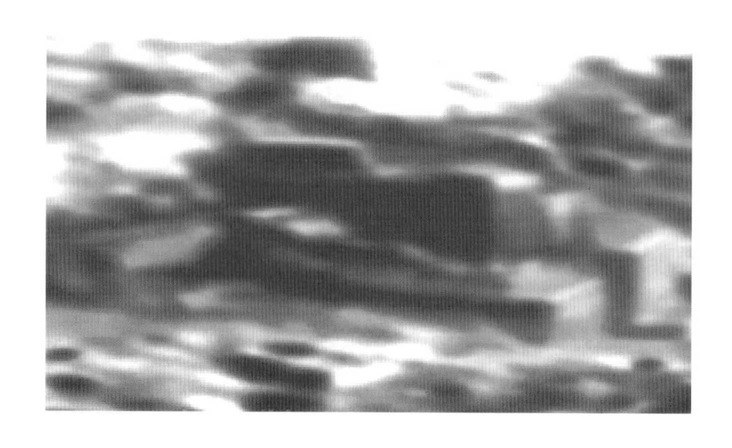

엔디미온 분화구

다음에 살펴볼 대상은 엔디미온 분화구로, 달 앞면인 경도 56.5°E, 위도 53.6°N에 있는, 지름 125km의 거대한 분화구여서 비교적 관찰하기가 수월한 편이다.

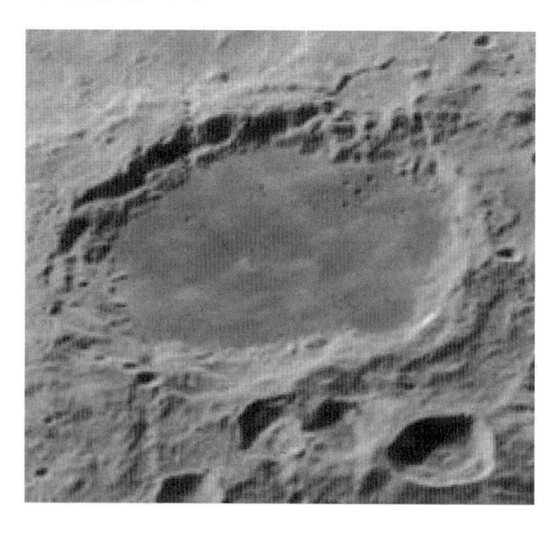

이곳에 세인들이 관심을 두게 된 데는 NASA에서 공개한 사진이 계기가 됐다. Clementine Satellite가 촬영한 사진에 공개된 엔디미온 분화구의 모습은 지구에서 망원경을 사용해 촬영한 사진보다도 더 단순했다.

NASA가 1998년 3월에 촬영된 사진이라며 공개했는데, 어처구니가 없을 정도로 해상도가 낮았기에, 세인들은 의심할 수밖에 없었다. 마니아들은 NASA가 뭔가를 감추려고 사진을 조작하였거나, 질 낮은 사진을 공개한 것 같다며, Endymion Crater에 관한 다른 자료들을 찾기 시작했다.

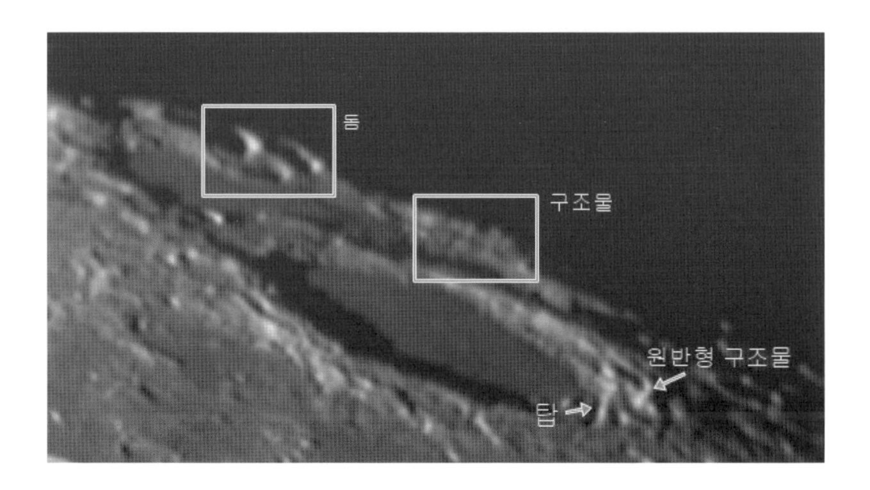

Endymion

위의 사진은 릭 천문대에서 36인치 망원경을 사용해서 촬영한 것이다. 분화구의 뒤쪽에 여러 가지 흥미로운 구조물들이 보이고, 오른쪽 가장자리에는 탑과 Parabola 안테나와 유사한 구조물이 있다.

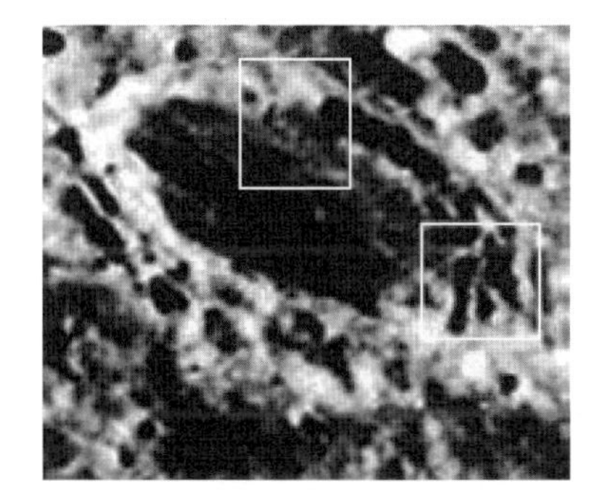

그리고 기계적으로 정리된 듯한 매끈한 분화구의 바닥도 인상적이다. 릭 천문대는 또 다른 사진들도 보유하고 있는데, 그중에 감마 보정된 그레이 버전이 특히 매력 있다.

바로 왼쪽 사진이 그것인데, 위쪽의 원색 사진보다 주변의 구조물들이 더 선명하게 보인다. 특히 네모로 표시한 지역의 구조물은 자연이 만든 거라고는 볼 수 없을 것 같다.

이제, 공은 NASA에게로 넘어갔다. 지상에서 찍은 사진에는 여러 구조물이 선명하게 촬영되어 있는데, 달 궤도에서 Clementine이 촬영한 사진에는 왜 그것들이 없는지 설명해야 한다.

마을

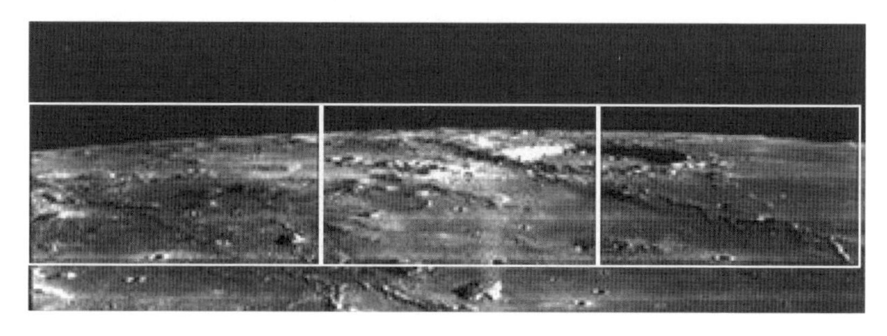

Orbiter가 찍은 사진인데, 아주 넓은 지역에 다양한 물체가 널려 있는 정경이 담겨 있다.

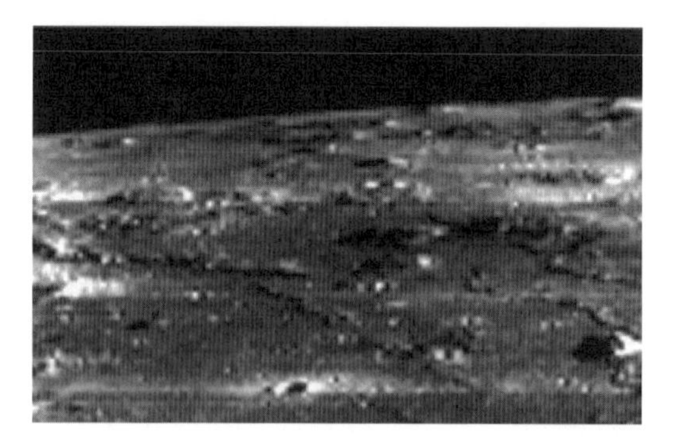

이 사진은 가장 왼쪽 부분을 확대한 것인데, 공업지대의 외곽처럼 한산하다. 대규모 저장시설 같은 구조물이 보인다.

가운데 부분을 확대해 보면, 중앙에 이동체로 보이는 물체가 밀집되어 있고, 우측에는 대규모 공장이 있는 것 같다.

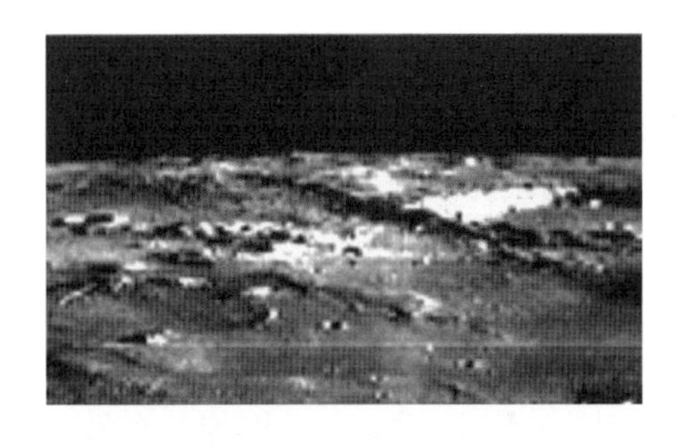

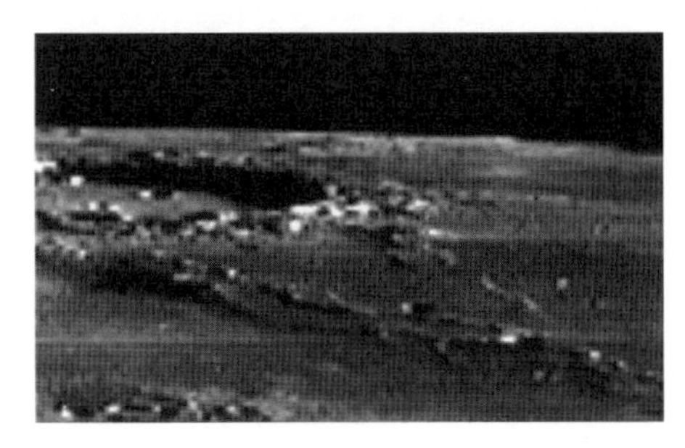

우측 부분을 확대해 보면, 긴 도로가 보이고, 가운데 공터를 중심으로 건축물이 밀집되어 있는데, 건축물의 종류와 크기가 다양하다. 마치 지구의 공업단지를 찍은 것처럼 눈에 익은 정경이지만, 사진의 해상도가 너무 낮고, 지역의 정확한 좌표를 알 수 없어서, 관찰 결과를 확신할 수는 없다.

Aristarchus 분화구

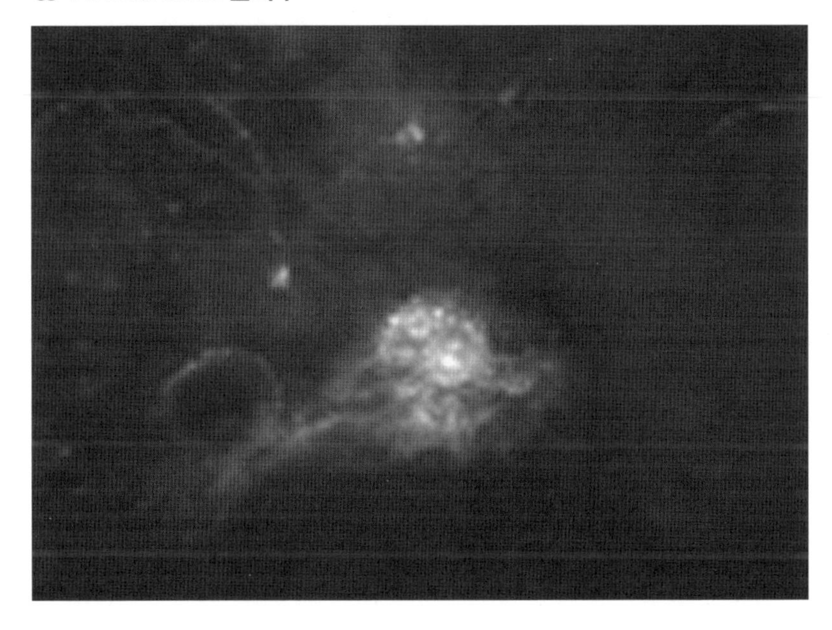

Aristarchus

이 자료는 Clementine호가 1994년에 촬영한 Aristarchus Crater의 tif 파일 일부이다. 옆의 QR 코드를 클릭하면 보다 선명한 이미지를 볼 수 있다. 이 이미지를 보면, 분화구 전체가 아름다운 일렉트릭 블루 색상으로 덮여 있고, 중심의 돔과 같은 형상에서는 눈부실 정도로 밝은 빛이 쏟아져 나온다는 사실을 알 수 있다.

한편, 아래 사진은 2005년 12월에 지상에서 고성능 망원경으로 촬영한 사진이다. 분화구는 여전히 강렬한 푸른빛을 내고 있다. 이 분화구는 Near side인 23.7°N 47.4°W에 있고, 지름도 40km나 되기 때문에, 관찰하기 쉬운 편이다. 늘 푸른빛을 내는 것은 아니지만, 알베도가 주변 지역의 두 배나 되기 때문에 매우 밝게 보이고, 다양한 TLP(transient lunar phenomena)도 동반하고 있어서 오랫동안 논란의 중심에 서 있다.

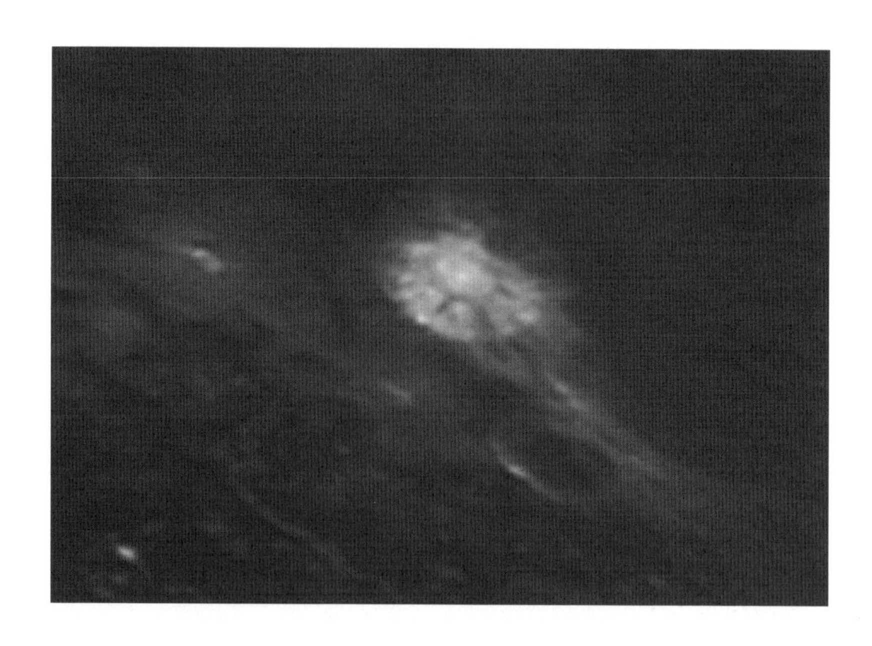

NASA 기술 보고서인 TR R-277(1650~1950)에 나와 있는 TLP 기록만 봐도, 이 분화구에 관한 인류의 관심이 얼마나 오랫동안 계속되었는지 알 수 있다.

- 1650년, 아리스타르코스 분화구 내부의 Porphyrites Hevelius 언덕이 붉어졌다. 1967년에 확인해 보니, 그 현상이 사라졌다.
- 1784년, 분화구에 성운 모양의 밝은 광점이 발견됐다.
- 1785년, 분화구에 성운 모양의 밝은 광점이 발견됐다.
- 1786년, 아리스타르코스 지역 전체가 예외적으로 밝아졌다.
- 1787년 3월 19~20일, 분화구 전체가 이틀 내내 밝게 빛났다.
- 1788년 4월 9일, 지역 전체가 1시간 동안 상상을 초월할 정도로 밝아졌다.
- 1788년 4월 9일~11일, 아리스타르코스 분화구 가장자리 26″N 방향에 녹색 광점이 나타났다,
- 1788년 9월 26일, 아리스타르코스 4월과 같이 분화구의 26″N 방향에 30분 동안 광점이 나타났다.
- 1788년 12월 2일, 오전 5시 35분에 지역 전체가 마치 항성처럼 밝아졌다.
- 1824년 3월 1일, 분화구 언저리에 깜박거리는 빛이 갑자기 나타나서 9~10회 반짝거렸다.
- 1824년 10월 18일, Aristarchus Gruithuisen의 서쪽과 북서쪽에 다양한 색깔을 가진 작은 점들이 나타났다.
- 1825년 4월 22일, 분화구와 그 주변 지역에 간헐적인 빛나는 광점이 나타났다.
- 1866년 6월 10일, 전체 지역이 별처럼 빛났다.
- 1866년 6월 14~16일, 분화구 주변이 적황색으로 변했다.

- 1867년 4월 9일 19시 30분~21시, 주변 지역의 어두운 곳에서 1시간 30분 동안 광점의 출몰이 계속되었다. 7차례나 반복되다가 20시 15분 이후에야 완전히 사라졌다.
- 1867년 4월 12일 7시 30분~8시 30분, 분화구 주변의 어두운 지역에 1시간 동안 광점이 7차례 나타났다.
- 1867년 5월 6~7일, 분화구 왼쪽에 밤마다 최소한 몇 시간 동안 화산 같은, 아주 강렬한 불꽃이 나타났다.
- 1867년 5월 7일, 주변에 횃불 같은 적황색 빛이 나타났다.
- 1884년 11월 29일 19시~21시, 2시간 동안 분화구 중심에 희미하지만 분명히 알아볼 수 있는 불빛이 나타났다.
- 1889년 7월 12일 20시 52분, 분화구와 그 주변 지역에 월식이 진행되는 동안 거대한 불빛이 나타났다.
- 1891년 3월 23일 18시 20분, 아리스타르코스 지역에 월식이 있을 당시, 월식이 끝나기 30분 전에 분화구 북쪽 지역이 갑자기 밝아졌고, 북서쪽도 서서히 밝기가 증가했다.
- 1931년, 분화구 중심에 푸른색 섬광이 나타났다.
- 1949년 10월 7일 2시 54분, 아리스타르코스 지역에 월식이 일어났을 때, 지역 전체가 비정상적으로 밝아졌다.
- 1949년 11월 3일 1시 6분, 분화구 바닥과 서쪽 벽에 푸른 섬광이 나타났다.
- 1950년 6월 27일 2시 30분, 분화구 서쪽 벽에 갑자기 푸른 섬광이 나타났다.
- 1950년 6월 27일, 분화구 안에 헤로도토스 광점이 나타났다.
- 1950년 6월 28일 3시 27분, 분화구 서쪽 가장자리에 푸른 광점이 나타났다.

- 1950년 6월 29일 5시 30분, 분화구의 동쪽과 남동쪽에 강렬한 푸른 섬광이 나타났다.
- 1950년 7월 26일 2시 52분, 분화구 서쪽 벽에 푸른색 섬광이 나타났다.
- 1950년 7월 31일 4시 50분, 분화구 동쪽과 북동쪽 가장자리에 보랏빛 섬광이 나타났다.
- 1950년 8월 28일 4시 25분, 아리스타르코스 동쪽 벽, 동쪽과 북동쪽 가장자리에 푸른 보랏빛의 섬광이 나타났다.

직접 가서 장기간 탐사해 보기 전에는 위와 같은 현상들이 나타난 이유를 알 수 없겠지만, TLP 대부분이 발광에 관한 것이다. 달의 토양 속 가스가 평소보다 많이 분출되면서, Aristarchus Crater 주변에 다양한 이상 현상을 유발했을 거라는 주장이 오랫동안 대세를 이루고 있었다.

그러다가 1971년에 아폴로 15호가 Aristarchus Crater 상공 110km를 지나는 동안에 알파 입자가 갑자기 증가하는 것을 확인하게 되었으며, TLP 유발 원인이 가스가 맞고, 그 가스가 라돈-222일 거로 추정하기 시작했다. 그리고 마침내 Lunar Prospector 미션 때 정밀 탐사를 통해 그런 추정이 사실임을 확인했다. 물론 그렇다고 해서 이 분화구에 대한 모든 의문이 해소된 건 아니다.

겨우 Aristarchus Crater 비밀의 실루엣이 그려졌을 뿐이다. 다각형의 프레임을 가지고 있고, 항상 발광하는 것은 아니지만, 불규칙하게 발광하거나 변색하면서 라돈 가스를 방출하고 있는 것이다. 그러자 이곳이 핵융합 원자로이거나 Z 머신(SANDIA 국립 연구소에 있는 초대형 X-ray 발생 장치)과 유사한 시설일 것으로 추정하는 이들이 늘어나기 시작했다.

필자의 생각엔 어떤 시설에 전력을 공급하기 위한 발전 시설일 가능성이 커 보인다. 물론 달 내부에 기계 시설이 있다면 말이다.

초대형 파이프

아래 사진은 아폴로 미션 때 촬영한 것인데, 사각형 표시를 해 둔 곳을 보면 크레이터와 연결된 시설물이 보인다.

표시 부분을 조금 더 확대해 보면, 그 시설물이 대형 파이프에 가깝다는 것을 알 수 있다. 어떤 유체를 옮기는 수단으로 설치되었을 가능성이 크기는 하지만, 그 엄청난 크기로 볼 때, 교통 시설일 수 있다는 생각도 든다. 크레이터 지름이 10km 전후이니까, 파이프의 지름도 수백 미터는 될 것이다.

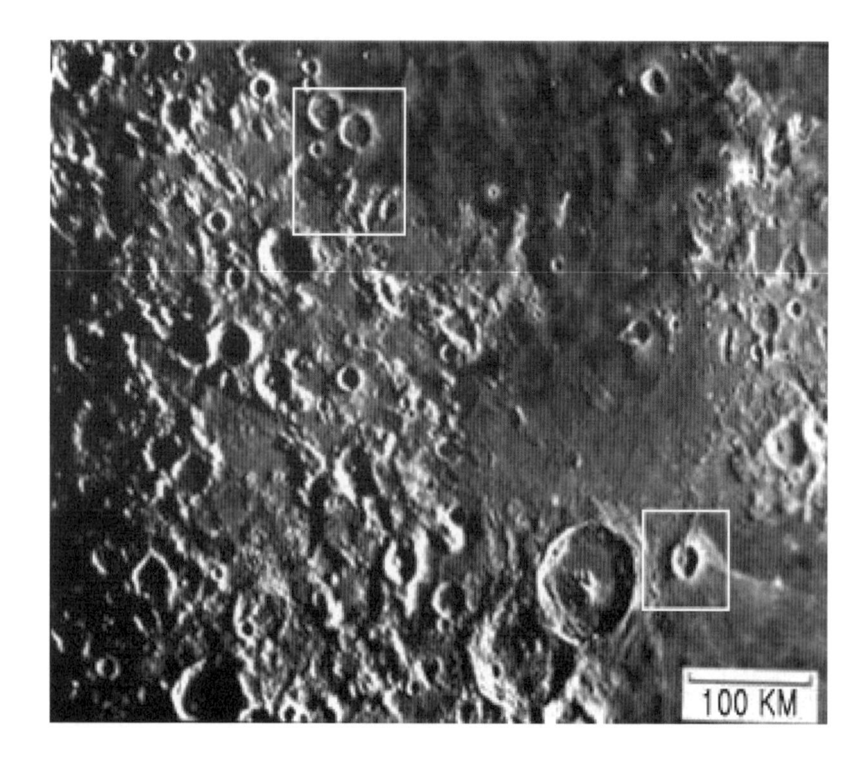

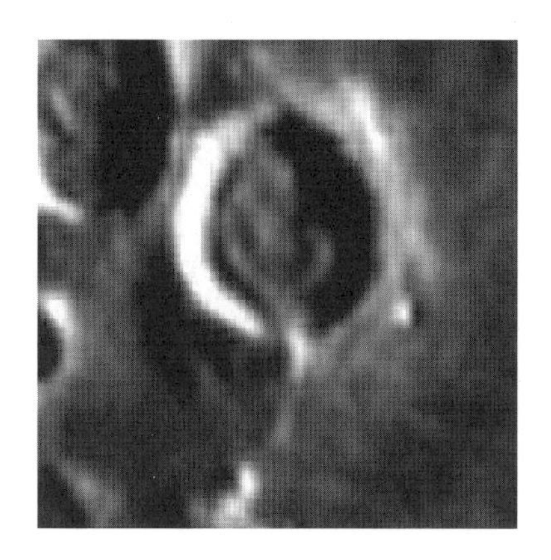
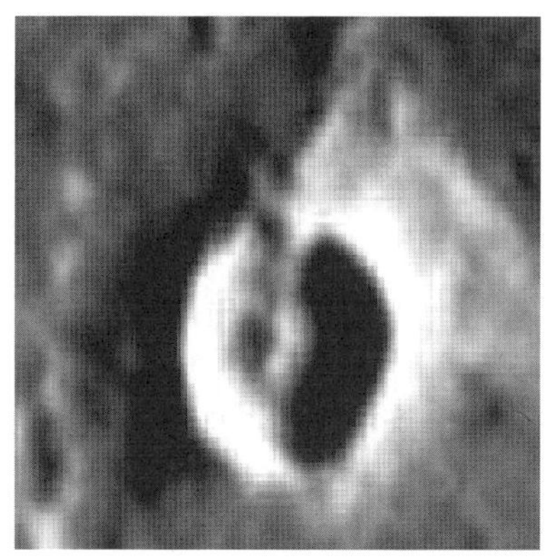

왼쪽 사진은 윗부분의 사각형 표시 영역을 확대한 것이고 오른쪽 사진은 아래 사각형 표시 영역을 확대한 것인데, 방향만 다를 뿐 모양이 같은 것으로 보아 서로 연결되어 있을 것 같다.

Reiner Gamma

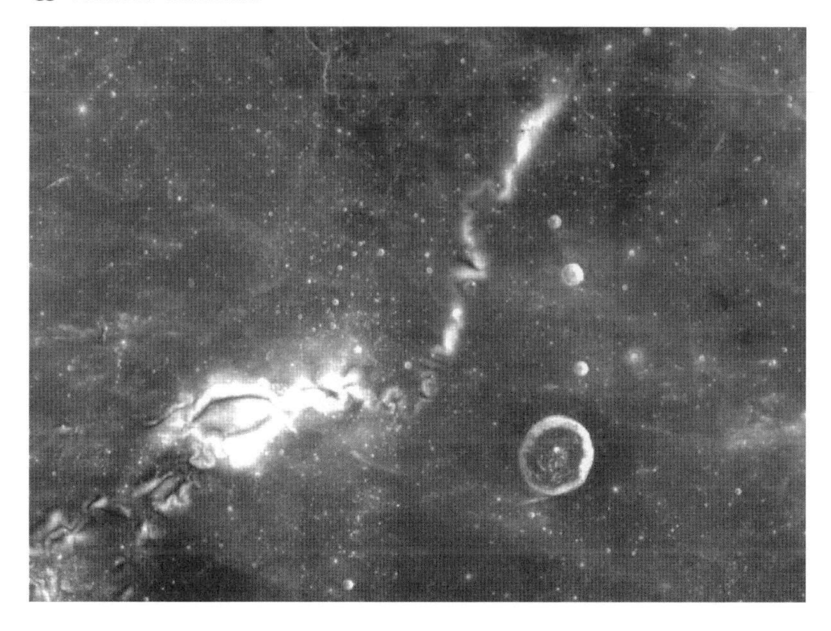

Reiner Gamma

그리스 신화에서 달의 여신은 셀레네이다. 남매인 헬리오스가 태양의 마차를 끌고 달리며 낮을 열어젖히면, 셀레네는 검은 말이 끄는 은빛 마차를 타고 뒤따르며 밤의 장막을 친다. 은빛 마차만큼 얼굴이 빛나는 여자들과 함께 말이다. 하지만 신화와 달리, 과학이 밝혀낸 달의 표면은 칠흑같이 검다. 환하게 보이는 것은 그저 햇빛이 반사된 결과일 뿐이다.

그러나 그런 달의 검은 얼굴에도 신화처럼 흰 부분이 있다. Lunar Swirl이라는 부분이다. 신화 속 셀레네의 눈빛인 양 희고 아름다운 자태를 뽐내는 이것의 정체는 무엇일까?

위에 게재된 사진은 Clementine이 촬영한 Reiner Gamma와 Reiner Crater의 모습이다. QR코드 안에는 2005년 10월에 촬영한 사진의 원본이 들어 있는데, 이 지역에 관한 대중의 관심은 아주 깊어서 이에 관한 자료 역시 많이 축적되어 있는 편이다.

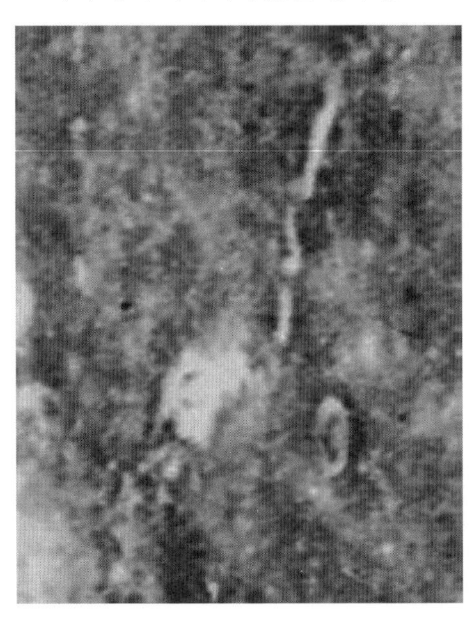

왼쪽 사진은 릭 천문대에서 1946년 1월에 촬영한 것이다. 그 연대를 감안하면 비교적 선명한 편이라 할 수 있다.

그런데 이렇게 오랫동안 관심을 가지고 왔음에도 불구하고, 이 지역에 나타나 있는 강력한 루나 스월(Lunar Swirl)에 대해서 아직 그 정체를 확실히 밝혀내지 못한 상황이다.

루나 스월은 Reiner Gamma 외에 Mare Crisium(위난의 바다), Mare Marginis(연변의 바다), Mare Moscoviense(모스크바의 바다), Mare Ingenii(지혜의 바다), Firsov Crater(피르소브 크레이터), Hopmann Crater(호프만 크레이터), Apollo Crater(아폴로 크레이터) 등에도 있어서 충분히 관찰할 수 있는데도, 그 형성 원인과 구조를 비롯하여 뭐 하나 제대로 밝혀진 게 없다.

스월은 여러 가지 기묘한 특징들을 갖고 있다. 우선 흰색이라는 사실 자체가 이례적이다. 대체로 천체 표면의 광물 입자는, 태양에서 날아온 우주선과 미세한 유성체에 노출되면서, 색이 검게 변하는 '우주 풍화' 현상을 겪는다. 그래서 내부의 수증기가 증발하거나 입자 일부가 튀어 나가고, 그 대신에 미세한 철 성분이 입자 표면에 쌓이게 된다.

이런 현상을 달리 표현하면, 암석과 토양이 태양에 시달려 노화된다고 할 수 있다. 달을 비롯해 어지간한 우주의 소천체가 모두 검은 것은 이런 이유 때문이다. 그렇다면 흰색을 띠고 있는 스월 지역은 이런 '노화'를 겪지 않은 걸까. 글쎄, 알 수 없다.

그런데 이 지역은 자기장이 검출된다는, 또 다른 수수께끼도 품고 있다. 원래 달은 지구와 달리 자기장이 거의 없다고 알려져 있었다. 하지만 탐사선이 직접 가서 관측해 보니 예외 지역이 있었다. 일부 표면에서 약한 자기장이 검출됐는데, 그 지역이 대부분 루나 스월 지역과 겹쳤다. 하지만 그 원인 역시 아직 파악하지 못한 상태이다.

마지막으로 주변 지형과 큰 차이가 없다는 점도 특이하다. 스월이 있는 곳을 주변과 비교해 보면, 고도와 지형 차이가 거의 없다. 오직 색만 다르다. 이런 점 역시 특이한 형성 원인 때문일 것으로 여겨지는데, 과학자들은 이런 특징이 스월이 만들어진 초기 과정과 관련이 있을 것으로 추정하고 있다. 하지만 막연한 추정이다. 스월의 형성 원인을 아직 알아내지 못했으니까 말이다.

그러나 이에 대한 몇 가지 가설이 있다. 첫 번째 가설은, 이러한 무늬가 있는 지역의 지각 자기장이 다른 장소보다 더 강하다는 사실에서 출발한 것이다. 초기의 달에는 지금보다 훨씬 강한 자기장이 있었지만, 시간이 지나면서 달의 내부가 식어 현재처럼 자기장이 거의 없는 천체가 된 것으로 생각되고 있다. 그러나 자기장이 국소적이지만 여전히 존재하며, 이 자기장이 달의 표면을 검게 만드는 태양풍으로부터 보호하면서 이처럼 밝은 무늬를 만들었을 가능성이 있다.

하지만 이런 주장을 뒷받침할 증거가 여전히 부족할 뿐 아니라, 자기장 때문에 생겼다고 보기에는 너무 독특하게 생겼기에, 회의론자들의 의구심을 지우기에는 역부족이었다. 그래서 일부 과학자들은 혜성이 이 지형의 기원일 가능성에 무게를 두게 되었다. 이 주장을 1980년에 네이처에 발표한 바 있는 행성 지질학자 피터 슐츠(Peter Schultz)는 이카루스(Icarus)에도 같은 주장을 실은 바 있다.

이 미스터리 무늬는 충돌 크레이터 근처에서는 발견되지 않기 때문에, 혜성이나 기타 천체에 의한 충돌 가능성은 낮은 것으로 여겨져 왔다. 하지만 슐츠는 달 착륙선에서 뿜어져 나오는 가스의 모습을 보면서, '만약 작은 혜성이 달 표면에 충돌했다면 어떻게 될까?'라는 의문을 떠올리게 됐다. 혜성은 먼지와 암석을 다량 포함하고 있지만, 기본적으로 얼음과 드라이아이스가 가장 풍부하다. 그래서 충돌 시 높은 온도에 의해서 이산화탄소와 물은 증발해 거대한 가스를 분출하게 된다. 이 가스는 달 표면을 따라서 폭풍을 일으켜 모래를 날려버릴 수 있고, 동시에 이 폭풍은 크레이터에서 아주 먼 곳까지 퍼질 수 있다.

이 과정을 달에서 재현할 수는 없었던 슐츠는 컴퓨터로 시뮬레이션해 보았다. 그 결과, 현재 달 표면에서 볼 수 있는 것과 같은 밝은 무늬가 드물지 않게 만들어지는 것으로 나타났다.

그는 자기장 이상 부분에 대해서는, 혜성 충돌 시 만들어진 작은 금속 입자가 뿌려져서 생겼다고 설명했다. 하지만 이 주장을 검증하기 위해서는 해당 지형으로 탐사선이나 사람을 보내서 토양과 암석 표본을 채취해 와야 하고, 그 표본에 대한 분석도 더 필요했기에, 학자들 사이에는 동조하기 곤란하다는 분위기가 이어질 수밖에 없었다.

그러자 2009년에 미국 UC 산타크루즈 대학의 이언 개릭과 베델은 통합 이론의 도출을 포기하고, NASA에 제출한 백서와 학술지 Icarus를 통해, 스월을 만든 원인에 대한 네 가지 가설을 다음과 같이 정리해 놓고, 연구를 일단 매조지었다.

---

1. 태양풍의 부분적인 차폐 현상 : 지표에 존재하는 미세한 자기장이 방어막이 되어 준 덕분에 태양풍이 달 표면에 도달하지 못했고, 따라서 우주 풍화가 원천 차단됐다. 이 설명에 따르면, 스월은 태양풍이 잘 차폐되고 있는 지역이다.
2. 혜성 충돌 : 혜성에 있던 물질은 풍화를 겪지 않은 신선한 물질인데, 이 물질이 충돌과 함께 달 표면에 흩어지면서 스월을 이루었다. 이 가설에 따르면, 스월은 혜성의 충돌로 생성된 것이며, 새로운 혜성이 충돌하지 않는 이상 더 생기지 않는다. 이 가설의 장점은, 스월이 있는 곳에서 자기장이 검출되는 이유도 설명할 수 있다는 점인데, 충돌 과정에서 가스가 고속으로 부딪혀 고열이 발생했고, 그 결과로 물질이 가열됐다가 식으며 자성을 띠게 되었다는 것이다. 그러니까 태양풍 차폐 현상과는 반대로, 자기장 형성이 원인이 아니라 결과인 셈이다.
3. 부서진 혜성의 충돌 : 혜성이 그냥 충돌한 게 아니라 중간에 잘게 부서진 채(소천체가 지구 등 천체에 어느 한계 이상으로 다가오면 기조력 때문에 잘게 부수어진다.) 달에 떨어졌다는 가설이다. 이때 작은 입자가 먼지를 형성하는데, 이 먼지가 달 표면의 입자와 복잡하게 부딪히면서 표면에 기묘한 무늬를 남기게 됐다는 것이다.
4. 하전 입자 먼지 이동 : 게릭-베델 교수와 피터스 교수가 제안한 이론이다. 달 표면의 자기장과 태양풍의 플라스마가 만나 전기장을 만들고, 표면에서 떠오른 먼지 입자들이 이 전기장에 의해 끌려오거나 밀려나면서 무늬를 만들었다는 가설이다.

어쨌든 위의 주장들 역시 모두 가설일 뿐인데, 그 내용이 신화와 크게 다르지 않다. 셀레네의 잃어버린 흰빛이 달에 새겨져 있다는 루나 스월(Lunar Swirl). 그 신화의 진실은 언제 밝혀질까.

V-shaped Formation

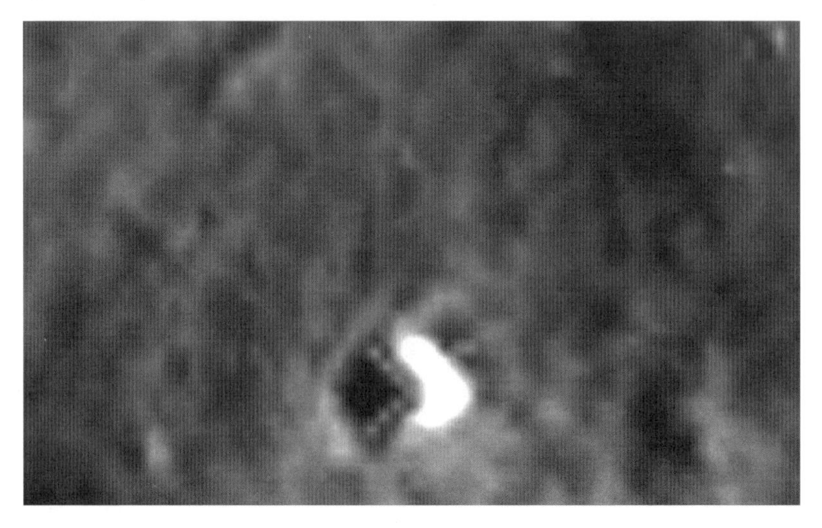

1994년에 발사된 Clementine이 달의 뒷면 모스코바의 바다(Mare Moscoviense) 안에 있는, 오래된 크레이터에서 일곱 개의 불빛을 가진 V 모양의 구조물을 찾아냈다.

외계인이 지은 구조물일 거라는 설이 유력하지만, 미국에서 1959년에 시작했다는 Horizon Project 때 만든 것이라는 주장도 적지 않다. 그 근거로 제시된 증거는 뚜렷이 없지만 말이다.

로켓형 구조물

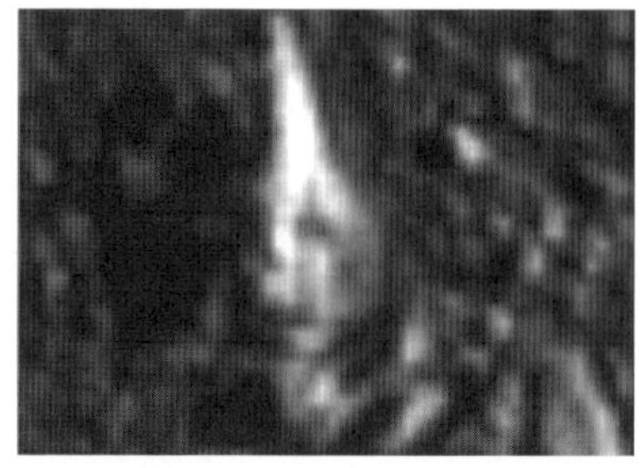

이 사진은 아폴로 미션 때 촬영한 것이다. 어지러운 암석들이 널려 있는 지역인데, 그사이에 날카로운 머리를 가진 구조물이 보인다. 확대해서 살펴보니, 여러 개의 구조물이 모여 있는, 복합 구조물 형태인데, 전반적인 느낌은 로켓 발사장 같다.

우주선

다음에 살펴볼 것은, 달 위에 발견된 비행체들에 관한 자료들이다. 그러니까 UFO나 그 수준에 버금가는, 인공 비행물체라고 확신을 가질 만한 증거들이라는 뜻이다.

다른 장에서 살펴보았던 자료들은 될 수 있는 한 배제하겠지만, 스토리 진행상 불가피하게 삽입된 것이 있을 수도 있다. 자료 대부분은 Lunar Orbiter가 촬영한 사진이고, 동영상 일부를 발췌한 것도 있다.

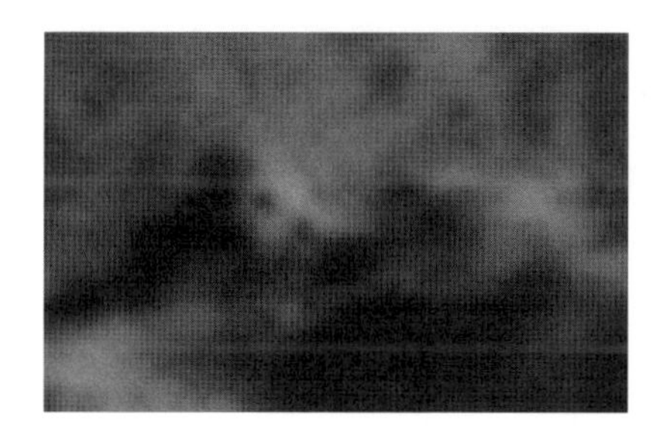

다섯 대의 Orbiter는 극 지역과 뒷면을 포함하여 달 표면 사진을 광각·고해상도로 1,950장을 촬영했고, 그 사이에 비디오 촬영도 했다. 그러나 당시의 기술 한

계 때문에 비디오의 품질은 좋지 못한 편이다.

위의 사진은 1967년 3월에 Orbiter Ⅴ호가 Copernicus #5 지역을 촬영한 비디오테이프에서 발췌한 것이다. 주변에 기계적인 구조물들이 널려 있고 그 위에 이 물체가 놓여 있는데, 고정되어 있는 구조물이라기보다는 임시로 착륙해 있는 비행체 같다.

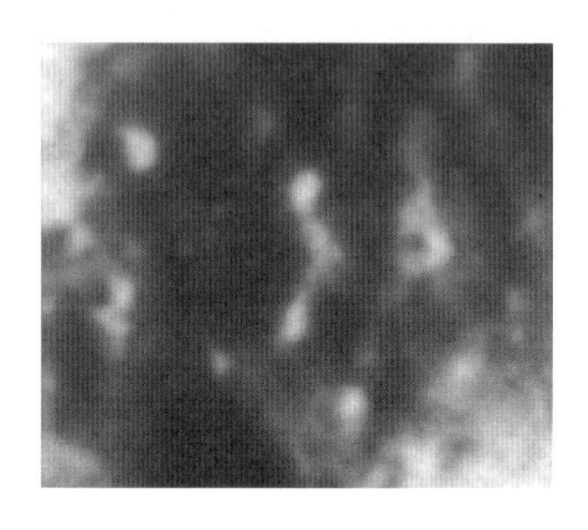

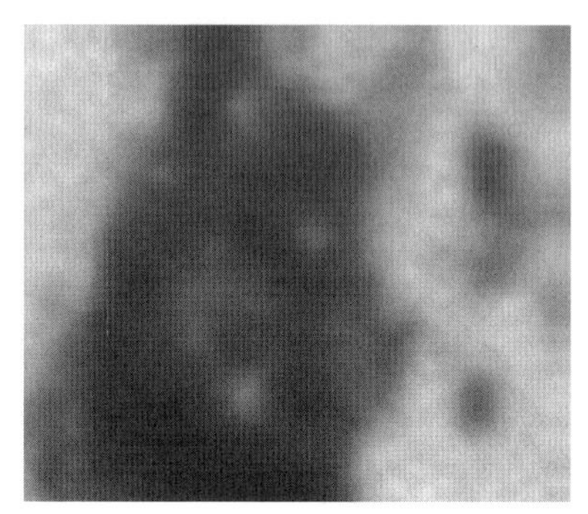

위의 사진들 역시 Copernicus Crater 내부를 촬영한 비디오테이프에서 발췌한 것이다. 디자인 흔적이 비교적 선명해서 자연지형이 아니라는 사실은 알 수 있는데, 비행체인지는 모르겠다.

아래에 있는 그래픽 역시 화질이 좋지 못한데, 1972년 12월 12일에 찍힌 비디오테이프에서 발췌한 것이다. 이것에 담긴 것은 비행체가 아니고 그 그림자이다.

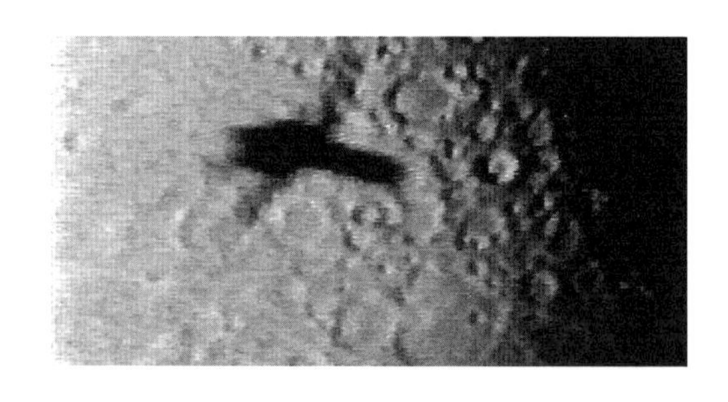

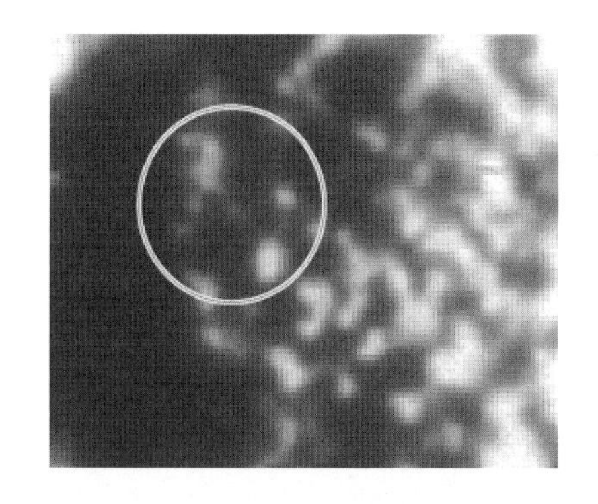

옆의 사진은 Tsiolkovsky Crater 내부를 촬영한 것이다. 이상한 구조물로 가득 차 있는데, 원 안의 돌출부를 가진 구조물은 기울어져 있는 것으로 보아, 고정된 구조물이 아닌 것 같다.

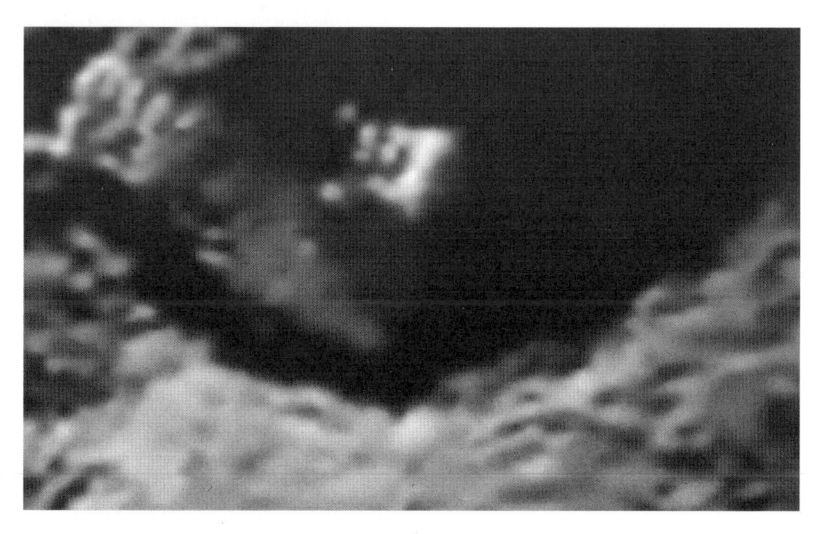

1998년 9월 28일에 달 관측 카메라(MPS)에 위의 비행물체가 포착되었다. 물체는 초당 30 Frame의 속도로 촬영하고 있는 카메라에 총 10 Frame 동안 포착되었다. Slow Motion으로 살펴본 결과, 두 개의 Jet 분사구를 확인할 수 있었다.

빠른 속도로 좌에서 우로 이동 중이며, 물체의 뒤편에는 Vapor Trail이 있다는 사실도 확인했다. 또한, Negative 이미지 분석으로 조종석으로 보이는 부분에 덮개가 있다는 사실도 확인했는데, 외형이 몹시 투박하고, 날개로 보이는 부분이 없다는 사실도 특이한 점이라고 할 수 있다.

◐ 거인의 그림자

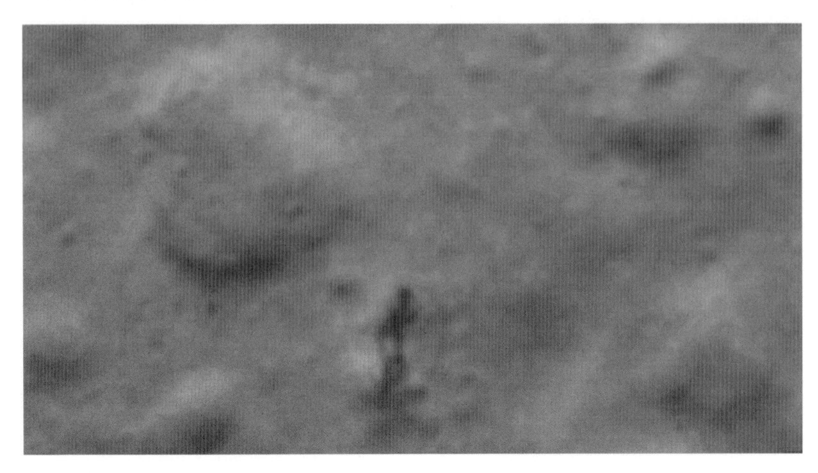

구글의 달 지도에 발견되어 오랫동안 논란을 일으키고 있는 이미지이다. 'Colossus(Rhodes Island에 있다는 Apollo 거상)'라고 이름 지어진, 이 그림자의 크기는 무려 150ft나 된다. 나사에서는 카메라 렌즈의 오염에서 유발된 문제라고 하는데, 그런 설명으로는 논란이 잠들지 않을 것 같다.

제 6 장

코페르니쿠스 분화구

코페르니쿠스 분화구와 주변 전경

Copernicus Crater는 지구에서 관찰하기 쉬운 분화구에 속한다. 비교적 젊은 분화구이고 Near Side의 중심 북서쪽에 있으며 크기도 큰 편이기 때문이다.

Orbiter Ⅴ가 촬영한 위의 사진 역시 선명하다. 그리고 아주 자연스럽고 평온해 보인다. 그런데 정말 자연스럽고 평온한 곳일까. 그런 곳으로 판단했다면 상세히 살피지 않은 것이다.

이번 장에서는, 달의 분화구 중에서 대중들의 주목을 가장 많이 받고 있는, 코페르니쿠스 분화구에 대해서 고찰해 보고자 한다. 이 지역은 오래전부터 이상한 지형지물이 많이 있다는 의심을 받고 있다. 그리고 이런 의심이 확장된 것인지는 몰라도, 이곳에 광산이 운영된 흔적이 있다는 주장까지 제기되고 있다.

달에 광산이 운영되었던 곳이 있다? 상식적으로는 황당하기 이를 데 없는 주장이라고 할 수 있다. 하지만 이 분화구에는 거대한 기계가 스쳐간 흔적이 뚜렷하게 남아 있고, 토목 공사를 했다고 볼 수밖에 없는 흔적도 남아 있으며, 곳곳에 인공 구조물로 보이는 물체들도 존재하기에 이런 주장을 백안시하기 어렵다.

사실 달에 광산이 운영되고 있을 거라는 주장은 대규모 천문대가 생기기 이전부터 거론되고 있었다. 정말 놀라운 사실이다. 그런데 그중에는 소설가나 호사가만 있는 게 아니라 과학자도 있었다. 특히 콘스탄틴 치올콥스키(Konstantin Tsiolkovsky)와 같은 저명한 과학자도 들어 있었다는 사실은 정말 놀랍다.

그는 라이트 형제가 동력 비행기를 날리기 전에, 항공 여행에 관한 다양한 실험을 했고 태양열 수집기, 태양 전지판, 접시 안테나를 갖춘 회전식 토러스 우주 정거장을 설계한 바도 있다.

그런데 그가 1895년에 스케치한 '달의 금 광산 작전'을 보면, 피라미드 타워와 그것을 서로 연결하는 유리 튜브로 구성된 광산 시설이 있고, 그 위에는 우리가 현재 표준 UFO로 생각하고 있는 접시형 비행체가 날아다니고 있다. 물론 코페르니쿠스 분화구에 이런 시설이 있는 것은 아니지만, 어떻게 달에 광산 시설을 있을 거라는 아이디어를 떠올릴 수 있었는지 그 자체가 신기하다. 하지만 앞에서도 말했지만, 이런 특이한 아이디어를 그냥 동화 속의 이야기처럼 묻어 둘 수 없는 상황이다.

더구나 코페르니쿠스 분화구의 경우, 아폴로 계획이 끝난 후에 그 지형이 많이 변했을 뿐 아니라, 기계의 불빛으로 보이는 광원이 자주 포착되기도 하기에, 세심한 탐사가 필요한 상황이다.

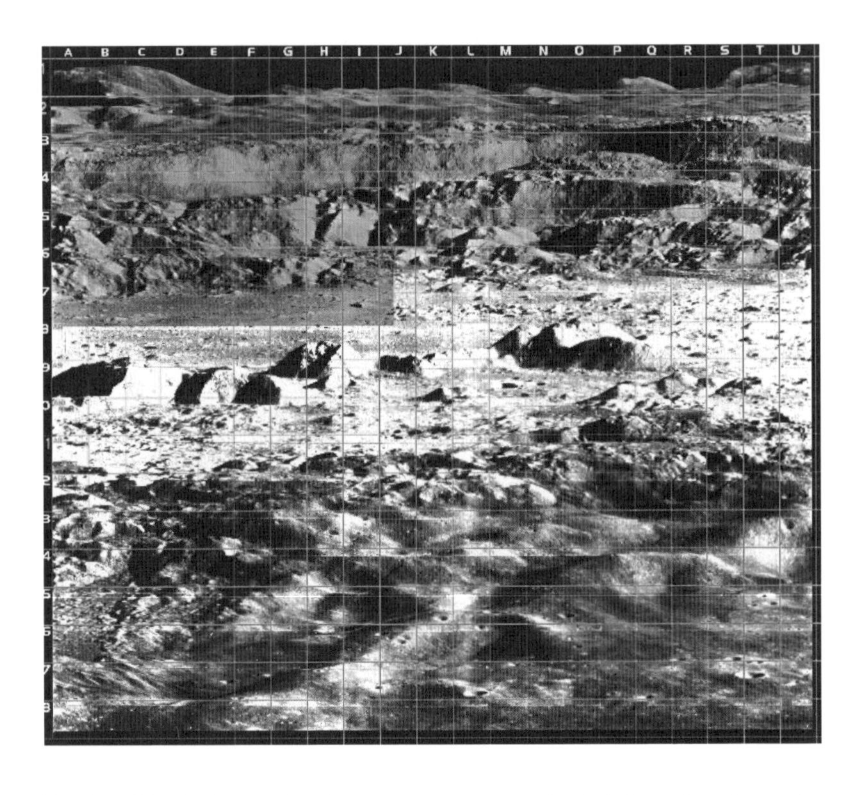

고해상도 이미지

이것은 Lunar Orbiter Ⅱ가 촬영한 코페르니쿠스 분화구 전경 사진이다. 미스터리 지형지물의 위치를 지목할 때, 이 그리드 사진을 기준으로 삼을 것이다.

Orbiter가 필름 카메라로 촬영한 후에 직접 현상해서 전송해 온 사진이기에 화질이 좋은 편은 아니다.

하지만 코페르니쿠스의 비밀을 들여다볼 정도의 수준은 되는 것 같다.

◑ 스핑크스

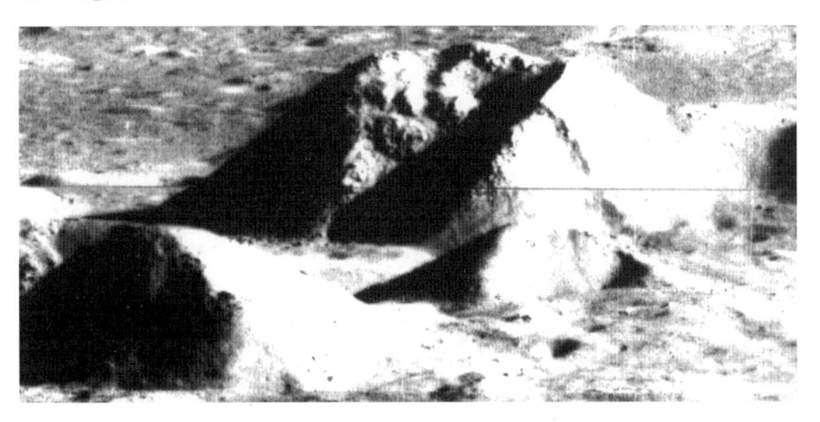

sphinx

처음으로 살펴볼 곳은 Sphinx 지형이다. 위 사진은 LO-2-162H 파일 일부를 발췌한 것이다. 얼굴 형상의 바위는 비교적 흔한 편이지만, 이 경우는 왕관과 헤드밴드가 있는 듯해서 특별하다. 또한, 내부 그림자가 날카로운 모서리를 가지고 있고, 얼굴이라고 판단할 만한 윤곽선도 뚜렷이 보여서 시선이 끌린다.

이 자료는 원본 일부를 잘라낸 것이지만, 그 외의 리터치는 하지 않았다. 그리드 상의 위치는 G-8, H-8, G-9, H-9에 걸쳐있고, 차지하고 있는 범위도 비교적 넓다.

이 지형에 관해서 기술할 게 적지 않지만, 세부적인 정보는 주변 지역과 연계하여 뒤쪽에 별도로 기술해 놓았으므로, 여기서는 기본적인 형상을 설명한 것으로 매듭을 짓겠다.

다음에 소개할 것은 피라미드 지형에 관한 것이다.

피라미드

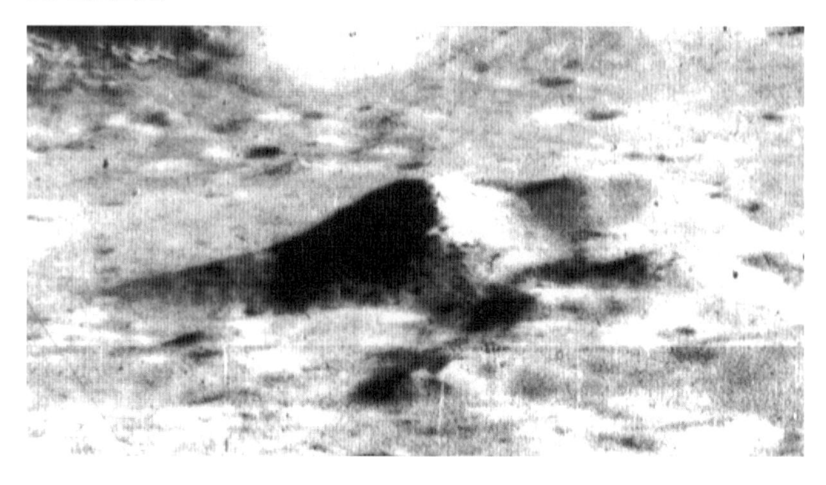

위의 사진에는 '피라미드'라는 이름을 얻은 지형이 담겨 있다. 모서리가 제법 날이 서 있기는 하지만, 자연지형에 불과하다는 주장에 대해 적극적으로 대항하기에는 근거가 부족해 보인다. 그리드 상의 정확한 위치는 K-9인데, 이곳에 대한 상세한 조사 내용 역시 주변 지역과 연계하여 뒤쪽에 기술되어 있다.

거대한 노천광산(Strip Mine)

Strip Mine

코페르니쿠스 분화구에 거대한 노천광산이 있다거나, 분화구 전체가 광산과 그 부속 시설로 이뤄졌다는 주장은, Orbiter가 달 사진을 전송해 오기 전에 망원경 관측자들에 의해 이미 시작되었다. 그랬기에 Orbiter가 보내온, 선명한 사진들은 그 의혹의 불씨에 기름을 부었다.

위의 사진을 살펴보면, 바위들이 부자연스럽게 흩어져 있고 충격 분화구에서 흔히 나타나는, 분화구 바깥쪽으로 파편을 던진 것 같은 테라스 효과는 남아 있지 않다. 그래서 이것을 광산 운영의 핵심 증거로 삼고 있다.

희미한 테라스의 잔영과 부스러기 돌 더미를 침식 패턴이라기보다는 광산 운영의 흔적으로 인식하는 이유는, 달에 그러한 침식을 유발할 바람이나 물이 없기 때문이다. 또한, 이곳에는 토목 현장에서 볼 수 있는 계획적인 지형 정비 흔적도 보인다. 그래서 노천광산이 운영되었다고 믿고 있을 뿐 아니라, 그 시기도 고대가 아닌 근래일 가능성이 더 큰 것으로 보고 있는 것이다.

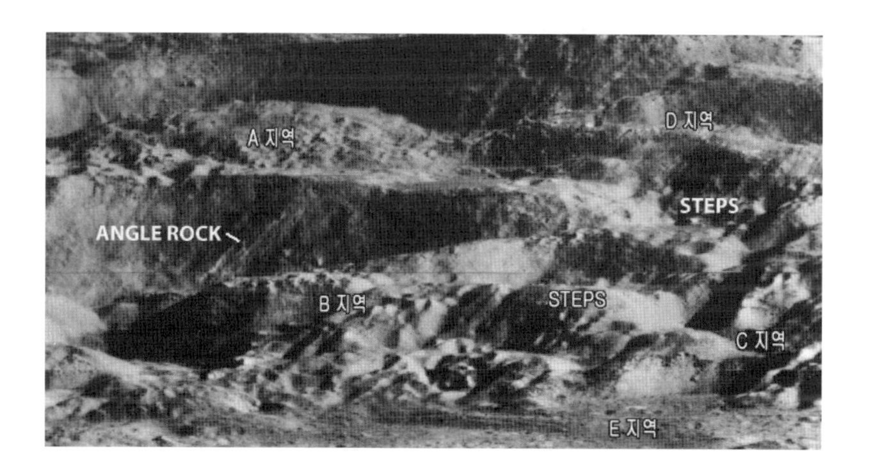

노천광산으로 추정되는 지역을 확대하여 이름을 붙여 보면, 이 지역이 노천광산이라는 주장이 더욱 신빙성 있게 느껴진다. 그러한 주장이 여전히 생경하기는 하지만, 그에 대한 근거 자료는 비교적 충실한 편이다.

이런 주장에 NASA는 부정적 태도를 취하고 있는데, 정말 그것에 대항할 수 있을 만큼 증거가 충분한지 자료를 분석해 보자.

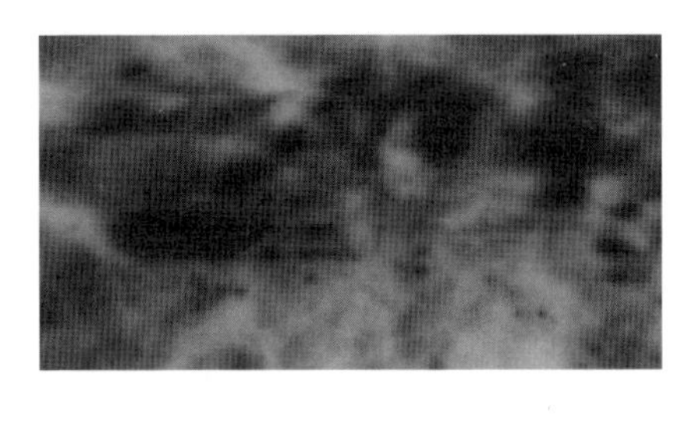

그리드 좌표 N2~N3를 확대해 보면, 옆의 사진과 같은 Box 형태의 구조물이 보인다. 사진이 선명하지는 않지만, 자연스럽게 형성된 지형이 아니라는 것을 한눈에 알아볼 수 있을 정도로 인공적인 설계의 냄새가 짙게 풍긴다. 광산과 연관된 건물일 가능성이 큰데, 제련소(Refinery)와 같은 역할을 하는 건물이 아닐까 싶다.

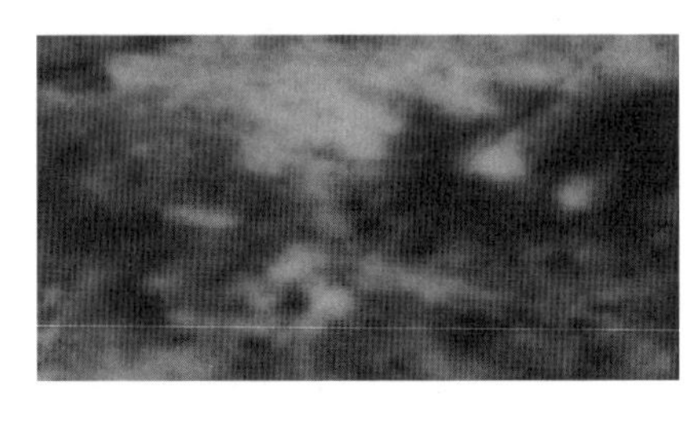

그리드 위치 O-2 근처를 자세히 살펴보면, 왼쪽 사진 속과 같은 지형지물이 보인다. 사진의 오른쪽 위쪽에는 대규모 장비나 사람을 보호하기 위해 지어놓은 거로 추정되는 성 같은 구조물이 보이고, 왼쪽 아래에는 복잡해 보이는 집합 구조물이 보인다. 이뿐만 아니라, 부분별로 확대해 보면 많은 인공 구조물이 드러나는데, 특히 A 지역에 있는 구조물들은 수가 너무 많고 모습도 생경해서 당황스러울 정도이다.

A 지역에 있는 수수께끼 물체들의 위치를 표시하고 이름을 붙이면서 하나씩 찬찬히 살펴보자.

A 지역

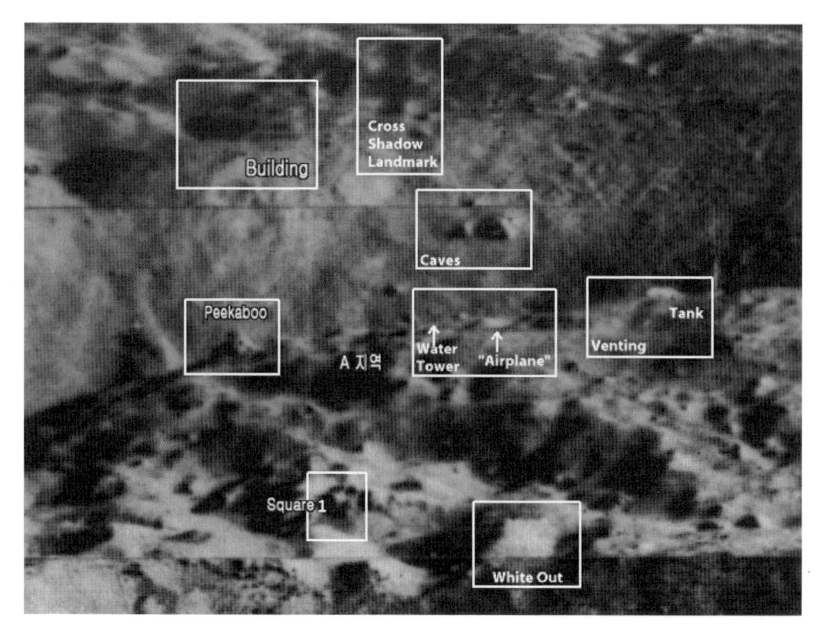

A 지역의 전체적인 모습은 대략 위와 같다. 이 중에 특이해 보이는 지형지물을 하나씩 확대해 보도록 하겠다.

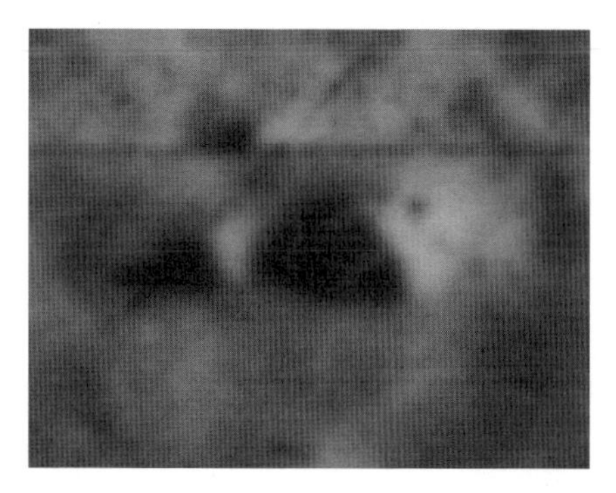

이 사진은 위에서 세 번째로 표시되어 있는 'Caves' 부분을 확대해 놓은 것이다. 열려 있는 동굴의 입구 근처에 어떤 장치가 있는 것 같다. 자연 동굴일 가능성이 전혀 없지는 않지만, 인공적인 구조물일 가능성이 더 커 보인다. 그리드 위치는 O-3이다.

다음에 살펴볼 물체는 제일 왼쪽에 있는 'Peekaboo'라고 이름 붙여진 수수께끼이다. 앞장에서도 언급한 바 있는데, 아주 모양이 진기하다.

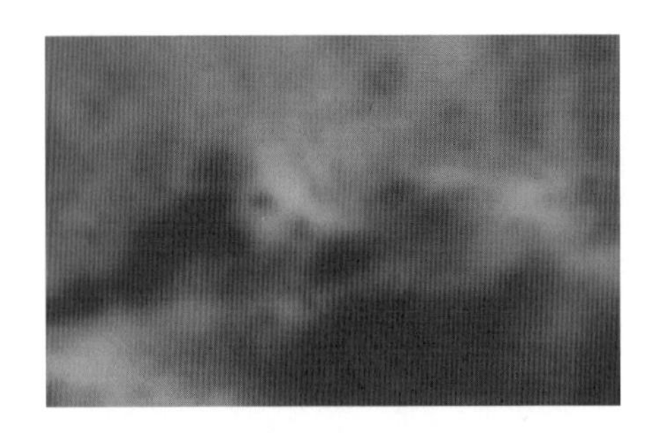

눈 같은 창을 가진 둥근 개체가 있고, 그것의 오른쪽에 튜브형 지지대가 있다. 그리고 그것의 오른편 바위 위에는 어렴풋이 다른 개체가 보이는데, 주변의 바위에 비해서 태양 빛을 많이 반사하고 있다. 그리드 위치는 N-3이다.

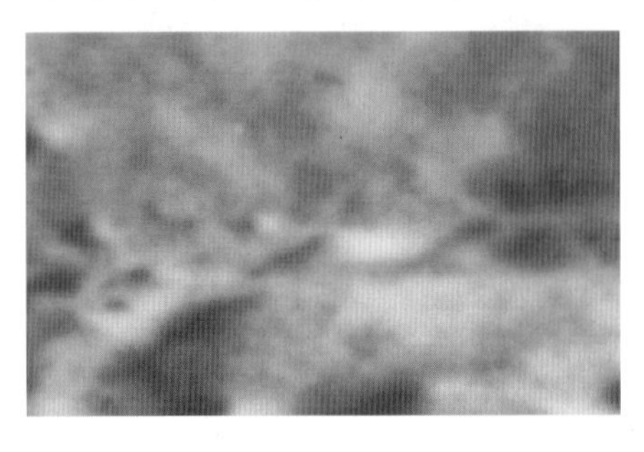

다음에 살펴볼 곳은 'Water tower'와 'Airplane'이 있는 지역이다. 구체적인 모양을 판독하기는 쉽지 않으나 평범한 바위가 아니라는 사실은 쉽게 알 수 있다. 'Airplane'은 동체, 날개, 꼬리, 꼬리 엔진 등이 있는 것 같아서 이렇게 이름 붙여졌다. 그 오른편에는 트러스 구조물이 보이는데, 그것의 하부는 타원형이다. 그리드 상의 위치는 O-3이다.

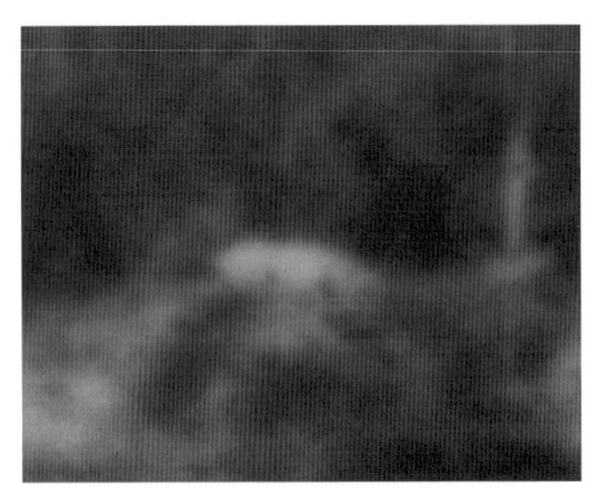

다음에 살펴볼 구조물은 'Venting과 Tank'이다. Venting은 빛을 밝게 반사하고 있는데, 그 왼쪽으로 V형 패턴으로 가스 분사가 일어나고 있다. 그리드 상의 위치는 O-3이다.

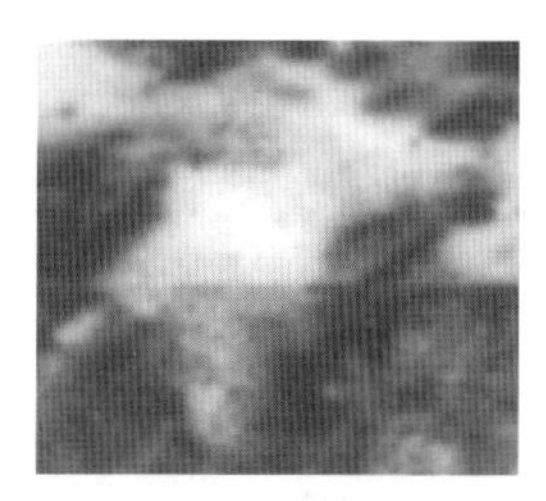

White out

다음에 살펴볼 것은 거대한 'White Out'인데, 이에 대해서는 이상한 구조물의 증거로 보기보다는, 데이터 전송상 결함이거나 템퍼링의 증거로 보는 시각이 더 우세한 상황이다. 그리드 상의 위치는 O-4이다.

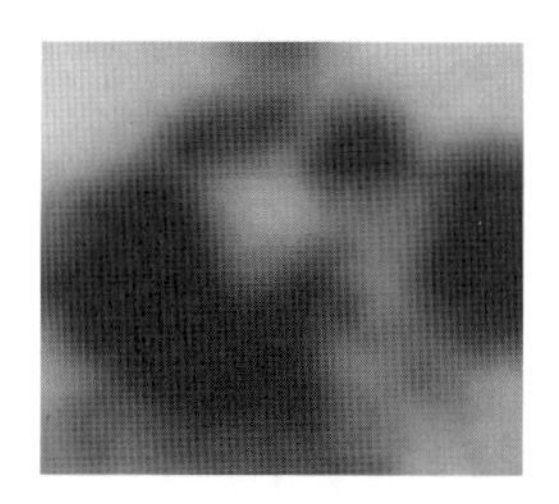

Square 1

다음에 게재한 'Square 1'은 작은 물체들이 얽혀 있는 복합구조물로 보이는데, 복잡하긴 해도 균형은 잘 잡혀 있다. 그리드 상의 위치는 N-4이다. 그리고 'Tank2'는 둥근 사각형 물체인데, 탱크의 일종으로 보인다. 너무 작아서 그렇게 단정 짓기는 어려우나, 자연물이 아닌 건 분명하다. 그리드 상의 위치는 O-4이다.

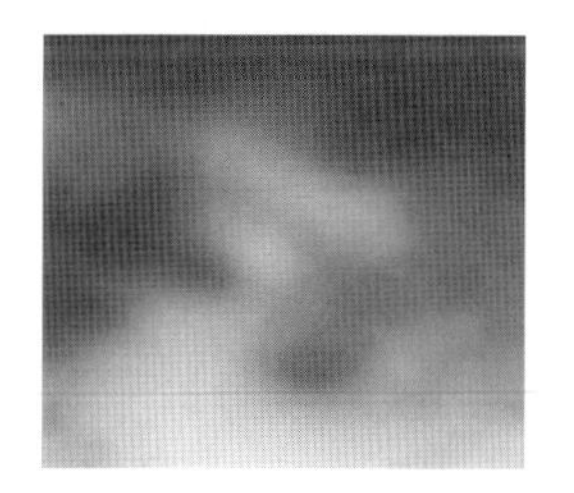

Tank 2

이외에도 코페르니쿠스 분화구에는 인공 구조물로 보이는 것이 더 많이 있다. 하지만 여기에서는 비교적 구분하기 쉬운 것만 소개했다. 사실, 코페르니쿠스 분화구는 의문투성이 분화구여서, 위와 같은 관점은 그런 의문에 대한 최소한의 접근일 뿐이다.

특히 노천광산으로 추정되는 지역에 대해서는 다양한 주장이 존재하는데, 대부분 근거를 잘 갖추고 있는 것들이어서, 논쟁이 쉽게 끝날 것 같지 않다. 잠시 노천광산 지역에 관한 주장 중에 특별하다고 여겨지는 주장에 대해서 살펴보도록 하자.

◑ 노천광산에 관한 특별한 관점

이러한 분화구의 모양이 일반적이라고 할 수 있을까. 충돌 분화구 그대로의 모습이거나, 그 충돌 분화구가 시간에 따라 자연스럽게 변한 상태라고 할 수 있을지 의문이다.

이런 회의적 태도를 비판하는 학자들은, 충돌 당시의 상태 그대로 시간을 흘려보낸 모습은 아닐지는 몰라도 인공적인 외력이 가해진 상태는 아니며, 분화구에 다른 유성이나 소행성 조각이 충돌하여 변형된 상태일 가능성이 크다고 주장한다. 그럴 수도 있다. 유성이나 소행성 충격의 난폭한 에너지는 지형지물을 예측할 수 없는 상태로 변화시킬 수 있으니까 말이다. 그렇긴 해도 분화구 고유의 특성은 남아 있기 마련이다. 자연 에너지가 지적인 설계가 가미된 형태로 가해질 개연성은 거의 없기 때문이다.

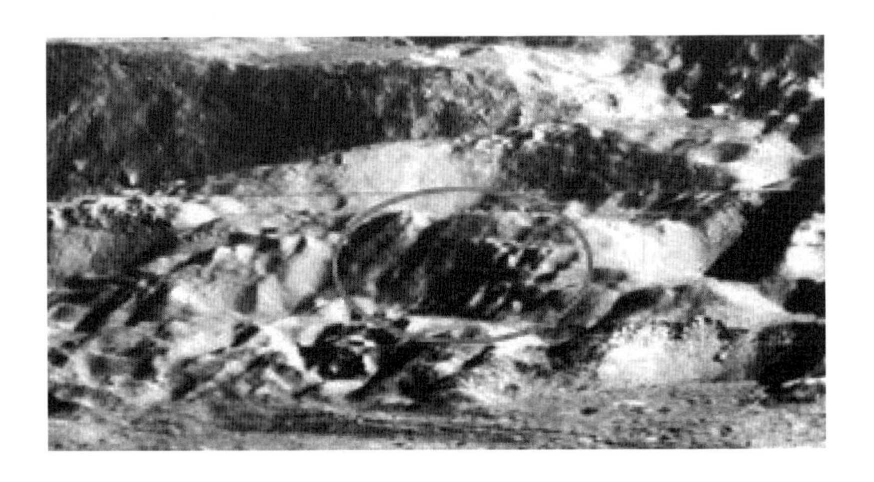

이것은 앞에 게재한 사진의 오른쪽 부분을 확대한 것이다. 원으로 표시해 둔 곳에 시선을 집중해 보자. 이 경사지에는 거대한 기계로 다듬어진 흔적이 뚜렷이 나타나 있다.

그 위쪽에는 계단식 평지와 경사지가 교대로 나타나 있는데, 그곳 역시 기계로 정비된 흔적이 보인다. 굴삭기와 유사한 중장비로 일정한 간격을 두고 길게 깎아내린 자국이 주된 증거이고, 계단식 평지의 평평하게 다듬어진 흔적 역시 증거로 충분하다.

자연적인 현상 중에 이런 형태의 지형이 만들어질 경우를 아무리 생각해 봐도 도무지 떠오르지 않는다. 거대한 기계로 공사를 해 놓은 게 거의 확실하다. 그렇다면 이런 작업을 한 기계는 어디에 있을까? 앞에 게재했던 그리드 지도를 참조해서 표시해 보면, 다음과 같은 곳에서 기계들을 찾을 수 있다.

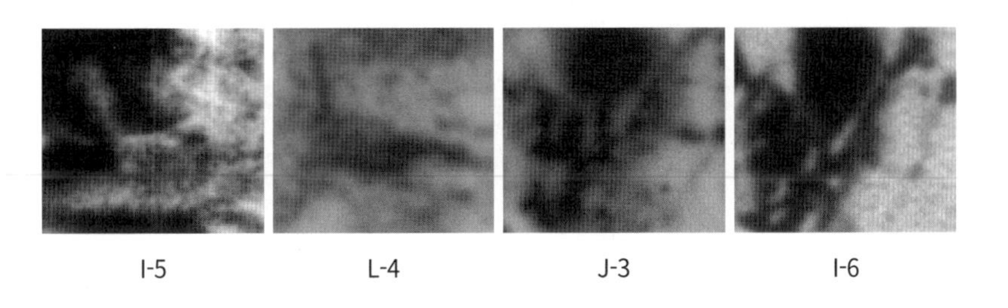

I-5 L-4 J-3 I-6

이곳의 지형을 조성하는 데 사용되었는지는 알 수 없지만, 이처럼 여러 곳에서 대형 기계를 찾을 수 있다. 해상도가 높은 사진은 아니지만, 자연 지형과는 확실히 구분되는 모양이고 크기도 커서 기계류임을 한 눈에 알아볼 수 있다.

이제 A 지역 관찰은 이쯤에서 마치고, B 지역으로 눈을 돌려보자. A 지역과 이어져 있는 노천광산이 이 지역에 포함되어 있고, A 지역 못지않게 다양한 볼거리가 있는 곳이다. A 지역에 주로 광산 운영과 관계된 구조물들이 모여 있다면, B 지역에는 그것들 외에 광산 운영과 무관해 보이는 구조물들도 많이 있다.

◑ B 지역

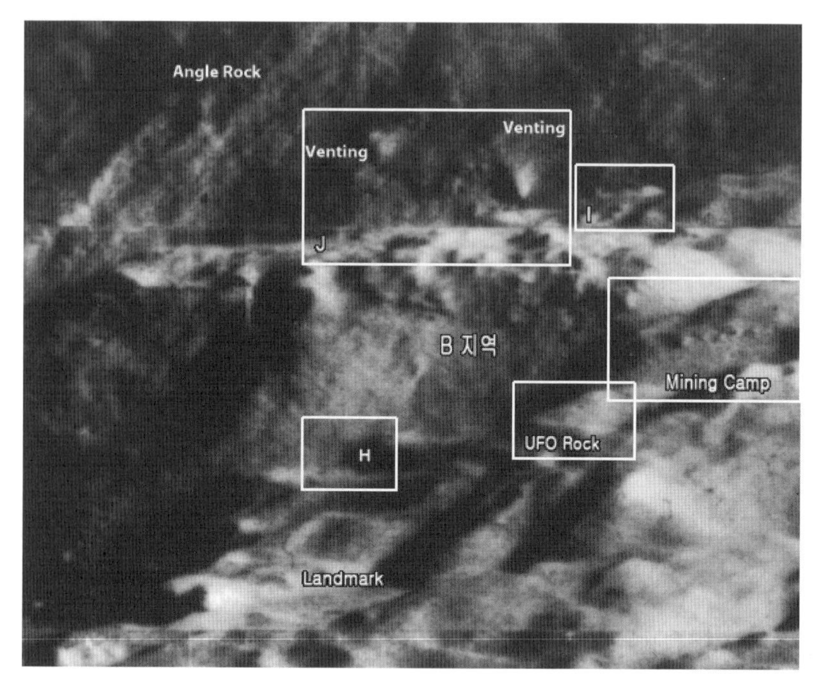

이 사진은 B 지역을 확대한 것으로, 우선 시야에 금방 들어오는 수수께끼들만 표시하고 이름을 붙여 보았다. 모두가 특이하지만, 가장 눈에 띄는 것은 위쪽에 보이는 'Venting' 지역이다. 이것이 환기 시설 일부인지, 가스 분출 시설인지는 모르겠으나, 이런 시설이 존재한다는 사실 자체가 신기하다.

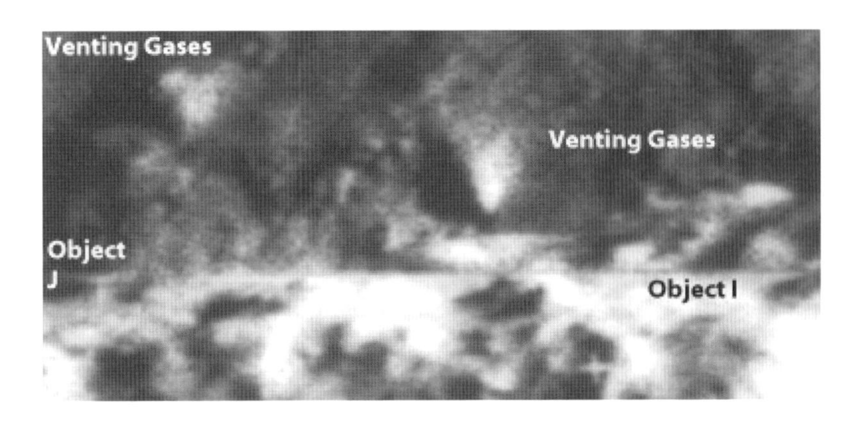

이곳을 확대해 보면, 위와 같은 모습으로 드러나는데, 가스가 분출되는 모습이 아주 선명하게 보인다. 한편, Object I은 계단으로 보이고 Object J는 위가 평평한 탱크처럼 보인다.

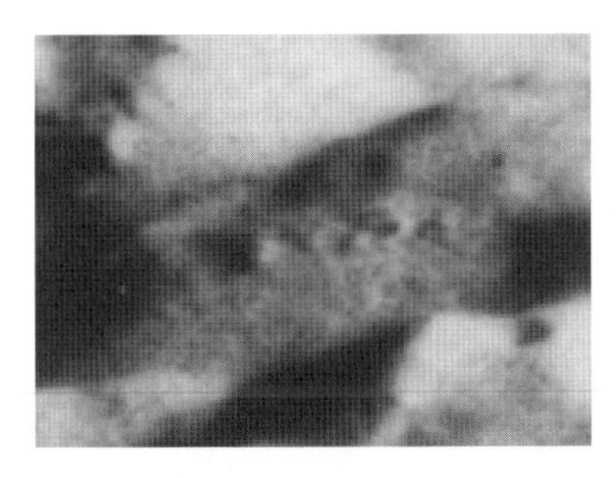

그리고 'Mining Camp'를 확대해 보면, Grid Q-5 지점에 왼쪽 사진과 같은 모습이 드러나는데, 트랙이 보이고 인위적으로 배치한 듯한 물체들도 보인다.

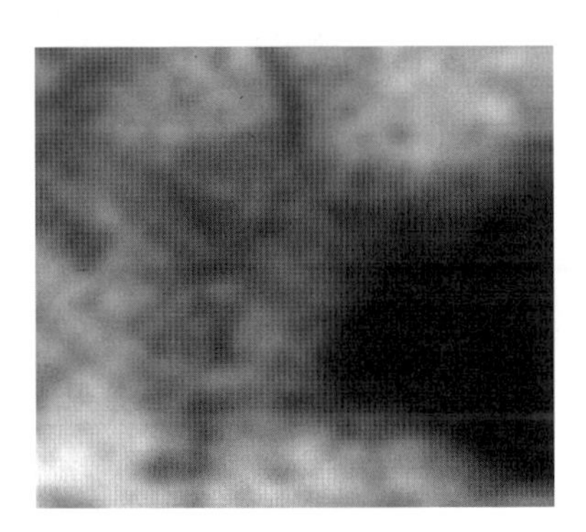

그리고 Object H를 확대해 보면, 이런 구조물이 모습을 드러내는데, 중앙에 탑이 있는 거대한 스포크 휠처럼 보인다. 그리드 상의 위치는 P-5인데, 이와 유사한 물체를 그리드 L-11에서도 볼 수 있다.

그리고 'UFO Lock'이라고 표시된 부분을 확대해 보면, 아주 기이한 형태의 물체가 드러나는데, 바위라기보다는 공작물처럼 보인다.

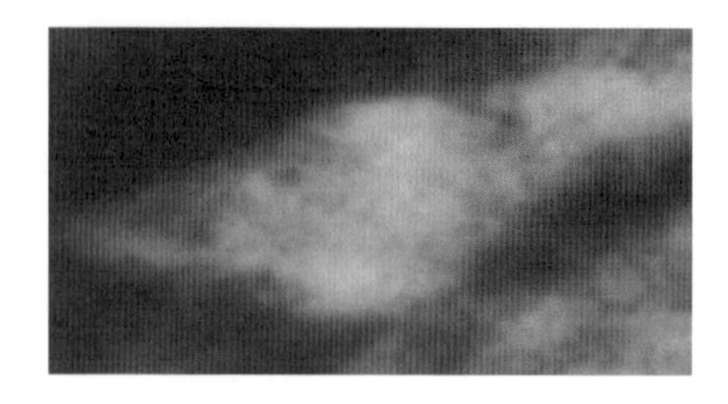

Dome 형태의 지붕과 Double Rim이 비교적 선명하게 보인다.

C 지역

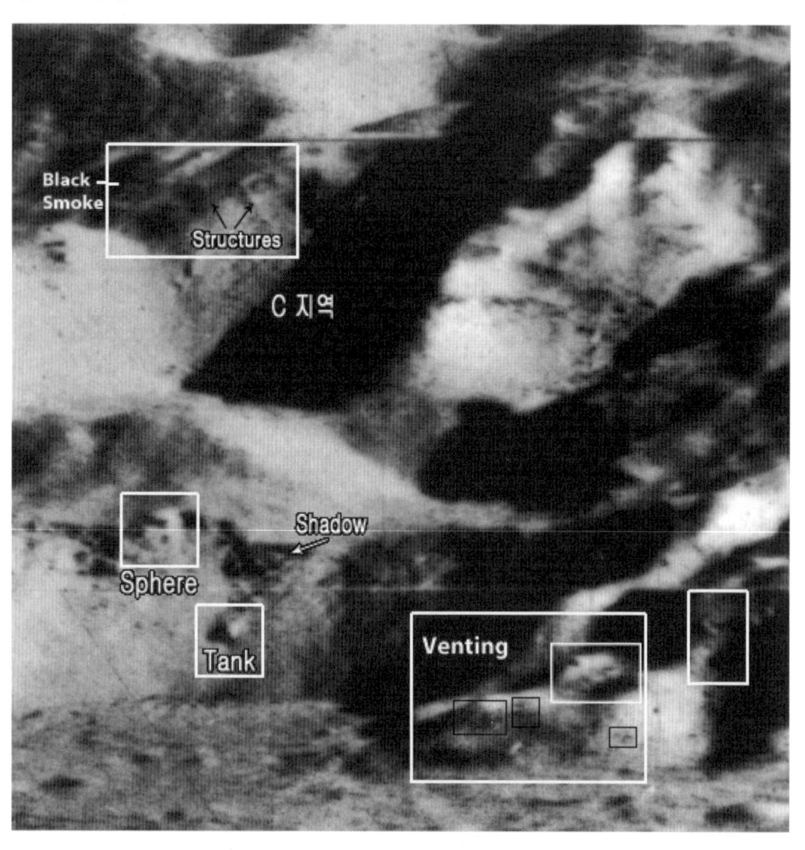

위 사진은 수수께끼들이 함께 표시된 C 지역 전경이다. 이 지역 역시 낯선 모습의 물체들이 다양하게 존재한다.

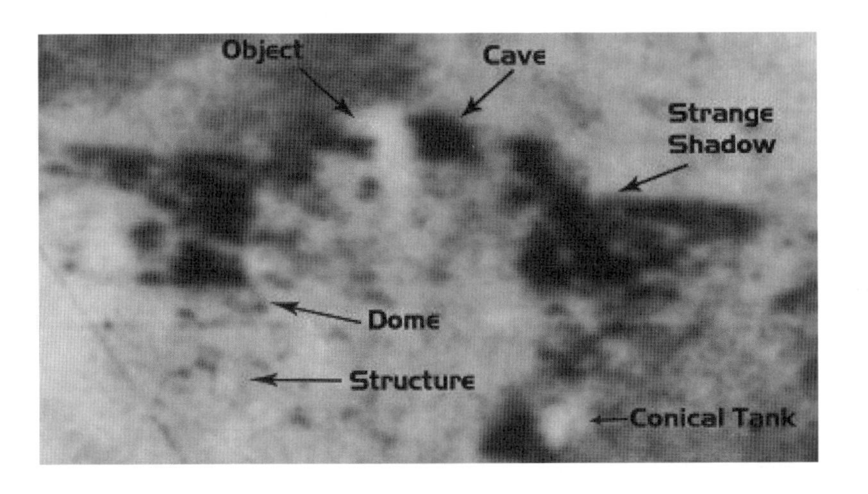

왼쪽 아랫부분을 확대한 것이다. 세 개의 큰 물체가 보이는데, 위쪽의 Object에는 'Cockpit(조종석)'이라는 별명이 붙어 있다.

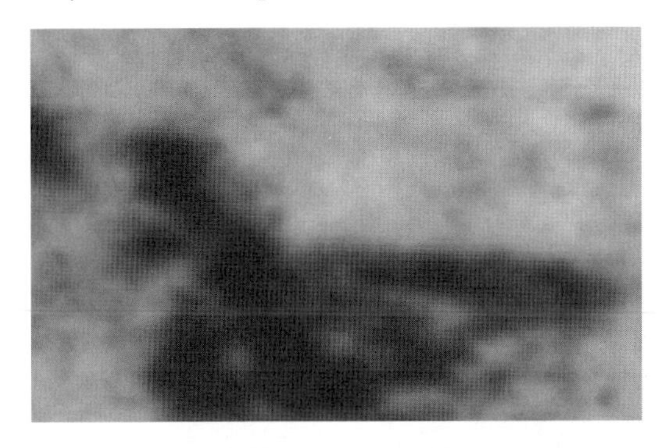

'Strange Shadow' 지점을 더 확대해 보면, 여러 개의 모듈이 가는 선으로 연결된 형태의 구조물이라는 사실을 알 수 있다.

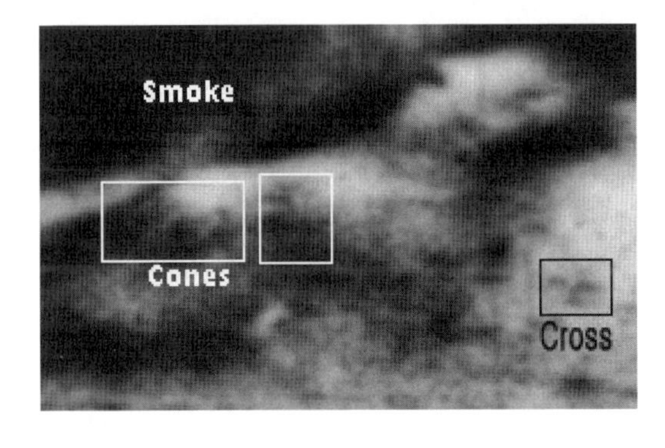

그리고 'Venting'이라고 표시된 부분을 확대해 보면, 물체 밖으로 연기가 강렬하게 분출되는 모습이 선명하게 보인다. 그리고 오른쪽 아래에는 음영 짙은 십자가 모양의

구조물이 놓여 있다.

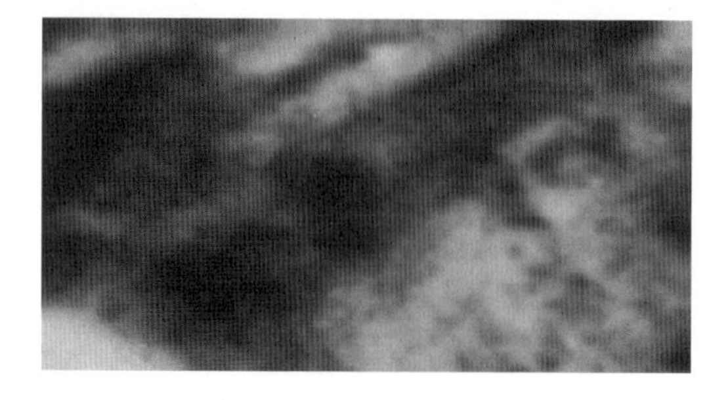

'Black smoke' 지점을 확대해 보면, 구조물의 예리하게 날이 선 모서리가 보이고, 균형이 잘 잡힌 부속물들도 보인다. Grid T-5에 있으며 '공장'이라는 별명이 붙어 있다.

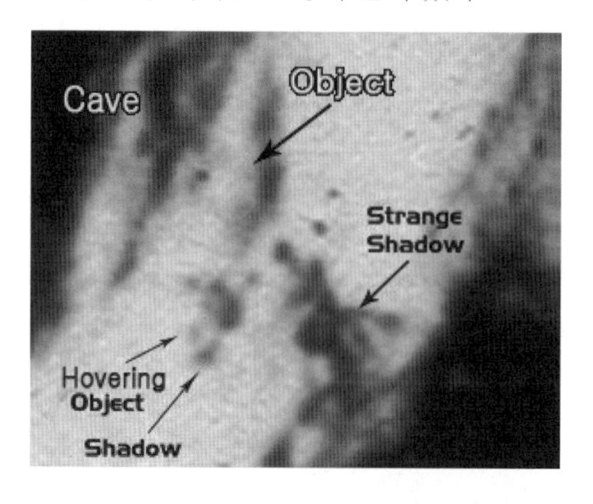

왼쪽 사진은 C 지역을 거의 수직으로 조망한 다른 각도의 사진이다. 물체들을 다른 시각에서 볼 수 있을 뿐 아니라 새로운 물체도 발견할 수 있다.

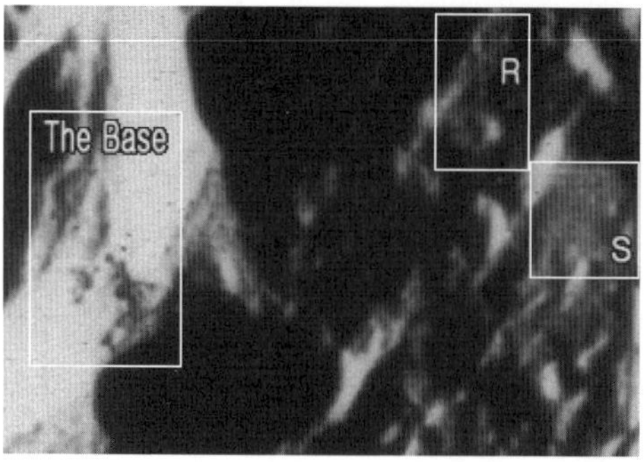

이 사진은 'The Base' 지역을 확대한 것이다. 이상한 개체들이 여럿 있다. 동굴 입구 같은데, 앞의 자료를 볼 때는 그것의 정면을 원통형으로 판단했으나, 실제로는 원뿔형이었다는 것을 알 수 있다.

아래쪽에는 가는 선들로 연결되어 삼각형 패턴을 형성하고 있는 작은 물체들이 있다. 그 아래 그림자로 볼 때 지면에 붙어 있는 구조물은 아닌 것으로 보인다.

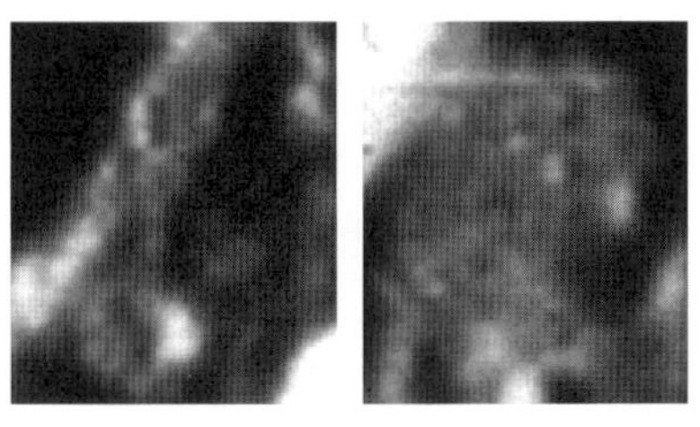

R 지점 S 지점

왼쪽 사진들은 R과 S 지점을 확대한 것이다. R 지점에는 큰 원형 돔이 보이고, 그것과 연결된 작은 건축물도 보인다. S 지역에는 작은 구조물들이 열을 지어 서 있는 정경이 보인다.

이제 C 지역의 지형지물을 충분히 살폈으니, 이곳과 연결되어 있는 D 지역을 살펴보도록 하자.

D 지역

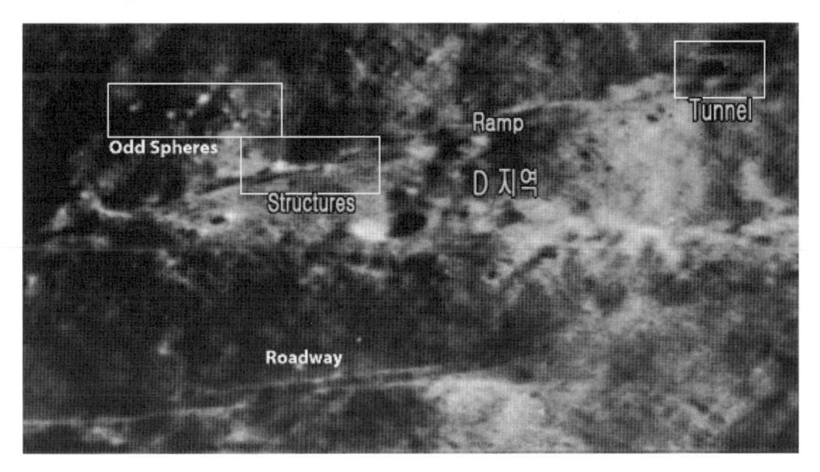

이 사진은 각종 수수께끼가 표시되어 있는 D 지역 전경이다. 잘 조성된 건설 현장처럼 보이는데, 그 모습이 달의 정경이라기보다는 지구의 어떤 지역을 조감하고 있는 것처럼 친숙하게 느껴진다. 세부적으로 살펴봐도 그런 느낌은 여전히 유지된다.

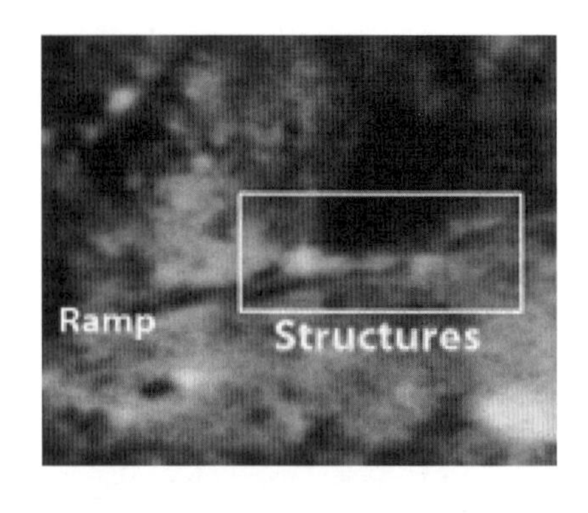

'Structures' 부분을 확대한 사진이다. 구조물들이 정상을 향하는 진입로에 있다. 사진 속에 있는 건물은 능선 부근에 첨탑과 함께 광장에 있다. 그리고 그 오른쪽 조금 떨어진 곳에 각진 모서리를 가진 구조물이 보인다.

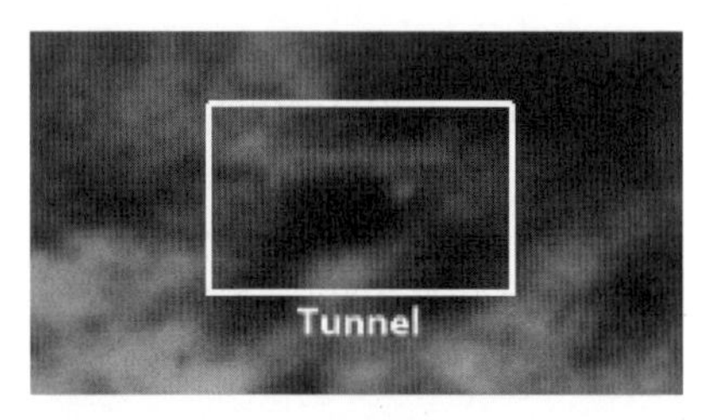

앞에 게재한 구조물이 있는 경사로의 가장 위쪽에 터널이 있다. 입구는 조금 돌출되어 있고 캐노피는 완만한 아치 모양이다.

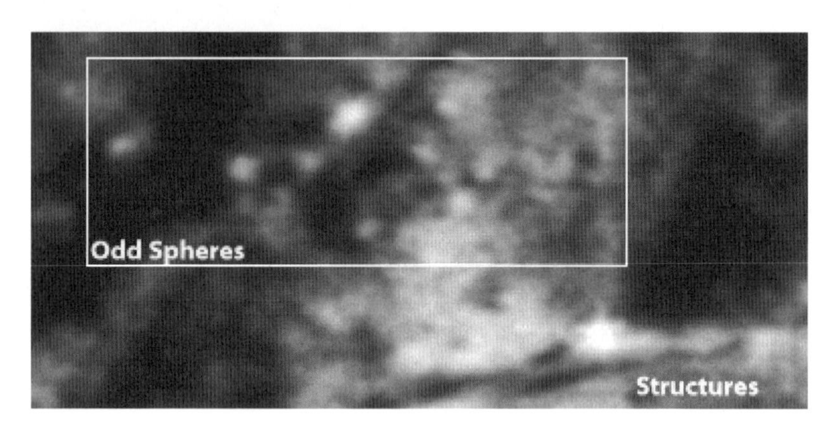

절벽 위쪽을 확대해 보면 이상한 구조물들이 여러 개 보인다. Structures 바로 뒤쪽의 비탈길 위에 있긴 하지만, Structures 연관성이 있는지는 불분명하다. 다만 구조물들이 자연적으로 형성된 형태가 아닌 건 거의 확실하다.

E 지역

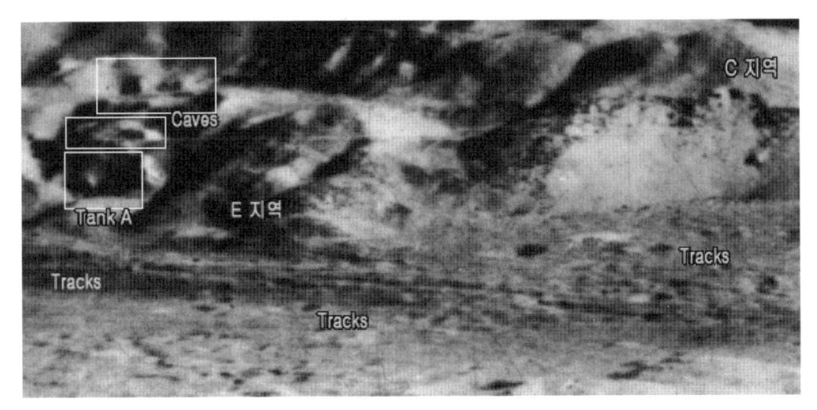

E 지역의 전경은 위의 사진과 같다. 이 지역에서 눈길이 가장 많이 가는 곳은 동굴이 몰려 있는 지점이다.

아래 사진을 보면, 위쪽에 두 개의 터널이 보이는데, 오른쪽의 것은 M형 아치를 가진 양방향 통행로처럼 보인다.

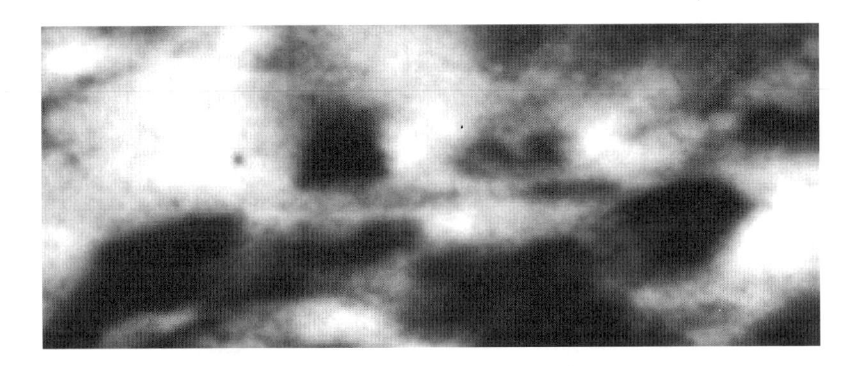

그 터널 위쪽의 모습은 인공적으로 조성된 것처럼 매끈하다. 그리고 사진 결합선 위에 또 하나의 동굴이 보이는데, 그 위쪽으로 증기 같은 것이 피어오르고 있다. 빛과 그림자의 조화에서 비롯된 착시일 수도 있지만, 그렇지 않을 개연성이 더 높아 보인다. 도대체 저 기체의 정체는 무엇일까.

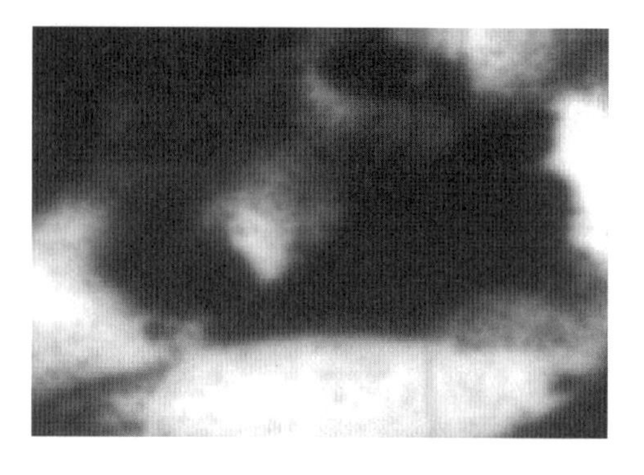

이 사진은 Grid R-6 지점에 있는 Tank A를 확대한 것이다. 선명하게 날이 서 있는 모서리와 입체적인 구조가 이것이 범상치 않은 구조물이라는 사실을 암시하고 있다. 다른 방향에서 찍은 사진을 봐도 이런 판단은 흔들리지 않는다.

아래 사진을 보면, Tank A의 형상이 더욱 뚜렷하게 드러난다. 기반 지형과는 유리된 개체임을 단번에 알아볼 수 있는데, 주변에 있는 여러 트랙과도 연관이 있는 것 같다.

역동적인 모습의 트랙들이 자연적으로 발생한 것일 수도 있겠으나, 앞에서 수수께끼를 발견한 지역에서 본 것과 거의 같기에, 쉽게 치부해서는 안 된다.

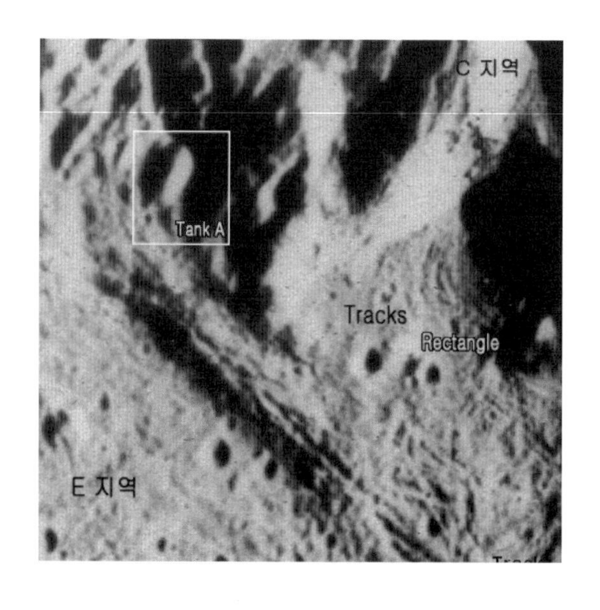

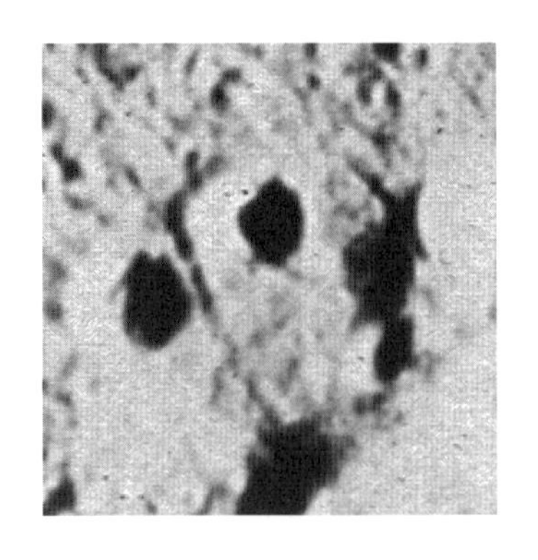

이 정경은 이 지역에 광산이 운용되고 있다는 주장과 연관이 있을지 모른다. 굵은 트랙 줄기가 능선을 따라 조성되는 인공 트랙의 일반적인 경향을 보여주고 있기 때문이다.

왼쪽 사진은 트랙 주변에 산재해 있는 Rectangle 중에 Grid M-15 부분을 확대한 것이다. 구조물의 두께가 두껍지는 않지만, 입체감은 분명히 느껴지고, 모서리 또한 예리한 것으로 보아, 자연의 힘으로 만들어지지 않은 게 분명하다.

F 지역

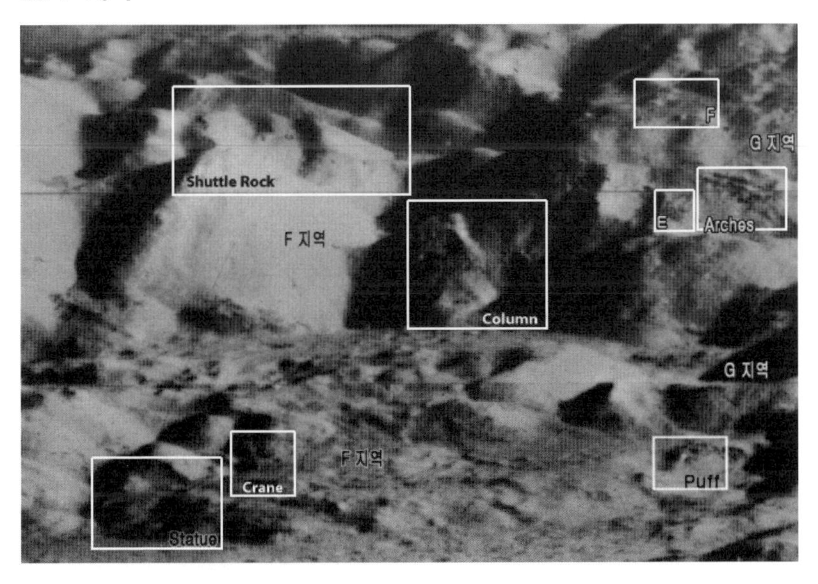

이번에 살펴볼 곳은 F 지역이다. 이곳에도 다양한 수수께끼들이 존재

하는데, 그중에 가장 눈에 띄는 것은 사진 윗부분에 있는 셔틀 모양의 물체이다.

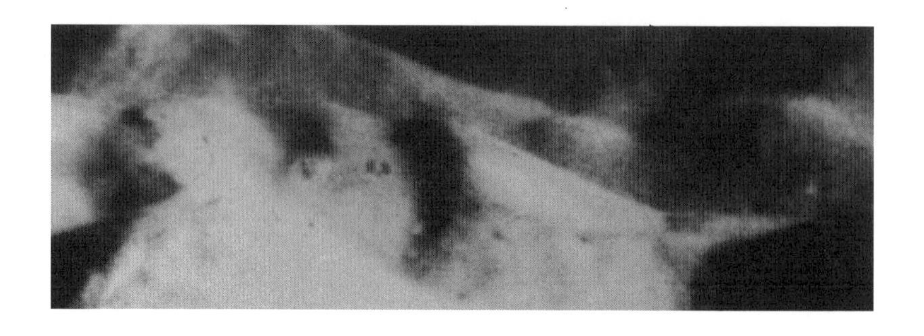

전체적인 모양이 대형 셔틀과 흡사하지만, 가장자리를 잘 살펴보면 다른 지형과의 경계가 거의 보이지 않는다는 사실을 알 수 있다. 다소 실망스럽기는 하지만, 독립된 개체라기보다는 자연지형 일부일 개연성이 높아 보인다. 그렇긴 해도, 이 지역을 대표하는 랜드마크 위상은 여전히 유지될 것이다.

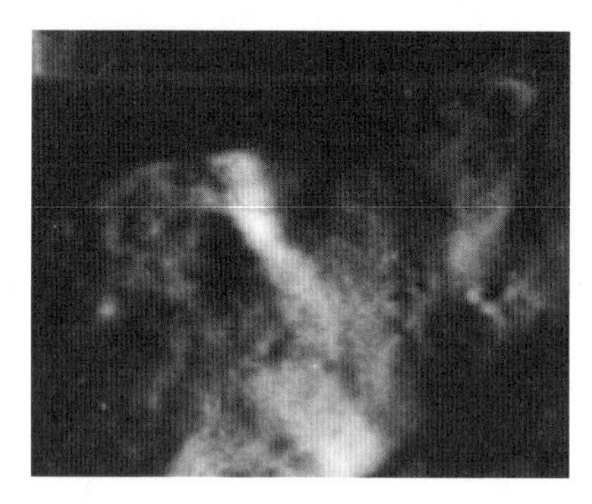

이 사진은 Column 부분을 확대한 것이다. 거칠게 솟아오르는 유체가 보인다. 아마 가스나 연기가 분출되고 있는 것 같다. 지하에서 나오는 것으로 보이는데, 그 근원이 어디인지 궁금하다.

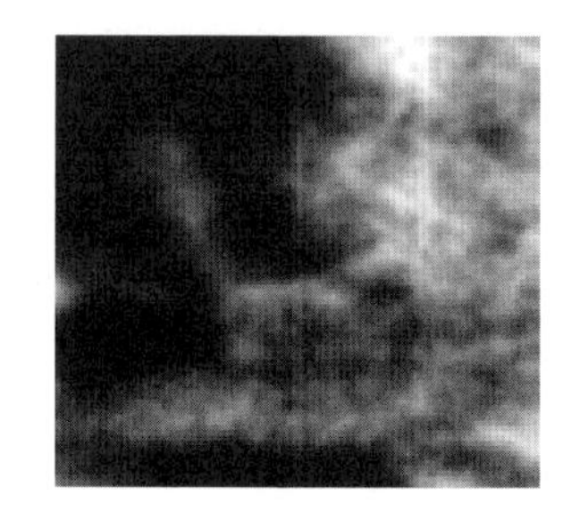

이것은 이미 앞에서 제시한 바 있는 세 개의 크레인 중 하나로 F 지역의 Grid I-6에 있는 것이다. 사진의 해상도는 좋은 편이 아니지만, 자연의 힘으로는 만들어질 수 없는,

인공 구조물이라는 사실은 확실히 알아볼 수 있다.

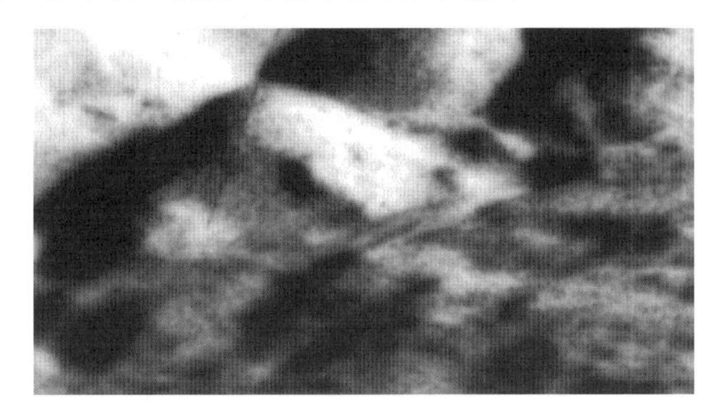

이 사진은 'Crane'의 바로 아래에 있는 'Statue'라고 명명된 부분을 확대한 것이다. 기계의 손길이 스쳐 간 흔적이 강하게 느껴진다. 특히 옆에 있는 '크레인'과 함께 보면 그런 느낌이 더욱 강렬해진다.

G 지역

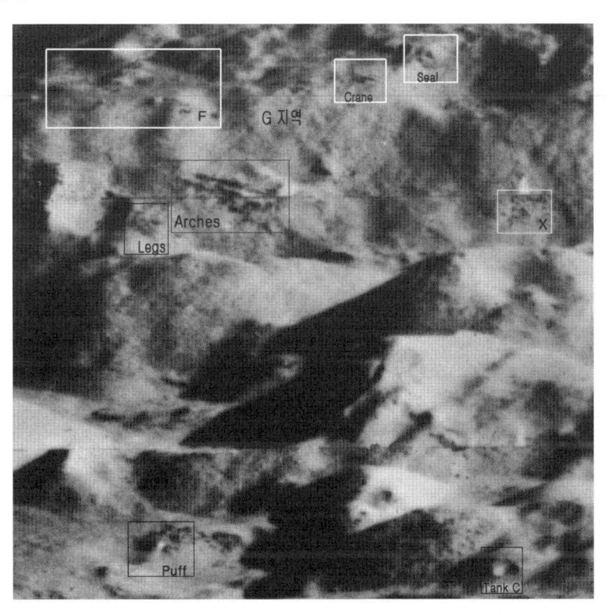

이 사진이 G 지역의 전경을 촬영한 것으로, 이상한 지형지물에 사각형 마크를 해 두었다. 그런데 이 시각에서 보니까, 앞에서 F 지역을 관찰할 때 우리가 미처 발견하지 못했던 사실이 있었다는 사실을 알 수 있다. F 지역의 바로 오른쪽에 아주 밝게 빛나는 부분이 보인다. 하지만 그것은 지형 자체의 반사광이나 금속성 물체의 반사광이라기보다는, 가스나 증기 특유의 은은한 반사광으로 보인다. 그 정체가 무엇이든 지금부터 G 지역만을 집중해서 살펴보도록 하겠다. 시야에 가장 먼저 들어오는 것은 'Seal Rock'이라고 표시해 둔 부분이다.

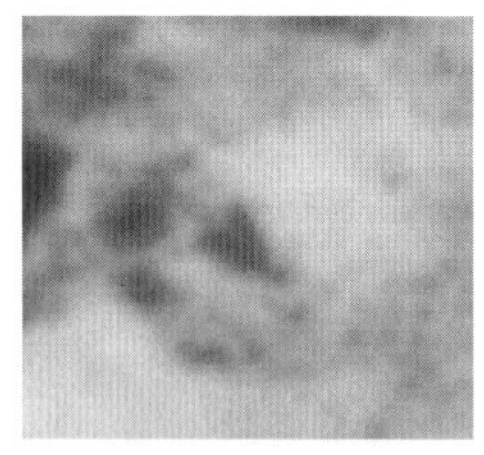

이 부분을 확대해 보면 왼쪽 사진과 같은 모습이 나타난다. 바다표범 조각상 같은 형상인데, 인공적인 조각상이라기보다는, 구조물들이 조화롭게 배치되어 있어 그렇게 보이는 것 같다.

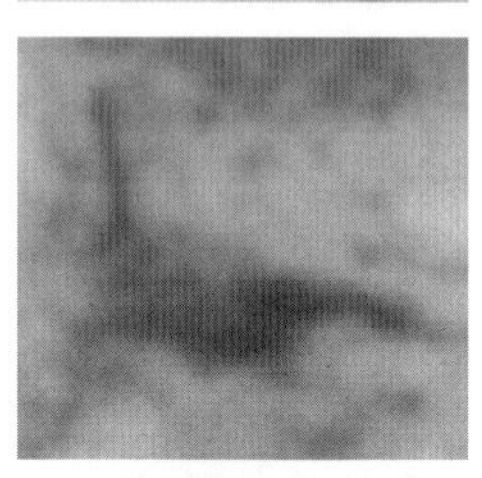

이 사진은 'Seal Rock' 아래 있는 'Crane'이라고 이름 붙여진 부분을 확대한 것이다. 위쪽으로 길게 뻗어 있는 붐은 이 물체가 이름대로 Crane과 비슷한 형태를 가진 기계임을 강력하게 암시한다.

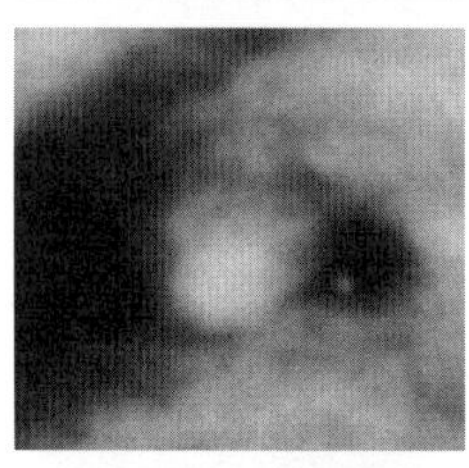

이것은 앞에 게재한 큰 사진의 아래쪽인, Grid L-6 지점에 있는 'Tank C'를 확대한 것이다. E 지역에 있던 탱크와 매우 흡사한 모습인데, 윗부분에 물체에서 분출되고 있는 증기가 보인다.

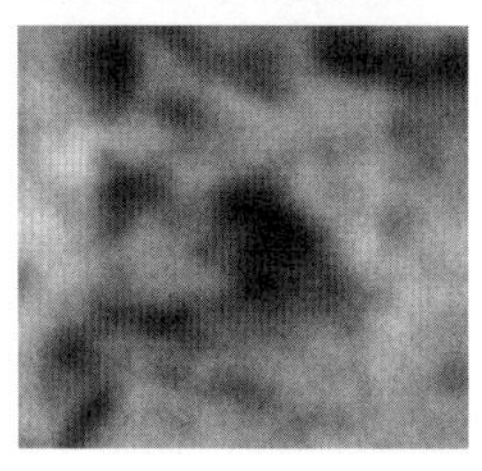

이것은 'X'라고 표시해 둔 부분을 확대한 것이다. 중심의 조금 윗부분에 파이프 같은 긴 물체가 X 형태로 놓여 있는 모습이 보여서 이렇게 이름 붙인 것이다. Grid L-5에 있다.

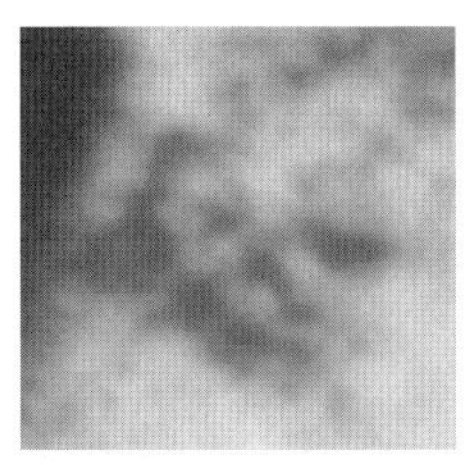

이것은 'Legs' 부분을 확대한 사진이다. 긴 다리들이 교차 되어 있는데, 이동 통로라기보다는 어떤 물체를 지탱하거나 보호하기 위해 만든 구조물처럼 보인다. Grid 상의 위치는 K-5이다.

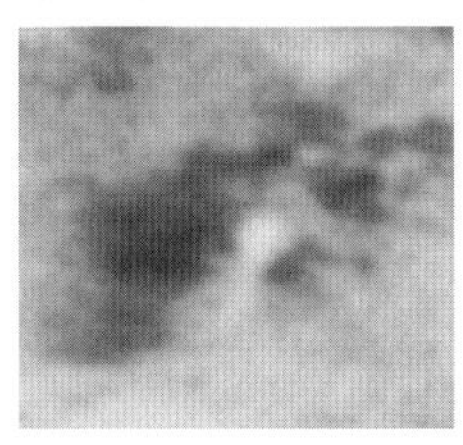

이것은 'Puff' 부분을 확대한 사진이다. 여러 구조물이 보이고, 강렬한 햇빛의 반사광도 보인다. 금속성 물체가 있어서 그런 것인지, 기체의 분출이 이런 착시를 유발하는지는 판단하기 어렵다.

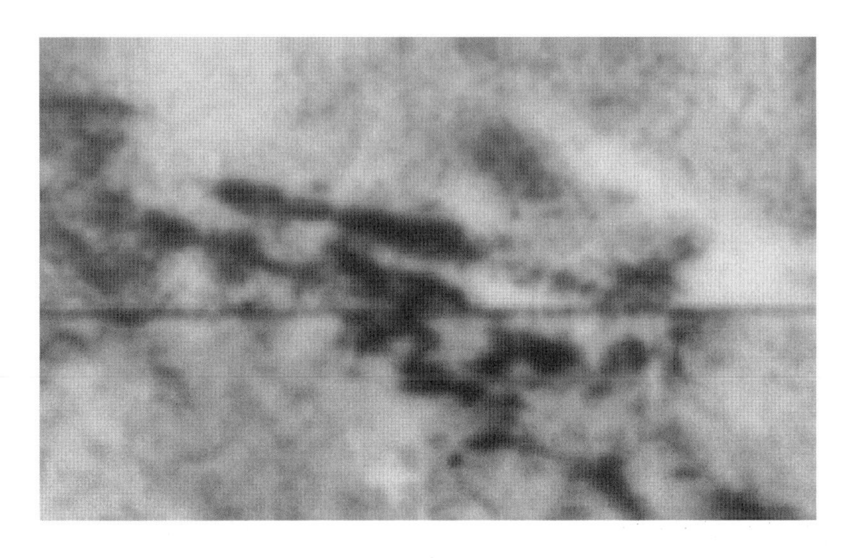

이것은 'Arches' 부분을 확대한 것이다. 오른쪽에 선명한 Arch가 보이고 그 위쪽에 이상한 구조물이 지어져 있다. 그리고 왼쪽으로 가면 조금 더 복잡한 형태의 Arches와 기둥들이 보이는데, 아무리 보수적으로 보더라도 도저히 자연적으로는 만들어질 수 없는 구조물이다.

이곳의 전체적인 구조나 용도를 쉽게 가늠할 수 없기는 하지만, 넓은 지역에 분포해 있는 여러 구조물과 지형을 전반적으로 살펴보건대, 지하에 있는 어떤 거대한 구조물 일부이거나, 지하에 있는 자원을 채굴하기 위해 설치한 광산 운영 시설일 것으로 여겨진다.

J 지역

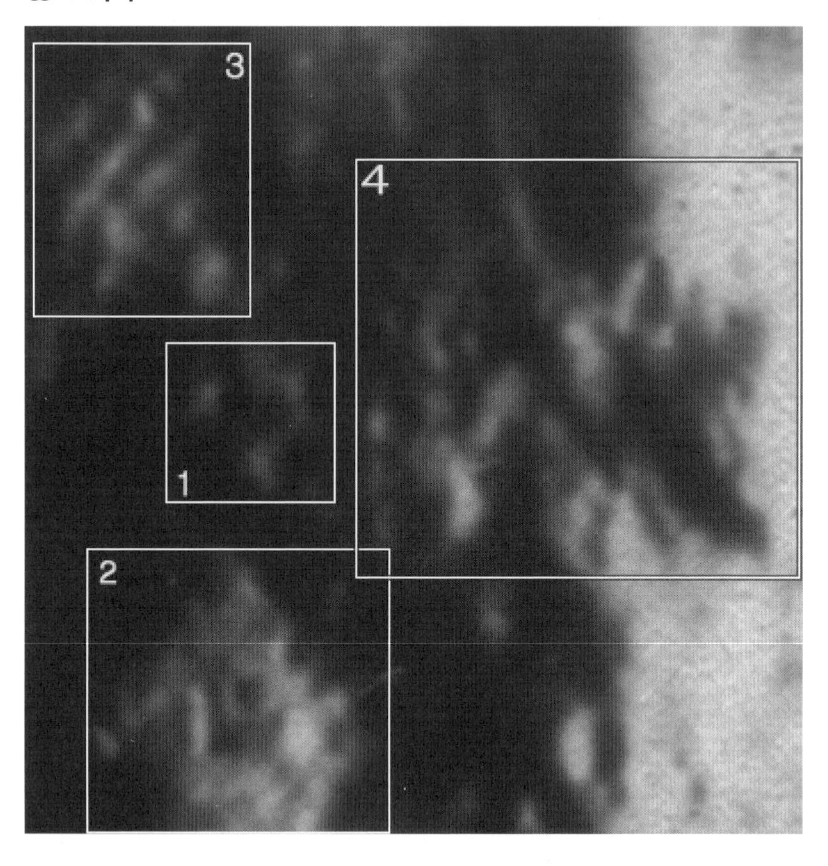

이번에 살펴볼 곳은 J 지역이다. 이 지역은 각 부분의 형태가 너무 달라서, 4개 지역으로 다시 나누어 살펴보도록 하겠다.

1번에는 모양이 같지는 않으나 크기가 비슷한, 독립된 세 개의 개체가 서로 연결된 구조물이 있다. 2번에는 모서리가 잘 다듬어진 물체들이 여러 개 보이는데, 가운데 있는 탑은 아주 높아 보인다. 3번에는 거대한 군집을 이루고 있는 건축물들이 보인다. 외관에 인공적인 설계가 가미된 것이 확실해 보이지만, 사진의 해상도 좋지 않아서 확신이 서지 않는다. 4번에는 이상한 탑과 이 지역을 가로지르는 벽 같은 구조물이 보인다.

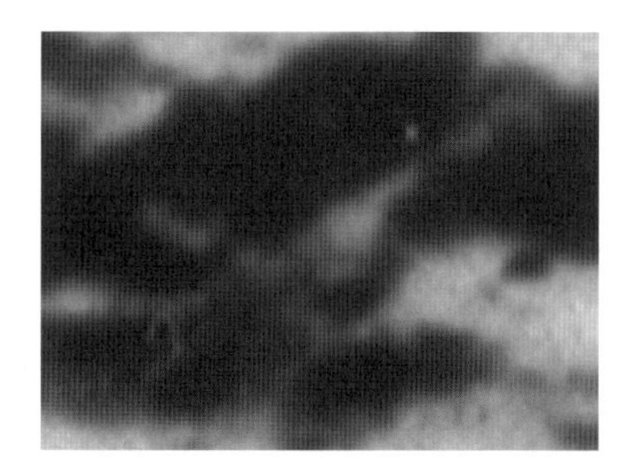

왼쪽 사진 속의 물체는 위 사진에는 나와 있지 않지만, 사진 왼쪽 아래 지역인 Grid C-3의 분화구 내부이다. 여러 지역을 연결하는 터미널 중심 지역으로 보인다.

K 지역

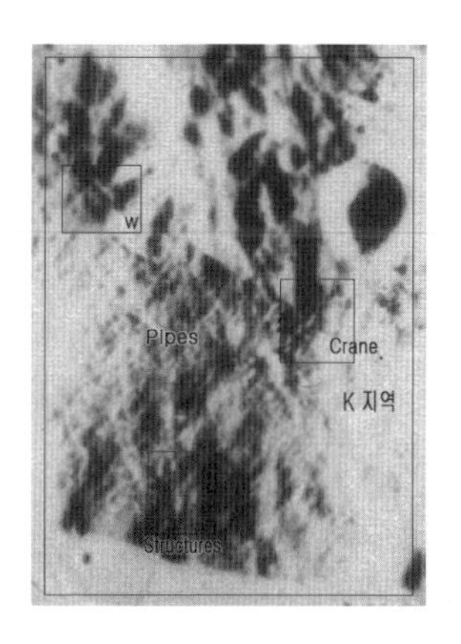

위 사진은 K 지역을 촬영한 것이다. 이상한 물체가 다른 곳에 비해서 많은 편은 아니나, 지역 전체 모양이 수상하다. 가장 눈에 먼저 띄는 것은 기다란 목을 가진 구조물이다.

바로 다음 사진에 담겨 있는, Grid I-6에 있는 물체이다. 건설장비로 보

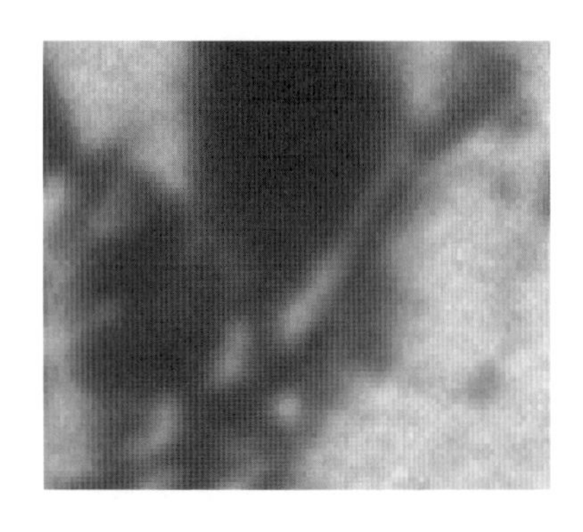

이는 이런 형태의 구조물은 달 전역에서 정말 많이 발견되는데, 어떻게 이런 일이 일어날 수 있는지 정말 신기하다. 다른 것과 마찬가지로 이 물체에도 'Crane'이라는 이름이 붙여졌다.

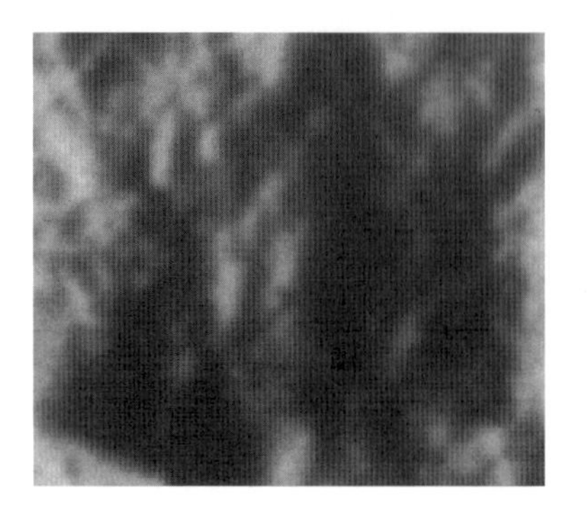

다음 사진은 Structures라고 이름 붙여진 지역을 확대한 것이다. 그리드 상의 위치는 I-7인데, 자세히 들여다보면, 마치 지구상의 도시 블록을 보고 있는 듯하다.

왼쪽에는 입체적 구조물과 파이프라인이 보이고, 오른쪽 위에는 타원형 탱크와 부속된 구조물이 보인다. 그리고 지역 내의 모든 구조물이 외곽의 다른 구조물들과 연결된 듯이 보인다. 그래서 'Manhattan Square'라는 또 다른 별명을 얻은 것 같다.

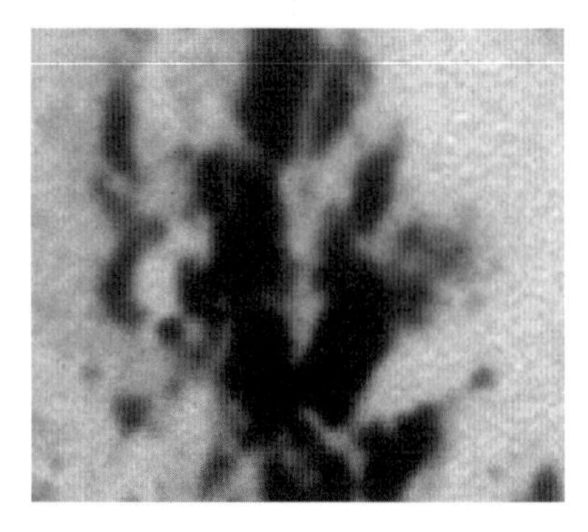

왼쪽의 사진은 'W'라고 표시해 둔 부분을 확대한 것이다. Grid 상의 위치는 I-6인데, 형태가 너무 복잡해서 전체적인 구조나 용도를 도무지 가늠할 수 없다. 학자들이 왜 'Enigma W'라고 이름을 붙여 놓았는지 그 이유를 알 것 같다. 인공적인 설계가 많이 가해진 곳이라는 사실을 한눈에 알아볼 수 있다.

◑ L 지역

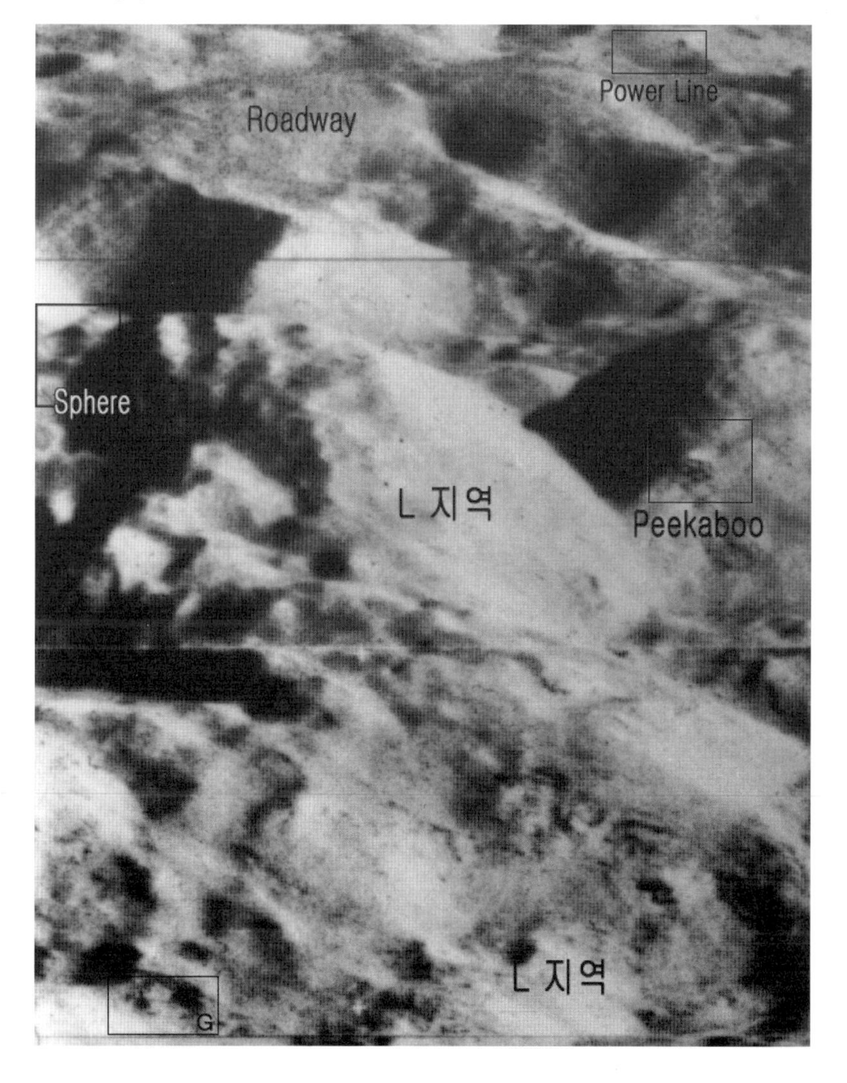

위의 자료는, 사진 세 장을 이어 붙여, L 지역 전경을 조망하면서 수상한 지역에 이름을 붙여 놓은 것이다.

첫 번째 살펴볼 곳은 맨 위에 'Power Lines'라는 이름이 붙어 있는 부분이다. 다리를 가진 탑 위로 길게 선이 이어져 있고, 그 공중 궤도에 매달

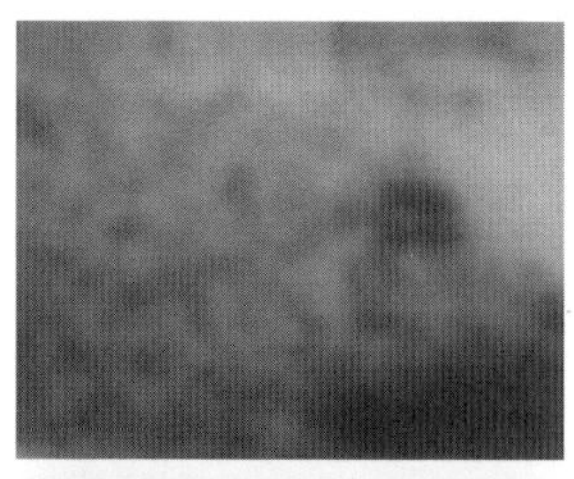

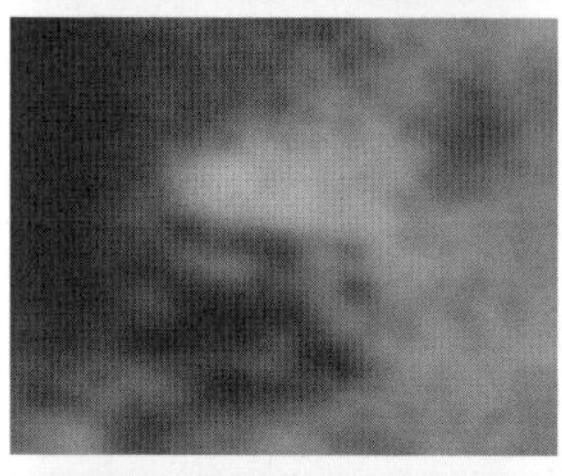

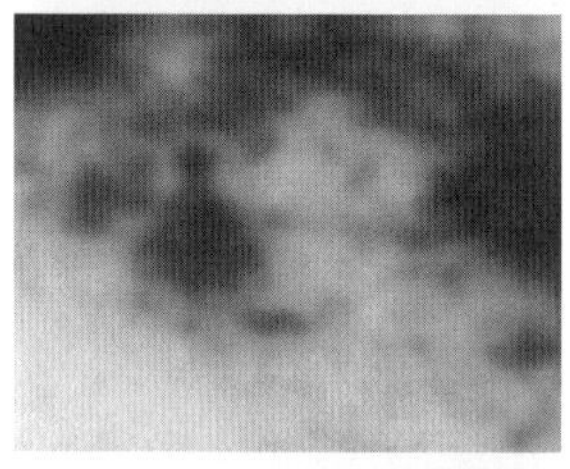

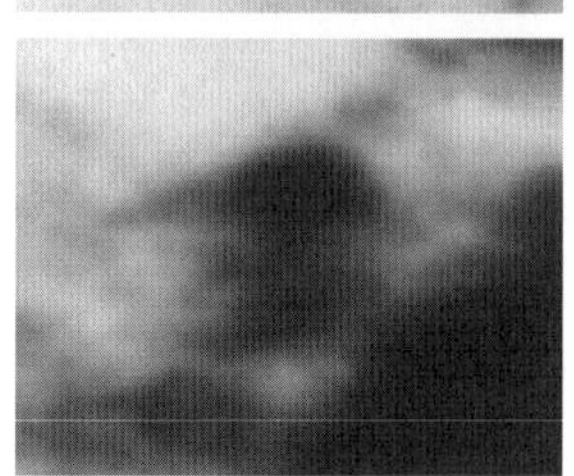

려 케이블카와 유사한 물체가 지나가는 것 같은데, 사진이 선명하지 않기 때문에 확신하기는 어렵다. 이 물체의 Grid 상의 위치는 B-5이다.

이 사진은 'Peekaboo'라고 표시된 부분을 확대한 것이다. 구조물의 창틀과 구조물 몸통을 지지하는 받침대가 보이고, 뒤쪽으로는 기체가 분출되고 있다. 밝은 부분은 자체 조명이 아닌 햇빛 반사로 보인다.

이 사진은 'G' 부분을 확대한 것이다. 중앙에 피라미드 모양의 탑과 그 기반 시설이 보인다. 바닥에는 어렴풋이 파이프라인이 보인다.

이것은 'Sphere' 부분을 확대한 것이다. 원통형의 물체가 누운 채로 반쯤 묻혀 있는 듯하다. 인공적인 구조물이라고 확신할 수는 없지만, 주변 지형과 비교해 보면, 그럴 가능성이 커 보인다. Grid 상의 위치는 A-5이다.

이 외에도 능선 위로 난 넓은 도로가 눈에 띄고, 'Peekaboo' 뒤쪽의 저지대에는 수상한 구조물들이 모여 있다.

◑ M 지역

길게 늘어진 트레일 자국이 뚜렷하게 보이는 M 지역 전경이다. 얼핏 보기엔 지극히 평이해 보이지만, 바로 아래에 확대해 둔 부분을 보면 생각이 달라진다.

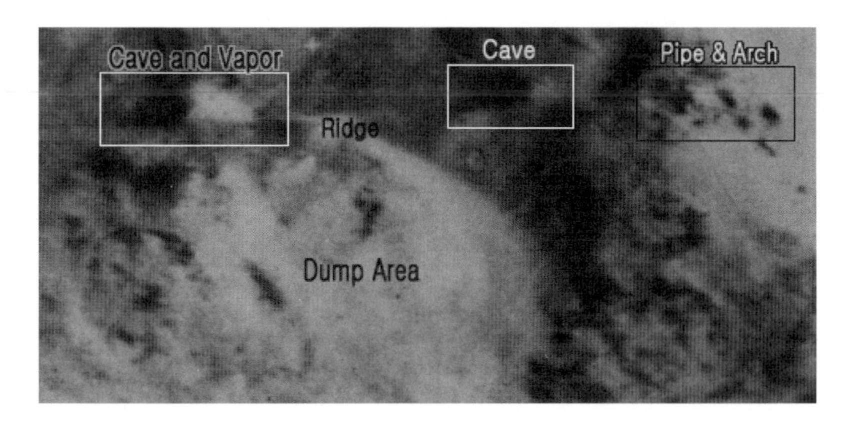

호사가들 사이에 '스프레이어 능선(Sprayer Ridge)'으로 알려진 곳인데, 사각형 마크를 표시해 둔 곳과 덤프 지역의 패턴을 함께 살펴야 그렇게 불리는 이유를 알 수 있다.

위쪽의 동굴은 바닥이 평평하고 열려 있으며, 능선을 따라 나 있는 길과 동굴이 연결된 것 같다. 전체적인 정경이 광산지역의 광구 입구나 말단 스트림과 비슷하다.

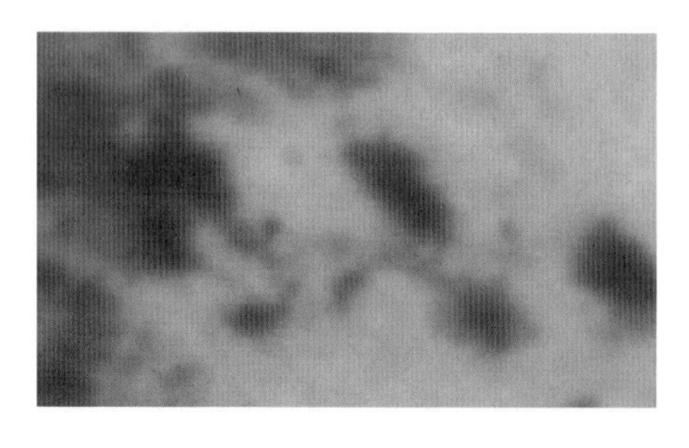

이것은 'Pipes & Arch' 부분을 확대한 것이다. 대형 파이프 시설이 중심에 있고, 계단들과 크지 않은 구조물들이 주변에 보이는데, 지형지물이 적절히 어울려 있으나 견고해 보이지는 않는다. 전체적으로 트러스트 구조물 집합 같다.

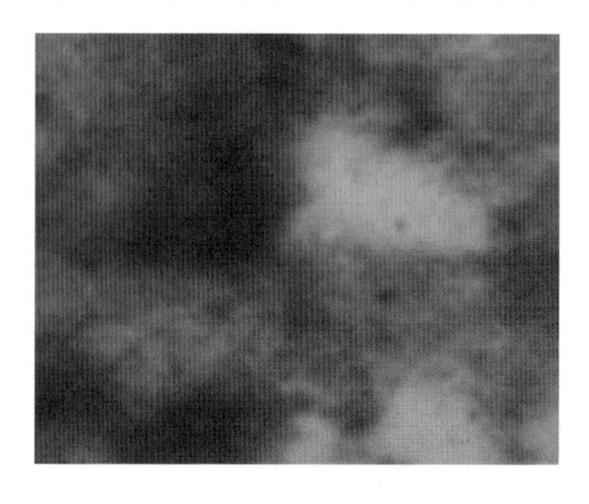

이것은 'Cave & Vapor' 부분을 확대한 것이다. 큰 동굴이 능선을 향해 열려 있다. 그 앞쪽에 밝은 부분이 보이는데, 햇빛에 의한 암석의 반사광이라기보다는, 동굴이나 그 근처에서 분출되는 기체의 색깔이 그런 것으로 보인다. Grid 상의 위치는 F-5이다.

코페르니쿠스 분화구는 이 외에도 여러 가지 신비를 품고 있고, 그중에는 판독 기술이 미비했던 탓에 미처 알아보지 못해서 의구심을 품을 수조차 없었던 것들도 있다.

이미지 증강 기술과 새로운 영상 분석방법이 개발된 후에야 발견할 수 있었던 것들이 많이 있다. 하지만 너무 생경한 모습이어서 아직도 그 실체를 파악하지 못한 것이 적지 않다.

지금부터 비교적 최근에 찾아낸 수수께끼들을 살펴보자.

능선 A3~B3

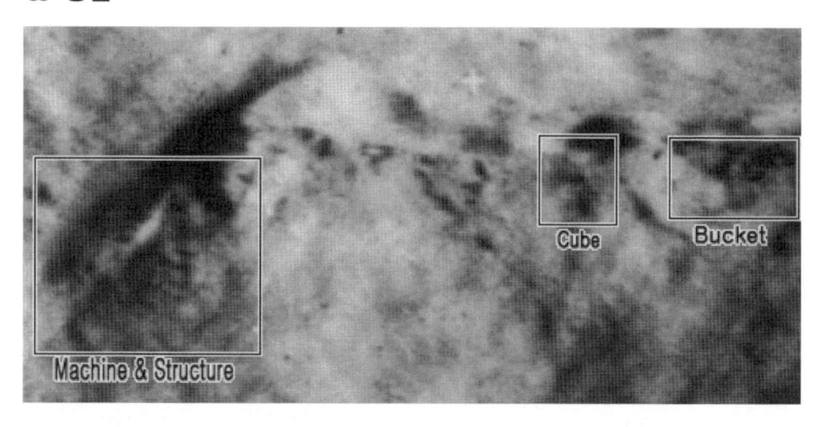

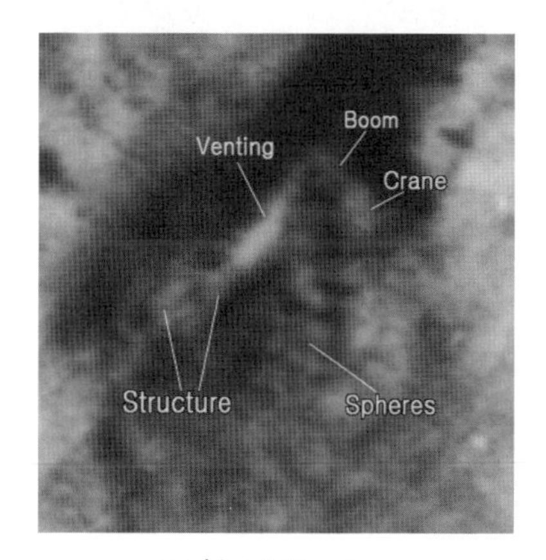

Machine & Structure

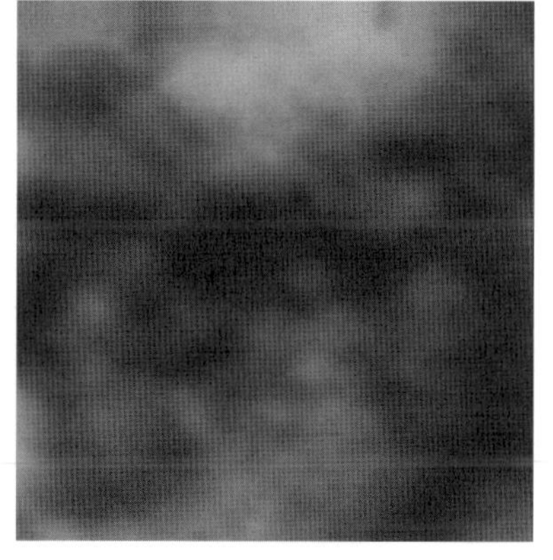

Bucket

코페르니쿠스 분화구의 맨 위 능선을 살펴보면, 이상한 물체들이 줄지어 서 있다는 것을 알 수 있는데, 특히 A3~B3에 집중되어 있다. A-3 지점에 있는 'Machine & Structure'는 그림과 같이 다양한 구조물들로 구성되어 있으며, 마치 현재에도 운영되고 있는 시스템처럼 많은 증기와 연기를 뿜어내고 있다. 그리고 B-3b 지점에서 찾아낸 'Bucket'은 초대형 굴삭기처럼 보인다.

'Cube'는 예리한 모서리를 가진 대형 구조물인데, 경사면에 있는 것으로 보아, 지면에 고정된 물체가 아니고 이동이 가능한 물체일 것 같다.

◐ 광산 운영센터

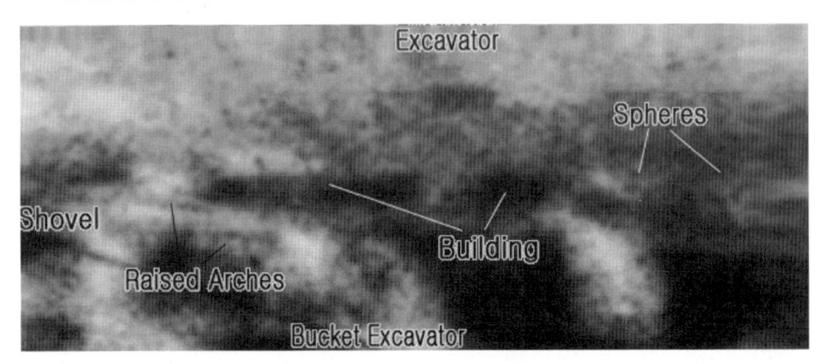

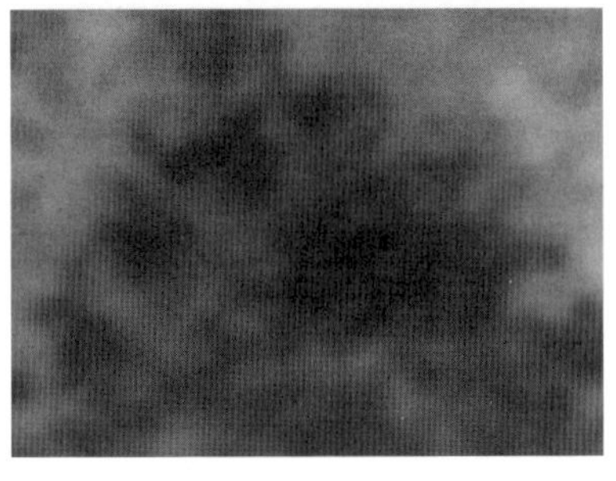

Excavator

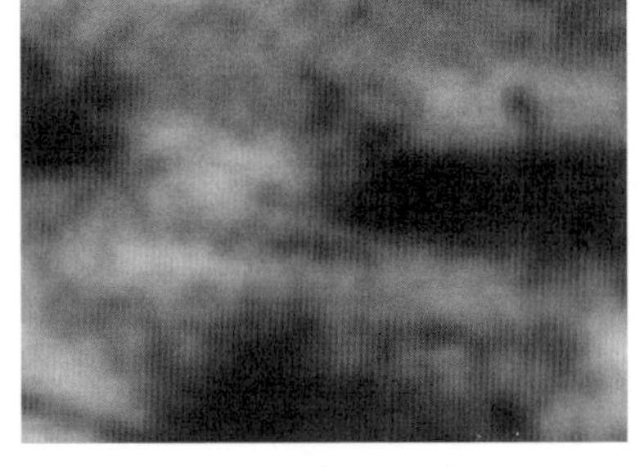

Building(운영센터)

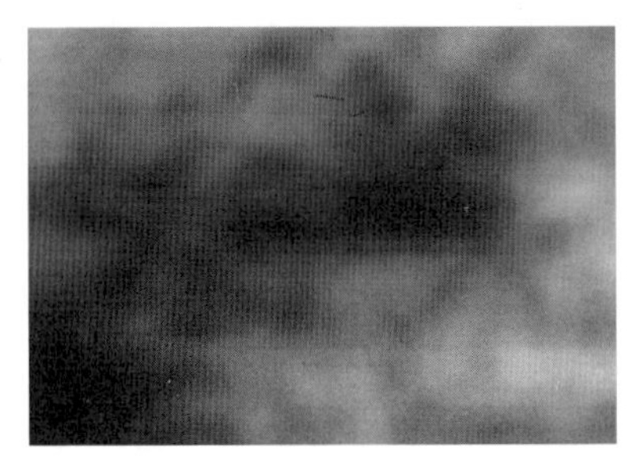

Shovel

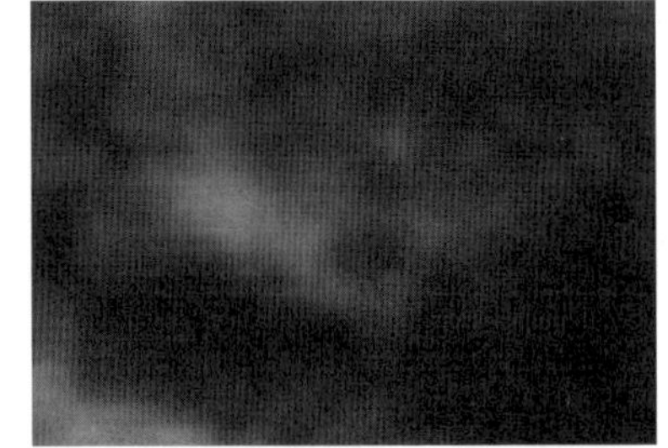

Shovel

위 사진은, 광산 운영센터로 보이는 빌딩이 있는 Grid E-4 지역의 전경이다. 대형 굴착기, 대형 삽, 굴삭 장비 등도 보인다.

Square Crater

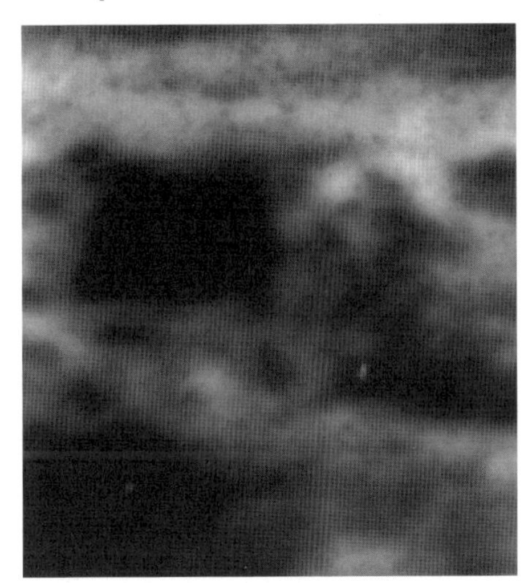

다음에 소개할 것은 사각형 크레이터이다. 달에 이런 형태의 크레이터가 있다는 것은 아주 흥미로운 사실이다. Grid 상의 위치는 J-3이다. 크레이터 우측에 어떤 물체가 있는 듯한데, 주변에 mist 같은 게 깔려 있어서 무엇인지 식별하기 어렵다.

증기와 안개

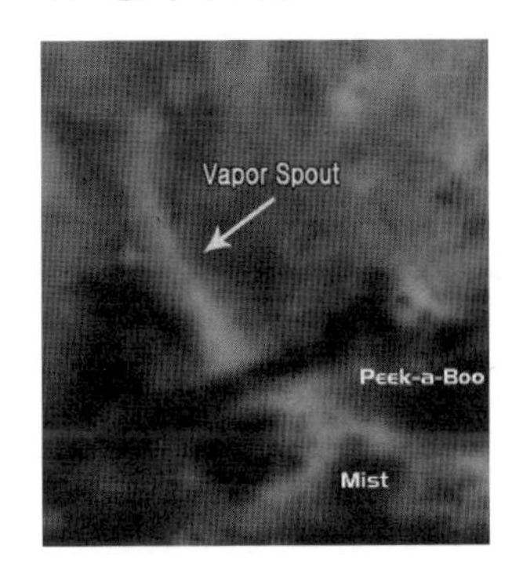

앞에서도 언급한 바 있지만, 대기가 없는 것으로 알려진 달에 증기나 안개 같은 게 보인다는 것은 확실히 이상하다.

Grid C-5 지점을 확대한 옆의 사진을 보면, Vapor Spout와 함께 돔 구조물도 담겨 있다.

증기 기둥

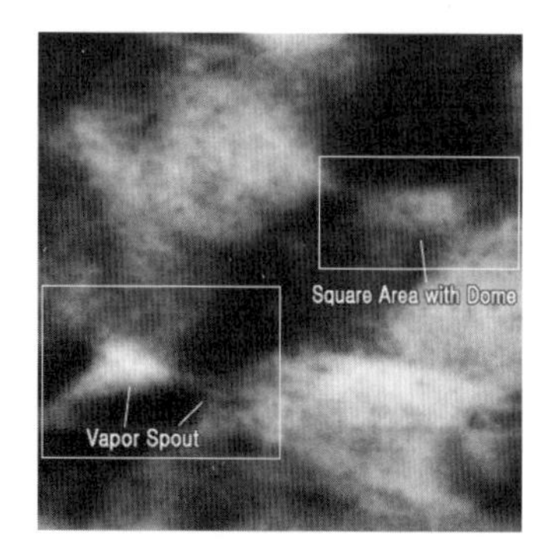

이곳의 Grid 위치는 N-3이다. 증기 기둥 주변에 기이한 구조물들이 보인다.

아래쪽에 하얀 미스트도 보인다. 햇빛 반사광으로 생각할 수도 있겠지만, 자세히 살펴보면, 지면의 반사광과는 질감이 너무 다르다.

사일로와 기계

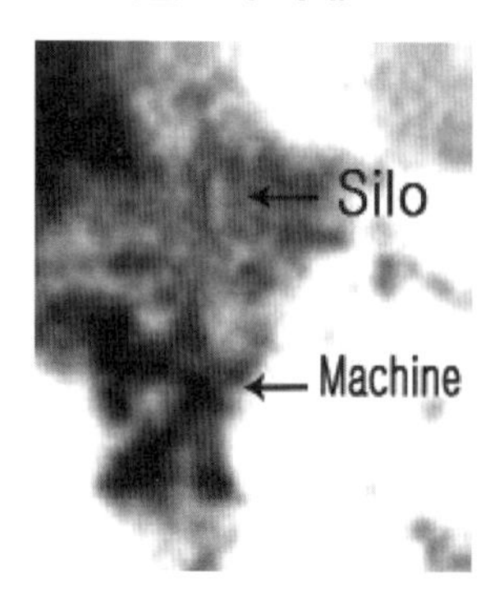

이 물체는 Grid O-8 지점에 있다. 언덕 위에 대형 Silo가 있고, 그 아래쪽에 G 지역의 수수께끼들을 관찰할 때 발견한, 'X'라는 물체와 유사한 형태의 기계가 있는데, 지면에 고정되어 있기보다는 이동이나 비행이 가능한 물체처럼 보인다.

잡동사니 A

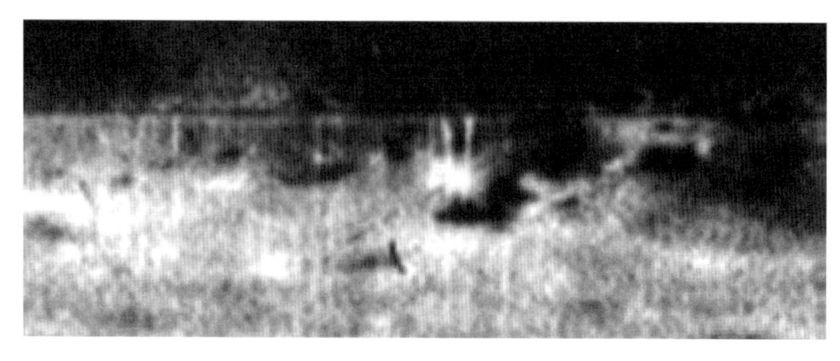

Grid N-9 지점이다. 인공 구조물들이 많이 보이지만, 구조물 모두가 허름하거나 부서진 거 같고 전체적인 분위기도 어수선하다. 가운데 모여 있는 물체들은 강렬한 반사광을 내고 있는데, 반사체가 일반적인 토양이나 암석이 아닌 금속체로 보인다.

◐ 잡동사니 B

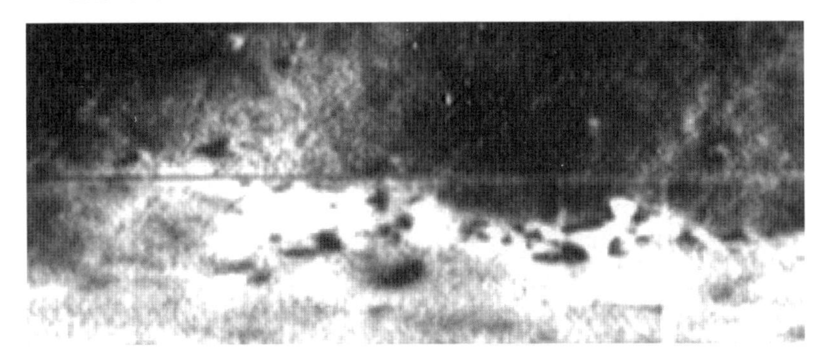

Grid O-9 지역으로 위 지역의 오른쪽이다. 물체들의 반사광이 너무 밝아서 세부적인 모양을 알아보기가 어렵다. 하지만 물체들의 소재가 금속이고, 버려진 듯 방치되어 있는 건 확실해 보인다.

◐ 구조물

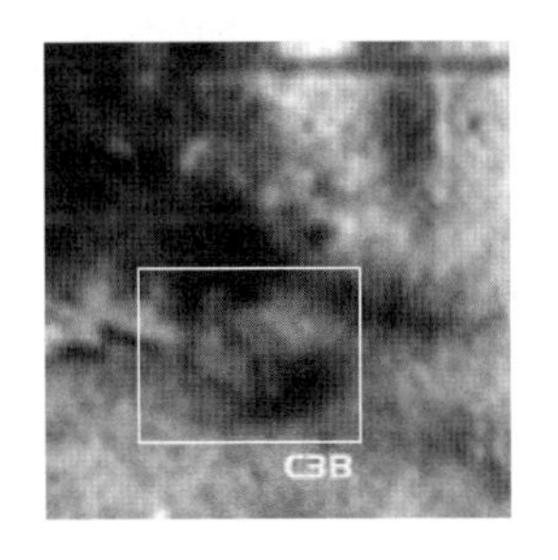

Grid J-9 지점을 확대한 사진이다. 네모 표시 안에 있는 물체는 물론이고, 이것과 이어져 있는 듯한 뒤쪽의 물체도 인공 구조물로 보인다. 해상도가 좋지 않지만, 이것들이 자연적으로 생성된 물체들이 아니라는 것은 알 수 있다.

교회가 있는 풍경

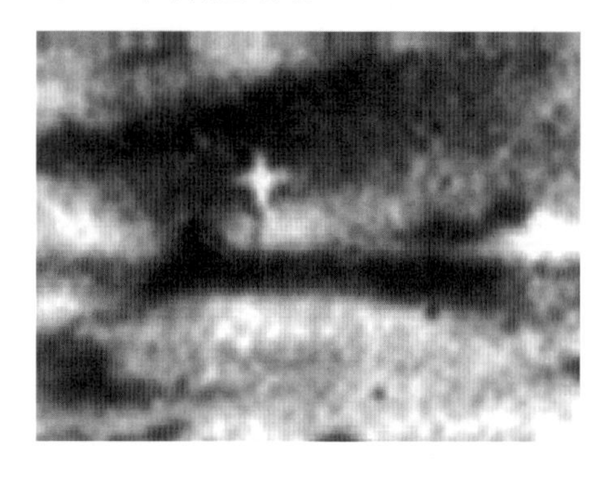

Grid P-8 지점을 확대한 것이다. 선명한 십자가 마크가 보이고, 그 뒤쪽에 건축물 지붕이 보인다. 그 옆에 다른 건축물이 있고, 건축물 집합 전체를 감싸는 담도 있다.

반사체들

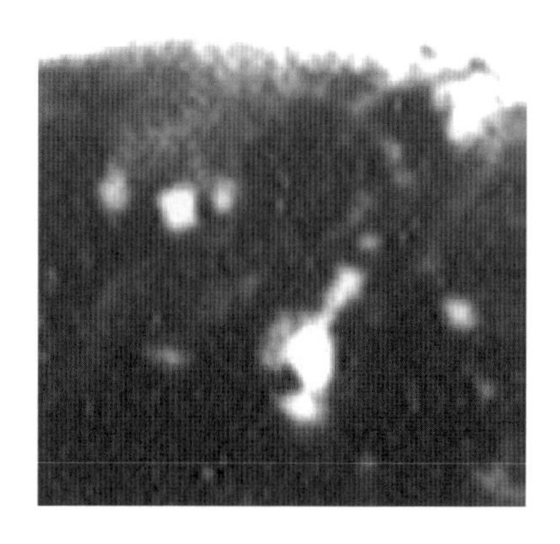

Grid P-8 지점을 확대한 것이다. 어떤 물체인지 도무지 가늠할 수 없지만, 암석이나 흙에서는 도저히 나올 수 없는 반사광이 보이고, 물체의 모양도 기하학적이어서, 인공적인 힘이 가미된 물체라는 건 누구나 알 수 있다.

허블이 바라본 코페르니쿠스

아래 사진은 HST(허블우주망원경, Hubble Space Telescope)에 포착된 코페르니쿠스 분화구 주변의 모습인데, 별 의도 없이 바라본 HST 시야에 아주 이상한 정경이 들어왔다.

여기에서는 C 지점 사각형 표시의 왼쪽 아래 꼭짓점이 코페르니쿠스 분화구의 중심이므로, 이 점을 기준 삼아 관찰하면 된다.

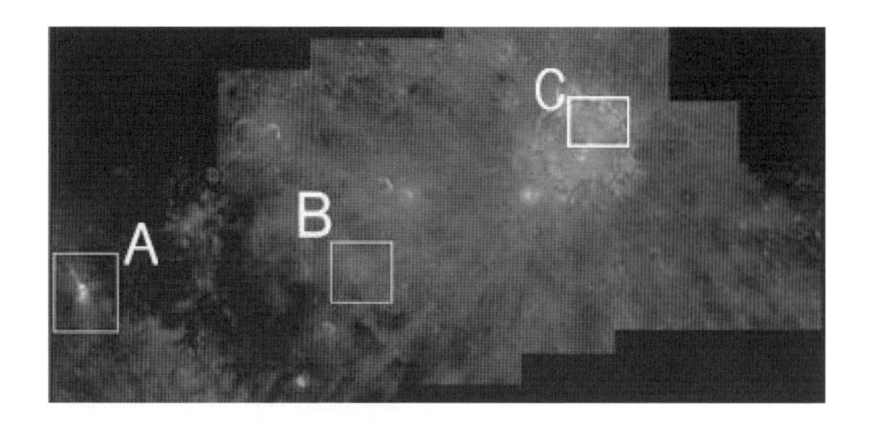

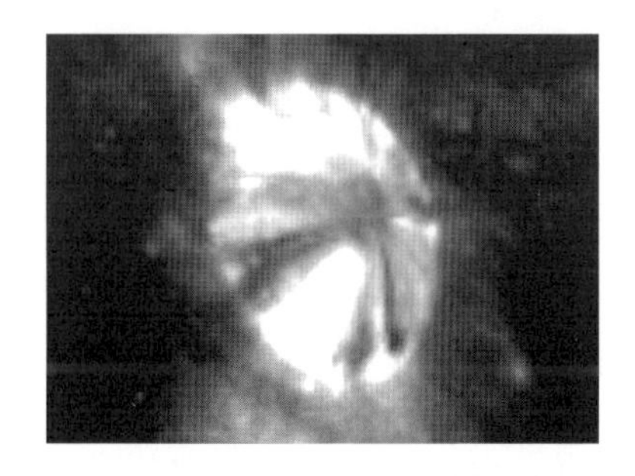

A 지점을 확대한 이미지에는 돔 구조물이 보인다. 고정된 물체라기보다는 이동체인 것 같다. 표면에서 강렬한 빛이 나오는데, 햇빛 반사광이 아닌 자체에서 쏟아내는 빛으로 보인다.

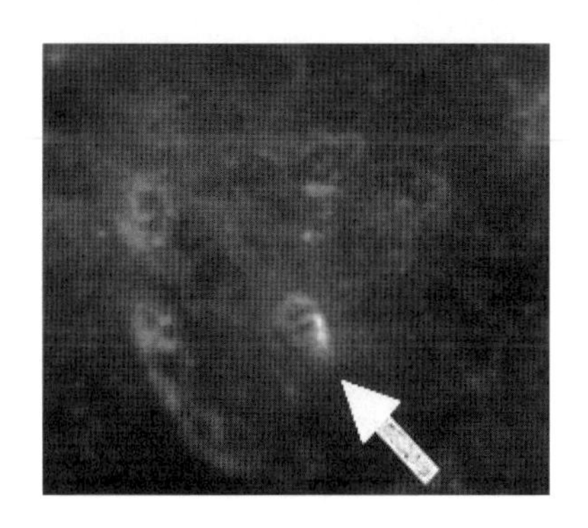

B 지점을 확대한 이미지에는, 가운데 S자 모양의 물체가 있고 그 주변에 태엽처럼 생긴 구조물들이 원형태로 배열돼 있다. 물체에서 나오는 빛은 자연광과 인공광이 섞인 것 같다.

코페르니쿠스 내부 벽 근처인 C 지점을 확대한 이미지를 보면, 위쪽에 굵은 밴드가 설치되어 있고, 그 아래에 파이프가 포함된, 다양한 기계 시설이 설치되어 있다. 이런 정경은 아폴로 미션 중에는 보지 못했던 것이기에 놀랍지 않을 수 없다.

여러 상황을 고려해 보건대, 코페르니쿠스 분화구는 태고의 신비 속에

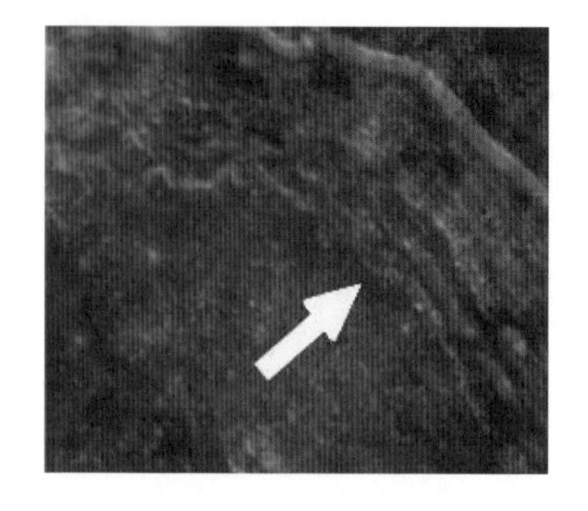

조용히 잠들어 있는 게 아니고, 누군가 그 분화구를 흔들어 깨우고 괴롭히고 있는 것 같다. 끊임없이 계속 이어져 온 것은 아닐지는 모르지만, 어떤 공사가 아직 끝나지 않은 것은 사실인 것 같다.

위의 사진들이 언제 촬영되었는지 정확히 알 수는 없지만, 허블 우주 망원경이 포착한 것이니까 1993년 이후인 것은 확실하다. 허블이 1990년에 발사되었지만, 조정과 수리 작업을 마치고 본격적으로 가동한 때가 1993년이니까 말이다. 결국, 아폴로 프로그램이 종료된 지 20년가량 지난 후에 촬영된 것은 부동의 사실이 된다.

아폴로 17호가 1972년 말에 달에 다녀온 후로 우리는 너무 오랫동안 달을 잊고 살아온 듯하다. 인간이 달을 잊고 사는 사이에, 누군가 달에서 엄청난 일을 벌이고 있었는데도 말이다.

제 7 장

자료 조작의 증거

이번 장에서는, 공개된 달 사진의 진위에 대한, 대중의 의문을 되새겨 보고자 한다. 그러니까 NASA를 비롯된 달 탐사 관련 기관에서 공개한 사진 자료 중에는 원본과는 다르게 조작이 가해진 것들이 많이 있는데, 그 사례들과 함께 그런 행위를 한 이유에 대해서 생각해 보겠다는 뜻이다.

사실, 이런 자료 조작설은 달 착륙 사건에 대한 조작설과 무관하지 않다. 미국이 세계 최초로 유인 탐사선을 달에 보낸 것을 역사적 사실로 알고 있는데, 이것이 사실이 아니라는 풍문이 있다. 달리 말하면, 인간이 달에 갔다는 허구의 역사를 만들기 위해, 달에 관한 영상 자료를 허위로 만들거나 조작했다는 것이다.

그렇지만 이 장에서 제시하고자 하는 것은, 그런 의미에서의 자료 조작 증거를 밝혀내겠다는 뜻이 아니다. 인간이 달에 실제로 가서 사진을 촬영했다는 사실을 굳게 믿고 있는 이들에게는, 그런 증거의 제시는 의미가 없기에, 여기에서는 단순히 달의 실재 정경을 감추기 위해 가해진 조작만을 살펴볼 것이다. 물론, 추측이나 추론으로 음모론을 펼치지 않고, 조작의 흔적이 뚜렷하게 남아 있는 증거만을 제시할 것이다.

달은 대중들에게 일반적으로 알려진 모습과는 다른 부분이 많이 있는 것은 물론이고, 그렇게 황량하고 쓸쓸한 모습도 아닌 것 같다. 그리고 이러한 달의 실체는, 인류가 오랫동안 달 탐사를 멈출 수밖에 없게 만든 원인과 무관하지 않은 것으로 보인다.

어쨌든 달의 진짜 모습이 어떠한지, 달 사진에 가해진 조작을 지워 내면서 그 진실에 접근해 보자.

◑ 사라진 바퀴 자국

달 탐사 사진 중 일부를 보면, 로버의 바퀴 궤적이 토양 위에 나타나 있지 않다는 걸 알 수 있다. 바퀴 자국이 생기지 않을 만큼 토양이 단단하거나 로버가 가벼운 것이 아닌데, 도대체 왜 이런 현상이 나타나는 것인가.

이런 상식에 어긋나는 내용이 담긴 자료는, 아폴로 계획의 유인 착륙에 대한 의구심을 유발하는, 중요한 원인으로 작용하기에 간과해서는 안 된다.

위의 사진은 아폴로 17호의 데이터 이미지 AS17-147-22523에서 발췌한 것이다. 조작되지 않은 정상적인 사진으로 보인다. 진행 중인 로버는 짐을 싣지 않고, 오직 탑승자 한 명만 싣고 있어서 무게가 적게 나가는 상태지만, 화살표가 지적한 부분을 보면 토양 위에 선명한 바퀴 자국을 남기고 있다. 앞으로 바퀴 자국의 조작 여부를 따질 때 이 사진을 기준으로 삼으면 될 것 같다.

아폴로 15호의 AS15-85-11471 파일을 보면 확실히 이상하다. 장비가 장착되어 로버가 무거워졌는데도 타이어 트랙이 보이지 않는다. 앞의 17호가 있던 곳과는 토양이 달라서 그렇다는 말은 하지 말자. 타이어 자국이 찍히지 않는 토양은 있을 수 없다. 누가 기계로 로버를 들어서 이곳에 옮겨 놓았다면 모를까.

AS15-88-11901 사진도 이상하다. 로버 바퀴 부분을 확대해 보면, 바퀴 뒤에 트랙이 보이지 않는다. 하지만 지나온 곳으로 보이는 뒤쪽에는 바퀴 자국이 보인다. 햇빛 반사광이 유발한 착시인가. 그 때문이라면 뒤쪽 트레일도 보이지 않아야 하지 않을까.

물론 전체적으로 토양이 단단해 보이기도 한다. 오랫동안 비바람을 맞고 수많은 사람의 무게도 감당해 온 지구의 어떤 곳처럼.

다시 아폴로 17호 미션으로 돌아와 AS17-146-22367 스트립을 살펴보면, 장비가 장착되어 무거워진 로버를 볼 수 있다. 이 로버의 주변에는, 바퀴 자국뿐 아니라 우주 비행사의 발자국도 뚜렷하게 나타나 있다. 그렇다면 17호 미션의 이미지는 원본 그대로이고, 15호 미션의 이미지 일부에만 조작이 가해진 것인가.

하지만 그런 것 같지도 않다. 이미지 데이터의 조작은 생각보다 광범위하게 이뤄져, 아폴로 17호 미션 때의 자료에도 그런 조작이 가해진 흔적이 있다.

아래 이미지는 17호 데이터 이미지 AS17-137-21011의 일부이다. 로버를 둘러싼 지형은 잘 보이는데, 타이어 트랙이 전혀 보이지 않는다.

아폴로 15호 미션 때의 사진보다 조작의 정도가 더 심한 것 같다. 로버 옆에서 움직이고 있는 승무원의 모습은 역동적이지만, 그의 발자국이 전혀 없고 로버의 바퀴 자국 역시 없다. 이것도 햇빛의 반사가 착시를 일으킨 것일까.

아폴로 17호 데이터 AS17-137-20979는 로버를 근접 촬영한 것인데, 여기에도 타이어 트랙이 보이지 않는다. 타이어의 앞쪽이든 뒤쪽이든 트랙이 남아 있어야 하는 것 아닌가. 피사체의 크기와 카메라의 각도를 보건대, 적어도 이 사진은 태양의 고도와 반사광 때문에 착시를 일으킨 것이라 말할 수 없을 것 같다. 그리고 로버 바퀴의 오른쪽에 토양을 모방한 텍스처로 뭔가를 덮은 흔적도 보인다.

이런 수준 낮은 조작은, 유인 달착륙을 의심하는 회의론자들에게 결정적 증거로 사용된다. 그들은 냉전 시대에 체제 우위를 입증하기 위해, 인간의 달 착륙이 지구에서 날조됐을 거라고 여기고 있다. 그래서 로버가 세트 위로 옮겨졌으며, 촬영 전에 로버를 움직여 트랙을 만드는 걸 잊어버리기도 했을 거라고 말한다.

그렇다면 진실은 무엇일까. 모르겠다. 하지만 달 탐사 자료에 담긴 진실의 많은 부분을 숨기려는 시도가 조직적으로 있었던 것 같고, 타이어 트랙의 실종과 같은 문제는, 그런 프로세스를 진행하는 과정에 유발된, 부수적인 실수였던 것 같다.

필라멘트와 트랙

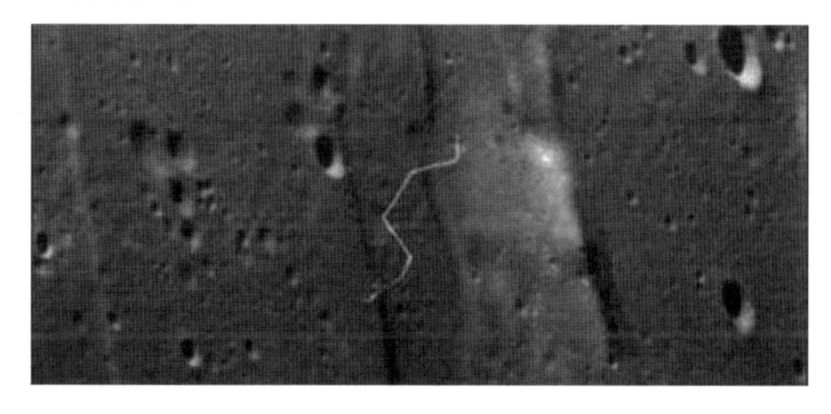

아폴로 8호 데이터 이미지 AS08-13-2225에는 길게 꼬인 필라멘트가 담겨 있다. 그 물체가 땅에 그림자를 드리우고 있지 않기에, 땅에 거의 붙은 상태이거나 땅에서 아주 멀리 떨어져 있을 가능성이 크지만, 태양의 고도와 사령선 시각의 상관성 때문에 그림자가 보이지 않을 수도 있다.

그렇지 않다면, 그 기이한 모습으로 보아 실존하지 않는 파편이 사람의 부주의로 인해 스캔 과정에 들어간 결과일 수 있다. 하지만 아래의 사진을 보면, 이런 의심은 증발한다.

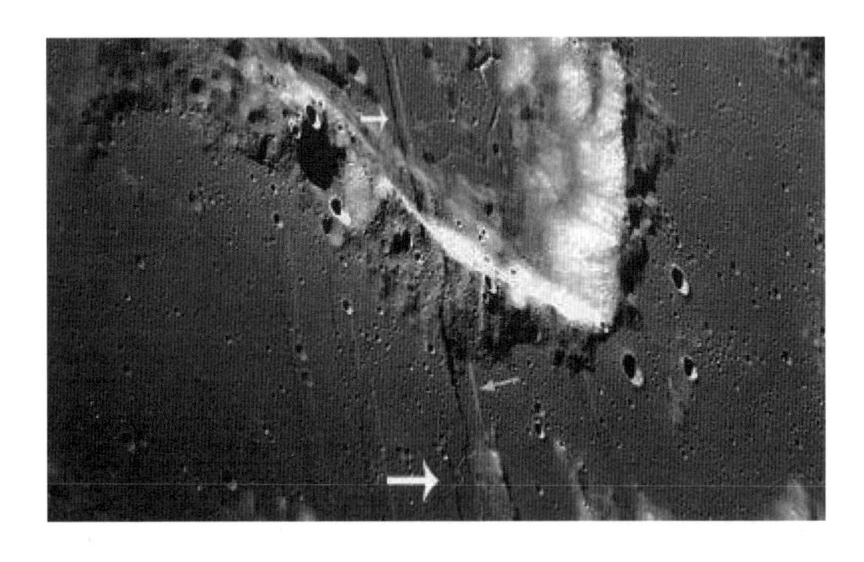

이 주변 지역을 넓게 찍은 사진을 보면, 사진 아래쪽 화살표로 표시한 부분에 필라멘트 모습이 분명하게 보인다. 이 기괴한 물체가 정말 달의 표면에 존재하는 것이다. 필라멘트 위치가 움푹 들어간 저지대 코스에서 위쪽 평원지대로 이어지듯이 놓여 있다.

한편, 길처럼 보이는 저지대 코스를 따라가 보면, 커다란 분화구의 림 가장자리로 이어져 있는데, 정말 이상한 점은, 이 저지대 코스가 분화구 림을 관통하여 분화구 내부 바닥을 가로질러 계속 이어진다는 사실이다.

림이 코스의 생성이나 지속적 연결을 방해할 게 분명한데, 어떻게 이런 코스가 만들어질 수 있는지 의문이다. 누군가 필라멘트와 함께 어떤 의도를 가지고 자료 전반을 조작한 것은 아닐까.

물론 그런 회의에 대한 반론도 동시에 대비시켜봐야 할 것이다. 거대한 도랑처럼 나 있는 낮은 트랙이 정말 그런 의심을 살 만큼 이상한 것인지, 이런 지형을 만들 자연 현상이 있을 수 없는지. 우리가 아직 찾지 못했지만, 그럴 개연성이 있을지 모른다. 그러나 여러 자료를 살피며 찬찬히 따져보면, 혼돈이 걷힐 것이다.

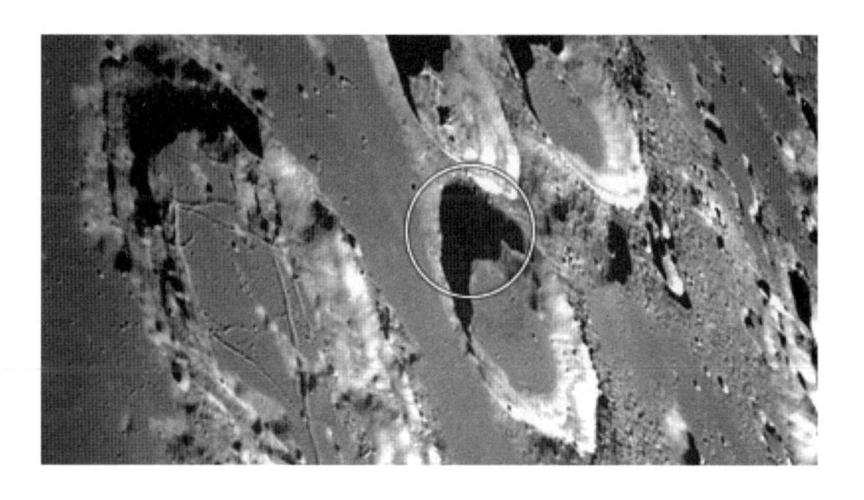

이 지역을 좀 더 넓게 살펴보자. 사진의 왼쪽 부분에 길이 통과하는 분화구가 나타나 있다. 명백한 충돌 분화구로 보이지만, 이것이 실재 모습인지는 의심스럽다.

누군가 이 위치에 있는 무엇을 숨기기 위해, 지형지물 이미지를 조작하다가 실수했다는 느낌이 든다. 물론 분화구 림 안팎의 지형은 가짜이고 림이 진짜이거나, 그 반대일 수도 있지만, 의심의 초점은 자연스럽게 분화구의 오른쪽 지형에 맞추어진다. 너무 비현실적으로 깨끗하기 때문이다.

의심의 초점을 조금씩 확산해 보면, 지형에 스머지 코팅을 적용하여 분화구가 전혀 없는 상태로 얼룩을 없앤 다음, 분화구 림을 설치하고 작은 바위, 구덩이, 그림자 등을 올려놓은 상황이 그려진다. 물론 다른 방법을 썼을 수도 있지만, 대체로 이런 방법으로 사진을 광범위하게 가공한 것으로 보인다.

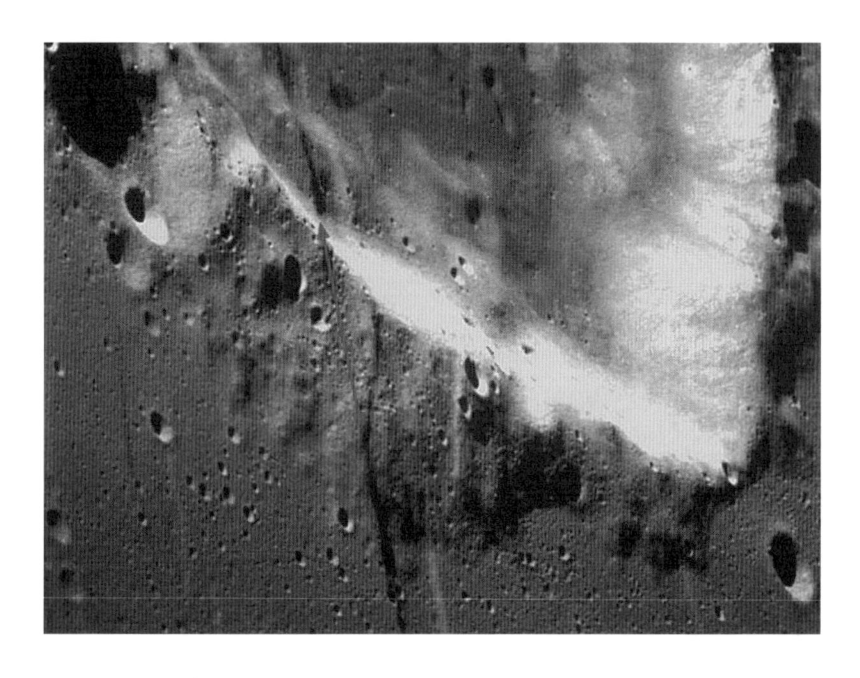

이미지를 확대해 보면, 이미지가 가공되었다는 느낌이 더욱 강렬해지는데, 분화구 림 아래를 통과하는 저지대 코스가 결정적인 근거를 제시하고 있다.

원래는 평평했던 지형이었는데, 그 위에 적절히 만들어진 얼룩 이미지가 먼저 깔리고, 그 위에 만들어진 분화구 테두리가 올려진 것으로 보인다. 그렇다면 얼룩 이미지와 분화구 테두리로 덮인 곳에 실제로 무엇이 있었을까.

그런데 사진이 조작되었을 거라는 필자의 추론이 사실이 아니고, 실제로 이곳이 이렇게 생겼다면 어떻게 되는 건가. 이런 지형이 실재할 가능성은 아주 희박하지만, SF 영화의 배경 같은 이런 지형이 실재한다면, 이것을 도대체 어떻게 해석해야 할까. 그렇다면 지형 전체가 인위적으로 조성된 것으로 봐야 하지 않을까. 자연의 힘으로 이런 지형이 만들어질 수는 없으니까 말이다. 그리고 이 사진이 조작된 게 아니라면, 또 다른 문제도 파생된다.

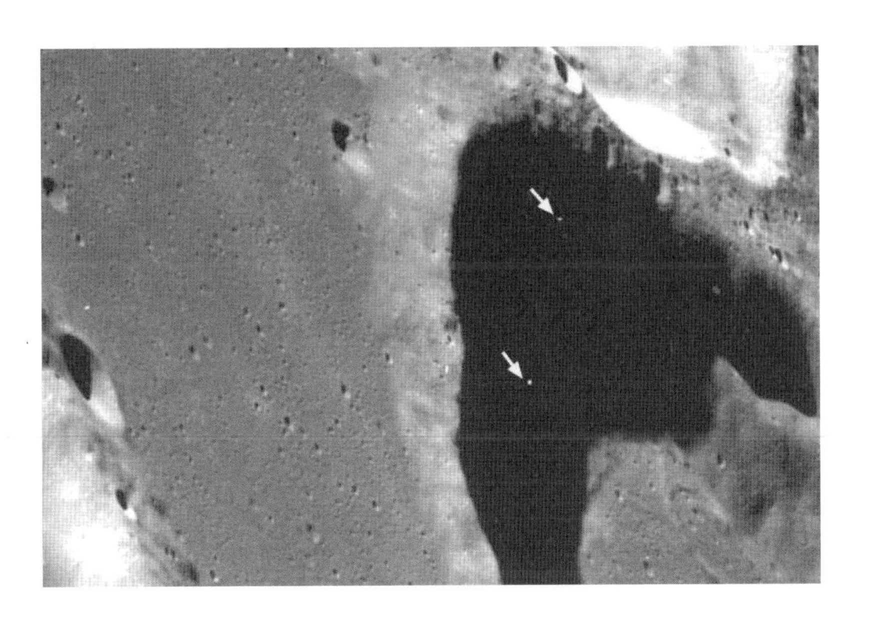

두 페이지 앞에 게재한 사진의 마크 부분을 확대해 보면, 분화구 안에 점 두 개가 나타나는데, 이것을 조작 중에 발생한 실수의 파편이 아닌, 비행물체로 판독해야 한다. 달리 해석할 수는 없지 않은가. 어두운 그림자 영역 위에서 밝은 햇빛을 반사하며 공중에 떠 있는 물체라는 결론을 내릴 수밖에 없고, 그렇다면 이 물체는 달에 UFO가 존재한다는 결정적인 증거가 된다.

◐ 착륙선과 패드

AS11-40-5902

아폴로 11호의 Landing Module(LM) 풋 패드는 얕은 그릇 모양으로, 반짝이는 금박으로 덮여 있다.

이제 LM이 착륙하는 순간을 상상해 보자. LM의 스러스터 노즐이 달 표면에 가까워지면 토양의 먼지들이 비상할 것이다. 그리고 그렇게 착륙을 마치고 나면, 노즐의 말단 위치는 지상에서 1ft 정도 떨어지게 된다.

AS11-40-5864

이 이미지를 보면, 스러스터 노즐이 어떤 형태인지, 바깥다리와 노즐의 상대 위치가 어떠한지 잘 알 수 있다.

한편, LM을 맞이하는 달 표면의 흙은 지구와 비교해 보면 미세하고 점도가 약하다. 우주의 광선으로부터 표면이 보호되지 않기 때문에, 장구한 세월 동안 무방비로 피폭당해서 레고리스(regolith)라고 불리는 미세한 흙이 만들어진 것이다. 또한, 달은 지구 크기의 25%에 불과하며 중력도 지구의 16.7%에 불과하기에, 착륙 시에 먼지가 발생할 수밖에 없다. 그래서 비행사들은 착륙 후에 LM에 잠깐 머물러 있을 수밖에 없다.

하지만 여기서 지적하려는 건 이러한 사실이 아니고, LM의 패드가 너무 깨끗하다는 점이다. 착륙 지점으로 내려와야 할 먼지가 어디로 사라져 버렸는지, 아니면 애초부터 발생하지 않았는지가 궁금하다. 착륙 지점에서 먼지가 충분히 보여야 하고, 패드에도 흙먼지가 가득 담겨 있는 게 정상이 아닐까.

AS11-40-5926

하지만 물리적 인과를 무시한 채, 착륙 모듈의 풋 패드는 아주 깨끗하다. 달에 공기가 없어서 이런 현상이 벌어진다는 설명이 있기는 하다. 하지만 공기가 없어도 노즐에서 분사된 가스는 달 표면에 전해진다. 그 압력으로 튀어 오른 흙과 먼지는 모두 어디로 갔는가.

Twins

아래 사진들은, 달 이미지에 적용하고 있는 변조 기법의 일부를 엿볼 수 있는 강력한 증거들이다. 변조되었다고 어필하기 어려울 정도로 기술이 정밀하게 가미되어 있긴 하다. 하지만 자료들을 찬찬히 살펴보면, 이미지 응용 프로그램이 사용되지 않았다면, 이곳에 기적이 일어났다고 말해야만 한다는 것을 알 수 있다.

위의 이미지는 아폴로 17 EVA 1 ALSEP 파노라마에서 발췌한 것으로,

모양이 똑같은 두 개의 암석이 나란히 놓여 있는 게 보인다. 무엇을 가리기 위해서 이런 작업을 한 것인지는 모르겠지만, 아래의 암석을 복제하여 위로 옮긴 다음, 조금 확대하고 음영 작업을 해서 다른 암석처럼 보이게 조작해 놓았다.

위의 사진은 아폴로 17호의 파노라마 이미지에서 발췌한 것으로, 여기에도 같은 모양의 암석이 두 개 있다. 복제해서 옮긴 후에 후속 작업을 거의 하지 않아서 조작했다는 사실을 쉽게 알아챌 수 있다. 더구나 설치류 모양의 암석 앞에 놓인 작은 암석도 그대로 함께 복사되어 있어, 조작 사실을 더욱 확신할 수 있게 한다. 아마 조작에 능한 작업자가 습관적으로 사용하는 기술을 부리다가, 실수한 것으로 보인다.

◑ 레이어

아래의 사진은 Orbiter Ⅲ호의 자료이다. 화살표로 표시해 놓은 부분을 보면 같은 선이 반복적으로 그려져 있는데, 자세히 살펴보면 이미지를 이어 붙인 위쪽 부분에 그려져 있다.

아마 원본 이미지 중 하나에 무엇을 가리기 위해 이런 선이 그려진 레이어를 넣었다가, 그것을 제거하지 않고 다음 작업을 계속해서 이런 흔적을 남기게 된 것으로 보인다.

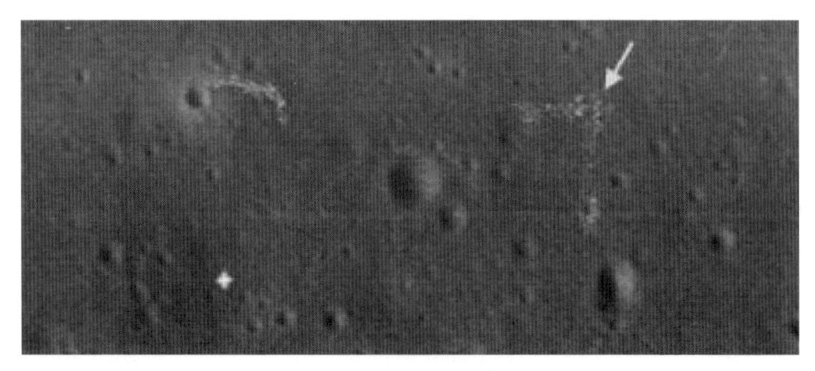

lo3-32-h1right

이와 유사한 실수가 아래의 사진에서도 나타난 것으로 보아, 작업자가 동일 인물일 가능성이 크다. 만약 그렇지 않다면, 자료 교정에 어떤 알고리즘이 적용된 자동화 프로그램이 사용되고 있는데, 그것에 오류가 일어났을 수도 있겠다.

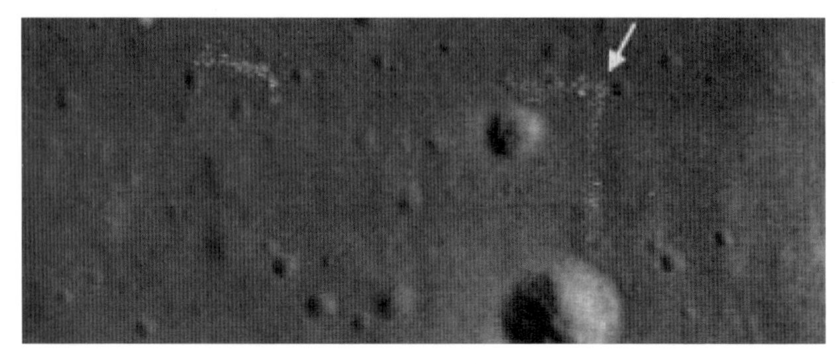

lo3-32-h1left

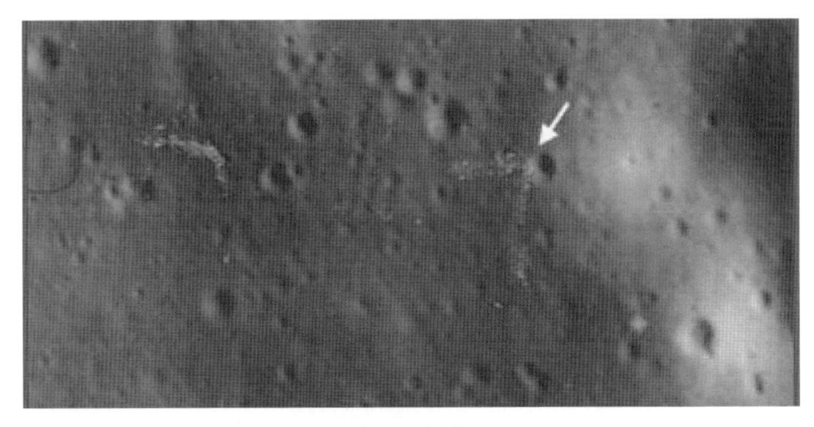

lo3-20-h1d

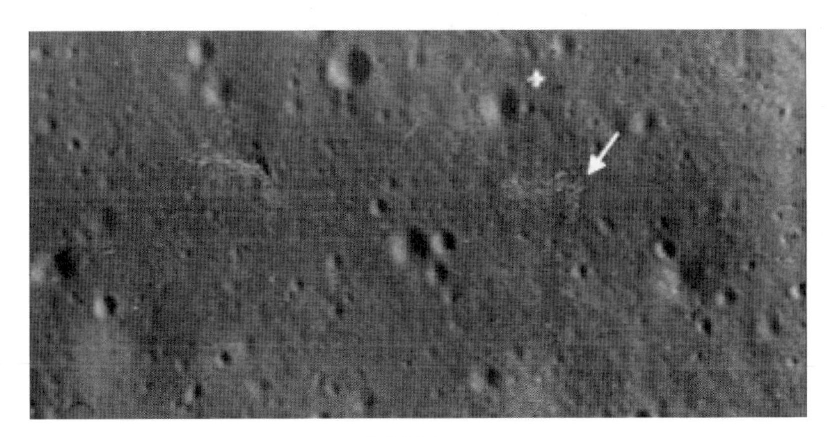

lo3-20-h1a

위에 제시된 이미지들의 화살표가 표시된 곳에도 숫자 7과 유사한 표시가 반복되고 있고, 그 왼쪽에 눈썹 모양의 표시도 같이 반복되고 있다. 사진을 촬영한 Orbiter가 같고, 오류의 내용도 같은 것으로 보아, 그 원인도 같을 것으로 여겨진다.

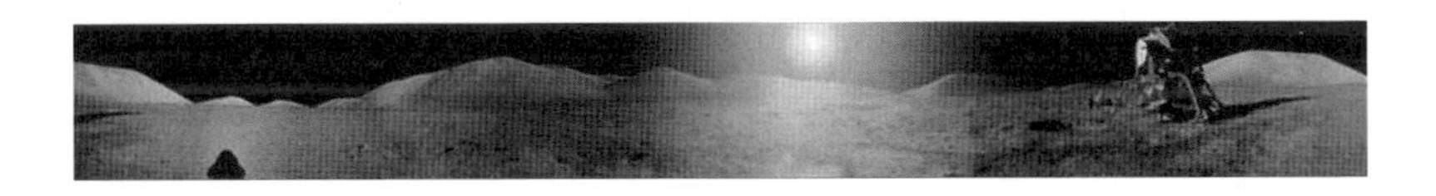

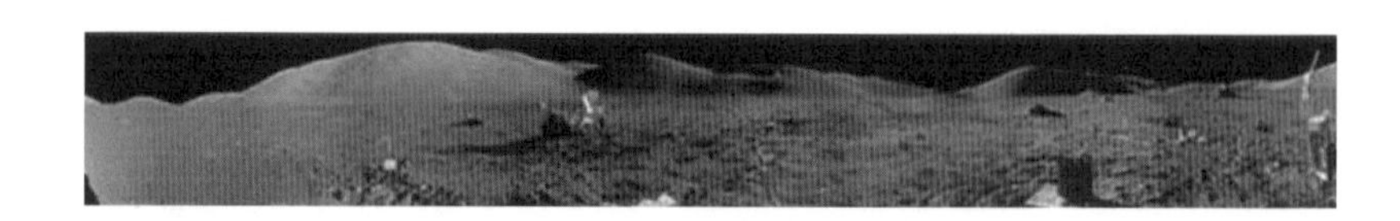

위 두 개의 파노라마 섬네일 이미지는 아폴로 17호 미션 때 촬영한 것이다. 첫 번째 JSC2007e045384 이미지는 착륙 모듈이 있는 착륙 사이트이다. 두 번째 JSC2004e52772 이미지는 ALSEP(Apollo Lunar Surface Experiments Package)가 설치된 곳으로 제시된 것이다. 그런데 놓여 있는 물체는 다르지만, 배경의 지평선과 언덕 등의 지형은 모두 같다. 도대체 어떻게 된 일인가.

첫 번째 이미지에서 오른쪽에 보이는 착륙 모듈은 같은 위치의 두 번째 이미지에 존재하지 않으며, 다른 장비가 그 자리에 있다. 간단한 장비는 분해하여 이동할 수 있지만, Land Module은 그럴 수 없는 대형 장비이다. 하지만 위 사진들이 원본 그대로라면, Land Module이 두 사람의 힘으로 옮겨진 일이 일어난 게 된다.

그림자의 방향도 이상하다. 두 번째 사진 속의 물체 그림자를 보면 방향이 일치하지 않는다. 결국, 두 장의 사진 모두에 조작이 가해진 게 확실한 것 같다. 왜 이런 일을 벌인 것인가.

위의 사진들도 그 배경이 같지만, 언덕 아래에 놓여 있는 물체들은 서

로 다르다. 가장 결정적인 모순, 큰 바위가 위의 사진에는 있지만, 아래 사진에는 없다는 사실이다. 원근과 카메라 각도를 고려하더라도 바위의 크기와 모양이 이렇게 달라질 수는 없기에, 어느 사진보다 조작의 증거가 확실하게 남아 있다고 할 수 있다. 왜 이런 조작을 해야만 했을까.

◐ 탑과 구조물

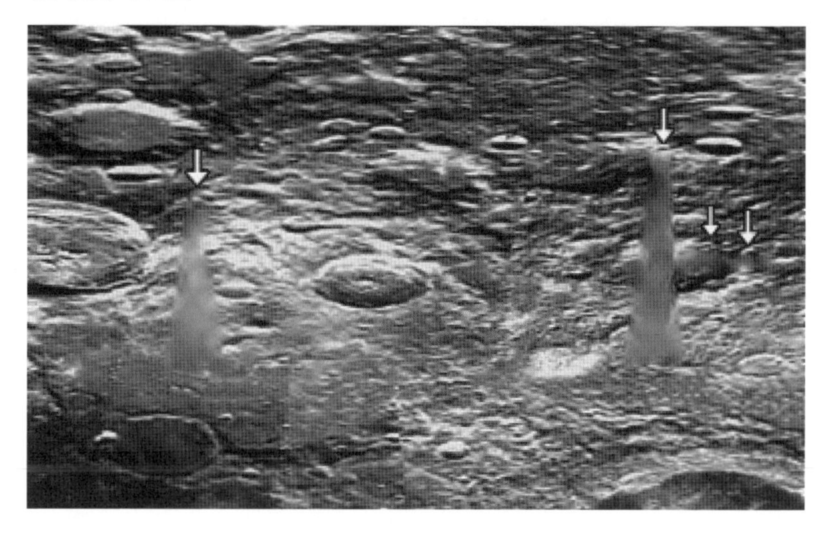

위 사진은 1994년에 Clementine이 위도 64°, 경도 −265° 지역을 촬영해서 보내온 것이다. 블로어와 스머지 도구를 사용하여 물체를 덮은 상태여서 세부적인 구조를 알 수는 없지만, 거대한 탑 두 개가 있고, 오른쪽 탑의 뒤쪽에 작은 구조물 두 개가 있다는 사실은 알 수 있다. 좁고 높은 형태를 가진 것으로 보아, 주거용이 아닌 통신용 구조물일 가능성이 커 보인다.

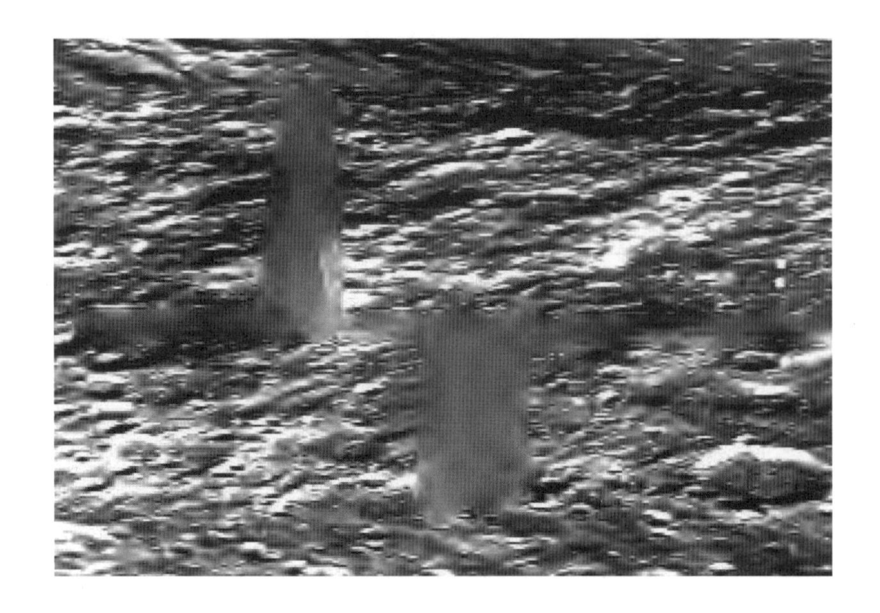

위도 70°, 경도 -240° 지역이다. 탑이라기보다는 고층 건물로 보이는 두 개의 물체와 그 건물에 부속된 것으로 보이는 낮고 긴 건물이 보인다. 큰 구조물 주변에 블로어 처리된 곳이 많은 것으로 보아 잔잔한 구조물이 산재해 있을 것으로 여겨진다.

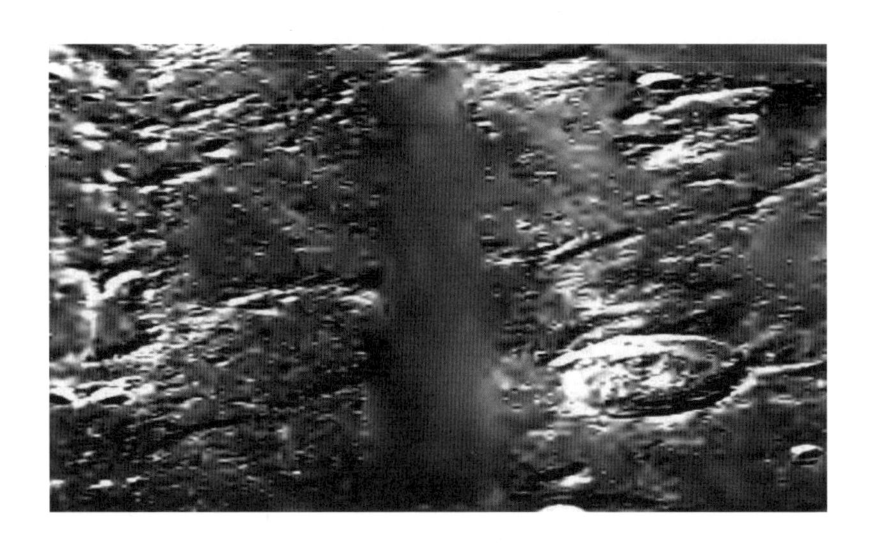

위도 68°, 위도 -346° 지역이다. 가운데 거대한 탑이 우뚝 솟아 있고, 그 주변의 많은 물체가 안갯속에 숨어 있다.

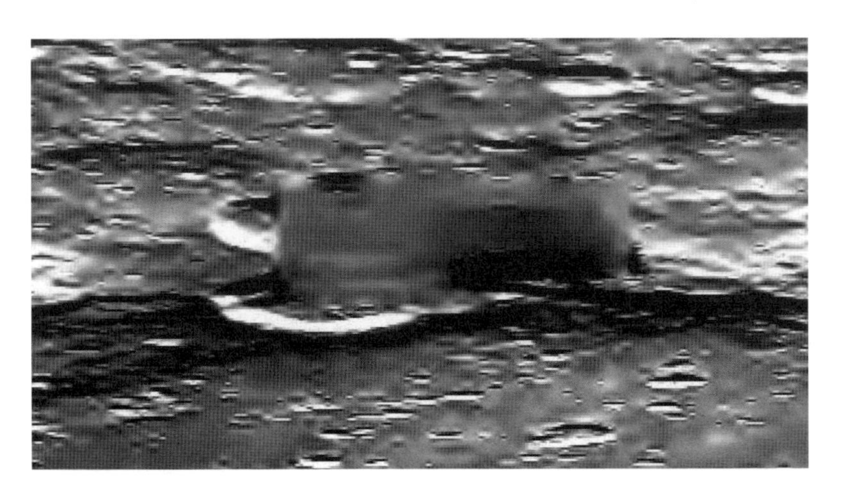

위도 70° 경도 -137° 지역을 촬영한 것이다. 다른 구조물과는 달리, 상대적으로 높이가 낮지만, 넓은 지역을 점유하고 있다. 단독 건물이라기보다는 여러 건물이 클러스터 형태로 조성된 것 같다. 이것 역시 Clementine이 촬영해서 보내온 자료니까 1994년이나 그 직후에 보내온 것일 가능성이 크다. 작업자의 솜씨가 서툰 것인지, 일부러 이런 것인지는 모르지만, 이 당시 자료들의 조작은 몹시 엉성하게 되어 있다. 정말 뭔가를 숨기려고 한 것인지, 숨길 게 있다고 대중에게 알리려고 한 것인지, 그 진의조차 이해할 수 없을 정도이다.

혹은, 달의 구조물을 저렇게 숨긴 것인지, 어떤 목적이 있어서 마치 달에 거대한 구조물들이 있는 것처럼 호도하기 위해 속임수를 쓴 것인지도 모르겠다. 이런 의심까지 생기는 이유 중 하나는, 구조물의 그림자가 없다는 사실 때문이다. 적어도 위에 제시한 자료 중에는 구조물의 그림자가 제대로 보이는 게 하나도 없다.

하지만 이런 극단적인 의심은 진실과는 무관할 가능성이 더 커 보인다. 그 이유는 탬퍼링 기술과 거기에 사용된 프로그램의 특성으로 그림자가 증발했을 가능성이 있기 때문이다.

물론 탬퍼링 기술의 근본적인 문제 때문에 그림자가 증발했을 수도 있다. 사실, 먼 거리에서 촬영한 영상에 대한 탬퍼링은, 작은 물체를 가리는 데는 효과적이지만, 거대한 물체를 가리는 데는 적당하지 않다. 아웃라인을 감추기 어렵기 때문이다. 그래서 이런 단점을 커버하기 위해서, 기술자들이 이미지를 초점이 맞지 않게 만들고 명도도 낮추는 경향이 있는데, 이 과정에서 선명도가 훼손되는 것은 물론이고 그림자가 증발할 수도 있다.

어쨌든 근원적인 의심은 여전히 남아 있다. 모든 것을 감안해도 조작한 부분이 너무 조잡하기 때문이다.

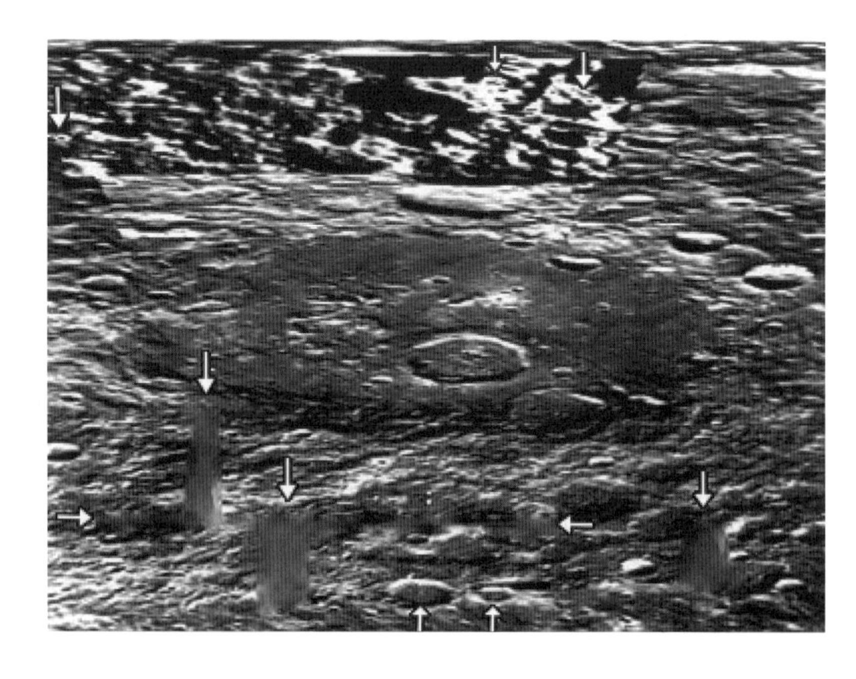

위도 70° 경도 −240° 지역이다. 화살표로 지적해 둔 부분을 보면, 탑과 이상한 물체들이 산재해 있다는 것을 알 수 있다. 그런데 이상하게 아래쪽은 여러 기법으로 원본 이미지를 가렸지만, 위쪽 지역은 거의 그대로 노출되어 있다. 특히 원본이 그대로 노출된 듯한 일부 지점에는 달의 다른 곳에서는 볼 수 없는 지형지물이 가득 차 있다.

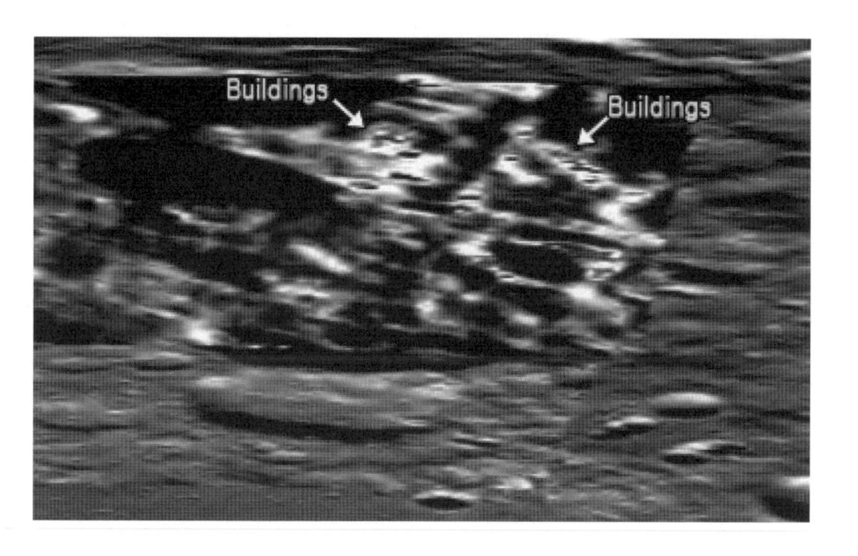

모자이크가 조금 삽입되어 있지만, 가려지지 않은 부분이 많아서 거기서 꽤 많은 정보를 얻을 수 있다. 전체적인 지형은 계단식 구조를 이루고 있는데, 화살표로 지적해 놓은 부분에는, 대형 건물의 존재를 암시해 주는, 직사각형 구조물이 모여 있다.

이 지역은 북극 근처이지만, 공식적으로 배포된 영상 자료에는 이런 정경이 보이지 않는다. 거의 구체에 가까운 달의 곡률과 카메라 특성 때문에 그럴 수도 있겠지만, 배포된 자료에 광범위한 조작이 이뤄졌기 때문일 개연성이 더 높다.

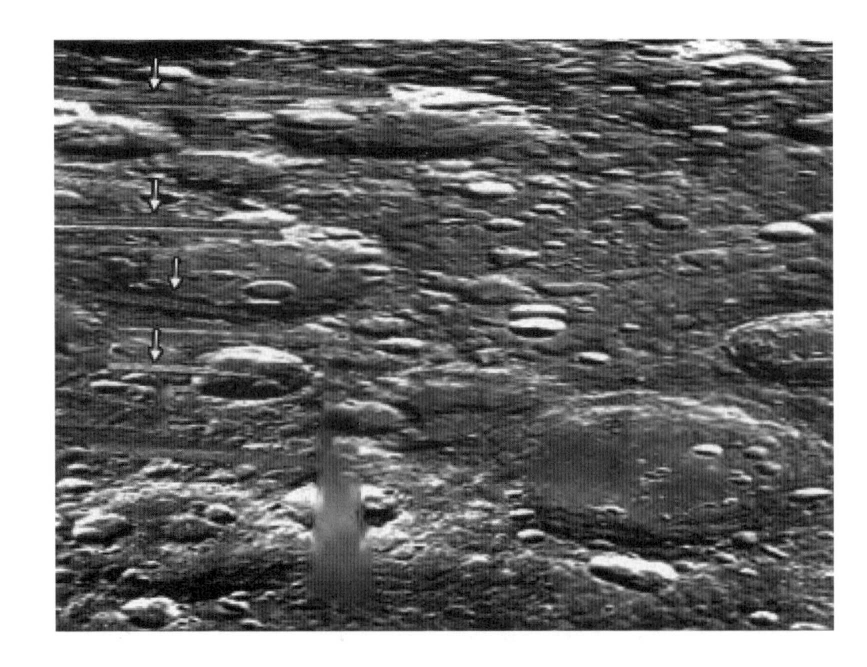

위도 68°, 경도 -168° 지역이다. 100% 해상도 그대로 표시되어 있어서 지형지물의 크기가 작아 보인다. 앞쪽에 픽셀이 뭉개어진 탑이 하나 있는데, 정작 시선이 쏠리는 곳은 그곳이 아니다.

화살표가 있는 부분들을 주목해서 살펴보면, 직사각형 플랫폼, 도로 시설, 레일 등이 있는 것처럼 보인다. 특히 플랫폼이 반복적으로 나타나는데 그 자체가 구조물일 수도 있지만, 낮고 길게 생긴, 다른 구조물을 가리기 위한 은폐용 텍스처일 수 있다는 생각도 든다.

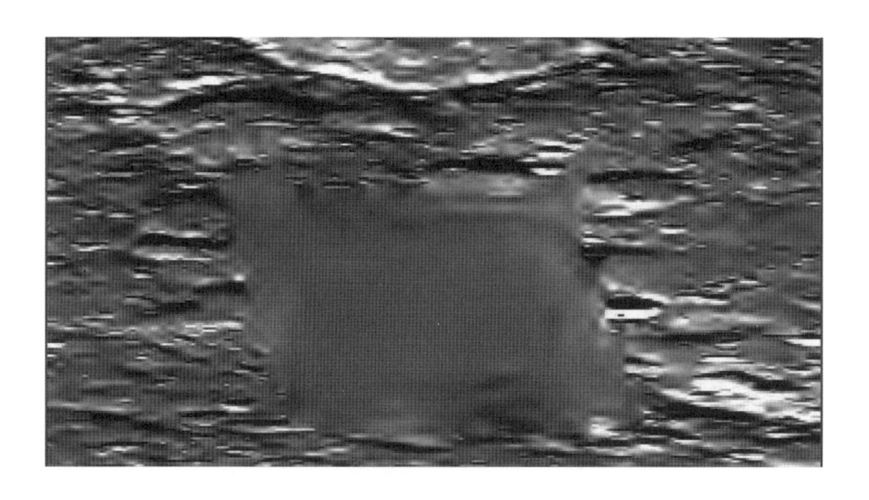

위도 −72°, 경도 −108° 지역이다. 해상도가 200%인 것을 고려해도 가려진 구조물의 크기가 어마어마하게 크다. 구조물이 거의 완벽하게 가려져 있고, 그 주변도 아주 어지러울 정도로 여러 군데 지워져 있다. 가려진 부분에 숨어 있을 구조물들의 정체도 궁금하지만, 서툴게 조작된 이런 이미지 파일을 공개한 이유가 더 궁금하다.

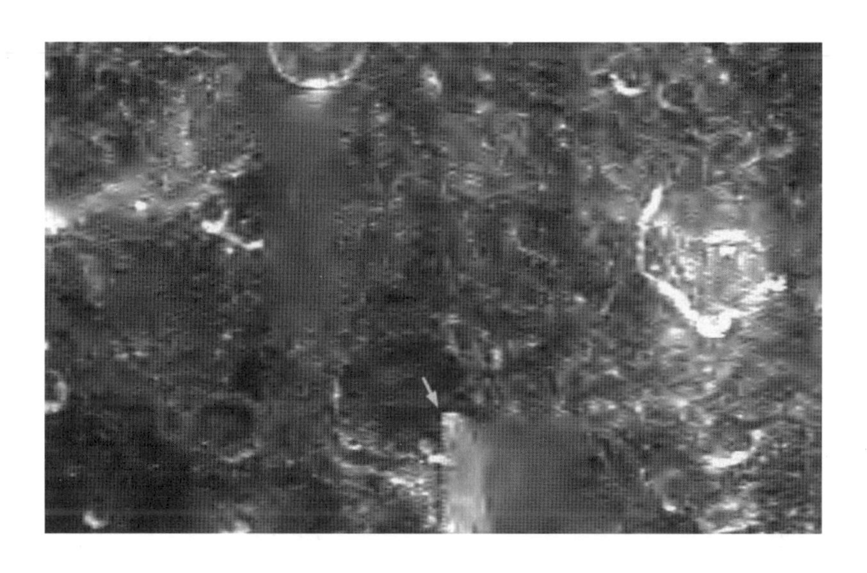

위도 −35° 경도 −208° 지역이다. 중앙에 탑이 있고, 아래쪽 두 개의 화살표가 가리키는 곳에, 쐐기형 부속물이 달린 반원형 구조물이 보인다. 지하로 들어가는 대형 입구일 가능성이 큰데, 다른 곳에서는 보지 못했던 아주 특이한 구조물이다.

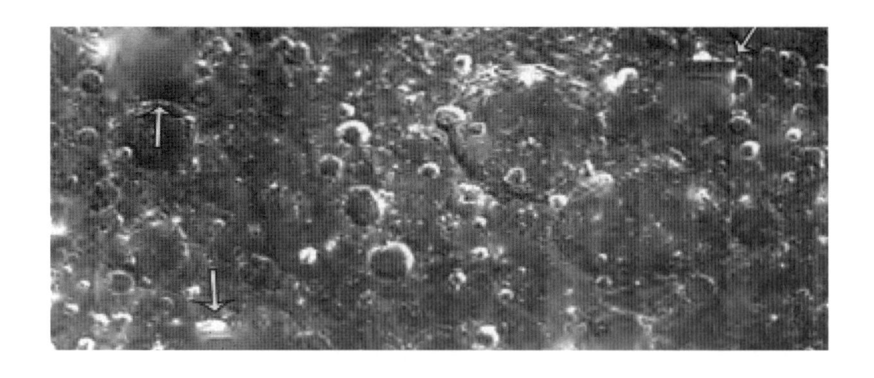

위도 35° 경도 −98° 지역이다. 몹시 어지럽게 변조 작업이 이뤄져 있지만, 화살표가 가리키는 세 곳에 큰 구조물이 숨겨져 있다는 사실은 알 수 있다. 맨 위의 왼쪽 개체는 전체적인 모습이 완전히 숨겨져 있지만, 나머지 두 구조물은 약간 드러나 있다.

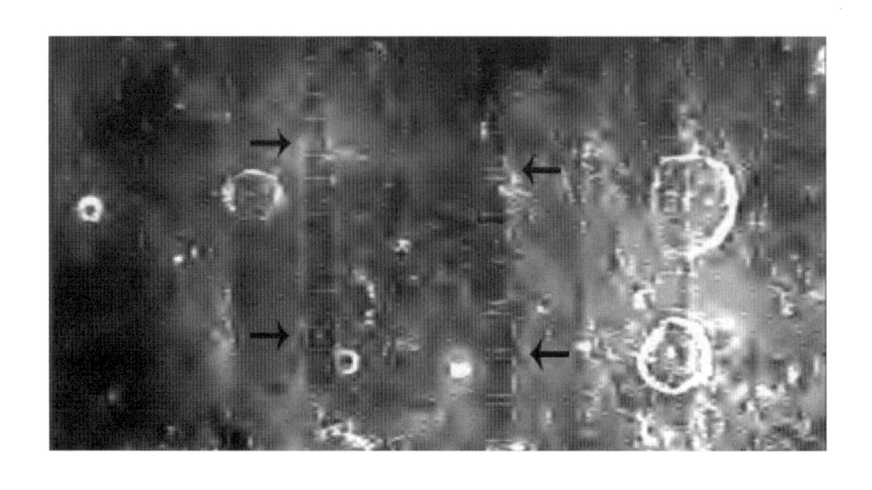

위도 −3° 경도 −359° 지역이다. 이 이미지에는 거대한 구조물은 없으나, 인공 구조물의 존재에 대한 확실한 증거가 담겨 있다. 이미지 훼손이 거의 전역에 벌어져 있지만, 직각과 평행의 기하학적 디자인은 그대로 유지되어 있기 때문이다.

화살표가 가리키고 있는 직각과 평행 디자인의 큰 얼개는 자연 지형지물과 관련되어 있을 수 없기에, 지역 전체에 대규모 인공 시설이 존재한다는 사실을 강력히 암시하고 있다.

◑ 그림자

이 사진은 AS08-13-2350 파일 일부이다. 중심 오른쪽 지형에서 드리워진 긴 그림자를 주목해 보자. 태양의 고도와 능선의 높이를 비교해 볼 때 그림자가 비상식적으로 길다. 지형이 급경사를 이루고 있다면 가능한데, 이곳의 지형은 그렇지 않다. 더구나 맨 왼쪽 화살표가 가리키고 있는 끝부분은, 그림자 특성상 빛의 회절 때문에 아랫부분처럼 진할 수 없다. 그렇기에 조작이 가해졌다고 의심할 수밖에 없다. 바닥에 있는 어떤 물체를 가리기 위해서 그림자를 길게 만들었거나, 능선 근처에 있던 어떤 물체를 제거했을 가능성이 커 보인다.

이 사진은 AS08-13-2348 파일 일부인데, 이 사진 속의 그림자 역시 원본 그대로의 상태가 아닌 것 같다. 그림자 끝 부분이 너무 진할 뿐 아니라, 실재 능선과 모양이 너무 다르다.

두 사진 모두 인근 지역에서 촬영되었다는 사실을 고려해 보면, 이 지역 전체에 숨겨야 할 물체들이 산재해 있었던 것 같다.

들길

아래 사진은 AS08-13-2351 파일 일부로, 이것 역시 아폴로 8호 미션 때 촬영한 것이다. 이미지가 거친 텍스처 패턴으로 심하게 손상되어 있다. 잔디밭 느낌이 나는 랜덤 텍스처를 사용한 것 같은데, 왜 이런 작업을 했는지, 선뜻 이해가 가지 않는다.

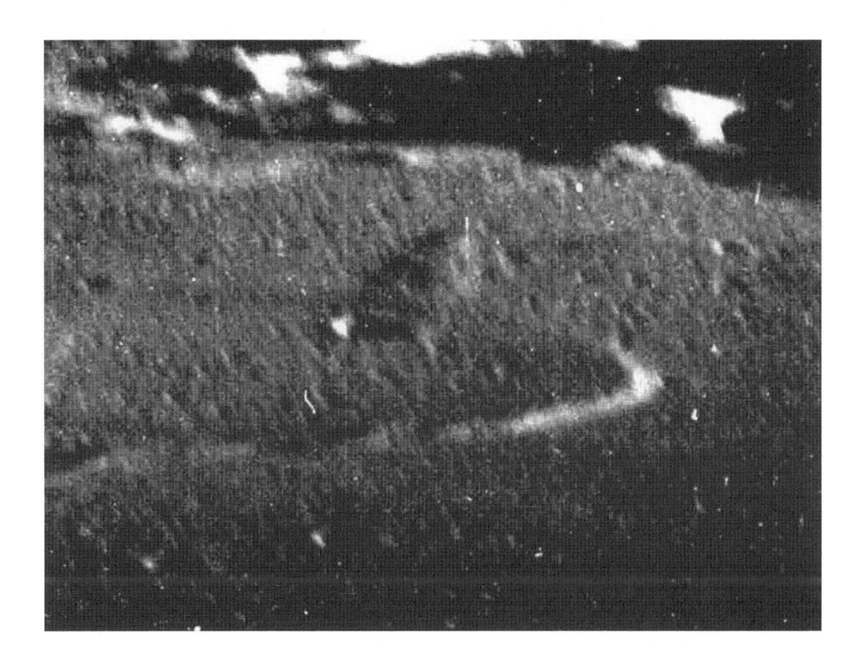

어차피 대중에게 실재의 정경을 노골적으로 감추겠다고 한 작업이라면, 말끔하게 보이는 작업을 선택할 수도 있었을 텐데, 왜 이런 난해한 작업을 한 것일까. 혹여 실제로 이곳에 식물이 있는 건 아닐까. 그래서 그것을 완벽하게 가리기 위해서, 유사한 식물 패턴을 삽입한 것은 아닐까.

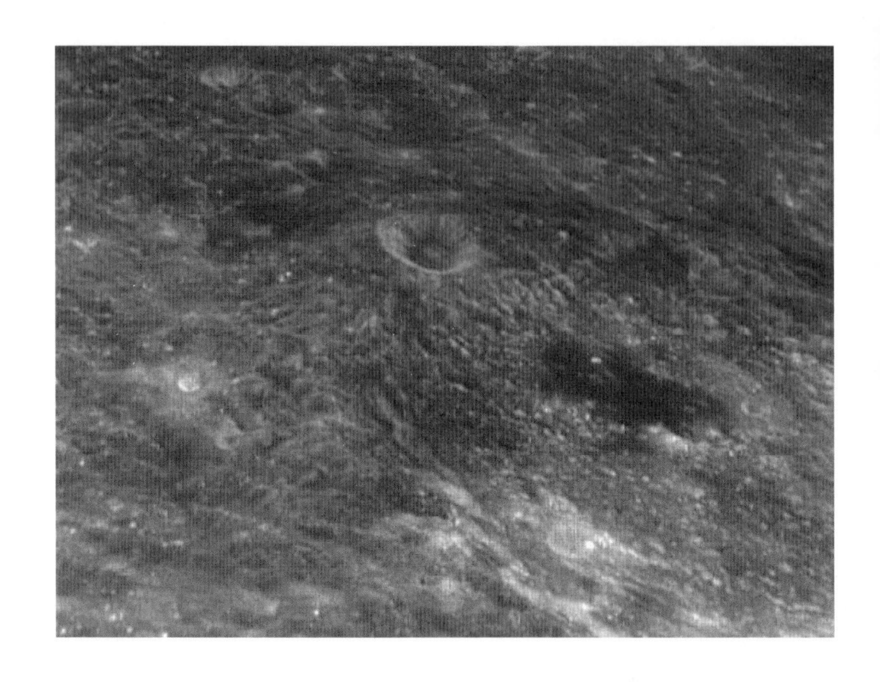

컬러 이미지

다소 터무니없어 보이는, 이런 의심을 하는 이유는, 아폴로 8호가 전송해 온 달 뒷면의 사진 속에, 잔디와 채소밭이 어우러진 것 같은 녹색지대가 있기 때문이다. 바로 위의 사진이 그 증거이다.

제 8 장

여러 나라의 발견

인류는 아주 오래전부터 달 여행을 꿈꾸어 왔다. 하지만 그에 대한 구체적인 계획을 세우기 시작한 것은, 미국과 소련 간의 이데올로기 경쟁이 본격적으로 시작된 시점부터이다. 그렇게 시작된 달 탐사 경쟁은 1969년에 미국이 유인 달 착륙을 이룰 때까지 계속되었다.

그러나 최종적으로 유인 달 착륙을 먼저 성공한 것은 미국이지만, 초기 경쟁은 물론이고 장기간 경쟁을 주도한 것은 소련이었다. 소련은 1959년에 최초로 루나 2호를 달에 도달시켰고, 같은 해 10월에 루나 3호를 보내어 달의 뒷면을 촬영했으며, 1966년에는 루나 9호를 달 표면에 착륙시키는 데 성공했다.

미국은 경쟁에 뒤진 것을 만회하기 위해 1961년에 유인 달착륙 계획을 발표한 후, 서베이어 계획과 루나 오비터 계획을 통해 무인 착륙선과 궤도선을 보냈다. 그런 노력을 바탕으로 1968년에 유인 우주선 아폴로 8호가 달 궤도를 도는 데 성공했고, 1969년에 아폴로 11호가 유인 달착륙에도 성공했다.

그 뒤로도 달 탐사를 계속하였으나, 1976년에 루나 24호가 달 탐사한 것을 마지막으로 한동안 중단되었다. 하지만 1990년에 일본이 탐사를 다시 시작했고, 그 뒤를 중국의 창어 1호와 인도의 찬드라얀 1호가 이으면서, 탐사에 활기를 불어넣기 시작했다. 그에 힘을 얻어 각종 탐사 계획이 다시 수립되고 진행되었다.

그러나 이 책의 집필 목적은 탐사 역사의 기술이 아니고, 탐사 중에 발견한 이상한 현상이나 지형지물의 소개이므로, 이 장에서는 미국 외 다른 나라들의 그런 발견들을 게재하고자 한다.

◐ 소련

소련은 세계 최초로 유리 가가린이 탄 인공위성 보스토크 1호(Vostok 1)를 궤도로 진입시켰고, 역시 최초로 우주 탐사선을 달에 착륙시켰으며, 어느 나라보다 먼저 화성과 금성에 우주선을 보내기도 했다.

1960년대 초반까지만 해도 우주 탐사는 소련의 독무대였다. 1962년에는 첩보 우주선 제니트를 발사하여 미국을 노골적으로 감시했는데, 이 일은 미국을 수치스럽게 만들었다. 그뿐만 아니라 달, 화성, 금성으로의 비행, 우주 공간에서의 우주선 랑데부 등은 소련만이 할 수 있었기에, 소련은 미국에게 공포의 대상이었다.

소련은 특히 달에 관심이 깊어서 꾸준히 달 탐사를 진행했다. 하지만 이 분야에서만은 장기간 독주가 불가능했다. 미국이 달 탐사에 집중적으로 투자하는 바람에 곧 꼬리를 잡혔다. 당황한 소련은 1969년 7월 21일에 루나 15호를 발사해, 아폴로 11호와 거의 동시에 달 착륙하려 했지만, 표면에 충돌해 버리고 말았다.

그렇지만 1970년 9월 24일에 무인 우주선 루나 16호가 달 토양을 채집하여 귀환하는 데는 성공하였다. 그리고 1970년 11월 17일에 최초의 달 로버인 루노호트 1호가 루나 17호와 함께 착륙하였다. 또한, 1973년 1월 15일에 루나 21호와 함께 착륙한 루노호트 2호는 달 표면을 총 37km 이동하여 달 표면을 가장 멀리 이동한 로버가 되었다. 그리고 이러는 과정에서 의도하지 않았고 미처 상상하지도 못했던, 놀라운 물체들을 발견하게 되었다.

루나 13호

루나 13호는 1966년 12월 24일에 Oceanus Procellarum(폭풍의 바다)에 연착륙하여, 달 표면에 성공적으로 착륙한 세 번째 우주선이 되었다(Luna 9호와 American Surveyor 1호 다음으로). 지구로 사진을 전송하는 일은 착륙한 지 4분 후부터 시작했고, 1966년 12월 25일에는 텔레비전 시스템을 통해 서로 다른 각도에서 촬영한 달의 풍경을 파노라마로 전송하기도 했다.

루나 13호에는, 월석의 물리적 특성과 달 표면의 우주 광선 반사율에 관한 데이터를 얻기 위한 기계식 토양 측정 관통계, 동력계 및 방사선 농도계가 장착되어 있었는데, 데이터 전송은 1966년 12월 28일까지 계속되었다.

루나 13-1

루나 13호가 착륙한 직후에 보내온 사진 중 하나이다. 사진의 상단에 보면 인공적으로 만들어진 게 거의 확실한, 이상한 물체가 놓여 있다. 거의 같은 크기의 원반형 물체가 약간의 간격을 두고 나란히 서 있는데,

자연적으로 저런 암석이 형성되었을 가능성은 없다고 봐야 한다.

루나 13-2

그런데 잠시 후에 위와 같은 사진이 다시 전송되어 왔다. 바퀴들이 샤프트로 연결된 형태이다. 앞에서 보았던 물체와는 다른 물체이지만, 유사한 점이 많은 것도 사실이다.

이런 점을 고려해 보면, 이상한 물체를 발견했다는 확신이 통째로 흔들린다. 루나 13호가 착륙할 때 떨어져 나온 부품일 지도 모른다는 생각이 든다.

루나 17호

루나 17

소련의 무인 달 탐사선 루나 17호는 1970년 11월 17일에 Mare Imbrium(비의 바다)에 착륙했다. 이 탐사선은 지구에 있는 과학자의 원격 조종 아래 갖가지 실험을 했는데, 이 미션에서는 탐사선의 로버인 루노호트(Lunokhod-1)가 큰 역할을 했다. 루노호트 1호는 8개의 독립적으로 구동되는 바퀴에 볼록한 뚜껑이 달린 통 모양의 몸체를 가진 로버로서 원뿔 모양의 안테나, 헬리컬 안테나, 4개의 텔라 레이저 분광기, X선 망원경, 우주선 탐지기 및 레이저 장치를 지니고 있었다. 루노호트는 10.5km 이상을 이동하며 탐사 작업을 한 후에 1971년 10월 4일에 멈춰 섰다.

위 사진은 바로 루노호트 1호가 모선인 루나 17호를 촬영한 것인데, 오른쪽 가장자리를 보면, 형태는 불분명하나 이상한 물체가 찍혀 있다는 정도는 한눈에 알아볼 수 있다.

위에 그 모습을 확대한 사진이 있다. 원본을 감마 보정 해서 보면, 다른 미션 때 발견했던 'Peekaboo'들과 흡사한 패턴이 나타나는데, 특히 이 이미지는 앞 장의 Lunar Orbiter image에서 보았던 'The Tower'와 거의 같은 모습이다.

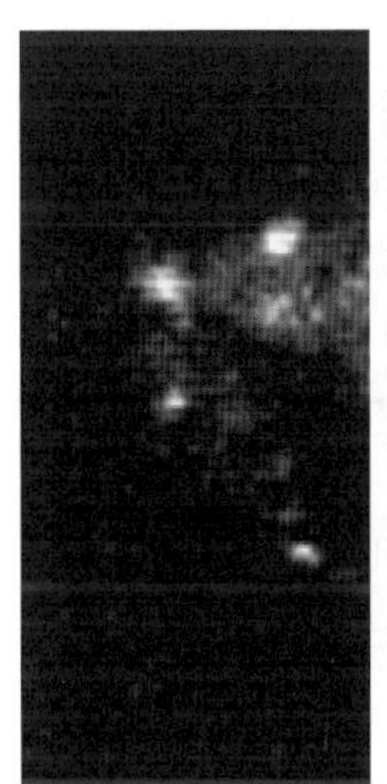

Peekaboo(루나17)

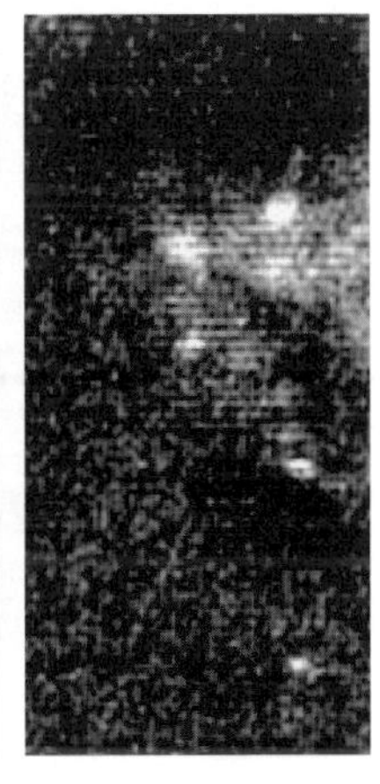

Tower(Orbiter)

왼쪽에 Luna 17호 미션 때 촬영한 Peekaboo와 Luna Orbiter 미션 때 촬영한 Tower 이미지를 나란히 배열해 보았다. 같은 물체를 찍은 것처럼 모양이 같다. 그렇다면 'The Tower'가 루나 17호가 착륙한 지점 근처에 존재하는 것일까. 좌표를 정확히 알지는 못하지만, 그렇지는 않을 것이다.

그리고 만약 저 물체가 저곳에 탑처럼 고정되어 서 있었다면, Luna 17호가 착륙 직전에 촬영한 사진에도 저 Peekaboo가 보여야 하지 않은가. 그런데 실제는 촬영되지 않았다. 그렇다면 저 Peekaboo는 달 표면에 고정된 물체가 아니고, 우리가 알고 있는 'The Tower' 역시 고정된 물체가 아닐 가능성이 크다.

Zond

소련은 Luna 계획과는 별도로 1960년대 중반부터 Zond 계획을 실행했다. 달 근접 비행 후에 지구로 성공적으로 귀환하는 게 주목적이었는데, 여기에는 달 뒷면을 촬영하는 것도 포함되어 있었다. 위 사진은 Zond Ⅲ가 촬영한 사진이다. 우리가 주목하여야 할 것은 오른쪽 아랫부분이다.

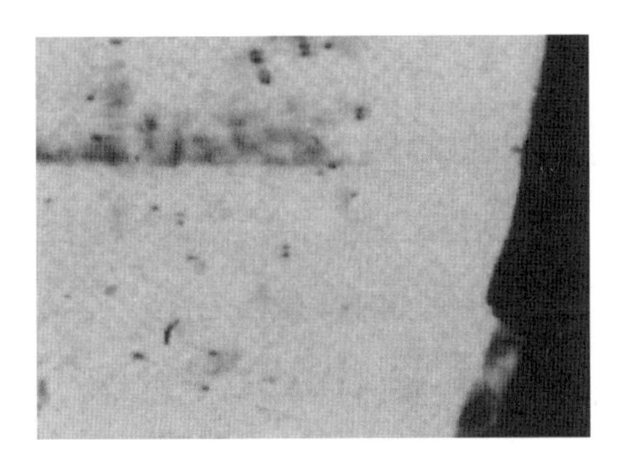

이 부분을 확대해 보면, 왼쪽 사진과 같이 지평선 위로 피어오르는, 거대한 가스 덩어리 같은 유체가 보인다. 하지만 지표면 아래에서 나오는 것으로 추정될 뿐, 그 발생 원인은 알 수 없다. 자연적으로 발생한 게 아닐 가능성도 있어 보인다. 이 외에 사각 표시를 해 둔 곳을 확대해 보면, 기이한 정경을 볼 수 있다.

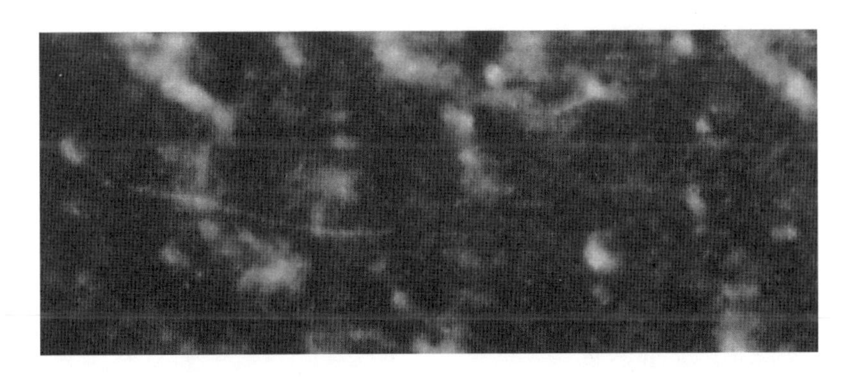

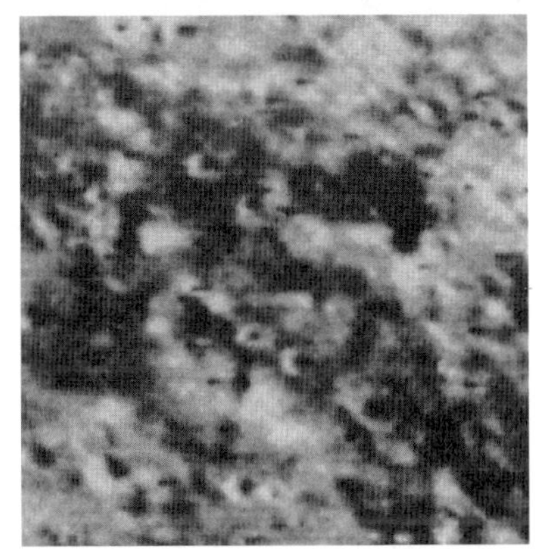

피라미드

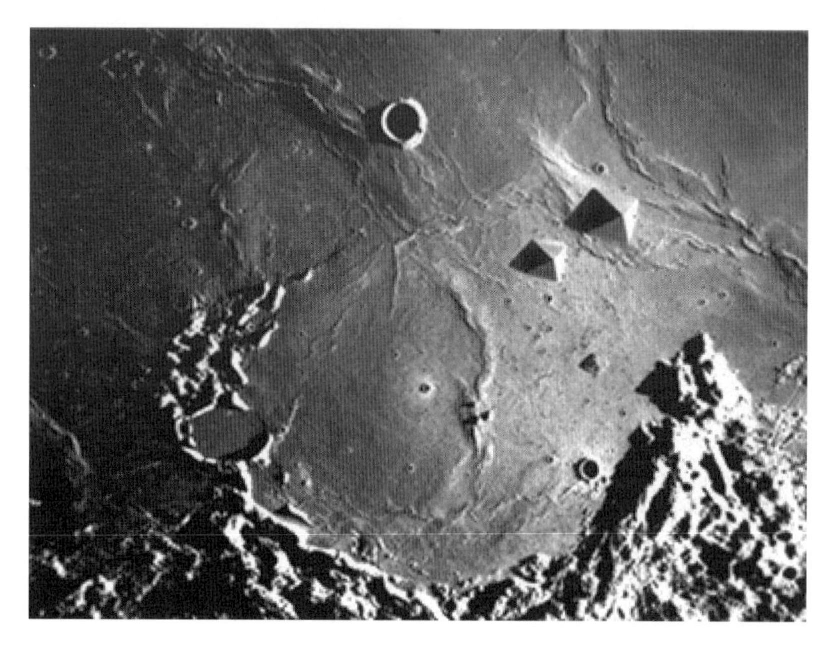

루나 21호가 보내온 자료 중에 달 뒷면을 촬영한 사진 일부이다. 피라미드와 사각형의 구조물, 빛이 나오는 돌들 그리고 주차해 있는 차량 같은 것들이 있으며, 완벽한 원형의 구멍들, 기하학적으로 배치된 선과 물체들도 있다. 특히 아래쪽 사진 속에 있는 피라미드형 구조물들은 크기만 다를 뿐, 그 전체적인 모양과 비율이 거의 같고 모서리도 예리하게 날이 서 있어서, 자연적으로 생성되었다고 볼 수 없을 것 같다.

◐ 중국

중국의 우주 개발 역사와 계획의 개요는 다음과 같다.

2003년: 최초의 유인 우주선 발사

2013년: 달 표면 탐사기 연착륙

2014년: 우주 개발을 민간 중심으로 실행

2018년: 중국판 GPS 완성, 세계적으로 운용 개시

2019년: 달 표면 탐사기가 세계 최초로 달 뒷면 착륙에 성공

2020년 목표: 화성 탐사기 발사

2022년 목표: 독자적인 우주 스테이션 완성

2030년 목표: 미국과 러시아에 이어 우주 세계 3강에 진입

그런데 달 탐사 중심으로 살펴보면, 그 핵심은 역시 창어 계획이라 할 수 있다.

창어 계획

창어 계획은 장기간 달에 머물며 탐사하는 것을 목표로, 2003년 3월 1일에 시작되었다. 2007년 10월 24일에 창어 1호 발사를 시작으로 2020년에 창어 5호까지 발사할 계획이다.

특히 창어 4호가 2019년 1월 3일에 인류 최초로 달의 뒷면에 착륙한 바 있는데, 그런 창어 4호의 성공은 우주 발사체 기술을 한 단계 끌어 올리는 계기가 되었다.

중국은 로봇을 이용하여 달 탐사 기지를 먼저 구축하고, 우주인을 달에 착륙시킨 다음, 유인 달 기지를 건설하는 순서로 달 정복을 진행하려 한다. 또한, 그들은 달에 금속 희토류와 핵융합 발전의 원료인 헬륨3을 채취할 계획도 세우고 있다. 헬륨3은 지구에는 약 15t밖에 없지만, 달에는 100만t 이상 있을 것으로 추정된다.

한편, 창어 1호는 2007년 10월 24일에 쓰촨성(四川省) 시창(西昌) 위성 발사센터에서 '창정(長征)3호 갑(甲) 로켓'에 실려 발사되었으며, 2007년 11월 7일 달 궤도 진입에 성공하였다. 달 표면 200km 상공에서 127분 주기로 달 궤도를 돌며 탐사 활동을 진행했는데, 주된 임무는 달 표면의 3차원 입체 영상 전송, 달 표면 광물의 분포 분석, 지구와 달 사이의 우주 공간 탐사 등이었다.

창어 2호 역시 2010년 10월 1일에 1호와 같은 곳에서 발사되었는데, 상세한 달 지도를 작성하는 목표를 가지고 있었다. 창어 3호 역시 2013년 12월 2일에 같은 곳에서 발사되어, 2013년 12월 14일에 달 표면의 19.5° W, 44.1° N 지점에 착륙하는 데 성공하였다.

이로써 중국은 미국(1972년)과 러시아(1976년)에 이어 세계에서 세 번째로 달 착륙에 성공한 국가가 되었다. 창어 3호는 달 표면에서 15km 정도 떨어진 궤도에서 역추진 방식으로 속도를 줄여, 옥토끼 로버와 함께 안전하게 달 표면에 착륙한 후에, 탑재되어 있던 옥토끼 로버를 성공적으로 분리하였다.

6개의 바퀴를 가진 약 140kg의 옥토끼는 30년 이상 동력 공급이 가능한 배터리를 가지고 있다. 옥토끼는 낮 동안에는 태양의 에너지를 흡수하기 위해 태양 전지판을 펼치고 있고, 밤에는 영하 170°C의 극한 환경으로부터 장비들을 보호하기 위해, 전지판을 접고 커버를 덮는다. 옥토끼는 시속 200m 속도로 움직일 수 있고, 달 표면 아래 100m까지 관측 가능한 레이더도 장착하고 있어서, 3개월 동안 달의 지질 구조와 지형 탐사 임무를 충실히 수행해 낼 수 있었다. 옥토끼는 임무를 모두 마친 후에 돌아오지 않고 달에 남았다.

2018년 12월 7일에는, 창어 4호가 창정 3B 로켓에 실려 쓰촨성 시창위성발사센터에서 발사되었다. 4호는 역사상 처음으로 달 뒷면에 도착할 예정이었다. 그동안 달 뒷면 탐사가 어려웠던 이유는 통신상의 문제 때문이었는데, 중국은 창어 4호의 발사에 앞서 2018년 5월에 별도의 통신 중계 위성 '췌차오(鵲橋)'를 띄워 이 문제를 해결했다. 2019년 1월 3일에 창어 4호는 달의 177.6°E, 45.5°S의 남극 에이트켄 분지 '폰 카르만 크레이터'에 착륙하는 데 성공했다.

창어 4호의 탐사 목적은 달 뒤편의 심(深)우주에서 오는 0.1~40MHz 수준의 저주파 전파 관측, 달 토양에 식물을 심는 온실 실험, 달 뒷면 지질층과 토양의 구성 성분 및 지하수 탐사, 방사선 측정을 통해 대기층이 없는 달 표면과 태양 활동 간의 상호 작용을 밝힐 단서 수집 등이었다.

창어 4호의 발사와 임무 수행에는 중국의 하얼빈 공업대학교를 비롯한 28개 대학과 네덜란드, 독일, 스웨덴, 사우디아라비아 등의 과학자들이 기술과 장비로 도움을 주었다.

그들 덕분에 무사히 달 뒷면에 착륙한 창어 4호는 달에 맨틀이 존재할 거로 예상되는 단서를 찾아냈다. 맨틀의 존재 여부는 달의 동공설과 함께 오랫동안 논란의 대상이었는데, 맨틀이 지각 바로 아래에 있는 암석층으로 핵을 둘러싸고 있다는 증거를 찾아낸 것이다. 이런 탐사 결과는 달의 기원과 원시 상태, 행성의 생성 과정 등을 이해하는 데 큰 도움이 된다.

중국 과학원의 리춘라이 박사 연구팀은 옥토끼 2호가 근적외선 분광기(VNIS)를 이용해 확보한 데이터를 분석하여, 맨틀 존재의 증거를 얻었다고 국제학술지 「네이처(Nature)」에 발표했다. 창어 4호가 착륙한 달 남극의 에이트킨 분지에서, 칼슘 성분은 적고 철과 마그네슘 성분이 풍부한 휘석과 감람석을 발견한 후에, 일반 달 표면 물질의 성분과 비교 분석해서 이 같은 결론을 얻었다고 한다.

감람석과 휘석은 맨틀 마그마에서 나오는 광물로, 칼슘 성분은 적고 철과 마그네슘 성분은 많은 것이 특징이다. 휘석은 지구 맨틀 마그마에서도 나온다. 그렇기에 창어 4호가 찾아낸 감람석과 휘석의 존재는 달에도 맨틀이 존재한다는 사실을 강력하게 입증하는 근거인 셈이다.

달의 지각과 맨틀은, 달 생성 초기 단계에 마그마 바다에서, 감람석과 휘석처럼 철분과 마그네슘이 풍부한 광물들이 가라앉아 고체화되면서 형성되었을 것이다. 지질학자들은 지금까지 달의 충돌 분화구에서 달 맨틀의 흔적을 찾을 것으로 기대해 왔다. 하지만 달 맨틀의 존재 여부를 입증할 직접적인 증거를 발견하지 못했고, 일본의 달 탐사 위성 '가구야'가 달 표면 약 100km 상공에서 촬영한 데이터를 통해, 감람석과 휘석의 존재를 간접적으로 확인했을 뿐이다.

그런데 창어 4호가 수집한 데이터를 통해, 과학자들이 달의 맨틀이 있다는 직접적인 증거를 발견해 낸 것이다. 이런 연구 결과로, 달 맨틀의 구조뿐만 아니라, 달이라는 천체의 진화 역사를 연구할 길이 열리게 되었다.

창어 4호는 이외에 다른 가능성도 열어 놓았다. 창어 4호는 탑재체를 통해 토양이나 광물 성분 탐사뿐만 아니라 주파수 탐지, 지하수 탐사, 특정 광물 탐사 등을 할 수 있다. 그렇기에 에이트킨 분지를 탐사한 데이터를 종합적으로 분석하면, 달의 기원을 좀 더 명확하게 설명할 수 있는 데이터도 얻을 수 있다.

한편, 창어 4호가 착륙하여 탐사하고 있는 에이트킨 분지는, 달의 뒷면에서 가장 큰 크레이터로, 지름이 무려 2,500km이고 깊이도 13km나 된다. 지질학자들은 지구와 달이 생성되고 5억 년쯤 지난 41억 년 전 무렵에, 커다란 운석이나 소행성이 달과 충돌하여 에이트킨 분지가 생성되었을 것으로 추정하고 있다. 아울러 충돌 당시의 어마어마한 규모의 충격으로, 달 맨틀 상부의 물질들이 달 표면으로 튕겨 나왔을 것으로 보고 있다.

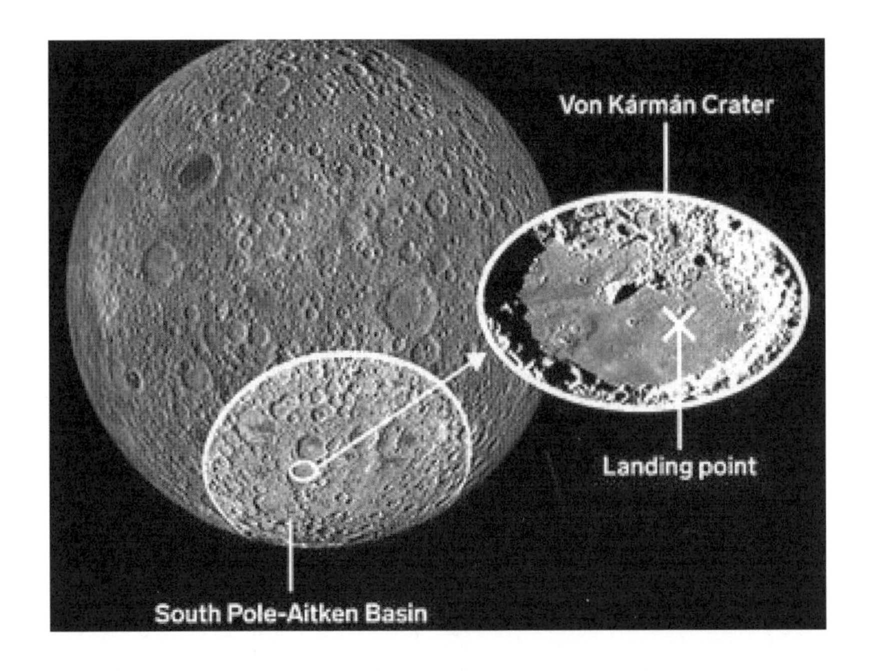

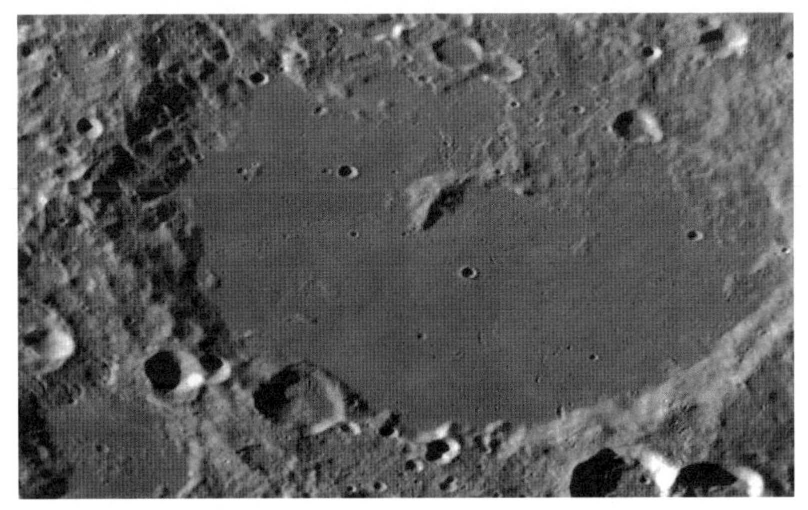

창어 4호가 표본을 채취할 곳을 이 분지로 선정한 것도 이와 무관하지 않다. 또한, 이곳은 달의 맨틀과 가장 가까운 지역이어서, 달 맨틀의 구조와 기원에 대한 논쟁 해결의 실마리를 찾는 데 적합하고, 달의 지질층과

땅속에 묻혀 있을 많은 자원을 탐사하기에도 좋은 위치였다.

사실 미국의 달 탐사선들이 달에서 가져온 운석들은 모두 달 표면의 표본이라서, 맨틀의 존재 여부를 증명하는 데 큰 도움이 되지 못했다. 그랬기에 중국이 이룬 성과가 더욱 빛나는 것이다.

하지만 그 가치가 어떠하든, 창어 가족이 수집해 온 자료 중에 필자가 원하는 자료는 거의 없다. 비의 바다에서 발견한 물체 하나와 이상한 젤 성분의 발견 정도가 있을 뿐이다.

옥토끼 1호의 발견

아래 사진 속 물체는 달 탐사 로보 옥토끼 1호가 '비의 바다(Mare Imbrium)' 용암 평원 근처에서 발견한 것이다.

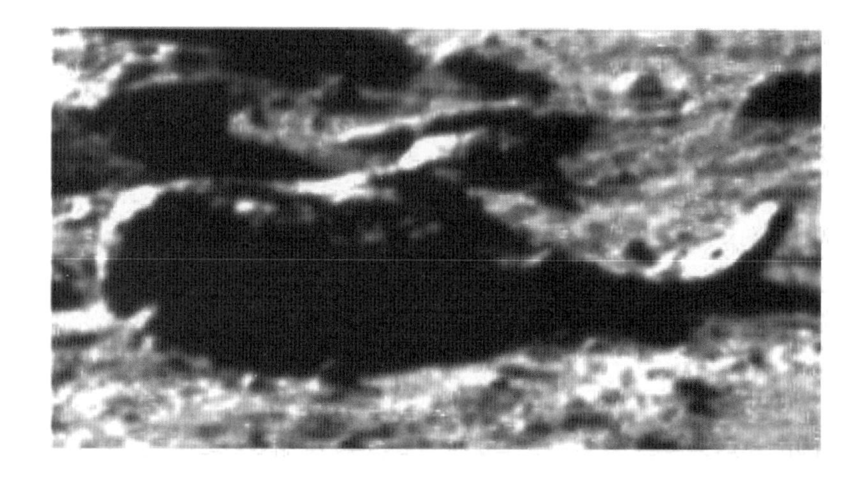

옥토끼 1호는 창어 3호에 실려 2013년 12월에 달에 착륙한 로버인데, 이 로버의 사진 중에 연구 대상으로 삼을 거의 유일한 자료이다. 사진에 담긴 물체는, 외계 생명체의 유골일지도 모른다는 생각이 들 정도로 기이하게 생겼다.

옥토끼 2호의 발견

창어 4호는 달 뒷면에 착륙했을 뿐 아니라, 우주 개발 주도국이라고 할 수 있는 미국이나 러시아에서도 하지 못했던 많은 성과를 이루었다. 하지만 엄밀히 말하면, 그런 성과는 중국 혼자 해낸 것이 아니다. 창어 4호에는 네덜란드의 저주파 탐지기, 독일의 달 표면 뉴트론 및 방사선량 탐지기, 스웨덴의 중성원자 탐지기, 사우디아라비아의 소형 광학 이미징 탐지기 등 각 분야의 첨단 기계가 탑재되어 있었기에 목표를 이룰 수 있었다.

창어 4호는 발사 전부터 많은 기대를 받고 있었다. 과학자들은, 창어 4호가 달 주위의 저주파수 전자기 필드 환경에서 일어나는 배경 분포 변화 정보를 획득하고, 달 표면 입자에 대한 실제 측정 데이터를 이용하여 달 토양, 암석의 수분 함량을 정밀 분석하는 것은 물론이고, 달 표면 에너지 중성원자와 양이온 등의 문제를 해결할 초석을 다질 것까지 기대했다.

하지만 2018년 6월에 발사할 예정이었던 계획이 미뤄져, 12월에 발사되어 2019년 1월 3일에 착륙했다. 달에 도착한 후에도 예상치 못했던 사건이 일어나 일정이 예정과 다르게 진행됐다.

탐사 로버 위투-2가 찾아낸 이상한 물질이 있다는 크레이터

예상하지 못했던 사건이란, 탐사 로버인 옥토끼 2호가 '미스터리 광택을 지닌 젤 같은 성분(gel with a mysterious luster)'을 가진 물질을 발견한 걸 말하는데, 바로 위 사진 속 분화구에서 발견했다. 이 물질이 발견된 때는 2019년 7월 28일이다.

옥토끼 2호가 '드라이버 다이어리 계획'에 따라 작은 분화구가 밀집된 지역을 탐사하는 과정에서 뜻밖의 발견을 하게 되면서 이것을 분석하는 데 많은 시간을 할애하게 되어 애초의 계획이 뒤틀리게 되었지만, 중국은 전혀 불쾌해 하지 않았다.

중국 국가 항천국(CNSA)이 운용하는 우리 우주 SNS 계정의 설명에 따르면, "새로운 분화구 가장자리에서, 주변 달의 토양과 상당히 다른 모양과 색상의 물질이 발견되어, 적외선 분광계를 통해 데이터를 수집했다."고 한다. 그러면서 이 물질은 다소 끈적이는 상태였다고 덧붙였다.

대다수 연구자는 달에 운석이 부딪히면서 만들어진 용융 유리의 일종일 거라고 했으나, 뭐라고 정의하기엔 정보가 너무 부족했다. 하지만 중국 당국은 미확인 물질의 색깔과 방사선량 등 추가 정보에 대해서 일체 함구했다. 그러다가 추가 자료를 공개하라는 국제 사회의 압력이 거세지자 물질이 찍힌 사진을 공개했다.

옥토끼가 발견한 이상한 물질

위 사진을 보면, 구덩이에 사각 모서리를 내밀고 있는 반투명한 물체가 보인다. 얼핏 보기엔 유리와 비슷하나, 구체적인 모양과 성질에 대해서는 감을 잡을 수 없다. 그래서 많은 학자가 추가 자료 공개를 지속해서 요구했으나 더 이상의 공개는 없었다.

그런데 역사를 돌이켜 보면, 특이 물질이 발견된 게 처음은 아니다. 1972년에 아폴로 17호 우주 비행사였던 해리슨 슈미트가 달의 표면에서 주황색 토양을 발견한 바 있다. 지구에 그 토양을 가져와 연구한 끝에, 그 토양이 36억 4,000만 년 전 달의 화산 폭발로 생성된 것이라고 결론을 내렸다. 어쨌든 이런 전례가 있기는 했어도, 옥토끼가 발견한 물질은 달의 자연 토양과는 무관할 가능성이 크기에, 다른 차원의 발견이라고 할 수 있다.

인도

인도는 일본이나 중국보다 늦은 1999년에 본격적인 우주 개발에 뛰어들었다. 과학 기술 수준에 비해 이렇게 늦은 이유는, 우주 개발에 대한 사회적 합의가 늦었기 때문이다. 인도는 빈부의 차이가 심해서 인구의 절반 이상이 절대빈곤 상태에서 생활하고 있었기에, 일본이나 중국과 우주 개발 경쟁을 벌이는 것이 시기상조라는 여론이 만만치 않았다. 차라리 우주 개발 비용을 사회 복지 비용으로 돌리자는 의견이 많았다.

하지만 우여곡절 끝에, 저비용 발사체 PSLV(Polar Satellite Launch Vehicle)를 1994년에 쏘아 올렸고, 그 성공에 힘입어 드디어 2008년에 달 탐사 위성인 '찬드라얀 1호'도 발사했다. 무게 525kg인 찬드라얀 1호에는 X선 분광기, X선 태양 관측기, 20kg의 착륙기 등이 탑재되어 있었다. 찬드라얀 1호는 달 상공 100km 궤도를 2년간 돌면서, 달 극지에 물이 있는지를 확인했고, 달 지표면의 사진과 측량 자료도 보내왔다.

인도의 우주 개발에 대한 열망은 아주 강해서, 2013년에는 화성 탐사선 망갈리안까지 발사하여 세상을 놀라게 했다. 이 탐사선은 다른 국가와 달리 단번에 화성 궤도에 정상적으로 진입했는데, 2년 2개월이라는 짧은 기간에 상대적으로 저렴한 비용인 45억 루피(약 811억 원)로 개발했기에 세상은 놀라지 않을 수 없었다. 그 성공에 힘입어 2019년 9월에는 찬드라얀 2호를 달의 남극을 향해 발사했다. 하지만 우주 개발에 대한 열망에 비해, 달 탐사 역사가 짧아서 그런지, 이 분야에는 눈에 띄는 업적이 거의 없는 편이다.

Chandrayaan 1

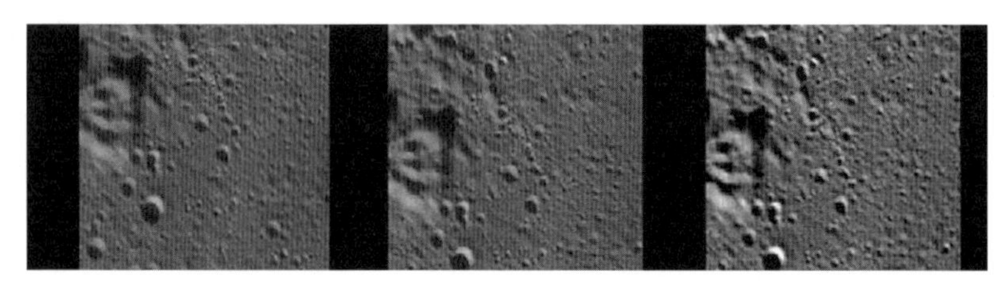

인도 우주 개발기구(ISRO)에서 달 탐사선을 두 대 보내기는 했지만, 착륙에 성공한 적은 아직 없다. 그래서 자료 역시 달 궤도를 돌면서 촬영한 사진이 전부이다.

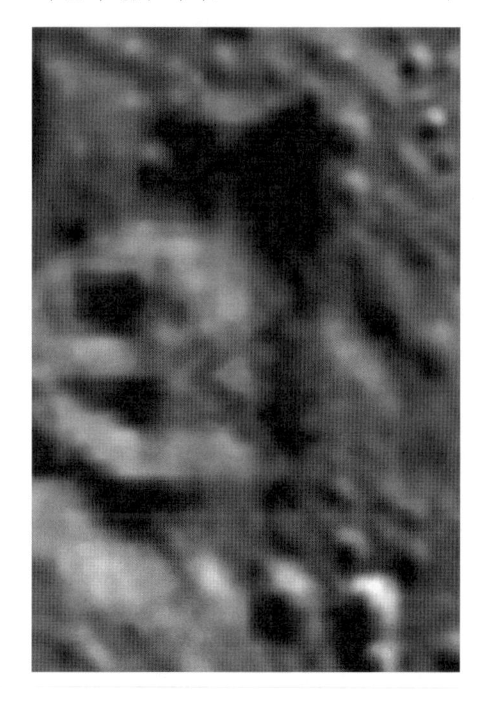

그런 탓에 이상한 현상이나 물체의 발견에 대한 자료 역시 크게 기대할 수 없는 상황이다. 시선을 잡아당기는 자료는, 찬드라얀 1호가 전송해 온 Triangular Crater가 거의 유일한 것 같다. 찬드라얀 1호가 달의 궤도를 돌면서 촬영한 사진 중에 위와 같은 Triangular Crater가 있는데, 분화구 외형이 원형이나 타원이 아닌 삼각형이고, 그 내부에 알파벳 e와 유사한 지형이 담겨 있는 것 같다. 그런데 이 분화구의 모습이 정말 이상한 것일까.

이곳을 확대한 사진을 보면, 실제의 모습이 기대했던 것과는 다르다는 것을 알 수 있는데, 이런 사실은 익히 아는 바이기도 하다. 왜냐하면, 이것은 NASA에서 추진한 달 탐사 미션 중에 이미 획득한 정보이기 때문이다. 결론적으로 이 분화구는 모양이 진귀한 것은 사실이나, 자연적으로 생성됐을 가능성이 크다.

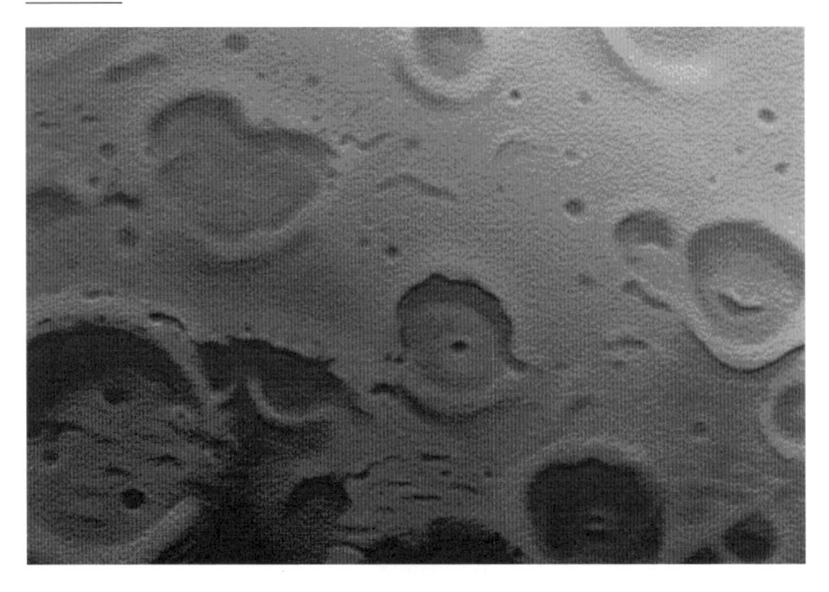

위 사진은 찬드라얀 1호가 2011년 3월에 촬영한 사진이다. 달의 적도 근처에 있는 폭풍의 대양(Oceanus Procellarum) 지역에서 발견했는데, 이 지면 아래에 길이 1.7km에 폭이 120m나 되는, 작은 마을 하나를 건설할 정도로 거대한 지하 공간이 숨어 있다.

찬드라얀보다 앞서 다른 나라의 탐사선들이 수없이 스쳐 갔는데도 그들이 이 공간을 찾아내지 못한 것은, 주변 지형과 함께 세밀하게 살피지 않으면 찾아낼 수 없는 구조이기 때문이다. 이 지역의 위치와 주변 지형이 위 그림에 나타나 있다. 정말 찾기 쉽지 않은 곳이다.

이 지하 공간을 찾아낸 이들은 인도 아흐메다바드(Ahmedabad)의 SAC(Space Applications Centre)의 연구원들이다. 찬드라얀 1호의 Terrain Mapping Camera 3D 이미지를 분석하여, 거대한 Rille 사이에 1.7km 길이의 지하 공간이 있다는 사실을 알아냈는데, 자료 분석 기간이 무려 일 년 가까이 걸렸다고 한다.

그들은 이 지하 지형의 구체적인 모습도 알아냈다. 그곳은 높이가 120m이고 폭이 360m인 입구와 40m 두께의 지붕이 있는, 속이 빈 용암 튜브 형태였다. 용암 튜브 양쪽은 좁은 트렌치와 같은 구조인데, 북동–남서 방향으로 4km 뻗어 있고 반대 방향으로는 2km 뻗어 있다. 천자라고 불리는 이 참호는 한때 훨씬 더 길었던 용암 관의 일부인 것으로 파악되었다.

이러한 매장된 용암 튜브는 미래의 달 방문자들에게 큰 도움을 줄 것이다. 달의 낮 온도는 +120°C이고 밤 온도는 −180°C로 일교차가 극심하지만, 용암 튜브 내부의 온도는 −20°C로 거의 일정하고, 두꺼운 암석 지붕이 방사선도 차단해 주기 때문에, 인간에게 안전한 거주 공간이 될 수 있다.

오아시스

이상한 현상의 발견과는 무관하지만, 찬드라얀은 달에 오아시스가 존재한다는 사실도 확인해 주었다. 물론 여기에서 '오아시스'라고 표현한 것이 다소 과장된 것이기는 하다. 주변 환경은 고려하지 않고, 단순히 지구의 사하라 사막보다 높은 수분 함량을 가졌다는 이유로 그런 표현을 쓴 것이기 때문이다.

과거에 NASA의 궤도 탐지 위성(LCROSS)이 남극 근처의 분화구에서, 수분 함량이 2~5%인 지구의 사하라 사막보다 수분 함량이 더 높은(5.6~8.5%) 토양을 발견했다는 연구 결과가 발표된 적이 있는데, 찬드라얀이 적외선 반사량을 측정하는 기기를 사용하여, 아래와 같은 데이터 지도를 그려내면서, 그 존재를 확실히 입증해 주었다.

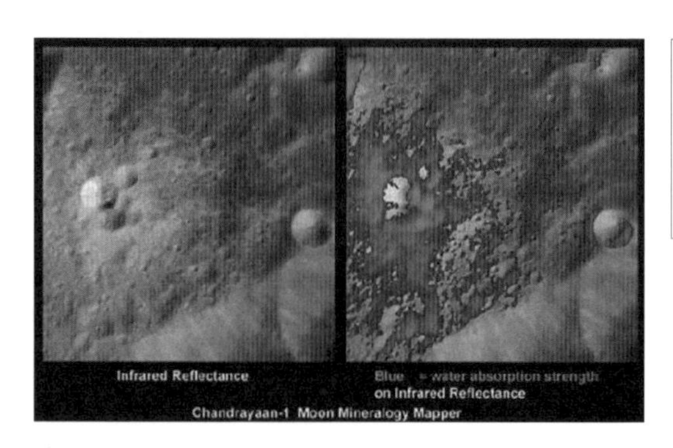

컬러 이미지

◑ 일본

일본은 2003년 10월 1일에 우주과학연구소(ISAS), 항공우주기술연구소(NAL), 우주개발사업단(NASDA)을 통합하여 일본 우주항공연구개발기구(JAXA)라는 독립 행정법인을 발족했다.

그래서 기초 연구부터 기술 개발과 이용에 이르기까지 우주 항공 분야에 대한 일련의 사업을 통합적으로 진행하기 시작했다. 미래의 경제 발전을 달성해 가기 위해 우주 개발과 이용, 항공 분야의 연구가 주요한 수단이 될 거라고 여겨 이에 대해 공헌하는 것을 기관의 주요 목표로 삼았다.

비전의 구체적인 내용은 우주 항공 기술을 이용하여 안전하고 풍요로운 사회를 실현하고, 우주의 수수께끼를 풀기 위해 달 탐사 준비를 촉진하는 동시에 세계 최고 수준의 우주 운송 및 일본의 독자적인 우주 개발 활동을 실현하고, 우주 항공 산업을 차세대 기간 산업으로 성장시키며, 일본의 항공 산업을 확립하고 초음속기 상용화를 실현하는 것 등이었다.

그렇지만 최근에는 우주 개발의 주도권을 민간 벤처 기업으로 넘기고 있는 것 같다. 우주 개발을 민간이 주도하는 경향이 늘어나는 것은 세계적 추세이긴 하지만, 일본은 이런 경향이 유독 강한 것 같다. 여러 민간 기업이 우주 개발에 뛰어들고 있는데, 그중에 '에어로스페이스'라는 기업이 가장 돋보인다.

우주 개발 스타트업 PD '에어로스페이스'는 "2023년까지 우주에서 무중력 체험을 할 수 있는 우주선 '페가수스'를 상용화하겠다."며 호언장담하고 있다. 여객기와 형태가 비슷한 이 우주선에 8명을 태우고, 상공 110km까지 날아가, 5분 동안 무중력 체험을 할 계획이라고 한다.

한편, 위성을 개발하는 '액셀스페이스(Axelspace Corporation)'라는 기업은 50개의 초소형 위성을 연결한 위성망을 2022년까지 구축할 계획이라고 한다. 이곳에서는 지구 관측 시스템인 액셀 글로브를 개발하여, 아마존 웹 서비스와 결합해 위성 데이터를 클라우드로 관리하고, 이를 공공 데이터로 구축하는 프로젝트에도 착수했다. 위성 사진으로 세계 석유 탱크나 선박의 동선 등을 분석해서, 석유와 각종 물류의 수급 상황에 대한 자료를 제공하는 비즈니스도 준비 중이라고 한다.

2016년에 설립된 '인포스텔라'는 인공위성을 운영하는 각국 기관에 안테나 공유 서비스를 제공해 주목받고 있다. 인공위성은 지상의 안테나와 지속해서 신호를 주고받아야 하는데 고정형 위성의 경우, 지구의 자전 때문에 하루의 통신 시간이 10여 분에 불과하다. 그래서 '인포스텔라'는 전 세계를 안테나로 연결해, 인공위성 운영 기업들이 저비용으로 언제나 안테나를 이용할 수 있도록 하고 있다.

'아스트로 스케일'이라는 회사는 '우주 쓰레기 처리 위성'을 가동할 계획이다. 지구 궤도를 돌고 있는 우주 쓰레기는 무려 5조 8,000억 개에 이르지만, 마땅한 처리 방법이 없어 위성과 충돌할 위험성이 상존해 있다. 그러나 쓰레기는 수거하지 않는 이상 줄어들지 않을 것이고, 위성 산업의 경쟁이 더욱 치열해지고 있는 만큼 우주 쓰레기는 계속해서 쌓여갈 것이다.

'아스토로 스케일'의 계획은 '세계 최초의 상업 궤도 파편 제거'라는 ELSA-d 임무의 실행이다. 체이서 위성과 대상 위성은 자가 도킹 메커니즘을 특징으로 하며, 일련의 분리와 캡처 기동을 하게 되는데 2025년 상반기에 시험 발사하여 2025년까지 상용화할 것이라고 한다.

한편, 이러한 민간 우주 사업에 대한 정부의 지원도 활발하다. 재정 지원은 물론이고, 일본 우주항공연구개발기구(JAXA)에서 각 업체에 기술진을 파견하여 기술 이전도 하고 있다.

또한, 일본 정부는 아베노믹스의 일환으로 2013년부터 벤처 투자 펀드를 설립했다. 대기업이 이 펀드에 적극적으로 투자하기 시작하면서, 스타트업 시장이 뜨거워지고 있다. 우주 개발은 기술 장벽이 높고 초기 비용이 많이 들어 스타트업에는 적합하지 않은 업종이지만, JAXA가 적극적으로 개입해 부담을 낮추고 있다.

JAXA는 민간 스타트업 기업과 초소형 인공위성도 공동 개발했다. 초소형 위성은 고도 500~1500km 저궤도를 도는 500kg 이하의 위성을 말한다. 무게에 따라, 마이크로위성(10~100kg), 나노위성(10~1kg), 피코위성(1kg 이하) 등으로 나뉘며, 개발 기간이 짧고 개발 비용이 저렴해서, 저궤도 위성 이동통신과 우주 과학 실험 등에 많이 쓰인다.

또한, JAXA는 2021년에 소형 탐사기 'SLIM' 발사를 계획하고 있다. 핀포인트 착륙 기술을 입증하는 게 목표이다. 지금까지는 달에 착륙선을 보낼 때, 제어할 수 있는 정확도가 몇 킬로미터에 그쳐, 평탄한 지형에 착륙할 수밖에 없었다. 그런 장소 외에 기복이 있는 분화구 근처 같은 곳에 착륙해 달 탐사를 하고 싶었지만, 경사지 착륙이 어려워 그럴 수 없었다. JAXA는 이런 한계를 극복하기 위해, 착륙선의 기체를 비스듬히 기울여 달의 고도 약 3m에서 엔진을 정지할 것이다. 즉 엎드린 상태로 착지하겠다는 것이다.

한편, 소형 탐사기 SLIM은 H2A 로켓으로 발사할 계획으로, 착륙지는 달의 앞면 남반구에 있는 '감로주의 바다(Mare Nectaris)'로 예정하고 있다. 이곳에서 희귀 암석을 조사할 예정이다.

히텐과 카구야

일본의 달 탐사에 관한 얘기가 나오면 으레 카구야(Kaguya: かぐや)부터 떠올리지만, 카구야가 최초로 발사된 달 탐사 위성은 아니다. 최초 달 탐사 위성은 히텐(Hiten, ひてん,)이다. 히텐은 뮤세스 계획 일부로써, 우주과학연구소가 만들어 1990년 1월 24일에 발사되었다. 미국과 소련을 제외한 다른 국가에서 발사된 최초의 달 탐사선이기도 하다.

히텐은 47만 6천km인 타원 궤도로 들어가 달을 지나칠 계획이었으나, 속도가 50m/s만큼 부족하여 고도 29만km에 원지점이 형성됐다. 하지만 곧 결함을 수정하여 임무를 개시하였다.

첫 번째 달 접근 통과 때, 히텐은 아들 궤도선인 하고로모(Hagoromo: はごろも)를 달 궤도로 진입시켰다. 하고로모의 통신기가 제대로 작동되지 않았으나 궤도는 지상에서 확인되었다. 1991년 3월 19일에 8번째 접근 통과 후, 히텐은 공력 제동 기술을 시험했다. 그리고 1991년 3월 30일에 9번째 접근 통과 때는 두 번째 공력 제동을 마친 후, 엔진 분사를 거의 필요로 하지 않는 임시 탄도형 전이 궤도로 진입했다. 위성을 달로 보내는 데

이 기술이 사용된 것은 이때가 처음이었다.

1991년 8월 2일에 히텐은 임시 달 궤도로 진입하는 데 성공하였고, 그 후에 먼지 입자들을 감지하기 위해서, L4와 L5 라그랑주 점을 통과했다. 히텐에 실려 있던 무니치 먼지 계측기(MDC)로 검출한 결과, L4와 L5 지점에 있는 먼지의 농도는 다른 곳과 크게 다르지 않았다.

1993년 2월 15일에 마침내 영구적인 달 궤도로 진입했고, 1993년 4월 10일에 남위 34.3° 동경 55.6° 지점의 푸르네리우스 분화구 근처에 충돌하여 일생을 마쳤다.

히텐이 성공적으로 임무를 수행하고 산화한 후, 일본은 달 탐사에 흥미를 잃은 듯 보였다. 하지만 2003년에 중국이 창어 계획을 발표하자, 이에 자극을 받아 다시 탐사 계획을 세웠다. 그래서 발사하게 된 위성이 '카구야'다.

카구야의 발견

일본 우주항공연구개발기구(JAXA)가 개발한 달 탐사 위성 카구야는, 2007년 9월 14일에 H2A 로켓 13호에 실려 가고시마(鹿兒島)현 다네가시마(種子島) 우주 센터에서 발사됐다. 이때를 기점으로 일본도 중국, 인도가 주도하던 아시아의 달 탐사 경쟁에 본격적으로 뛰어들었다.

카구야라는 이름은 일본의 『竹取物語(타케토리 모노카타리)』 이야기에 나오는 달에 사는 여자의 이름이고, 로고에 사용된 『Selene(셀레네)』는 그리스 신화에 나오는 여신의 이름과 달의 측면을 도는 S자에서 모티브를 따온 것이다.

지구를 두 바퀴 돈 뒤에 달을 향해 날아간 가구야는, 12월께 고도 100km의 달 궤도에 진입하여, 약 9개월 동안 탐사 작업을 벌였다. 가구야는 달 궤도에 진입하는 과정에서 50kg짜리 소 위성 2개를 분리하여, 달을 360도 모든 방향에서 관측했다.

가구야의 임무는 달의 기원과 진화 과정을 포함해 가능한 한 모든 자료를 수집하는 것이었다. 14 종류의 최첨단 관측기기를 갖추고 있어, 달 표면을 입체로 촬영하고 달 표면에서 보이는 지구의 모습도 멋지게 촬영해 냈다.

NASA의 아폴로 11호가 지구에서 보이는 쪽 달 표면만 탐사한 데 비해서, 카구야는 2개의 아들 위성인 오키나(おきな 릴레이 위성)와 오우나(おうな VRAD 위성)를 이용해 뒤쪽까지 훑었고, 표면의 5km 아래까지 첨단 레이더로 조사했다. 일본은 이러한 탐사 결과를 토대로, 2020년에는 우주인을 파견하고 2030년엔 달기지 건설을 한다는 원대한 계획을 세웠다.

앞에서도 말했지만, 카구야의 핵심 임무는 달의 기원과 진화의 비밀을 해명할 수 있는 과학 데이터를 취득하는 것이었다. 그리고 인류 최초로 달의 선회 궤도에 오른 것이어서, 그와 관련된 각종 데이터의 수집과 그것을 실증해 내는 목적도 있었다.

하지만 미국의 아폴로 계획 이후, 인류 최대 규모의 본격적인 달 탐사 작업을 벌였으나, 애초에 의도했던 성과를 이뤄내지 못한 채 2009년 6월 11일에 달 뒷면에 낙하해 삶을 마치게 되었다. 그래서 달의 기원에 대한 수수께끼는 신비의 안갯속에 그대로 머물러 있게 되었다.

잠시 본류에서 벗어나, 달의 기원을 밝히는 게 왜 그리 어려운지 살펴보도록 하자. 현재 달의 생성을 설명하는 데 가장 널리 인정받고 있는 가설은 충돌설이다. 원시 지구에, 테이아(Theia)라는 가명이 붙여진 화성만 한 천체가 충돌하면서 현재 지구의 원형이 형성됐는데, 그때 생긴 파편들이 모여 달을 형성했다는 것이다. 하지만 이 가설에는 결정적인 난점이 있다. 아폴로 계획을 통해서 달에서 가져온 월석을 연구한 결과, 여기에 있는 산소 원자 등의 동위 원소비가 지구와 구분을 할 수 없을 만큼 유사했다. 이는 지구와 달의 지각을 이루는 물질의 기원이 같다는 사실을 의미하는데, 이것은 치명적인 문제를 유발한다.

여러 시뮬레이션 결과에 의하면, 테이아가 지구에 비스듬히 충돌한 후에 60~80% 정도의 물질이 지구와 합쳐졌고 나머지는 달이 된 것으로 보인다. 그러면 서로 기원이 다른 천체이므로 달의 구성 물질은 지구와 달라야 하는데, 그 차이를 발견할 수 없게 되는 것이다.

워싱턴 대학의 쿤 왕(Kun Wang)과 하버드 대학의 스테인 야콥센(Stein Jacobsen)은 이 미스터리를 풀기 위해, 포타슘(Potassium) 39와 41 동위 원소의 비를 정밀하게 측정해 본 결과, 달에 포함된 포타슘 41 비율이 미미하게 높다는 사실을 발견했다. 이 차이는 0.4 parts per thousand(1/1000)에 불과할 만큼 작으나, 이론적으로는 매우 큰 의미를 내포하고 있다.

기존의 가설에 의하면, 지구와 테이아가 충돌한 후에 지구 주변에 고온의 마그마 디스크와 실리콘의 증기가 형성되어 물질을 서로 교환했고, 그로 인해 서로의 동위 원소비가 비슷하게 되었지만, 약간 무거운 동위 원소인 포타슘 41은 중력에 상대적으로 예민하게 반응하여 지구 쪽으로 더 많이 끌려갔을 것으로 예상할 수 있다. 이것은 저에너지 대충돌 가설에도 부합한다. 그런데 실제로는 지구가 아니라 달에 포타슘 41이 더 높게 측정됐기에, 이것을 설명할 수 있는 새로운 대안이 제시돼야만 한다.

쿤 왕과 야콥슨이 떠올린 새 가설은, 충돌 이후 맨틀 성분이 거대한 대기를 이뤘으며, 여기서 식은 물질이 모여 달이 만들어졌다는 것이다. 이때 로슈 한계(Roche limit, 위성이 공전하는 천체의 중력이 조석력의 차이에 의해 부서지는 한계, 이보다 짧은 거리에서는 위성이 부서지기 때문에 형성되지 않는다.) 밖에서 무거운 물질이 모여 위성을 형성했다면, 균등한 고온 고압의 증기에서 달이 형성되었더라도, 포타슘 41의 비중이 더 높다.

결국, 이 가설이 사실이라면 달은 충돌한 테이아의 남은 물질이 아니라, 충돌 이후 뜨거운 증기와 같은 맨틀 대기(mantle atmosphere)에서 형성된 것이다. 그리고 이때의 맨틀 대기는 현재 지구 부피의 500배에 달하는 고온의 물질로, 가스와 액체와 중간 단계인 초임계 유체(supercritical fluid)였을 것이다. 이런 주장은 고에너지 대충돌(high-energy giant impact)가설이라고 할 수 있는데, 이것이 사실이라면 달의 형성은 생각보다 더 큰 충돌을 통해서 일어난 셈이다. 물론 이 가설이 옳은지는 더 많은 연구가 필요한 상황이다.

어쨌든 카구야는 달의 기원을 밝혀내는 데는 실패했지만, 아폴로 시대보다 발달한 과학 기술을 결집한 위성이었기 때문에, 달 표면의 원소 조성과 광물 조성, 달의 지하 토질의 구조와 자기장의 이상, 중력장의 불균형 등에 관한, 다양한 데이터를 수집하여 지구로 보내 주었다.

그 덕분에 달 지표에는 액체 물이 없다는 것을 알게 되었고, 달의 나이도 더 정확하게 알게 되었다. 또한, 정확하게 지형을 측량해 달의 최고봉이 종래의 알려진 높이보다 3km 정도 높은 10.75km라는 사실을 알게 되었으며, 크레이터의 깊이도 기존에 알고 있던 것보다 더 깊다는 사실도 알게 되었다.

그뿐만 아니라 오랫동안 다양한 음모론으로 떠돌던 미국의 달 탐사 역사에 대하여, 아폴로 15호의 착륙선 분사 흔적을 찾아낸 것을 비롯하여 여러 달 탐사 흔적들을 사진으로 촬영해서 보내 주면서, 그 역사가 진실이었다는 결정적인 증거를 제시해 주었다.

카구야가 찾아낸 아폴로 15호 착륙 흔적

만약 미국이 아닌 타국에서 이런 증거를 제시해 주지 않았다면, 달 착륙에 대한 음모론은 훨씬 더 길어졌을 것이다. 그런데 실제로는 아폴로의 달 착륙에 관한 다양한 흔적을 일본보다 러시아와 중국이 먼저 확인했을 텐데, 그들은 왜 자료를 공개하지 않았는지 모르겠다.

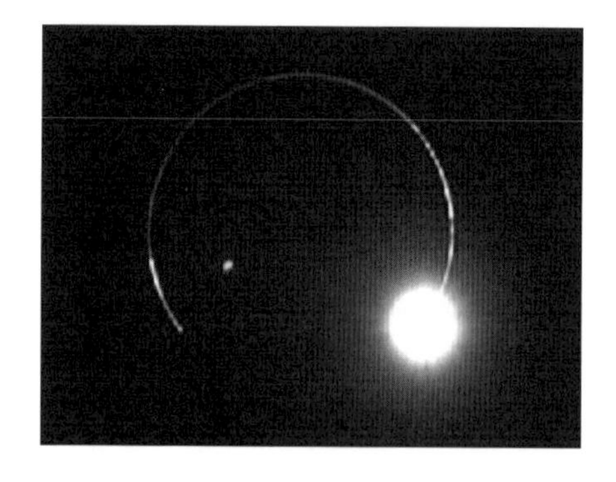

어쨌든 이런 일 외에도 카구야는 아주 진귀한 사진을 촬영해서 지구로 보내오기도 했다. 그중에 대표적인 게, 바로 왼쪽 사진에 담겨 있는, 월식이 일어날 때의 지구 모습에 관한 것이다. 월식 때 보이는 지구의 표면 모습을 '다이아몬드 링'이라고 하는데, 이것은 카구야가 세계 최초로 찍은 것이다.

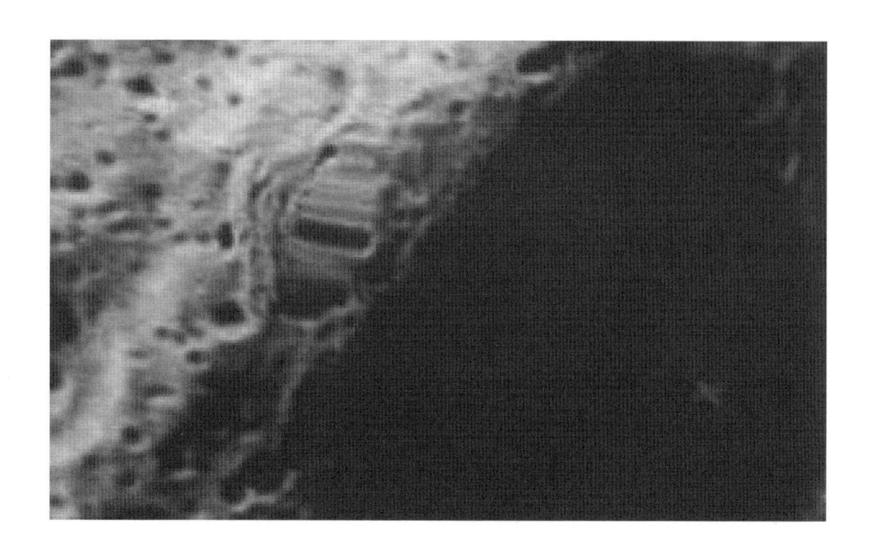

이 외에 또 다른 희귀 작품은 Zeeman 분화구에 관한 것이다. 바로 위에 게재된 사진이 그것인데, Zeeman Crater의 림 부분을 촬영한 것이다. 크레이터의 가장자리에 있는 구조물의 모습은 자연에서 스스로 조성되기는 도저히 불가능한 형태이고, 크레이터 내부의 X 표시 역시 그러하다.

JAXA가 이 사진을 공개하자 미국과 중국도 더는 Zeeman Crater의 실체를 감출 수 없게 됐다. 주지하다시피 그동안 그들은 인공적인 구조물이 있는 부분과 X 표시를 모자이크 처리한 사진을 공개해 왔다. 그리고 위와 같은 사진을 JAXA가 공개하게 되면서 부수적인 효과로 미국, 중국, 러시아 등에서도 자료 공개 양을 늘리는 전기가 조성되었기에, 카구야의 업적은 결코 가볍지 않다.

AS15-P-9625

카구야는 아폴로 15호와 인연이 깊은 모양이다. 아폴로 15호 사령선에서 촬영한 AS15-P-9625는 달 착륙설이 가짜라는 음모론만큼이나, 오랫동안 논란이 계속됐던 사진이다.

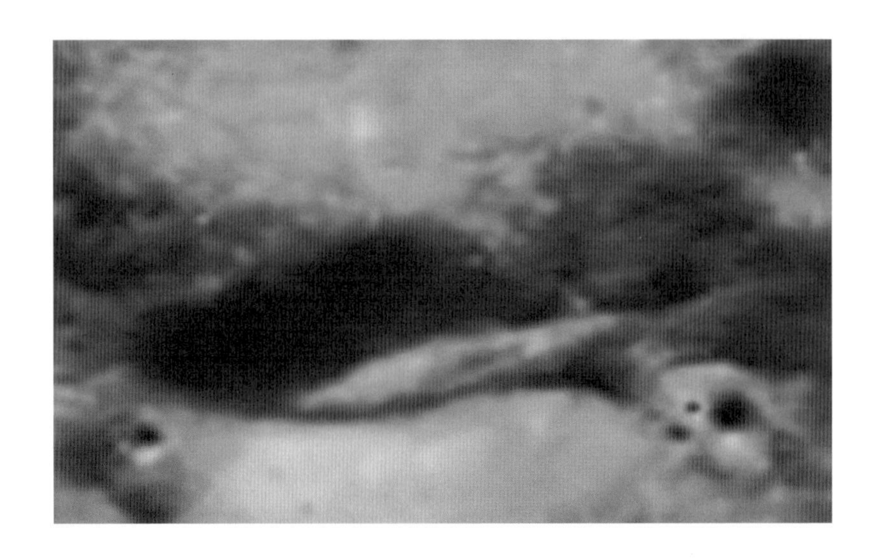

이 사진은 달 뒷면의 Delporte-Izsak 지역을 촬영한 것인데, 거대한 우주선으로 보이는 물체가 담겨 있다. 공개된 사진 자체가 조작된 것이라든가, 빛과 그림자가 유발한 착시라든가, 정말 다양한 잡음이 있던 사진이다. 카구야에게 이런 논란을 잠재우겠다는 의지가 있었는지는 모르지만, 이 지역을 근거리 촬영했다.

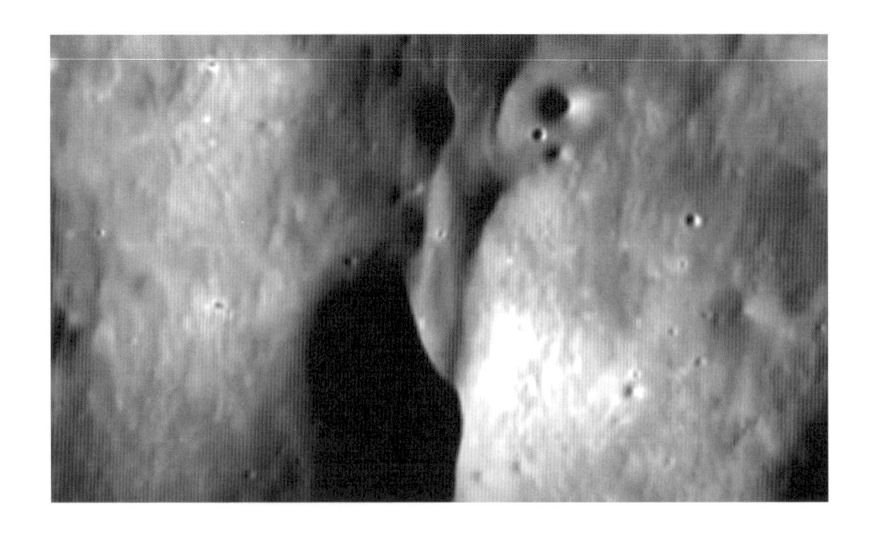

JAXA에서 처음 공개한 사진이다. 방향이 좀 다르긴 해도 NASA에서 공개했던 것과는 차이가 커 보인다. 이상한 물체가 있기는커녕 가운데 부분이 지면과 분리되어 있지도 않을 것 같다. 이런 자료가 공개되었지만, 우주선에 느낌이 꽂혀 있는 호사가들은 기존의 의견을 쉽게 철회하지 않았다.

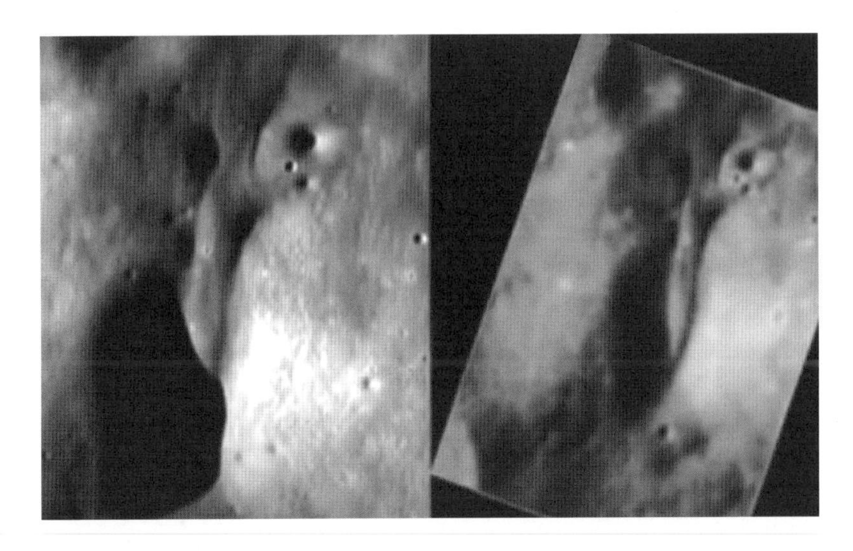

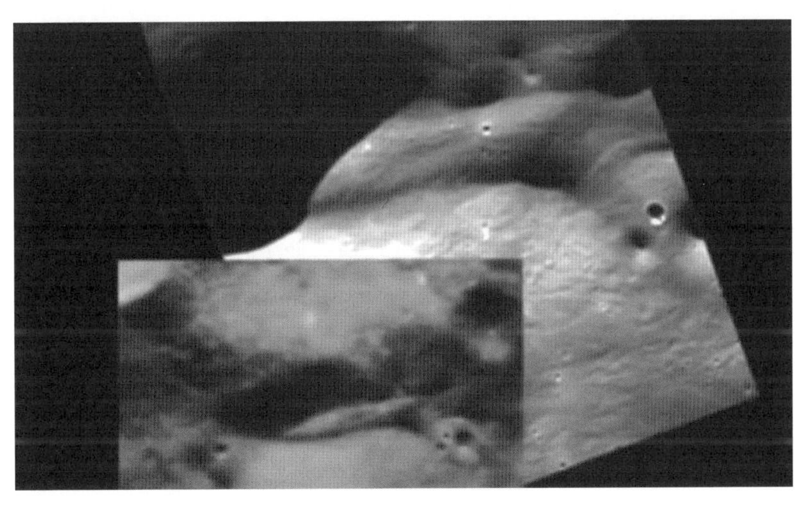

하지만 자료를 극적으로 비교해 놓은 사진이 공개되자, 호사가들의 의견과는 무관하게, 여론이 한쪽으로 급속하게 기울었다. '조금 이상하게 생긴 지형'일 뿐이라는 게 현재 여론의 대세이다.

하지만 이에 대한 논란이 완전히 종식된 것은 아니다. 공식적으로는 NASA도 JAXA도 자료를 조작하지 않았다고 하기 때문이다. 진실은 도대체 무엇인가.

유럽 우주국

ESA는 유럽연합이 독자적인 우주 개발을 촉진하기 위해, 유럽 우주 연구 기구(European Space Research Organization)와 유럽 우주 로켓 개발 기구(European Launcher Development Organization)를 통합하여 1975년에 설립하였다. 회원국은 오스트리아·벨기에·덴마크·핀란드·프랑스·독일·아일랜드·이탈리아·네덜란드·노르웨이·포르투갈·스페인·스웨덴·스위스·영국이고, 1981년에 캐나다가 특별 협력 협정으로, ESA의 일부 프로젝트에 참가할 수 있게 되었다.

ESA의 대표적인 프로젝트로는 유럽 공동 로켓 '아리안', 해사위성 '마로트'의 발사, 미 스페이스셔틀 계획에 참가할 스페이스 랩의 개발 등이 있다. 이 가운데 '아리안' 로켓의 발사는 이미 성공했다. 또한, 혜성 탐사선인 지오토(Giotto)를 발사해, 헬리 혜성의 코마(머리 부분)와 핵에 관한 정보도 얻었고, 율리시스 우주선을 발사해 태양계 주위도 탐사했다.

그리고 2014년 11월에는 인류 우주 탐사 역사의 새 장을 열기도 했다. 혜성 'P67'에 탐사선 로제타호의 로봇을 성공적으로 내려보낸 것이다. 사상 첫 혜성 표면 착륙이었다. 'P67'은 총알보다 40배 빠른 시속 55,000km로 움직이고 있어, 그 표면에 착륙하기가 정말 힘들다. 그래서 계획 초기부터 반대하는 이들이 많았다.

어쨌든 ESA는 이 어려운 탐사에 성공하여, 혜성 구성 물질 분석을 통해, 태양계와 인류 생성의 비밀을 푸는 데 한발 다가설 자료를 얻게 되었다. 그리고 이에 자신감을 얻어, 달과 화성의 탐사에도 적극적으로 나서고 있다.

ESA의 달 탐사

ESA는 2004년 11월에 독자 개발한 첨단 무인 우주선을 달 궤도에 진입시킨 바 있다. '스마트-1'이라는 이름의 이 무인 우주선은 태양력을 이용한 우주선으로 유럽 15개 나라가 1억 1,000만 달러를 들여 개발했는데, 2005년 1월 13일에 달의 남극 상공 300km에 안착한 후에 북극 상공 3,000km의 타원형 궤도에 최종 진입해, 6개월 동안 탐사 작업을 벌인 바 있다. 하지만 그 이후로는 달 탐사 계획을 더는 진행하지 않았다. 그런데 중국의 탐사선이 달 착륙에 성공한 이후에 갑자기 분주하게 움직이기 시작하더니, 2015년에 유럽연합과 러시아 연방우주청이 공동으로, 5년 뒤에 달 자원을 탐사할 '루나 27'이라는 프로젝트를 세웠다는 사실을 공개했다.

'루나 27'은 인류가 달에 정착하는 데 필요한 물과 연료, 산소를 만들 원재료가 있는지를 판단하기 위해 로봇을 보내 살펴보는 프로젝트이다. 러시아와 유럽연합이 달에 인류가 머물 정착 기지를 건립하는 과정에서 어떤 방식으로 협력할지 아직 구체적으로 알려지지 않았다. 다만 '루나 27'이라는 이름의 탐사 로봇이 남극 분지 가장자리에 내려 물을 활용할 수 있을지 분석할 것으로 알려졌을 뿐인데, 이 계획에 대해서 ESA는 얼어붙어 있는 다량의 물뿐만 아니라, 로켓 연료나 우주인의 삶을 유지하는 데 필요한 원료로 쓸 화학물질도 달 표면에서 발견할 수도 있을 거라며 큰 기대를 걸고 있다.

하지만 ESA의 이런 미래 계획과는 무관하게, 그들이 현재까지 채집한 탐사자료 중에는 우리가 바라는 특별한 발견, 그러니까 달에 관한 이상한 현상이나 물체에 관한 것은 없다.

제 9 장

달의 대기와 환경

달의 대기

≪Lunar Atmosphere Data Sheet≫

- 온도 범위(적도) : 95K to 350K(roughly -250F to +250F)
- 총 대기 질량 : ~ 25,000kg
- 표면 대기압(night) : 3×10^{15}bar(2×10^{12}torr)
- Abundance at surface(입자 수) : 2×10^{5}particles/cm^3
- Estimated Composition(예상 조성 particles/cm^3) :
  Helium 4(^{4}He) - 40,000, Neon 20(^{20}Ne) - 40,000,
  Hydrogen(H_2) - 35,000, Argon40(^{40}Ar) - 30,000,
  Neon 22(^{22}Ne) - 5,000, Argon 36(^{36}Ar) - 2,000,
  Methane – 1,000, Ammonia – 1,000,
  Carbon Dioxide (CO_2) - 1,000,
  Trace Oxygen(O^+), Aluminum(Al^+), Silicon(Si^+)
  Possible Phosphorus(P^+), Sodium(Na^+), Magnesium (Mg^+)

실제와는 다르게, 오랫동안 달에는 대기가 없는 것으로 알려져 있었고, 그에 관한 연구도 부족하여, 달의 대기 조성과 상태는 잘 알려지지 않았다. 하지만 대기가 희박할 뿐 아니라, 변화도 심한 것은 확실한 것 같다.

위에 게재된 데이터는, NASA가 야간의 적도 지역을 기준으로 대기 조성의 상한을 추정하여 작성한 것이다. 그렇게 한 이유는, 시간과 지역마다 대기 변동이 심해서, 상대적으로 덜 불안정한 시간대와 지역을 기준으로 삼았기 때문이다.

구름

달에 대기가 있다는 증거를 찾은 때는 전파망원경이 만들어진 직후이다. 캠브리지 대학의 천문학자들은, 달이 크랩 성운을 가리고 있을 때, 성운의 광선이 달 표면을 스치는 동안 구부러진다는 사실을 전파망원경을 통해 발견했는데, 이런 편향이 일어나는 것은 달에 대기가 존재하기 때문일 가능성이 커 보였다.

그 후 1956년에 많은 관찰자가 Alphonsus Crater 위에 구름 같은 게 있다는 발표를 했다. 그리고 1958년에는 Nikolai A. Kozyrev가 분화구에서 가스가 있음을 나타내는 스펙트로그램을 촬영했는데, 그것은 달에 화산 활동이 있다는 증거가 될 수도 있었으나, 학자 대부분은 화산 분화가 일어난 게 아니라, 표면 아래에서 발생한 가스와 먼지가 열에 의해 유출됐을 거로 추정했다.

어쨌든 Alphonsus 내의 몇몇 분화구에는 rills를 가득 채운 물질의 침전물로 여겨지는 'black halos'가 있는데, 이것의 존재는 달 표면이 진공이 아니라는 증거가 될 수 있다. 사실, 달 표면이 진공이 아니고 기체나 증기가 있다는 방증은 다른 곳에도 있다.

이것은 Endymion Crater 부근 사진이다. 이 사진을 촬영할 때는 상공이 깨끗하다. 하지만 그렇지 않을 때도 있다.

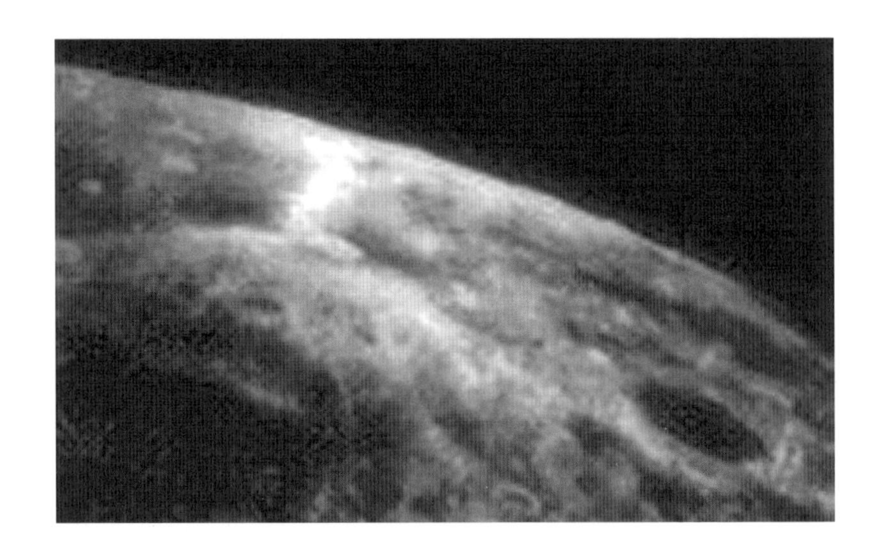

이것은 Lick 천문대가 1946년에 촬영한, 같은 지역의 사진이다. 이때는 아주 방대한 지역이 흰 기체로 가려져 있다. 이러한 기체 덩어리는 달의 표면이 진공 상태라면 절대로 존재할 수 없다.

최근에야 알아낸 사실이지만, 달이 진공의 우주 공간 속에 덩그러니 놓여 있는 것은 사실이나, 그 표면 근처에는 대기가 분명히 있고, 생각보다 그 범위가 넓기도 해서 중요하게 인식하고 있다.

사실, 냉정하게 따져보면, 달에는 대기가 있을 수밖에 없다. 그 생성 원인과 성질이 지구의 대기와 다르겠지만 말이다. 2주간의 낮 동안, 원자와 분자는 달 표면의 다양한 프로세스에 의해 방출되고 태양풍에 의해 이온화된 다음, 플라즈마처럼 전자기 효과에 의해 움직이게 된다. 그렇기에 달 표면 근처에는 가스와 나트륨-칼륨 구름이 존재할 수밖에 없다. 그리고 달 표면의 수 미터 내에는 소량의 먼지도 순환할 것이다.

이것은 달의 중력에 사로잡혀 있다기보다는, 정전기적으로 고정되어 있는 상태라고 보는 게 옳을 듯싶다. 그런데 진정한 문제는, 달에 이렇게 상식으로 추정이 가능한 대기 현상만 있는 게 아니라는 사실이다.

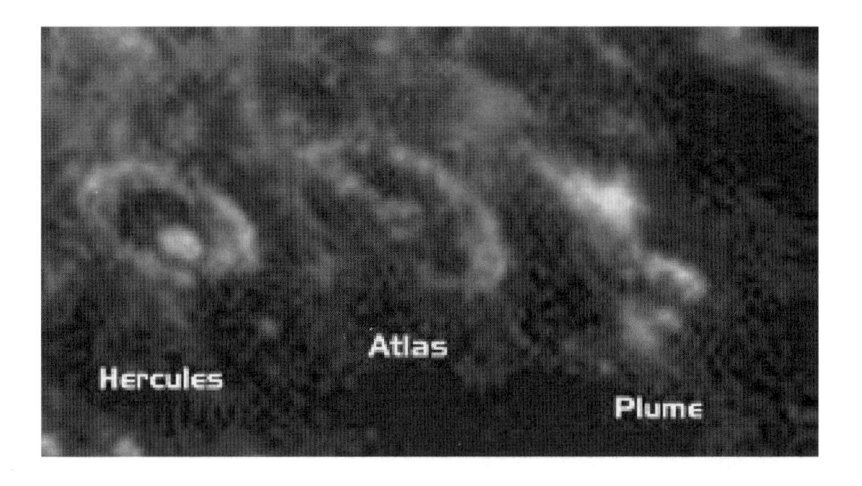

위의 사진에 보이는 연기 깃털이나 유체 덩어리는 지구의 구름처럼 표면에서 상승하는 것처럼 보인다. 이것들의 존재감은 토핑 오프 효과에 의해 더욱 분명해지는데, 이런 현상이 일어나는 이유가 이것들이 대기의 위쪽 한계 지점에 도달했기 때문인지, 아니면 제트 기류 같은 효과가 작용하고 있기 때문인지는 모르겠다.

어쨌든 이런 현상이 일어나는 원인에 대해서 알 수 없으나, 구름과 유사한 것이 달에 존재한다는 사실은 부정할 수 없다.

달은 아직 살아 있는가?

일반적으로 달에는 더 이상의 지각 활동이 없는 것으로 알려져 있다. 하지만 이런 상식이 잘못된 것일 수도 있다.

아래에 소개할 지역은 행복의 호수(Lacus Felicitatis)에 있는 'Ina'라는 곳이다. 위치는 190°N, 50°E로, 일반적으로는 강화된 용암 호수 지역으로 알려져 있는데, 이상한 특징을 품고 있다.

Ina는 아폴로 미션 중에 우주 비행사들이 발견해 낸 곳이다. 약 2km 너

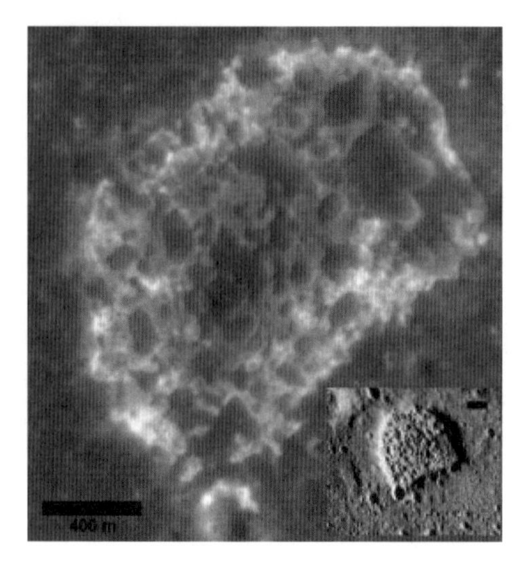

비의 문자 D 모양인데, 이곳에 최근까지 지각 활동이 있었던 것 같다는 게 이곳의 발견자들과 이에 관한 연구자들의 주장이다.

우선 Ina의 표면은 주변과 비교해 볼 때 너무 밝고 색 역시 이상하다. 주지하다시피 달 표면에 있는 바위와 토양은 어두운색을 띨 수밖에 없다. 물론 그런 이유는 우주의 환경 때문이다. 끊임없이 쏟아지는 우주 광선과 태양 빛, 유성의 충돌 등이 달 표면을 어둡게 만든다.

그러나 Ina는 마치 새로운 흙이 덮인 것처럼 밝은색을 띤다. Clementine 궤도선이 분광계로 측정한 결과에 따르면, Ina의 색상은 달에서 가장 어린 충돌 분화구의 색상과 유사한 정도다. 하지만 Ina는 충돌 분화구가 아니다.

Ina와 근처에 있는 어린 분화구들의 컬러 사진을 보면, 파란색과 초록색이 많이 나타나는데, 파란색은 갓 노출된 티타늄 현무암을 나타내고 초록색은 아직 풍화가 덜 된 토양을 나타낸다.

Ina의 모습도 이것들과 유사하다. 하지만 Ina는 충돌 분화구가 아니기에, 가스가 빠르게 방출되며 지표 퇴적물이 함께 날아가고, 덜 풍화된 물질이 표면을 형성하게 됐다고 추정할 수밖에 없다.

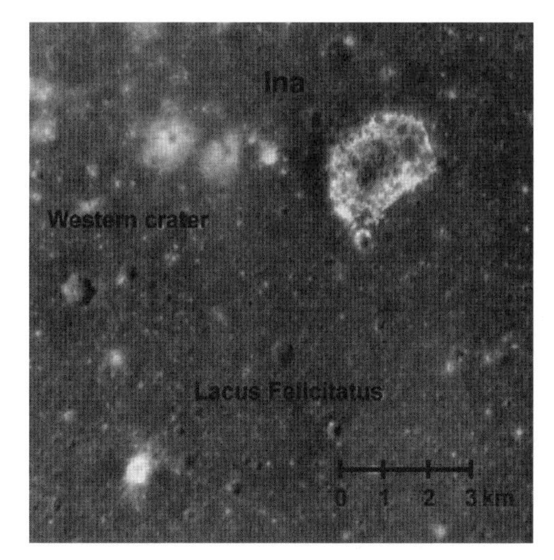

컬러 이미지

물론 이것을 활발한 화산 활동이 일어난 증거라고 단언할 수는 없다. 현재의 달에서 그런 일이 일어날 개연성은 없다고 봐야 하므로, Ina 표면의 모습이 마그마가 폭발적으로 방출된 결과를 의미하지 않는다. 다만 원색 광선을 발산시킬 만한, 어떤 역동적인 사건이 일어났거나 일어나고 있는 건 분명해 보인다.

좀 더 구체적으로 추정해 보면, 가스가 수백만 년 또는 수천만 년 동안 지하에 갇혀 있다가, 최근에 지진의 자극이나 운석 충돌의 여진으로 방출된 듯하다. 이러한 해석이 가능한 것은, Ina가 지구상의 많은 지질학적 활동 지역처럼, 두 개의 선형 계곡이나 계곡의 교차점에 있기 때문이다.

아마 Ina 같은 존재는 달에 더 있을 것이다. 그리고 이런 존재들의 의미는, 오랫동안 천문학자들이 달 표면에서 빛이 이동하거나 점멸하는 현상을 발견한 것과 무관하지 않을 것이다. 물론, 아주 희박한 개연성이지만, 달이 살아 있을지도 모른다는 의심을 완전히 지워서는 안 된다. 이것은 너무도 중요한 과학적 사실일 뿐 아니라, 달에서의 상주를 꿈꾸는 인류의 미래에도 아주 중요한 문제이기 때문이다.

한편, 현재는 달 표면 아래에서 가스가 나온다는 것이 막연한 추정의 단계를 넘어서 있다. NASA의 최근 발표에 의하면, Lunar Prospector 미션을 통해, 달 표면에서 소량의 라돈과 폴로늄 가스를 발견해 냈다고 한다. 그런데 이 가스들만 발견했을까. 다른 가스들이 지하에서 분출되고 있다는 것은 발견해 내지 못했을까. 만약 상당량의 가스가 달의 지하에 있고, 그 가스에 수소, 메탄 또는 수증기가 포함되어 있다는 사실이 확인된다면, 미래의 달 기지에서 연료나 식수를 마련하는 데 결정적인 도움이 될 것이다.

어쨌든 달 지하에 있는 가스가 분출된다는 사실은, 수 세기 동안 신비하게만 여겼던, 달 표면 패치의 밝기와 색의 변화를 설명할 수 있는 결정적인 근거 중의 하나가 될 수 있다.

대기가 변하고 있다

달의 대기가 점점 커지고 있다. 가장 큰 요인은 'Natrium'이라고 부르는 드미트리에브(Dmitriev) 화합물 때문이다. 최근에 Natrium층이 이례적으로 부풀어 오르며 달의 대기를 빠른 속도로 키우고 있다고 한다.

한편, 달뿐 아니라 지구의 대기에도 이런 종류의 변화가 일어나고 있다. 이 전에 없었던 HO 가스가 생기면서 대기가 커지고 있다는 것이다. HO 가스의 발생은 지구 온난화와 관련이 없으며 CFCs 또는 플루오로카본(fluorocarbon) 배출과도 관련이 없다. 그렇다면 원인이 무엇일까. 아직 그 양이 적은 탓인지 큰 관심을 받지 못하고 있지만, 무심하게 있어도 되는 일인지 모르겠다.

다른 행성들의 변화와도 연관이 있는 것 같아서 상당히 염려스럽다. 실제로 우리 태양계 내부의 많은 것들이 바뀌고 있다. 어떤 특별한 힘이 태양계 전체를 바꾸고 있는 듯, 기이한 일이 벌어지고 있다.

여기에서 집중적으로 조명하고 있는 달의 경우, 상대적으로 대기가 더 빠르게 커지고 있는데, 무려 6,000km 상공까지 나트륨층이 형성되어 있는 상태이다.

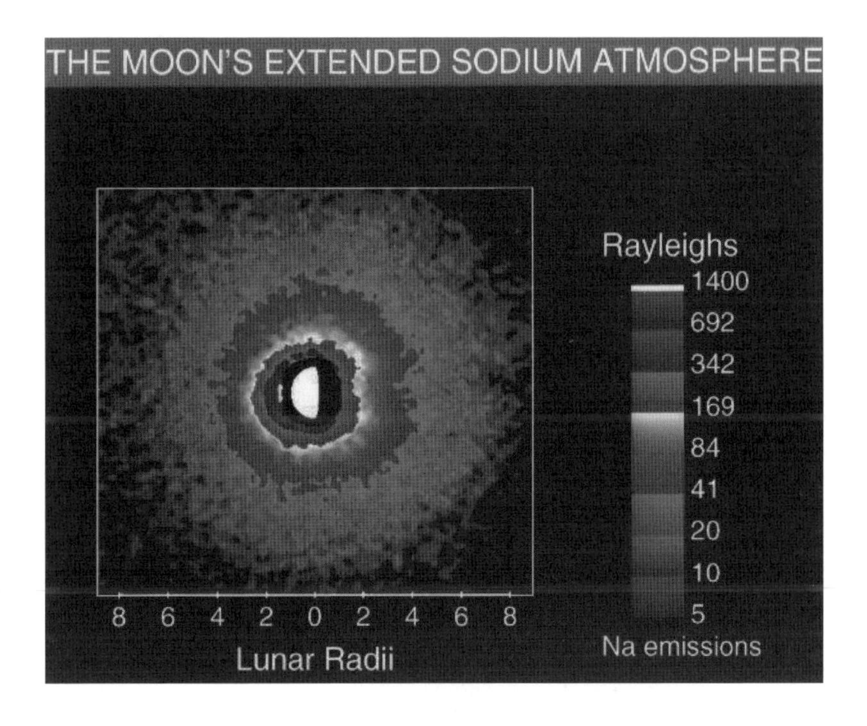

컬러 이미지

이미 2,000년에 광각 Corona Graphic Type Imaging System이 위와 같이 선명한 그래픽으로 데이터를 기록한 바 있다.

이런 현상 역시 태양계 내부 전체의 변화와 관련이 있는 건 아닌지 모르겠다. 실제로 태양의 일반 자기장의 크기와 플립 진행 속도가 조금씩 증가하고 있고, 수성에는 없던 극이 발견되었으며, 금성의 오로라는 25배나 밝아졌다. 또한, 화성에는 온난화가 조금씩 가속되어 먼지 폭풍의 크기가 커지고 있고 극의 얼음층도 줄어들고 있다. 목성은 플라즈마 구름층이 200%나 밝아졌고 구름 두께도 두꺼워졌다.

지구의 환경 변화 역시 심화되고 있다. 화산 활동이 1875년에서 1975년 사이에 500%나 증가했고, 1973년부터 현재까지는 400% 더 증가했으며, 허리케인, 산사태, 해일 등도 410%나 증가했다. 반면에 자기장은 2,000년 동안 감소하고 있는데, 최근 500년간은 기울기가 더 가파르다. 이러한 지구의 역동적 변화 역시 우리 태양계 내부의 낯선 변화와 무관하지 않은 것 같다.

코로나 효과

corona effect

위의 달 사진은 Clementine 궤도선 1호에 의해 찍힌 것이다. 달 표면 상공에서 산란하고 있는 빛은 지구에서 반사되어 온 햇빛이다. 그리고 이와 같은 코로나 효과는, 달 대기의 먼지에 의해 발생하는 것이다.

◑ 미스트 혹은 안개

위 사진은 아폴로 8호가 촬영한 AS8-13-2225인데, 이미 앞에서 예시한 바 있다. 결코, 빛과 그림자의 조화에서 비롯된 착시라고 볼 수 없을 만큼, 많은 양의 기체가 분명히 보인다.

◑ 하늘의 색깔

일반적으로 달의 하늘은 진한 검은색이고, 별도 반짝임 없이 그냥 점으로 보인다고 알려져 있다. 하지만 실제로는 그렇지 않다. 위 사진처럼 짙은 회색으로 보인다. 하늘색이 환경 조건에 따라 조금씩 다르게 보일 수는 있지만, 그래도 완전히 검은색을 보이는 때는 없다. 그 이유는 무엇일까.

◑ 지평선 글로우

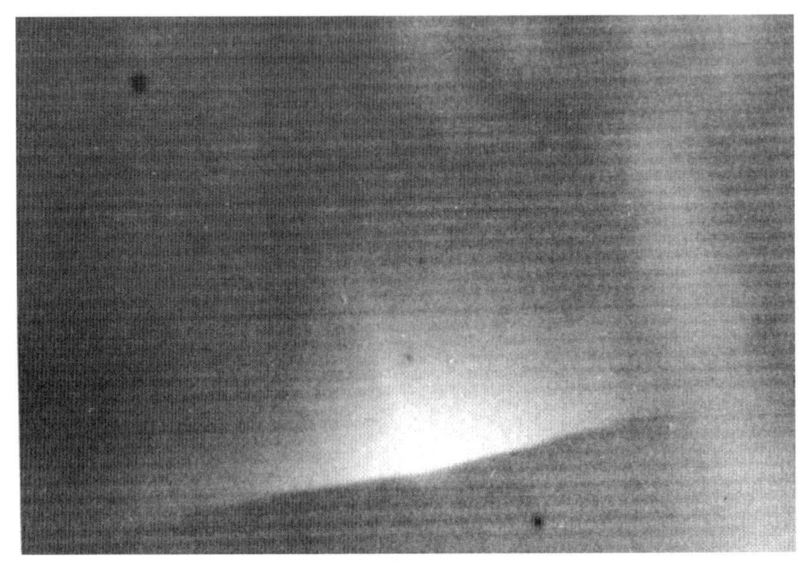

Surveyor 1

위 사진은 Surveyor 1호가 촬영한 사진으로 일몰 후 서쪽 지평선을 따라 흐르는 빛이 담겨 있다. 처음 이것을 발견했을 때는 모두 놀랐지만, 그 후의 탐사에서도 이와 유사한 발견이 계속되자 더는 놀라지 않게 되었고 그 원인에 대해 분석하기 시작했다.

이 지평선 글로우(HG)는 일시적으로 형성되는 얇은 먼지 구름 입자에 의해 햇빛이 산란되면서 나타난 것이다. 명암 경계선 상의 전하를 띤 입자는 그 경계를 가로지르는 강한 정전기장 (> 500V/cm)에 의해 구름 속으로 부상될 수 있다.

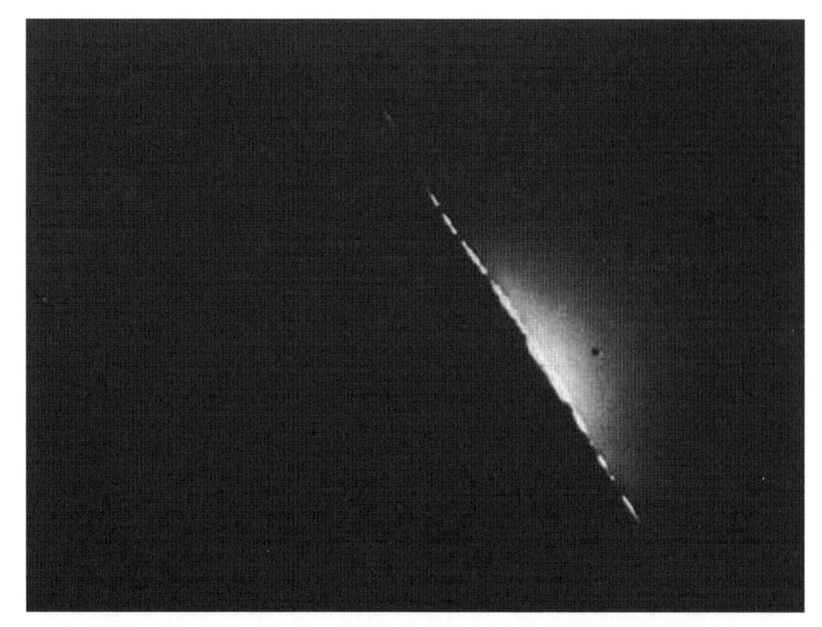

Surveyor 6

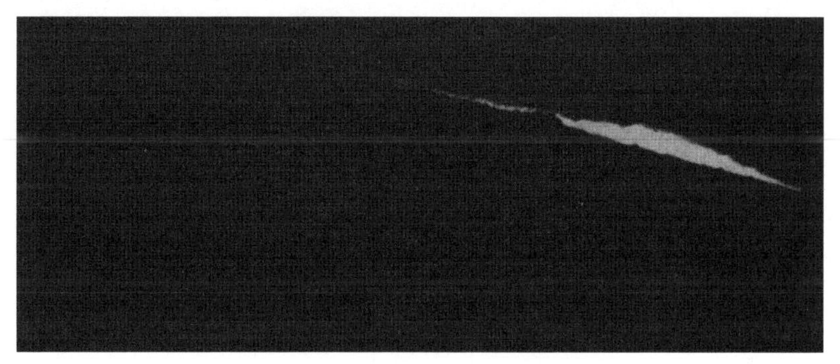

Surveyor7 (일몰 90분 후, 서쪽 지평선 위)

지평선 글로우의 휘도, 지속 시간, 형태 등은 구름의 크기와 모양에 따라 결정될 것이다. 그리고 이 구름을 형성하는 재료인 입자들은 공중에 부양되어 있는 것이며, 입자들의 이동 메커니즘은 정전기의 힘으로 보인다.

◑ 달 폭풍

전경의 상자는 달의 분출물과 운석 실험(LEAM)을 위해 설치한 것이다.

혹독하게 추운 밤이 지나간 후, 태양이 달의 얼굴을 보기 시작할 무렵에 이상한 폭풍이 달의 표면을 뒤덮는다. 그렇기에 누구나 밤과 낮 사이의 경계선을 따라 시선을 옮겨 가면, 달의 폭풍을 목격할 수 있다.

일출이 끊임없이 달 주위를 스윕하기에, 그 일출 경계의 표면을 가로지르며 끊임없이 소용돌이가 일어나는데 그 범주는 북극에서 남극까지 아주 길다. 그 긴 경계선 근처에 지속해서 먼지 폭풍이 일어나는 것이다.

대중들은 이런 달의 환경을 낯설어할지 모른다. 달에는 대기가 없거나 아주 희박하다고 믿고 있기에, 강한 대기압이 동반되어야만 일어날 수 있는 폭풍이 달에 일어나고 있다는 사실을 받아들일 수 없을 것이다. 하지만 과학자들은 폭풍이 일어나는 또 다른 메커니즘을 알고 있고, 그것이 달에서 일어나고 있다고 확신하고 있다. 그 증거는 LEAM(Lunar Ejecta and Meteorites Experiment)이라는 아폴로 실험 결과에 나와 있다.

LEAM은 아폴로 17호 우주 비행사가 1972년에 달에 LEAM 모듈을 설치하면서 본격적으로 시작됐다. 그것은 달 표면을 타격하는 작은 유성체에 의해 쌓인 먼지를 찾도록 고안된 것이다.

수십억 년 전에, 유성체는 거의 끊임없이 달에 부딪혔다. 그래서 암석을 분쇄하고, 그 파편으로 달 표면을 코팅했다. 그것이 달에 먼지가 많은 이유이다. 과거보다는 덜 하지만 오늘날에도 이러한 일은 여전히 발생하고 있다. 아폴로 시대의 과학자들은 그런 충격으로 얼마나 많은 먼지가 배출되는지 알고 싶었다. 그리고 달이라는 천체의 환경 속에 있는 먼지의 성질도 알고 싶었다. 그래서 LEAM 모듈을 달에 설치했고, 그것은 작은 입자의 속도, 에너지 및 방향을 기록할 수 있는 세 개의 센서를 사용하여, 그들의 궁금증을 해소해 줄 데이터를 모으기 시작했다.

LEAM의 데이터는 흥미로울 뿐 아니라 복잡하기도 해서, NASA와 대학의 여러 과학자가 지속해서 재검토하고 있다. Golden의 Colorado School of Mines에서 지구 물리학을 가르치고 있는 Gary Olhoeft도 그중 한 사람이다. Olhoeft는 "놀랍게도 LEAM 모듈은 매일 아침 또는 저녁에 많은 양의 입자를 보여 준다. 대부분은 동쪽이나 서쪽에서 오는 것이었으며, 달에서 분출되는 것보다는 속도가 느리다."라고 말했다.

무엇이 이런 현상을 일으키고 있는가. 여러 견해가 있지만 가장 합리적인 견해는, 낮에는 양전하가 충전되며 밤에는 음전하가 충전된다는 사실에 기반을 두고 있다. 그러니까 밤과 낮 사이의 경계면에서, 정전기로 대전 된 먼지가 수평 전기장에 의해 경계면을 가로질러 빠르게 밀려나며 먼지 폭풍을 일으킨다는 것이다.

한편, Olhoeft는 달의 일출 후 몇 시간 만에 실험 모듈의 온도가 매우 높아진다는 사실도 알게 됐다. 물이 끓는 온도 근처까지 높아지기 때문에 LEAM 모듈을 꺼야 할 정도였다. 이러한 현상은 전기적으로 충전된 달 먼지가 LEAM에 달라붙기 때문일 가능성이 크다. 상상 속에서나 만들어질 것 같은, 이런 기이한 폭풍을 실제로 본 사람들도 있다. 바로 우주 비행사들이다. 달을 선회하는 동안에 아폴로 8, 10, 12, 17호의 대원들은 햇빛이 달 표면 위의 먼지를 여과하는 듯한 밴드를 만드는 광경을 보고, 이것을 여러 장 스케치했다. 이런 현상은 매달 일출 전과 일몰 직후에 발생했다.

NASA의 Surveyor도 이 장면을 사진으로 촬영해 두었다. 물론 이 사진은 우주 비행사가 스케치한 장면과 거의 같다. 그리고 Surveyor는 이것과 함께 황혼의 '수평선 발광(horizon glows)'도 촬영해 두었다. 그런데 Surveyor가 촬영한 'Glows'는 수 세기 동안 보고되었던, 달의 이상한 섬광이나 점등과 무관하지 않을 가능성이 크다. 이른바 LTP(Lunar Transient phenomena)를 설명할, 중요한 열쇠일 수도 있다는 뜻이다.

LTP는 대체로 일시적인 섬광으로 관측되어, 일반적으로는 달 표면에 영향을 주는 유성의 증거로 받아들여지는 경향이 있다. 물론 확신하고 있는 것은 아니다. 주로 무정형의 붉은빛이나 희끄무레 한 섬광으로 나타나지만, 어떤 때는 모양이 바뀌거나 몇 분 동안 떠돌기도 하기에, 그렇게 단정 짓기에는 모호한 면이 있기 때문이다. 그래서 달에 먼지 폭풍이 존재한다는 사실을 몰랐을 과거에는, 유성 충돌 외에 화산 가스 발생 증거나 UFO의 증거 등의 실로 다양한 주장들이 난무했다. 하지만 이제는 과학적 설명을 할 새로운 무기가 생겼다. LTP는 정전기로 리프트 된 먼지의 깃털을 반사하는 햇빛에 기인한 것일 가능성이 크다. 물론 이런 아이디어 역시 아직 확신할 수 없기는 마찬가지이지만 말이다.

어쨌든 NASA는 우주 비행사가 다시 달로 가기로 계획을 세워 놓았기 때문에, 그들에게 실제적인 위협이 될 수 있는 달의 특별한 먼지 폭풍에 대해 충분히 연구해 놓아야 한다. 그것은 예측 가능한 시간에 다가오는 위협이기에 피할 수 있기는 하지만, 폭풍이 동반하고 있을 또 다른 위험이 있을 수 있으므로 그에 관한 연구를 충분히 해 놓아야 할 것으로 본다.

물론 달에서 일어나는 낯선 형태의 폭풍이 달 방문자에게 치명적인 위해를 가할 개연성이 낮기는 하다. 하지만 우주 비행사의 작업을 방해하거나, 장비를 훼손시킬 가능성은 충분히 있다.

달의 자기장

달의 자기장이 현재는 극히 미약해졌지만, 과거에는 강했다는 주장이 있고 그 증거도 꽤 있는 편이다. 일반적인 천체 자기장 모델에 의하면, 달의 크기가 너무 작아서 오랫동안 자기장을 유지할 수도 없고, 잔류 자기장의 증거 역시 현재처럼 뚜렷하게 남아 있을 수 없다. 그런 탓에 과학자들은 달의 많은 나이와 자기장 변화를 조화롭게 설명해야 하는 도전에 직면해 있다.

자기장 딜레마를 해결하기 위한 시도들이 여러 번 있었지만, 신뢰할 만한 결론이 도출되지는 못했다. 달의 자기장에 대한 언급이 가장 잦은 「PNAS(Proceedings of the National Academy of Sciences)」지에 게재된 논문에서, 자기장 문제와 관련하여 언급되고 있는 사실들을 요약해 보면, 세 가지 정도로 나눌 수 있다. ① 달의 자기장은 오늘날 매우 약하다. ② 아폴로 승무원이 채취한 월석에는 자력(magnetism)이 남아 있었는데, 이것은 과거 언젠가 달의 자기장이 오늘날 지구의 자기장만큼 강했던 적이 있었음을 가리킨다. ③ 행성의 자기장을 설명하기 위해 시도된 가장 보편적인 이론은, 핵 근처의 용융된 유체가 서로 다르게 회전하면서 자기장을 발생시킨다는 발전기(dynamo) 이론이다. 그러나 최근까지 있었던 달의 강한 자기장을 설명하기 위해서는, 달에 부여한 나이인 수십억 년 동안 가동되어야 할 것이 요구되지만, 실제로 이럴 개연성은 희박하다.

이러한 달 자기장의 문제와 관련해서, 연구자들은 대체로 세 가지 모델을 검토했다. 제일 처음에 제시된 것은 역시 '유체 발전기(fluid dynamo)' 모델이다. 하지만 앞에서 이미 언급했듯이, 긴 세월 동안 가동되었을 가능성이 희박하기에 곧 배제되었다.

두 번째 모델은, 달에 외부 물체의 충돌이 반복되어 달의 내부 유체 운동을 재가동시켰다는 것이다. 이것은 마치 점점 약해져 가는 발전기에 큰 돌을 던져 발전기를 재가동시켰다는 것과 유사한 내용이다. 하지만 설사 충돌로 자기장이 다시 발생하여도, 그렇게 생겨난 자기장은 1만 년 이상 지속될 수 없기에, 이 모델도 해답이 될 수 없다. 1만 년이라는 기간은 장구한 달의 수명에 비교해 볼 때 너무 짧다. 달 암석들은 서로 떨어져서 수백만 년 동안 형성되었을 것으로 추정되는데, 그것들은 추정되는 모든 시간 동안에 걸쳐 강한 자기장을 유지했던 흔적을 가지고 있다. 그리고 충돌이 원인이었다면, 충돌 때마다 변동을 거듭했던 잔류 자기력 기록이 남아 있어야 하는데, 그것이 없다.

세 번째 모델은, 달의 회전축이 시간에 따라 이동되면서 내부의 유체에 자력을 유도했을 거라는, 세차운동 유도 발전기(precession-charged dynamo) 이론이다. 이것은 자연에서 발견된 적이 없는 것으로, 달 암석의 일부 자력을 설명할 수는 있을 것 같다. 하지만 이것도 달 암석에 기록되어 있는 강한 자기력의 흔적을 설명하지는 못한다.

사실 냉정하게 생각해 보면, 딜레마의 핵심은 수십억 년이라는 달의 나이에 있다. 이 나이를 인정하는 한, 달의 자기장을 설명하는 이론을 유추해 내기는 쉽지 않다. 아니 쉽지 않은 게 아니고 불가능할 것 같다. 그래서 과거에 강했던 자기장의 흔적은, 달이 생각만큼 나이가 많지 않다는 근거가 될 수 있다고 주장하는 학자들이 있기도 하다. 달의 나이가 수십억 년이라는 개념만 지워 버린다면, 모든 걸 쉽게 설명할 수 있게 된다는 것인데, 이러면 월석의 나이를 측정한 방사선 연대 측정법을 통째로 무시해야 한다는 문제가 생긴다.

이러한 난제 때문에 달의 자기장 문제는 현재에도 논의를 지속하고 있지만, 어차피 월석에 그려진 자기장의 무늬가 어떻게 변해 왔던지와 무관하게, 달의 자기장을 최초로 유발한 것은 다이너모 힘일 거라는 사실은 변함이 없을 것 같다.

이런 사실을 확신하고 있는 연구팀이 2020년 1월에 달의 다이너모가 멈춘 시점을 밝혀냈다. MIT 공대의 벤저민 와이스 박사가 이끄는 연구팀이 월석을 분석해서 달의 다이너모가 멈춘 시점을 약 10억 년 전으로 특정했다. 수십억 년 전에는 지구보다 강한 자기장을 갖고 있었지만, 약 10억 년 전쯤에 핵을 휘돌게 해 자기장을 만들어내는 다이너모가 멈추면서, 자기장도 사라지기 시작하여, 지금은 지구의 1% 미만으로 약해졌다는 것이다.

이제 달의 자기장 특성을 설명하기 위한 단초는 마련된 것 같다. 하지만 지역별로 불규칙한 자기장의 원인, 쌍극자 자기장이 아닌 이유를 설명하는 일은 여전히 난감하다.

또한, 달과 같은 공기가 없는 천체에서는, 충돌 사건으로 순간적인 자기장이 생성될 수 있다는 주장도, 넘기 힘든 벽이다. 달 주위를 감싸고 있는 플라즈마 구름이, 이런 외부 천체의 충돌 때 생긴 자기장의 영향이라고 믿는 학자들이 적지 않기는 하지만 말이다.

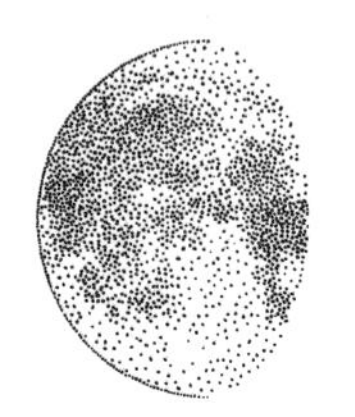

제10장

달의 광물

달에 인간에게 유용한 광물이 존재하는지 여부는 이미 논쟁의 소재가 될 수 없다. 미국 국방부 산하에 달 지질학 프로젝트팀이 있는 것을 보면, 달에 유용한 광물이 있다는 사실을 단번에 간파할 수 있다. 하지만 아폴로 미션이 끝난 이후, Clementine이 1994년에 UV/Visible, Near IR, 고해상도 카메라, Lidar(레이더 고도계), S-band 레이더형 장치 등을 사용하여 화학 원소 분포를 세밀하게 조사하기 전까지, 무려 22년 동안 달에 방문조차 하지 않을 만큼 그에 관심을 끊고 있었던 것도 사실이다.

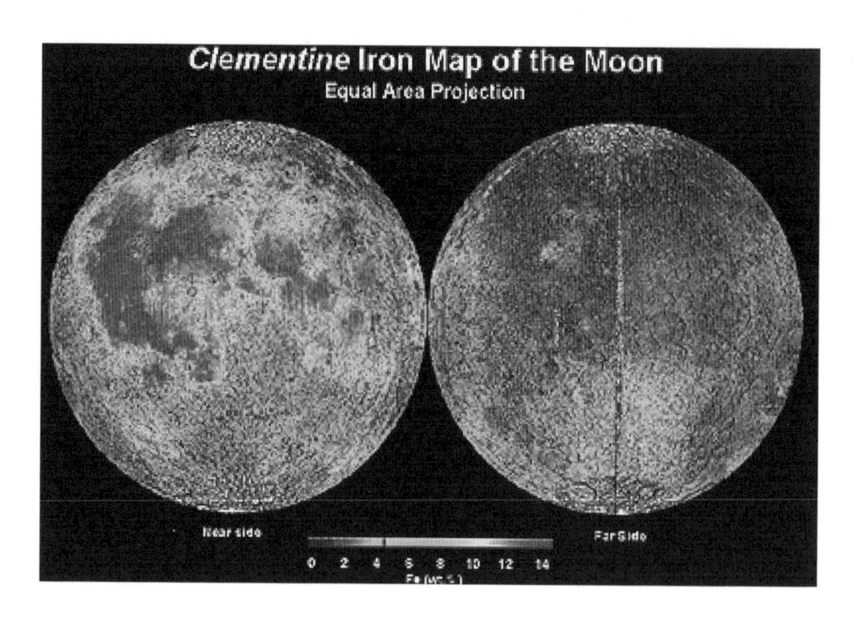

컬러 이미지

Clementine은 달의 전체적인 지형과 함께, 철(Fe)과 티타늄(Ti)과 같은 여러 화학 원소의 분포에 대한 지도를 그려냈고, 각 원소에 대한 개별 지도도 그려냈다.

여러 지도를 살펴보면, 광물이 달 전역에 퍼져 있지만, 집중적으로 분포된 곳은 많은 용암이 분출된 폭풍의 대양(Oceanus Procellarum)을 비롯한 여러 암반 지대와 대략 일치하며, 주로 달 앞면 쪽에 분포되어 있음을 알 수 있다.

누군가 달에 기지를 건설하기를 원한다면, 자재를 지구에서 가져가기보다는 달에서 구하는 게 나을 것 같다. 특히 구조물 건설에 필요한 철의 경우에는 그러는 게 훨씬 경제적일 것 같다.

아래 이미지를 통해서 철의 분포를 살펴보자. Clementine이 그려낸 분포도이다. 철은 대부분 FeO 형태로 존재하는데, 농도가 진한 적색 부분이 15% 정도는 되는 것 같다.

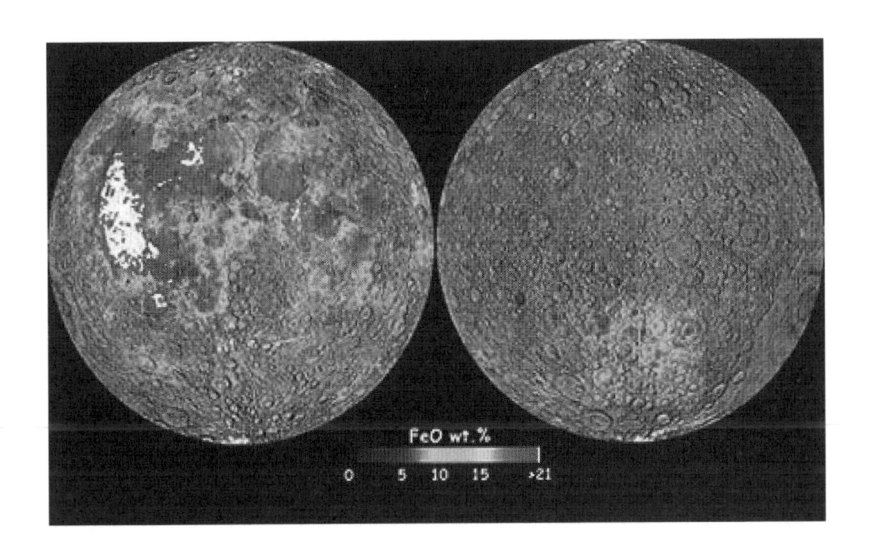

컬러 이미지

한편, 우리는 이 풍부한 광물과 관련하여 코페르니쿠스 분화구를 상기해 볼 필요가 있다. 누군가 광산을 운영하고 있을 것으로 의심받고 있는 곳이기 때문이다. 그런데 실제로 그곳에 철이 가장 많이 분포해 있다. 정말 신기한 일이다. 이것을 정말 우연으로만 치부할 수 있을까.

그런데 미스터리는 이것만 있는 게 아니다. FeO의 존재와 특성이야말로 정말 신비롭다. 지구에는 철이 Fe2O3, Fe3O4 형태로 존재하지만, 달에는 FeO 형태로 존재한다. FeO는 산화철을 수소로 환원시키거나, 공기를 차단하고 옥살산 철을 가열하면 생성되지만, 자연 상태에서 구하기는 거의 불가능하다. 그런데 달에는 순수한 FeO가 풍부하게 존재한다.

산소와 액체 상태의 물이 없는 것으로 알려진 달에서, 어떻게 녹슨 형태의 화합물이 대량으로 존재하는지 의문이다.

◑ 물

Clementine은 정말 많은 일을 했으며 그중에는 많은 논란을 불러일으킨 발견도 포함되어 있다. Clementine의 S-밴드 무선 유닛은, 태양 광선으로부터 영구히 보호된 지역 중 하나인, 남극 주변의 분화구 변두리에서 비상식적인 반사를 탐지해 냈다.

Aitken 분지 내에 있는 큰 분화구 주변을 무선 신호를 사용하여 관찰한 결과, 얼음 영역에서 나타나는 낮은 반사율이 감지되었다. 물론 이러한 감지가 비정상적인 달 표면 거칠기로 인한 것일 가능성이 전혀 없는 것은 아니지만, 얼음에 대한 반사일 가능성이 훨씬 더 크다.

달에 물이 존재한다는 사실은 정말 감사한 일이다. 이것의 존재는 인간이 달에 기지를 세우는 데 중요한 유인 요소로 작용할 수 있다. 사실 달에 인간이 장기 체류하기 위해서는 많은 물과 산소가 절대적으로 필요한데, 이것을 지구에서 운송해 가는 일은 현실적으로 불가능하다.

하지만 다행스럽게도 달에 물이 있는 건 틀림없는 것 같다. 물론 그것이 고체 상태이긴 하지만, 큰 문제가 될 수는 없다. 물이 있다는 사실 자체가 중요하다. 그것을 전기 분해하여 호흡에 필요한 산소를 얻을 수 있으므로, 무엇에도 비교할 수 없는, 소중한 자원이다.

그런데 정말 달에 다량의 물이 존재한다는 사실을 믿어도 될까? 믿어도 될 것 같다. Lunar Prospector 역시 같은 결론을 얻어 냈으니까 믿어도 된다. 사실 이렇게 확신에 찬 전망을 할 수 있게 된 데는, 과거의 탐사선과는 비교할 수 없을 정도로 정밀한 탐사 장비를 장착한 Lunar Prospector가 Clementine과 유사한 결론을 도출해 낸 것이 결정적인 역할을 했다.

1998년 1월 15일부터 Lunar Prospector는 달 표면의 약 100km의 상공에서 1년 동안 매핑 작업을 했다. 이 과정에서 수집된 데이터는 이전에 수집된 데이터에 비해 품질이 크게 향상된 것이었다. 그런데 이때 Lunar Prospector의 중성자 분광계가 달의 극지방에 상당량의 얼음이 있다는 사실도 탐지해 냈다.

Lunar Prospector가 얼음 관련 데이터를 감지해 냈다는 사실은 1998년 3월에 열린 기자회견에서 발표되었다. 중성자 분광계가 분화구의 그림자 영역의 자연 얼음으로부터 우주 광선이 충돌하며 수소에서 방출시킨 중성자를 감지해 냈다는 것이다. 그 후에 관측을 통해 그 양이 측정되었는데, 초기 추정치는 3억 톤이다(최근에는 상한선이 30억 톤까지 높아졌다). 만약 이 얼음을 녹일 경우, 10㎢의 호수를 10m 깊이까지 채울 수 있다.

그런데 도대체 이렇게 많은 얼음이 달에 어떻게 존재하게 되었을까. 이 얼음의 원천에 대한 의견이 많기는 하지만, 극지방의 크레이터 형성에 영향을 미친 혜성 중의 일부가 달 표면에 묻혀 살아남은 잔류물일 가능성이 가장 크다.

어쨌든 달에 이런 얼음이 존재하기에, 달기지 건설을 포함한 미래의 달 탐사 의지는 한층 고무되고 있다. 물의 가용성으로 인해, 기지 시설을 설립하고 점유할 수 있는 범위와 시간을 확장할 수 있게 되었기 때문이다.

한편, 최근의 학술지를 보면, 달 표면을 덮고 있는 흙이 종전에 측정된 것보다 훨씬 많은 수분을 보유하고 있다는 연구 결과도 나와 있다. 테네시 대학을 비롯한 3개 대학 공동 연구진이 네이처 지오사이언스지에 발표한 바에 따르면, 달의 토양이 풍부한 양의 물을 보유하고 있다고 하는데, 이런 증거는 달에 있는 '수산기(水酸基)'에서 찾아볼 수 있다고 한다. 수산기와 물 분자는 암석과 흙 알갱이에 들어 있는 소량의 유리에서 발견된다. 유리는 작은 운석이 달에 충돌하여 흙 알갱이를 용융할 때 발생하는 열기로 생성된다. 테네시 대학의 로렌스 테일러 교수는 "유리를 함유한 작은 덩어리들은 달에 있는 흙 성분의 50~70%를 구성하는 요소인데, 전에는 미처 생각하지 못했으나 이런 유리에는 상당한 양의 수분이 들어 있다."고 설명했다.

사실 달이 수분이나 수산기를 갖고 있다는 개념은 1960년대 초에도 제기된 바 있다. 당시 미국 칼텍(California Institute of Technology)의 연구팀은 빛이 들지 않는 달의 극지방의 분화구에 얼음이 존재할 수도 있다고 주장했다. 그러면서 달에 있는 물이 바로 사용 가능한 것은 아니라는 사실도 덧붙인 바 있다.

또한, 휴스턴 달 행성 연구소(LPIH)의 폴 스푸디스 교수는 생각보다 훨씬 풍부한 물 분자와 수산기가 있음을 보여주는 결정적인 증거가 여럿 발견됐다고 주장한 바 있는데, 그의 주장을 뒷받침해 주는 증거도 있다. 2009년에 있었던 NASA의 달 정찰 궤도 탐사선(LCROSS)의 실험 결과가 그것이다.

LCROSS는 당시 로켓의 상위 부분을 달의 남극에 있는 캐비우스 분화구에 충돌시키는 실험을 했다. 이때 충돌 부근에 발생한 먼지 구름 속에서 수분이 검출됐다. 연구진은 달이 자기만의 물 순환 구조도 가진 것으로 추정했다.

스푸디스 교수는 이런 연구 결과에 대해서, 달이 우리 생각보다 훨씬 복잡하고 흥미로운 존재임을 보여준다며, 특히 달의 남극 부근은 아프리

카 사하라 사막보다 덜 건조한 것으로 나타나 이 '오아시스'만 개발하면, 장기적으로 달을 화성 등 다른 행성을 탐사하는 중간기지로 활용이 가능할 것이라고 주장했다.

한편, NASA 연구진은, 사이언스지에 발표한 논문에서, 달 충격 실험을 통해, 달의 남극 근처에 있는 카베우스 크레이터(Cabeus crater)에서 물 외에도 은을 포함한, 인간에게 유용한 여러 종류의 물질들이 발견됐다고 밝힌 바 있다.

그런데 NASA가 왜 달 남반구의 영구 그늘 지대인 카베우스 크레이터를 주목하게 되었을까. 사실 이곳은 영하 230℃의 온도를 유지하고 있어, 고대 혜성이나 소행성 충돌로 발생한 수증기가 그대로 얼어붙어 있을 가능성이 큰 곳이었다. 그래서 NASA는 카베우스 크레이터에 LCROSS를 시속 9,000km의 속도로 충돌시키기까지 한 것이다. 그 결과 폭 25~30m, 높이 약 1km로 파편들이 솟구쳤고, 연구자들은 그 파편 속에 포함된 물질을 분석하여, 물질 중 5.6%가 물 성분이라는 사실을 밝혀냈다.

사하라 사막 모래의 수분 함유량이 2~5%에 불과한 것을 감안한다면, 달의 수분 함유량이 지구 사막보다 거의 2배가량 높은 것으로 밝혀진 셈이다. 이는 달 먼지 1,000kg당 45ℓ의 물이 있다는 것이고, 충돌 지점 주변 10km의 지표면 1m 안에 물 38억ℓ가 있음을 의미한다. 뉴욕타임스(NYT)는 "앞으로 우주 비행사들이 카베우스에 도착해 현지에서 물을 정제한다면, 음용수로 사용할 수 있는 것은 물론이고, 물을 전기 분해하여 다른 행성을 탐사하는 데 필요한 연료(수소)도 얻을 수 있을 것."이라고 보도했다. 장차 달을 우주 개척의 전초기지로 삼기 위한, 최우선 조건이 충족될 수 있음을 알린 것이다. 또한 NYT는 "사하라 사막의 경우, 수분이 다른 광물질과 단단히 엉겨 있어 분리가 쉽지 않지만, 달의 경우 수분이 푸석푸

석한 돌가루에 포함돼 있어 분리도 용이할 것."이라고 전망했다.

한편, 아주 최근 연구 결과에 의하면, 처음으로 햇빛이 비치는 달 표면에서 물 분자 분광 신호를 분명하게 포착하였으며, 달의 영구 음영지역에서 기존에 알려진 것보다 훨씬 많은 물이 있을 거라는 증거를 찾아냈다고 한다. 네이처에 따르면, 고더드 우주 비행센터 케이스 호니볼 박사가 이끄는 연구팀이 '성층권 적외선천문대(SOFIA)'의 달 관측 자료를 분석해 물 분자 분광 신호를 포착해냈으며, 달 남극의 영구 음영지역에 얼음 분자를 축적하는 '콜드 트랩'이 예상보다 더 많다는 사실도 알아냈다고 한다. 콜드 트랩은 다양한 크기와 형태로 존재하며, 이전에 추정되던 것의 두 배가 넘는 약 15,000제곱마일에 걸쳐 남극과 북극 주변에 형성돼 있다고 한다.

토륨

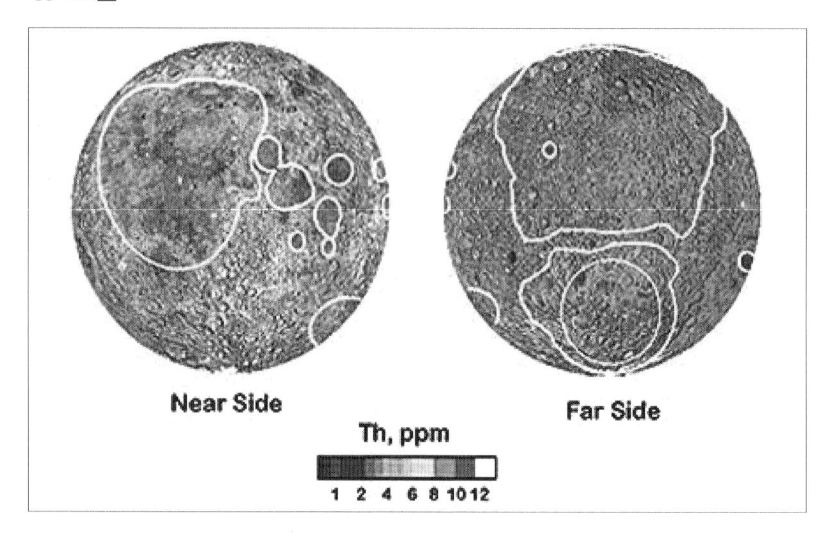

달 표면의 방사능 분포도를 작성하는 것도 Lunar Prospector의 중요한 목표 중 하나였다.

컬러 이미지

위의 지도에 의하면, 토륨이 주로 달의 Near Side에 분포되어 있으며, 특히 비의 바다(Mare Imbrium) 남쪽 고원 지대에 많이 분포되어 있다. Far Side의 고지는 분포도가 아주 낮으며, 임브리움 분지(Imbrium Basin)에서는 현무암의 분포와 거의 일치한다. 가장 풍부한 매장지는 철의 경우와 비슷하게 코페르니쿠스 분화구 부근이다.

토륨은 원자 번호 90인 원소이다. 이것은 자연 상태에 존재하는 방사성 금속으로, 우라늄을 대체할 핵연료로 간주하고 있다. 순수할 때는 몇 달 동안 은백색 광택이 잘 유지되지만, 산화물로 오염되면 공기 중에서 천천히 회색으로 변해 가다가 결국에는 검은색이 된다. 232Th는 느린 중성자를 흡수하여 우라늄 233을 생성하며, 이것은 238U처럼 핵연료가 될 수 있다.

티타늄

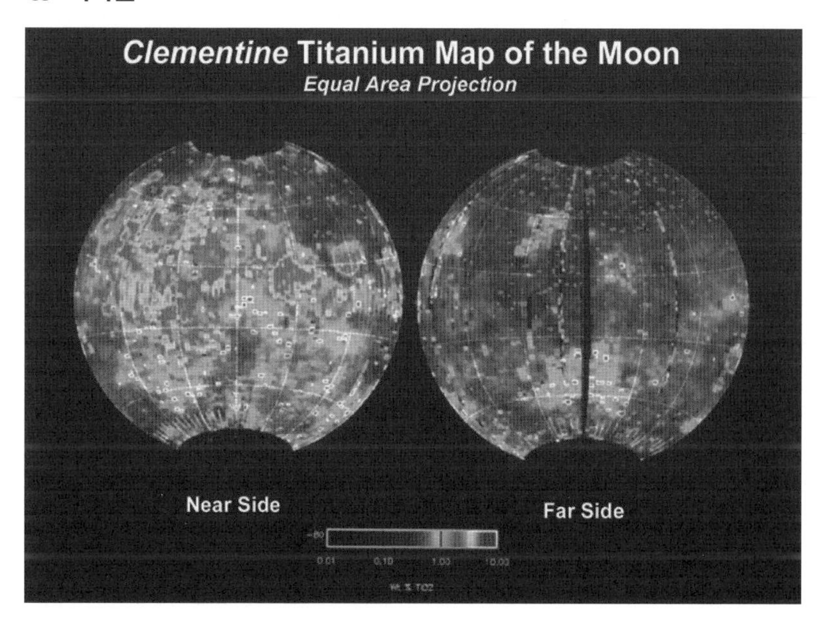

달 표면 토양의 티타늄 농도를 보여주는 달 궤도선의 지도를 살펴보면, 고원 지대는 티타늄이 매우 낮은 편이고, 바다와 같은 저지대는 티타늄 함량이 높은 경향이 있다.

티타늄의 함량이 높은 암흑부 현무암(아폴로 11호에 의해 반환된 샘플에서 처음으로 발견됨)의 대부분은 고요의 바다(Mare Tranquillitatis)와 폭풍의 대양(Oceanus Procellarum)에 있다.

전체적인 패턴은 이러하지만, 이 광물이 가장 많이 분포된 곳을 찾아보면, 이곳 역시 코페르니쿠스 분화구이다. 정말 코페르니쿠스 분화구는 광물의 보고인 것 같다. 그런데 왜 이곳에 여러 종류의 광물이 풍부하게 매장되어 있는 걸까.

◐ 헬륨3

헬륨3은 두 개의 양성자와 한 개의 중성자를 갖고 있는데, 양성자-양성자 연쇄 반응을 일으킬 때 생성된다. 1g의 헬륨3은 석탄 약 40t이 생산해내는 정도의 전기 에너지를 생산할 수 있다.

핵융합 발전에 절대적으로 필요한 이 물질은 지구에는 아주 귀하지만, 달에는 엄청난 양이 묻혀 있다. 달의 표토에는 태양풍에 의해 총 1,100,000t이 퇴적되어 있다. 물론 표토가 운석과의 충돌로 뒤틀려 있는 곳은 헬륨3이 수 미터 깊이까지 들어가 있을 수도 있다. 이 물질은 고도가 낮은 달의 바다 지역에 많이 있다. 헬륨3의 약 절반이 바다 지역에 집중적으로 퇴적되어 있는데, 이 헬륨3의 에너지 크기는 지구상의 모든 화석 연료의 10배인 약 2만 테라와트나 된다.

우주 왕복선이 적재할 수 있는 최대량인 25t만 있으면, 미국이 1년 동안 사용할 전기를 생산할 수 있고, 100t이 있으면 전 세계의 에너지 수요를 충족시킬 수 있다. 지구상의 경제적으로 회수 가능한 모든 석탄, 석유, 천연가스보다, 달에 있는 헬륨3가 100배 이상의 에너지를 가지고 있다. 과학자들은 달에 약 1백만t의 헬륨3이 있다고 추정하고 있는데, 이 에너지양은 수천 년 동안 세계에 전력을 공급할 정도이다.

이런 소중한 자원은 달과 충돌하는 태양풍 속의 수소와 헬륨 입자가 암석과 토양에 묻히면서 형성된다. 지구의 경우에는, 대기와 자기장이 이 태양 입자들로부터 지구를 보호하기 때문에, 이러한 현상이 일어날 수 없다.

어쨌든 헬륨3을 배럴당 40달러의 석유와 관련지어 보면, 톤당 57억 달러 정도의 가치가 있어, 많은 국가에서 달의 헬륨3에 눈독을 들이고 있다.

광산지도

1960년에 미국 지질 조사국(USGS: U.S Geological Survey)은 달 탐사와 행성 탐사를 지원하기 위해 NASA를 대신하여 달과 주변 천체들의 지도를 작성할 계획을 수립했다. 물론 이 계획의 핵심은 행성과 위성의 층서학적 연구 및 정밀하고도 체계적인 매핑이었다.

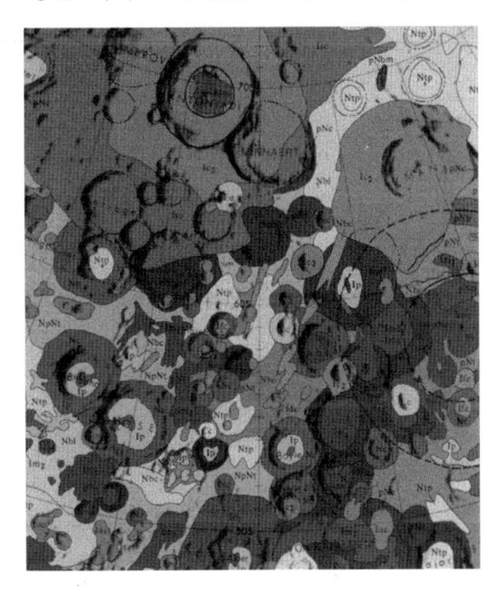

이 프로젝트를 진행한 결과, 예전과는 비교할 수 없을 정도로 정밀한 달, 화성, 수성, 금성, 목성, 토성의 위성에 관한 많은 지도가 제작되었고, 일반 대중들이 구입할 수 있게 개방되었다. Miscellaneous Investigations

컬러 이미지

Series로 알려진 이 지도들은 종류가 다양할 뿐 아니라 크기도 매우 다양하다.

이런 이야기를 하는 이유는, 이미 아폴로 계획이 진행되기 9년 전에, USGS가 달의 지형과 광산지도를 만들어 두었다는 사실을 상기하기 위해서이다. 또한, 이런 사실을 통해서 미국이 달 정복을 위해 사전에 얼마나 많은 준비를 했는지도 잘 알 수 있다.

인터넷을 검색해 보면, 지금도 관련 자료를 충분히 구할 수 있는데, 위에 게재한 그림은, 지형보다는 광물의 종류와 지역적 범위를 한눈에 쉽게 알아볼 수 있도록 작성한, 초기의 지도이다.

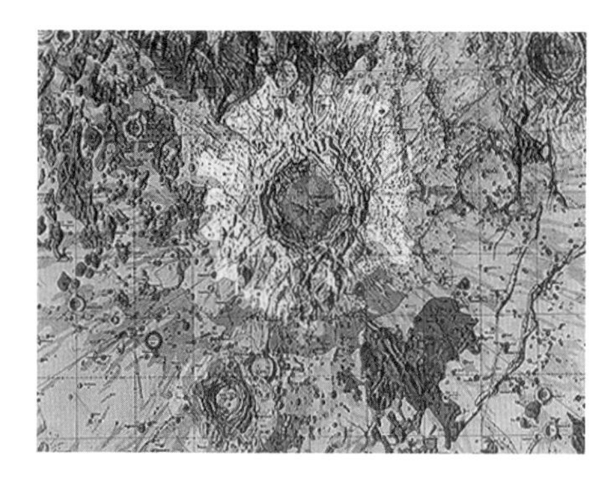

이런 형태의 초기 지도 외에는 지형을 극도로 정밀하게 표현한 것들이 많은데, 옆에 있는 게 대표적이다.

주지하다시피 이 지도에서 가장 중요한 점은, 크기도 크지만, 세부 사항이 입체적으로 표현되어 있다는 사실이다. 이것은 미국이 달에 착륙하기 2년 전인 1967년에 만들어졌는데, 이 사실을 감안하면, USGS가 왜 이렇게 정밀한 지도를 만들 수밖에 없는지, 그 이유를 추론할 수 있다.

컬러 이미지

인류 역사상 유례없는, 유인 우주선의 달 착륙이라는 중대한 사건의 명운이 걸려 있었기에, 온 정성을 다해서 정밀한 대형 지도를 만들 수밖에 없었을 것이다.

◑ 광산권

달에서 실제로 채광 사업이 실시될 경우, 누가 그 권리를 갖게 되는가. 이에 대해서는 과거에도 거론된 적이 있어서, 우주법이라는 국제적인 규칙을 만들어 놓긴 했는데, 여기엔 허점이 많다.

결정적인 허점은, 개인과 회사의 천체에 대한 광물권 보유를 제한할 수 없게 되어 있다는 사실이다. 그래서 이러한 허점이 누군가의 먹잇감이 될 수 있다고 여긴 세 명의 학자가 이에 대비해서 권리를 선의적으로 확보해 놓았다.

Joseph Resnick, Timothy R. O'Neill, Guy Cramer(ROC-Resnick/O'Neill/Cramer Team)는 극지방과 지구를 마주 보고 있는 달의 95%와 뒷면의 50%에 대한 광물 채광권을 확보해 놓았다. Resnick 박사가 팀을 대표하여, 태양으로부터의 제3의 행성 밖의 모든 행성 기관에 대한 소유권을 확보하겠다고 선언하면서, 이와 관련된 서류를 헤이그의 세계 법원과 뉴욕의 유엔에 제출하였다.

실로 이것은 사실 엄청난 사건이라고 할 수도 있다. 그런데 이상하게도 별다른 이의를 제기하는 세력이 없다. 별 의미 없는 몽상가들의 선언으로 보는 건지, 아니면 그의 뜻이 선하다는 걸 알기 때문인지, 수십 년이 넘도록 아무도 Resnick 박사의 소유권 주장에 이의를 제기하지 않고 있다.

하지만 개발 가치가 있다고 평가되는 달과 소행성 등에서 실제로 채굴이 이뤄질 경우, 이것이 유효할 것인가는 여전히 의문이며, 달에 대한 권한을 지구인 마음대로 결정할 수 있을지도 의문이다. 왜냐하면, 코페르니쿠스 분화구 등지에 이미 광산이 운영된 흔적이 보이는데, 이것이 착각이 아닌 실제로 벌어진 일이라면, 그 주체가 지구의 특정 세력이든 외계인이든, 이미 실효적으로 지배하고 있는 집단이 있다는 뜻이 아닌가.

그렇다면 앞에서의 논의와 Resnick 박사의 선언은 무의미한 일이 아닐까.

제 11 장

매스콘과 자기장

달 중력의 수수께끼

1972년 4월 24일에 아폴로 16호는 지구로 돌아가기 직전에 마지막 실험을 시도했다. 2시간마다 달 궤도에 진입하는 PFS-2라는 보조 위성을 발사하는 것이었다. 물론 그때의 보조 위성 발사가 최초의 사건은 아니었다. 이미 아폴로 15호 비행사들이 발사해 놓은 PFS-1이 달 궤도에 머물러 있는 상태였다. 하지만 생각했던 것만큼 성과를 못 거두고 있었기에, NASA에서 새로운 보조 위성을 발사하기로 결정한 것이었다.

PFS-2는 8개월 전에 설치한 PFS-1과 함께, 달 주위의 대전된 입자와 자기장을 측정하는 일을 할 것이라고 알려져 있었으나, 공개되지 않은 또 다른 임무도 있었다. PFS-2의 저궤도는 달 표면에서 89~122km에 이를 정도로 낮았는데, 아마 거기에 비공개된 임무의 열쇠가 숨어 있는 듯했다.

그런데 그 비밀 임무가 무엇이었는지는 모르지만, 그게 무엇이든, 시도와 동시에 불길한 예감을 떠올릴 수밖에 없게 됐다. PFS-2가 서비스 모듈을 떠나자마자, 기괴한 궤도를 그리기 시작했기 때문이다. 저궤도에서 불규칙한 형태를 그리더니 3일이 지났을 때쯤에는 달 표면의 10km 아래까지 급강하하기도 했다. 그렇게 난해한 궤도를 그리다가 다시 40km쯤 올라오면 안정적으로 움직이기도 했는데, 그 상태를 유지하는 기간이 그리 길지는 않았다. 그런 상태로 무슨 임무인들 제대로 할 수 있겠는가.

시간이 흐를수록 보조 위성의 상태는 점점 나빠지는 것 같았다. 특히 저궤도에서는 상태가 아주 심각했다. 술에 취한 듯 비틀거리다가 심심하면 땅에 주저앉을 듯 고개를 처박곤 했다. 프로그램의 조정을 백안시한 채 궤도에서 방황하던 PFS-2는 발사된 지 35일 되는 1972년 5월 29일에 추락해 버리고 말았다.

도대체 어떻게 된 일인가. 혹시, 보조 위성의 추락이 실험의 최종 목적은 아니었는가? 아니다. 그렇지 않다. 그렇다면, PFS-2를 죽음으로 몰고

간 원인은 무엇인가.

훗날 알아냈지만, 원인은 달이었다. PFS-2를 허무한 죽음으로 몰아넣은 것은 달이었다. 하지만 당시에는 달이 PFS-2를 추락시킬 것이라고는 누구도 상상하지 못했다. 도대체 달의 어떤 힘이 PFS-2를 추락시킨 것일까. NASA의 제트 추진 연구소에 있는 행성 과학자 Alex S. Konopliv와 그의 팀은 PFS-2가 죽어가는 과정을 목도한 이후에, 그 위성의 궤적과 함께, 다른 달 궤도 위성의 움직임을 정밀하게 분석하기 시작했다.

달이 균일한 구형이라면, 완벽한 타원형 또는 원형 궤도를 가질 것이라는 기준을 중심으로 사고 원인 분석을 시작했는데, 그렇게 연구 방법을 설정한 데는, 달이 균일하지 못한 구형일 수도 있다는 역설이 내포되어 있다.

달에는 궤도선에 항력이나 열기를 유발할 요인이 없어서, 아주 심한 저궤도가 아니라면, 달 궤도를 도는 위성은 장기간 동력을 추가하지 않아도 평화롭게 지낼 수 있다. 그런데 80km에서 105km 사이의 타원형 궤도에 삽입된 PFS-2는 그러지 못했다.

그렇다면 달의 중력은 고르지 않다고 봐야 한다. 달의 상공에는 위성을 추락시킬 요인이 없으므로 달 자체의 중력을 의심할 수밖에 없다. 지표면의 요철이 심해서 나타나는 중력 차이가 아니라, 지역적 구성 성분이 다른 데서 오는 중력 차이 말이다. 정말 달의 속살이 그렇게 특이하게 생겼을까.

오랜 연구 결과, 그런 전제의 골격이 사실인 것으로 밝혀졌다. 확실한 원인은 알 수 없지만, 달 지표면 아래의 질량은 아주 고르지 않았다. 특히 지구에서 망원경으로 관찰하면서 바다라고 불렀던 지역에는, 훗날 매스콘이라고 이름 붙여진, 아주 강력한 중력을 보유하고 있는 곳이 널려 있었다.

어떤 매스콘의 중력은 너무 커서 우주 비행사가 달 표면에서 직접 감지할 수 있을 정도였다. 그렇게 중력이 고르지 않고 중력이 상상외로 강한 곳이 산재 되어 있는 까닭에, 프로그램에 따라 예측 비행하는 달 궤도선의 경우, 중력 변화에 관한 복잡한 데이터를 알지 못한 채 궤도에 들어서게 되면, 사고를 당할 수밖에 없게 된다.

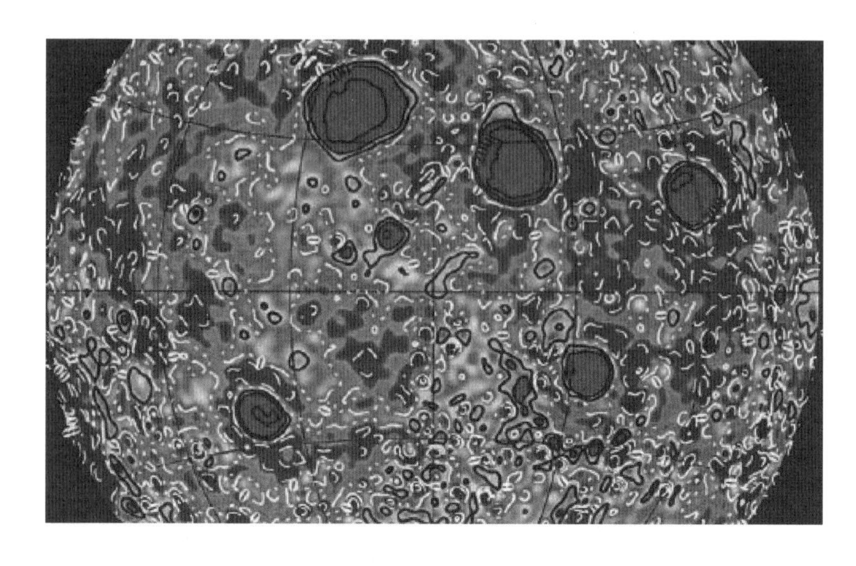

컬러 이미지

1998년 1월부터 1년간 실행된 Lunar Prospector Mission에 의해 매핑된 달의 중력장을 보면, 몹시 고르지 않다는 걸 알 수 있다. Mascon 지역도 의외로 많은데, 강력한 Mascons이 있는 5개 지역은 모두 달의 Near Side에 있다. 주황색으로 표시된 이 지역들은, 모두 용암으로 가득 채워진 바다 지역으로, 비의 바다(Mare Imbrium), 고요의 바다(Mare Serenitatus), 위난의 바다(Mare Crisium), 습기의 바다(Mare Humorum), 감로주의 바다(Mare Nectaris) 등이다.

Mascon들은 위성의 저궤도 비행을 몹시 불안정하게 만든다. 인공위성이 50마일이나 60마일의 오버헤드를 통과할 때, Mascon은 그것을 앞뒤나 좌우 또는 아래로 흔든다. 물론 흔드는 방향과 크기는 위성의 궤적에 달려 있다. 궤도를 정정하기 위해, 온 보드 로켓의 부스트가 작동할 수는 있지만, 그 시스템에 문제가 생기거나 연료가 떨어지게 되면, 위성은 달에 충돌할 수밖에 없게 된다. Mascon의 위력을 알지 못한 채, 저궤도에 머물렀던 아폴로 16호의 보조 위성 PFS-2의 죽음이 대표적인 사례이다. 물론 그보다 높은 궤도 머물러 있던 탓에 조금 더 오래 살긴 했지만, PFS-1의 운명 역시 별로 다르지 않았다.

결국, 궤도선들은 달이 펼쳐놓은 죽음의 덫을 피하기 위해서 열심히 노력해야만 한다. 변덕스러운 달의 중력장에 적응하기 위해서 수시로 부스터를 작동해야 하고, 그러기 위한 장비와 연료를 사전에 철저히 준비해야 하며, 궤도 설정에 대한 세심한 계산 또한 필요하다. 특히 정밀 탐사를 하는 저궤도 위성의 경우, 궤도의 높이뿐 아니라 기울기 선택에도 주의해야 한다.

장기 체류에 유리한, 달의 적도면에 대한 위성의 기울기에는 27°, 50°, 76°, 86°의 네 가지가 있다. Mascon만 없다면 이론적으로는 거의 무한 시간 동안 머무를 수 있는, '얼어 있는 궤도'이다. 나중에 알게 된 일이지만, 상대적으로 오래 살았던 아폴로 15호의 보조 위성 PFS-1은 28°의 경사각을 가지고 있었는데, 이것은 '얼어 있는 궤도' 중 하나인 27°와 거의 같은 것이었고, 상상외로 단명한 PFS-2는 11°의 경사각을 가지고 있었다. 물론 이러한 기본 경사각을 일정하게 유지하는 일이 쉽지 않아서, Mascon의 마력에 맞추어 수시로 교정해야만, 자기 수명대로 살 수 있다.

이런 정보를 알고 있던 Lunar Prospector는 30km 고도를 기본 궤도로 삼았지만, 그래도 60km의 원형 궤도를 매주 1회 이상 달렸고, 매월 1회 이상 원형 궤도 유지를 위해 오랫동안 부스터를 가동했다. 하지만 이런 노력은 필수적으로 수행해야 하는 일이어서, 연료는 언젠가 완전히 소진될 수밖에 없다. 그래서 Prospector는 연료가 거의 바닥난 1999년 7월 30일에, 물 존재 확인을 겸해서 남극 근처에 고의로 충돌했다.

◑ 매스콘

과학자들은 달의 지하에 밀도가 매우 높은 물질이 존재하고, 수십억 년 전부터 지속해서 진행된 천체의 지각 활동으로 그런 특수한 환경이 만들어졌을 거라는 데는 대체로 동의하지만, 매스콘 생성 원인을 정확히 알고 있는 것은 아니다. 또한, 밀도가 높은 맨틀 물질이 지각에 얼마나 많이 뿌려졌는지, 그것이 어느 정도의 초과 질량을 만들 수 있는지도 제대로 알지 못한다.

어쨌든 매스콘은 분명히 존재하며, 그 위력이 아주 위협적이라는 사실은 분명하다. 달 궤도 위성이 그 위를 지날 때면 고도가 떨어지며 속도가 증가하는데, 아폴로 8호와 10호는 달 궤도를 한 바퀴 돌 때마다 예정 궤도보다 4km나 벗어났다.

한편, 매스콘의 생성 원인에 대해서, 충돌 크레이터의 생성 원인과 같은, 운석설이 대세를 이룬 적이 있다. 매스콘을 발생시키는 덩어리 대부분이 대형 바다나 크레이터 아래쪽 50km 지점에 50km~100km의 반경을 가진 형태로 존재하는 것으로 추정되었기에, 그것이 아득한 과거에 그곳에 박힌 운석 때문일 거라고 여긴 것이다. 하지만 데이터가 면밀하게 분석된 현재는, 매스콘이 바다는 관계가 없다는 것이 밝혀진 상태이다.

어쨌든 매스콘은 그 구성이나 기원과는 관계없이 분명히 존재하며, 그로 인해 달을 태양계 내에서 가장 울퉁불퉁한 중력을 가진 존재로 보이게 한다. 그런데 매스콘이 정말 달에만 있는가. 다른 천체에는 없는가. 아니,

그렇지 않다. 매스콘은 화성에도 있다. 화성을 저궤도(1,500km)로 탐사한 매리너(Mariner) 9호의 궤적을 분석한 결과, 그런 결론이 도출되었다. 하지만 금성이나 지구와 같은 다른 내행성에는 매스콘이 없다.

매스콘의 존재에 관해서 위성과 행성을 비교하는 것이 무용할 것 같지만, 실제로는 이런 비교가 매우 중요하다. 이것을 통해서 천체의 지각 활동과 매스콘의 관계에 대해 유추할, 중요한 근거를 얻을 수도 있기 때문이다.

금성과 지구는 화성이나 달보다 크기 때문에 지질학적 활동이 훨씬 활발했을 것이다. 아마 그런 이유로 금성과 지구의 지각은 수시로 꿈틀대면서 지각 내외부의 질량 분포가 균질화되었을 것이다. 이러한 행성 간의 지각 활동 역사의 차이점을 비교해 보면, 매스콘이 존재하게 된 이유를 어렴풋이 짐작할 수 있다.

먼저 응고된 지표면 아래의 용암 성분이 충분히 섞일 만한 기회를 얻지 못할 경우, 천체는 고른 중력장을 가질 수 없고, 어떤 곳에는 질량이 무거운 물질들이 뭉칠 수 있다. 그리고 그것이 지표면으로 나오거나 지표면 가까운 곳에 분포할 수 있기에, 매스콘이 조성되는 것으로 보인다.

그리고 달에는 대규모 화산 폭발 흔적이 없는데, 이것도 매스콘 형성과 무관하지 않을 거라는 의견도 있다. 사실, 달에 대규모 화산 폭발이 일어나지 못한 이유를 찾기 위한 도전은, 매스콘 생성 원인을 찾기 위한 노력보다 더 오랫동안 계속되었다. 다양한 의견이 오가며 치열한 논쟁이 벌어졌는데, 아주 최근에야 네덜란드와 프랑스 연구진이 그 논쟁을 매조지었다.

논쟁의 종결자들이 달의 마그마를 재현해 엑스레이로 밀도를 측정해 본 결과, 달의 마그마는 밀도가 너무 높아서 지구 마그마처럼 위로 상승하지 못하는 것으로 나타났다. 그들은 이런 명쾌한 연구 결과를 「네이처 지오사이언스」에 발표했다.

달의 내부에는 지구만큼이나 많은 양의 마그마가 녹아 있다. NASA 연구진이 아폴로 탐사 때 달에 설치한 지진계로 내부를 분석한 결과에 따르면, 핵 경계 근처에 있는 맨틀은 부분적으로 녹아 있고 이 비율은 30%에 이른다. 만일 지구에 이 정도 양의 마그마가 있다면, 밀도가 낮은 마그마가 상승하면서 화산 활동이 활발하게 일어났을 것이다. 하지만 수십억 년 동안 달에서는 단 한 차례의 화산 폭발도 일어나지 않았다.

이 비밀을 풀기 위해 네덜란드 자유 대학의 빔 판베스트레넌 교수팀은 아폴로 탐사 때 가져온 운석과 똑같은 암석을 마이크로미터 수준으로 작게 재현해 냈다. 이 암석을 마그마 상태로 만들기 위해 연구진은 달의 내부 환경과 같은 45,000bar의 압력과 1,500℃의 온도로 암석을 녹였다. 그래서 유럽연합 방사광가속기(ESRF)의 싱크로트론 엑스레이 빔으로 마그마 밀도를 측정했다.

분석해 본 결과, 마그마 대부분은 밀도가 그리 높지 않았지만, 아폴로 14호 미션 때 가져온 운석을 이용해 만든 마그마의 밀도는 상당히 높았다. 이 운석은 주로 티타늄으로 이뤄져 있으며 용융해도 웬만한 고체보다 밀도가 높았다. 그래서 연구진은, 만일 지하 깊은 곳에 이 티타늄 마그마가 녹아 있다면, 주변 고체보다 밀도가 높기에 지표면 근처로 떠오르지 않고, 그곳에 머물러 있을 거로 추정했다.

네이처 지오사이언스 연구진은 이 같은 사실을 확인하기 위해, 컴퓨터 시뮬레이션으로 이 티타늄 마그마가 위치하는 지점을 찾았다. 그 결과 마그마는 달의 핵 경계에 맞닿을 정도로 맨틀 깊숙한 곳에 있지만, 티타늄이 들어간 암석은 지표면과 가까운 얕은 깊이에서 형성되는 것으로 나타났다. 따라서 달 형성 초기에 마그마의 수직 이동이 거대한 규모로 일어났는데, 이때 지표면 근처에서 만들어진 티타늄 암석이 지하 깊숙이 가라앉아 마그마가 됐을 것으로 추정했다.

수십억 년 동안 달에서 화산 폭발이 일어나지 않았으나, 먼 미래에는 폭발이 일어날 수도 있을지 모른다. 판베스트레넌 교수는, 현재 달의 기온은 계속 내려가고 있기에, 마그마 주변에서 무거운 물질이 냉각된다면 주변보다 가벼워진 마그마가 떠오를 가능성도 있다고 주장했다.

어쨌든 달에 화산 폭발이 일어나지 않은 것과 매스콘 형성이 관련 있을 거라는 학자가 적지 않으나, 그에 동조하지 않는 학자의 수도 많다. 하지만 매스콘 생성 원인에 대해서 그만큼이라도 연관성을 찾을 만한 아이디어가 없다는 사실은 부정할 수 없다.

Lunar Prospector

Lunar Prospector 미션은 NASA가 Discovery Program의 일환으로 선택한 것이었다. 6,280만 달러의 비용으로 19개월간 진행된 이 미션은 달의 표면 구성과 극지방 얼음 축적의 매핑, 자기장과 중력장의 측정, 달의 가스 배출 현상 연구, 달의 극지 궤도 조사를 위해 고안되었다.

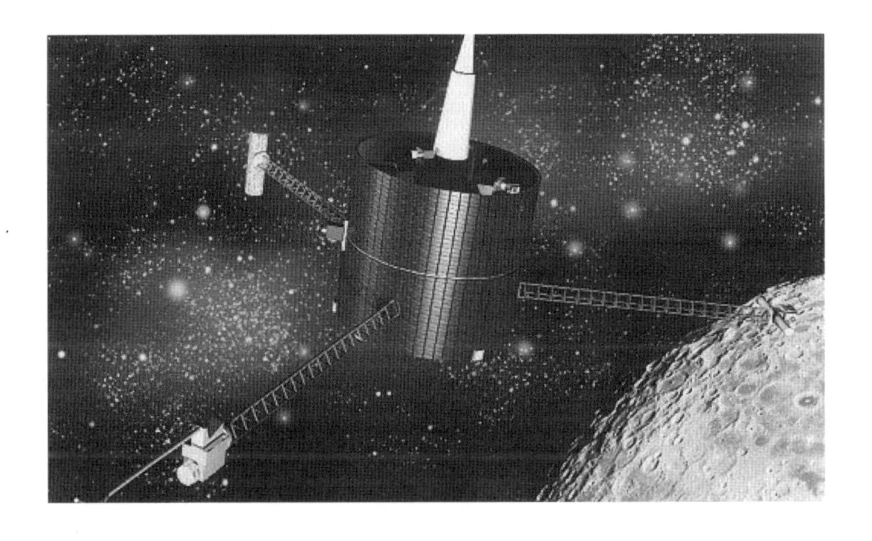

1998년에 케네디 우주 센터에서 발사체 Athena Ⅱ에 실려 발사된 이 탐사선의 본체는 지름 1.37m의 원통형이고, 그 본체에 세 개의 활대가 붙어 있으며, 전원은 태양 전지 패널과 니튬·카드뮴 배터리를 사용했다.

Lunar Prospector는 고도 100km의 극궤도를 돌면서 임무를 수행하다가 1999년 7월 31일에 남극 근처의 분화구에 고의로 충돌하여 일생을 마쳤다. 수집한 데이터는 달의 표면 구성에 대한 상세한 지도를 작성하는 데 사용되었고, 달의 기원, 진화, 현재의 상태 및 자원에 대한 이해를 향상시켰다. 그중에 달의 자기장에 관련된 자료를 집중적으로 살펴보겠다.

그 이유는 달의 중력장과 자기장이 묘한 관계를 형성하고 있기 때문이다. 그것이 공식화할 수 있는 함수 관계는 아니어서, 구체적으로 그 관계를 묘사하기는 모호한 면이 있으나, 관련이 있는 건 분명하다.

Lunar Prospector에 장착된 Magnetometer와 Electron Reflectometer(MAG/ER)는 표면 자기장을 탐지하면서, 달이 지구의 자기장과 너무도 다르다는 사실을 알아냈다. 달의 자기장은 대체로 태양풍을 편향시키기에는 약하지만, MAG/ER은 달의 모든 곳이 그렇지는 않다는 사실도 알아냈다. 그러니까 모든 지역의 자기장이 약하지는 않다는 뜻이다. 어떤 곳은 강력한 자기장이 50km 반경의 원형을 점유하고 있기도 했다. 이러한 자기적 특성 때문에, 태양풍에 의해 퇴적된 수소가 불균일하게 분포되었으며, 특히 자기 피쳐의 주변부는 조밀했다. 수소는 미래의 달 방문자에게는 아주 소중한 자원이기에, 그에 관한 세부적 분포를 알아내는 것은 매우 중요하다.

예전에는 달의 자기장이 너무 약해서, 태양풍의 하전된 입자를 물리치기는 힘들다고 생각되었지만, 자기장이 강한 곳이 있다는 사실을 알게 되었으므로, 태양풍을 견뎌낼 방법을 모색할 수 있게 되었다. 달에는 지름이 100km나 되는 자기권이 분명히 존재하기에, 이 안에서는 태양풍을 피할 수 있다. 사실 달의 상층에는 자화된 암석이 상당량 있고, 그중 일부는 달 표면에 흩어져 있는 작은 쌍극 자계를 형성할 만큼 충분히 자화되어 있다.

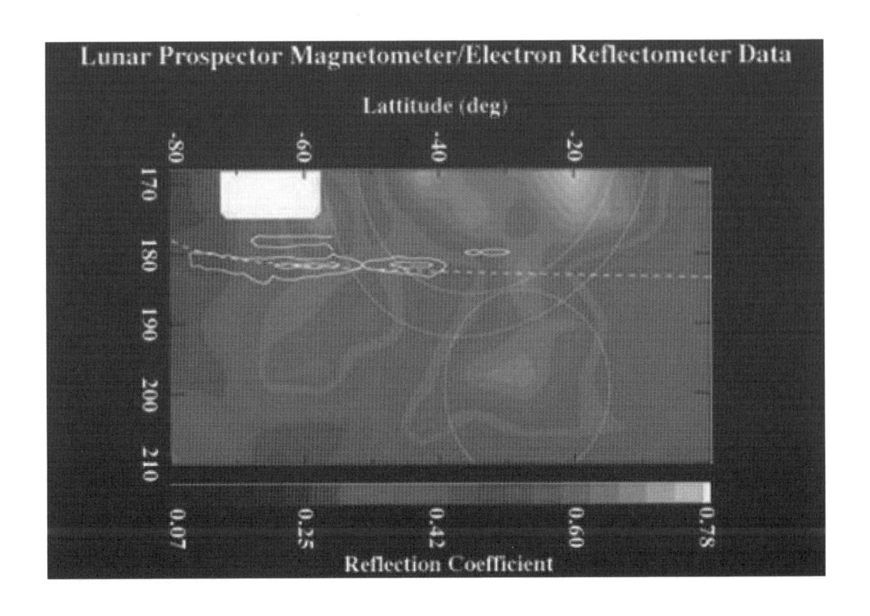

컬러 이미지

위 그림은 국지적으로 태양풍을 견디어 낼 수 있는, 강력한 자기 분포 지역을 보여준다. 물론 자기장 분포를 완전히 매핑하는 과정은 아직 진행 중이며, 데이터가 더 많이 축적되면 이 도표 역시 완성도가 더 높아질 것이고, 그리되면 달의 변덕스러운 자기장에 더 완벽하게 적응하는 방법을 개발할 수 있을 것이다.

이 시점에서 과학자들이 가장 먼저 해야 할 일은, 코어의 존재를 조사하여 그 정확한 위치와 크기를 알아내는 것이다. 달에 직접 가지 않더라도, 달 궤도선이 보내온 데이터를 분석하여 코어의 조성에 관해 연구할 수 있다. 자화 방향을 분석하여 자기장의 정확한 방향을 알게 되면, 지역별 달 자기장의 중심 또한 정확하게 찾아낼 수 있다.

◑ Lunar Swirl

그리스 신화에 나오는 달의 여신은 셀레네이다. 로마 신화의 '루나'에 해당하는 여신으로, 남매인 헬리오스가 태양의 마차를 끌고 달리며 낮을 열어젖히면, 셀레네는 검은 말이 끄는 은빛 마차를 타고 뒤따르며 다시 밤의 장막을 친다. 눈부시게 흰 여자들이 함께 탄 그 마차는 밤을 가로질러 질주한다.

하지만 신화와 달리, 실제 달 표면은 밝지 않고 칠흑같이 검을 뿐이고, 달이 환하게 보이는 것은 그저 햇빛이 반사된 결과일 뿐이라는 걸 우리는 잘 알고 있다. 그러나 그 어두운 달 표면에도 눈부시게 밝은 부분이 간혹 있다. '루나 스월(Lunar Swirl)'이라는 곳이다. 셀레네의 눈빛처럼 찬란한 빛을 내뿜는, 그 거대한 광휘의 정체는 도대체 무엇일까.

과학자들은 이 현상을 모양 그대로 '루나 스월(Lunar Swirl, 달 소용돌이)'이라고 부르고, 빛을 반사하는 정도는 다른 지역과 마찬가지로 '알베도'로 측정한다. 물론 알베도가 높은 부분은 밝아 보이고, 낮은 부분은 어두워 보인다. 그런데 루나 스월의 특정 지점은 유독 알베도가 높아 아주 밝아 보일 뿐 아니라, 모양도 특이해서 마치 빛이 소용돌이치는 것처럼 보이기도 하고, 빛의 강물이 굽이쳐 흐르는 듯 보이기도 한다. 이런 기묘한 광휘로 더 신비롭게 느껴지는 곳이 루나 스월이다.

루나 스월은 현재도 뜨거운 이슈이다. 이렇게 된 데는 그 신비한 모습 때문만은 아니다. 역설적이게도 인간이 그것에 대해서 너무 모르기 때문에 이슈가 된 면이 없지 않다. 인류가 달에 간 이후에 달에 대한 많은 정보가 밝혀졌지만, 스월은 육안으로 관찰할 수 있는 현상이고, 여러 곳에서 나타나는데도 그 기원이나 모습에 관해서 특별히 조사한 바가 없다.

스월은 여러 가지 기묘한 특징을 갖고 있는데, 그 색깔이 흰색이라는 사실 자체가 대단히 이례적이다. 일반적으로 천체의 표면을 덮고 있는 광물 입자는, 우주 광선과 미세한 유성체에 노출되어서 색이 검게 변하는 '우주 풍화' 현상을 겪는다. 내부의 수증기가 증발하거나 입자 일부가 튀어 나가고, 그 대신에 미세한 철 입자가 표면에 쌓이게 되면서 생기는 현상이다. 그렇게 얼굴이 우주 광선과 태양 빛에 노출되어 늙어가는 것이다.

더구나 달의 경우는 대기권과 자기장의 보호를 거의 받지 못한다. 이것들의 보호를 받는 지구도 속절없이 늙어 가는데, 보호막이 거의 없는 달의 표면은 노화의 속도가 얼마나 빠르겠는가. 그런데 왜 스월이 있는 지역에서는 이런 노화 현상이 일어나지 않는 것인가. 그리고 왜 스월의 모양은 물이 흐르거나 소용돌이가 치는 듯한 모양인가.

우리는 스월의 모양, 자기장과 노화의 상관관계 등을 연상하다가 보면, 강력한 자기장이 그곳에 존재할지 모른다는 생각을 떠올리게 된다. 그리고 이러한 직감은 대체로 맞다. 실제로 이 지역에서 강력한 자기장이 검출된다는 사실이 최근에 밝혀졌다. 사실 이러한 사실은 우리가 이 지역에 관심을 두는 결정적인 이유 중의 하나이다. 달의 기묘한 중력, 비상식적인 자기장, 스월 사이의 연관성은 연구할 가치가 충분히 있어 보인다.

원래 달은 지구와 달리, 자기장이 없다고 알려져 있었다. 하지만 막상 탐사선이 가서 관측해 보니 그렇지 않았다. 일부에서는 아주 강한 자기장이 검출됐는데, 그 지역이 스월이 있는 지역과 겹치는 경우가 많았다. 자기장이 스월의 형성과 관련이 있는지, 있다면 어떤 연관성을 가지고 있는지 정말 궁금하다.

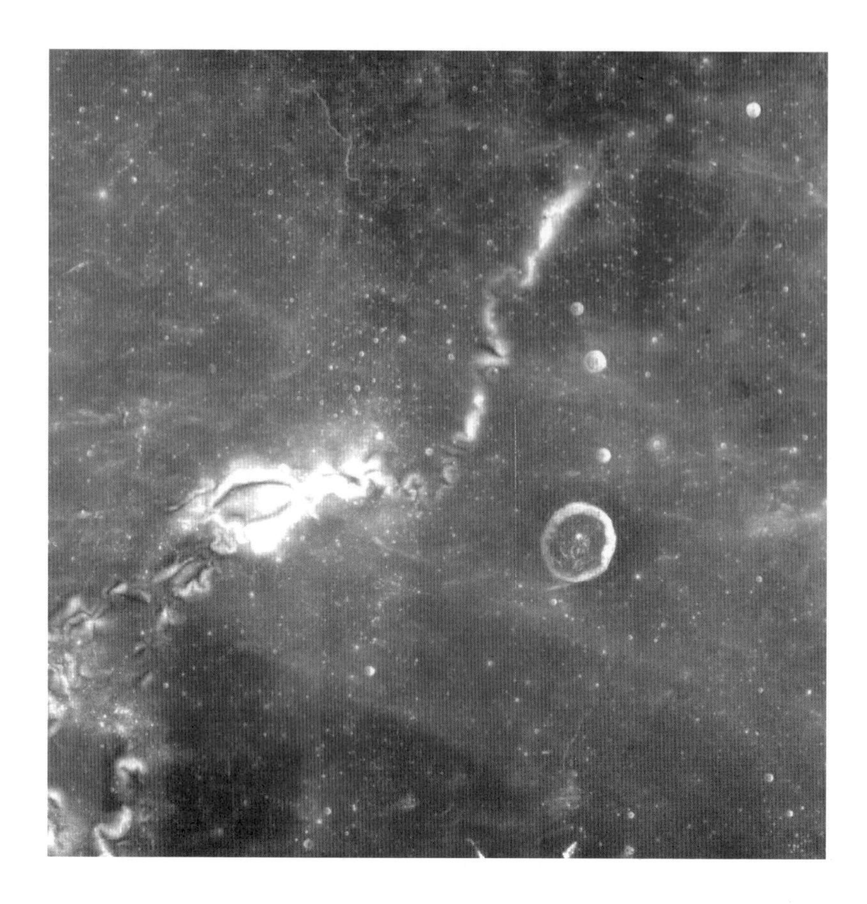

컬러 이미지

위 사진에는 루나 스월 중에 가장 유명한 라이너 감마(Reiner Gamma) 모습이 담겨 있다. 고해상도의 MAG 지도들을 보면, 이상 지각지대와 비정상적인 알베도 표시의 위치가 상관관계를 이루고 있음을 알 수 있다. 그리고 이 상관관계는 아폴로 16호 보조 위성이 작성한 달 지도와 그 위에 그려진 라이너 감마 알베도 모양을 통해 널리 알려져 있다.

그런데 다음과 같은 LP MAG 데이터를 보면, 달 뒤쪽에 기형 소용돌이

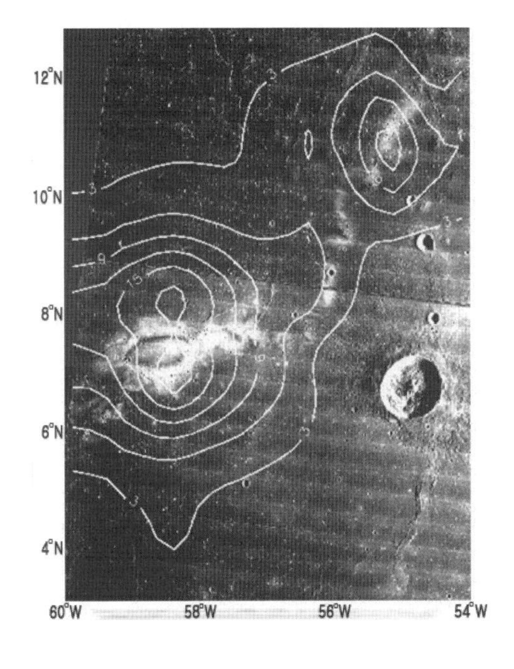

가 광범위하게 존재하는 것을 알 수 있다. Reiner Gamma 변이보다 더 강력하고 광범위한 비정상 군은, Imbrium, Orientale, Crisium, Serenitatis 등을 포함하는, 충격 지대와 거의 대칭을 이루고 있다.

Imbrium과 Crisium 대척점 지역의 변이 농도는, 가장 강한 필드 값을 담고 있는 소용돌이의 위치와 거의 일치하고 있다. Imbrium 대척점 지역의 변화는 약 19km의 평균 고도에서 23nT의 진폭을 보이고 있는데, 이런 예외적인 피크는 Ingenii 유역의 남쪽 부분에서 볼 수 있는 소용돌이 그룹에 집중되어 있고, Crisium 지역에는 이들보다 더 강한 변이가 있다.

또한, 24km의 고도에서 26nT의 평탄 진폭을 보이다가 곧 18nT와 16nT인 난해한 피크를 나타내는 곳도 있다. 이런 난감한 도형은 Orientale 유역의 방출면 바로 서쪽에 있는 Nectarian에 나타나는데, 좌표는 대략 경도 123°E, 위도 23°S이다.

이런 현상이 도대체 왜 일어날까. 이것을 설명하는 모델이 여럿 있지만, 대표적 모델에서는 강한 태양풍 이온 충격의 편향을 통해 선택적으로 보존된 규산염 물질의 소용돌이가 알베도로 나타난 것이라고 한다. 이 모델에 따르면, 노출된 규산염 표면의 광학적 성숙은 부분적으로 태양풍 이온 충격과 함수 관계를 이룬다.

O U T R O

"한 인간에게는 작은 한 걸음이지만 인류에게는 위대한 도약이다(That's one small step for man, one giant leap for mankind.)." 아폴로 11호의 선장으로서 인류 최초로 달 표면에 도착했던 닐 암스트롱이 한 말이다.

아폴로 11호의 달 착륙은, 우주 경쟁에서 소련에 뒤처진 자존심을 찾기 위한, 미국의 야심 찬 계획의 최종 미션이었다. 1969년 7월 16일에 선장 암스트롱, 착륙선 조종사 버즈 올드린, 사령선 조종사 마이클 콜린스는 아폴로 11호를 타고 케네디 우주 센터를 이륙해 사흘 후 달 궤도에 진입했다. 그리고 다음 날, 사령선에서 분리된 착륙선 이글(Eagle)이 달에 내려앉았고 암스트롱도 달에 첫발을 내디뎠다. 여기까지는 일반적으로 잘 알려진 사실이지만, 이 사건에는 얽혀 있는 비화가 많다.

그중 하나인, 암스트롱이 올드린보다 먼저 달에 내리게 된 이유가 최근에 공개됐다. 두 사람 모두 달에 첫발을 내디딜 자격과 조건을 갖춘 사람이었으나, NASA의 선택은 암스트롱이었다.

이는 발사 3개월 전에 결정된 사항으로, 착륙선 해치도 선장이 먼저 밖으로 나갈 수 있게 설계되었다. 1966년, 제미니 12호에 탑승해 5시간에 걸친 우주 유영을 성공한 바 있는 올드린이 '첫발'의 영광을 차지할 것이라는 루머도 돌았지만, NASA는 암스트롱을 선택했다. 그 이유는, 그가 올드린보다 1년 앞서 아폴로 11호 프로젝트에 참여했고, '첫발 과업'을 더 잘 수행할 것이라고 여겼기 때문이다.

어쨌든 두 사람은 협력하여 임무를 잘 수행하고 무사히 지구로 돌아왔는데 달에 다녀온 후, 두 사람의 행로는 아주 대조적이었다. 저널의 과도한 관심에 부담감을 느낀 암스트롱은, 대중들과 점점 거리를 두다가 2012년 8월에 관상동맥 협착 증세가 악화하여 고통스럽게 세상을 떠났다. 이에 반해 올드린은 거의 쉼 없이 활발하게 우주 개발 전도사 역할을 하고 다녔다. 물론 이런 역할은 올드린 혼자만 한 것이 아니며, 대다수의 퇴역 우주 비행사들이 올드린과 비슷한 길을 걸었다.

한편, 우주 비행사들이 달 탐사를 비롯한 우주 개발 프로젝트에 대한 나팔수 역할을 꾸준히 했는데도, 달 착륙이 조작된 거짓이라는 음모론은, 반세기가 지난 현재도 잦아들지 않고 있다. 음모론의 핵심 주장은 '당시의 과학 기술로는 도저히 달 착륙에 성공할 수가 없다.', '성조기가 바람에 날리듯 흔들린다.', '17t인 달 착륙선은 표면에 자국을 남기지 않았는데 암스트롱의 발자국은 선명하게 찍혔다.', '구조물들의 그림자 방향이 서로 일치하지 않는다.' 등 여러 가지가 있다. 이에 대해 NASA는 근거 없는 낭설이라고 일축하면서 이를 반박하는 증거를 여러 번 제시했으며, 달 탐사 45주년을 맞이한 해에는 궤도 탐사선(LRO, Lunar Reconnaissance Orbiter)이 촬영한 '아폴로 11호 착륙 장소'를 영상으로 공개하기도 했다.

이렇게 노력하고 했는데도 그에 대해 의심을 품고 있는 사람들이 여전히 잔존한다. 그런데 이런 현상이 생긴 게 무지하거나 의심 많은 대중만의 책임일까. 그렇지 않은 것 같다. 달 탐사의 중요 자료에 대한 NASA의 비밀주의 고수가 적지 않은 원인을 제공하고 있다.

다시 말하면, NASA가 주요 정보를 독점한 채 공개하지 않고 있기에, 대중들이 NASA의 말을 온전히 믿으려 하지 않는 것이다. 대중들의 이런 반응을 모를 리 없을 텐데, NASA는 도대체 왜 그런 태도를 고수하는 것일까.

NASA는 아이젠하워 대통령이 1958년 4월 2일, 의회에 메시지를 보내어 우주 계획을 통합하고 조정하기 위한 기구를 만들려는 계획을 밝힌 후인, 그해 10월 1일에 창설되었다.

우주 개발 계획을 확대하려는 중요한 목적 중의 하나는, 우주에서의 군사 활동의 가능성을 확대하고 이에 우선권을 두려는 의도가 있지만, NASA는 기본적으로 평화적인 우주 개발 계획을 위하여 '민간인에 의하여' 운영되는 기관으로 외부에 알려져 있다.

그러나 그 의도를 알 수 없으나, 철저한 우월주의와 비밀주의를 고수하고 있다는 것 역시 진실이다. 이런 사실들을 종합적으로 고려해 보면, NASA가 '민간인에 의하여' 운영되는 기관인지는 모르겠지만, '민간인을 위하여' 운영되는 기관은 아닌 것 같다.

대중들은 NASA의 존재 이유와 성질을 정확히 모르고 있다. 하지만 NASA가 감추고 있는 비밀이 우리가 상상하는 것 이상일 개연성에 대해서는 대체로 공감하고 있는 분위기이다. 그들은 어쩌면 인류 전체의 생존과 인류가 지금까지 제기해 온 온갖 학설이나 천문학 등의 이론을 송두리째 뒤엎어 버릴 수 있는, 엄청난 진실들을 숨기고 있을지도 모른다.

이런 의구심은 전직 NASA 직원이었던 사람들의 폭로와 그에 관심 있는 학자들의 주장에 근거를 두고 있다. 그 주장들에는 아주 극단적인 예도 있다. 대중들은 인간의 달 착륙 사실에 대해서 의심을 하는 수준이지만, NASA가 숨기고 있는 진실은 그 정도의 수준을 넘어서, 인류가 예전부터 신앙 시 해 왔던 달에 대한 관념을 송두리째 뒤엎어 버릴 수준일 거라고 한다.

더 구체적인 예를 들면, 달은 비어 있는 천체가 아니고 이미 누가 점유하고 있는 천체이며, 인간이 달 탐사 과정에서 그 실체를 접하게 되었을 거라고 한다. NASA가 달 탐사로 외계 문명을 실질적으로 접하게 되면서, 그 문명의 위력도 알게 되었다. 또한 현재는 그들과 은밀한 작전을 주도적으로 수행하고 있다고 믿고 있는 것이다.

하지만 이런 주장은 외계의 지적 존재가 증명된 다음에야 논할 수 있는 문제일 뿐 아니라, 외계인이 달에 존재하며 그들과 접촉하고 있다고 해도, NASA가 독단적으로 하고 있다기보다는 정부 차원에서 실행하고 있다고 보는 게 합리적일 것이다. 그러나 NASA가 그와 관련된 일 처리를 주도하고 있는 듯이 보이는 건 사실이고, UFO 문제와 외계 문명에 관해서 부정적인 설명을 하는 일에 앞장서고 있는 것도 사실이다.

UFO와 외계 문명에 관련된 사건은 아주 오래전부터 일어났고, 그에 대한 국가기관의 은폐 역사도 그만큼 길다. 이에 관해서 로켓 공학자 존 브라운 박사는 이미 1959년에 언급한 바 있다. "우리는 우리 자신이 지금까지 추측했던 것보다 훨씬 강력한 어떤 세력과 조우하고 있음을 알고 있다. 또한, 그들의 기지는 현재 우리에게 알려지지 않고 있다. 지금 나는 더 말할 수가 없다. 우리는 지금 그들의 세력과 더욱 가까운 접촉 상태에 있는 것이다." 미국 최고의 비밀 엄수 서약에 선서했을, 최고위 로켓 공학자인 폰 브라운 박사가 이러한 주장을 아무런 근거도 없이, 공개적으로 했을 리 없다.

사실 UFO 관련 사건의 목격자는 수없이 많다. 그중에는 1947년에 있었던 로즈웰 UFO 추락 사건이 진실이며, 이때 발견한 외계인의 시신을 미국 정부가 확보하고 있다는 주장도 있다. 그리고 이런 종류의 사건을 주도적으로 은폐하고 있는 기관이 NASA라고 주장하는 학자들이 많은데, 여기에는 에드가 미첼(Edgar Mitchell)도 포함되어 있다. NASA 소속의 우주 비행사로 아폴로 14호에 탑승했던 미첼 박사는 실제로 방송되지는 않았지만, 외계인의 존재를 주장했던 라디오 인터뷰에서 로즈웰 사건에 관한 이야기를 구체적이고 심도 있게 했다.

로스웰 사건은, 1947년에 미국 공군이 한 조종사의 보고를 받고, 미확인 비행 시 잔해를 수거 해 정밀 조사를 진행하고 있다는 보도자료를 내놓았던 사건이다. 이후 미군 당국은 이와 관련된 모든 의혹을 전면 부정했으나, 현재까지도 은폐 논란이 계속되고 왔다.

미첼 박사는 "달에 다녀온 뒤 많은 고위 인사들과 군 관계자들에게 로즈웰 사건에 대해 들었다."면서 "그들은 로즈웰에 추락한 UFO와 외계인에 대한 소문들이 대부분 사실이라고 털어놓았다."고 밝힌 바 있다. 하지만 NASA의 입장은 여전히 요지부동이었다. 로즈웰 사건은 UFO와 무관하다는 것이다.

이러한 NASA의 일관된 태도로 보아 NASA가 우주 개발을 주도한 공로는 누구도 부정할 수 없으나, UFO 확인 작업이나 우주 개발 미션 중에 얻은 지식을 인류와 공유할 생각은 없어 보인다.

그런데 NASA가 여러 모욕적인 비판을 감수하면서까지, 보수적인 비밀주의를 해체하지 않는 이유는 도대체 무엇일까. 앞에서도 언급했지만, 표면상 민간 기관인 NASA는, 사실 1958년에 국가 항공우주법에 따라 만들어진, 미 행정부의 한 부서라고 봐야 한다. 최초 허가장에서도 NASA를 '합중국 방위기관'으로 표현하고 있다. 그렇기에 NASA에 '국가 안보'를 고수해야 하는 임무는 당연히 부여되어 있다고 보아야 한다.

허가장에는 이런 구절도 있다. "국가 안보를 위해 기밀 처리된 모든 정보는… 어떠한 보고서에도 포함돼서는 안 된다." 또한, 1959년에 NASA

가 브루킹스 연구소와 함께 수행한, '인간사를 위한 평화적 우주 활동의 함의에 관한 수주 연구'를 보면, "이(외계) 생명체들이 남긴 인공물은 달이나 화성, 금성에서 벌이는 우리의 우주 활동을 통해 조만간 발견될 수 있을 것이다…. 그들(대중)에게 다른 생명체의 발견은 엄청난 충격일 것이다…. 그 사회적 결과는 매우 예측하기 어렵다…. 과학자들과 공학자들이 가장 당혹스러울 것이다."라며, "외계 생명체의 정보가 대중에게 알려지지 않도록 하기 위한, 진지한 고려가 필요하다."고 결론을 내리고 있다.

사실 NASA의 시각만을 고려해 보면, 그 보수적인 태도를 전혀 이해하지 못할 바는 아니다. 하지만 현재의 시대적 상황이 그런 태도의 획기적인 전환을 요구하고 있다는 사실을 직시해야 한다.

많은 나라가 우주 개발에 나서고 있어서 더는 정보의 독점이 불가능할 뿐 아니라, 진실은 언젠가 노출되기 마련이다. 그리고 무엇보다 현재의 대중은 과거의 대중과 다르다. 국가기관이 무얼 감춘다고 해서 그걸 침묵하며 바라만 보고 있지 않고, 적극적으로 그것을 찾아내려고 노력하며, 그런 열정을 추구하기 위한 실질적 수단도 많이 보유하고 있다.

NASA를 비롯한 우주 개발 참여 기관들도 이런 현실을 직시해야 한다. 그간의 비밀주의를 해제하고, 모든 인류와 지식을 공유하여, 새로운 우주 시대를 함께 열어야 한다.

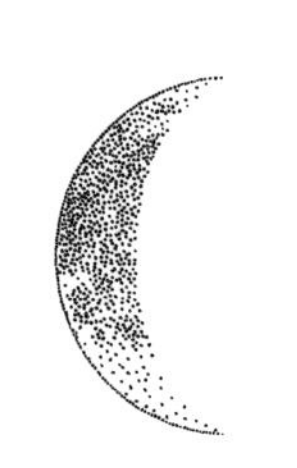

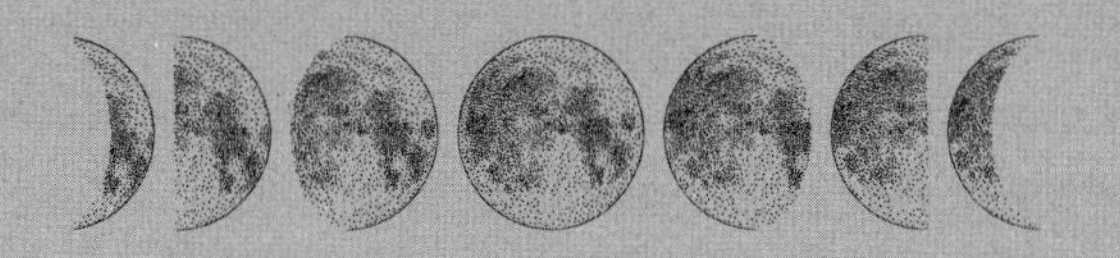

달의 미스터리

THE MYSTERY OF THE MOON

초판 1쇄 발행 2020년 12월 15일
초판 2쇄 발행 2021년 07월 29일

지은이 김종태
펴낸이 류태연
편집 김지인 | **디자인** 김민지 | **마케팅** 이재영

펴낸곳 렛츠북
주소 서울시 마포구 독막로3길 28-17, 3층(서교동)
등록 2015년 05월 15일 제2018-000065호
전화 070-4786-4823 **팩스** 070-7610-2823
이메일 letsbook2@naver.com **홈페이지** http://www.letsbook21.co.kr
블로그 https://blog.naver.com/letsbook2 **인스타그램** @letsbook2

ISBN 979-11-6054-423-7 13440

이 도서의 국립중앙도서관 출판예정도서목록(CIP)은 서지정보유통지원시스템
홈페이지(http://seoji.nl.go.kr)와 국가자료종합목록 구축시스템
(http://kolis-net.nl.go.kr)에서 이용하실 수 있습니다. (CIP제어번호 : CIP2020051740)

* 잘못된 책은 구입하신 서점에서 바꾸어 드립니다.